普通高等教育"十三五"规划教材

房屋建筑学

张庆芳　主　编
肖　聪　卢宝全　副主编

化学工业出版社
·北京·

全书分为两篇，共12章，内容主要包括民用建筑设计、建筑平面图设计、建筑剖面设计、建筑体形及立面体设计、建筑构造、基础与地下室、墙体、楼梯、楼地层构造、屋顶、门窗构造、单层工业建筑设计原理。

本书可作为高等院校建筑学、土木工程、工程管理、工程造价等专业学生的教材，也可供相关领域的技术人员参考。

图书在版编目（CIP）数据

房屋建筑学/张庆芳主编. —北京：化学工业出版社，2016.8（2023.1重印）
普通高等教育“十三五”规划教材
ISBN 978-7-122-27454-0

Ⅰ.①房… Ⅱ.①张… Ⅲ.①房屋建筑学-高等学校-教材 Ⅳ.①TU22

中国版本图书馆CIP数据核字（2016）第145185号

责任编辑：满悦芝 甘九林　　文字编辑：荣世芳
责任校对：王素芹　　装帧设计：刘亚婷

出版发行：化学工业出版社（北京市东城区青年湖南街13号 邮政编码100011）
印　　刷：北京虎彩文化传播有限公司
787mm×1092mm 1/16 印张15¼ 字数371千字 2023年1月北京第1版第5次印刷

购书咨询：010-64518888　　售后服务：010-64518899
网　　址：http://www.cip.com.cn
凡购买本书，如有缺损质量问题，本社销售中心负责调换。

定　　价：48.00元

前　言

“房屋建筑学”这门课是在“建筑工程制图识图”及“建筑材料”的基础上，进行建筑施工图及构造施工图设计，这是一个从识图转变到设计图的过程，同时这门课也是承上启下的课程，为后继开设的“建筑结构”、“建筑施工技术”、“工程造价”等课程打下良好的基础。为了更好地学好这门课，学生需要结合教材的内容复习建筑工程制图相关教材，其中包含制图规范及制图基本知识。

建筑科学的发展，离不开相关学科的成就，现代建筑空间的环境设计和建筑艺术形象的创造，仅靠建筑设计人员是不可能完成的，结构设计和施工技术人员也应懂建筑设计，因此房屋建筑学也适用于结构设计人员及施工技术人员。

本教材的编写在内容上缩减了文字，增加了图片，突出了新材料、新结构、新科技的运用；阐述了民用建筑与工业建筑设计的基本原理和方法；建筑物的构造组成、原理和做法。体现了建筑设计及构造从总体到细部，从原理到方法的主体思路。本教材插图较多，参考了较有代表性的工程图例，因为图就是“工程的语言”，能用图形表达的内容尽量用图形表达。在学习过程中不仅要阅读文字，而且要结合图形来理解方法。

本课程实践性强，学习时要注意理论与实践的结合，平时多看、多思考、多练，完成课后复习思考题用以巩固理论知识，同时动手完成课程设计，从理论到实践，循序渐进。最后把整个教材内容贯穿到实践中。每章有内容提要、小结，课后有复习思考题。

本书由张庆芳主编，肖聪、卢宝全副主编。各章节编写分工为：第1章、第3章、第5章、第12章，张庆芳；第2章、第7章、第8章，卢宝全；第4章、第6章、第10章，肖聪；第9章、第11章，程道珍。

由于编者时间和水平有限，疏漏之处在所难免，恳请广大读者多提宝贵意见。

编者

2016年6月

目　录

第一篇　民用建筑设计原理　/ 1

第一篇 民用建筑设计原理

第1章 民用建筑设计

本章提要

概论、建筑的构成要素、民用建筑的分类、建筑模数协调统一标准、建筑设计的内容和程序、建筑设计的要求和依据、建筑物耐火等级、设计阶段的划分等。

1.1 概论

房屋建筑学是研究建筑物设计的一门科学。主要研究建筑物平面设计、空间设计及建筑物构造等设计问题。与本课程相关的前期课程有建筑制图、建筑材料、建筑历史、建筑设计一般原理，下面分为两大类即民用建筑、工业建筑来分别论述。

同时，房屋建筑学是研究房屋建筑各组成部分的组合原理、构造方法及建筑空间环境的设计原理的一门综合性技术课题，是从事建筑设计、施工等工作必备的基本知识。近代建筑科学技术的发展离不开综合相关学科的成就。从某种意义上，综合就是创造。一座建筑仅靠建筑设计人员是不可能完成的。结构设计或施工技术人员必须懂得建筑技术。

1.2 建筑物的构成要素

总结人类的建筑活动经验，构成建筑的主要因素有三个方面：建筑功能、建筑技术和建筑形象。

（1）建筑功能　建筑功能是指建筑物在物质和精神方面必须满足的使用要求。不同类别的建筑具有不同的使用要求。例如交通建筑要求人流线路流畅，观演建筑要求有良好的视听环境，工业建筑必须符合生产工艺流程的要求等；同时，建筑必须满足人体尺度和人体活动所需的空间尺度以及人的生理要求，如良好的朝向、保湿隔热、隔声、防潮、防水、采光、通风条件等。

（2）建筑技术　建筑技术是建造房屋的手段，包括建筑材料与制品技术、结构技术、施工技术、设备技术等，建筑不可能脱离技术而存在。其中材料是物质基础，结构是构成建筑的空间骨架，施工技术是实现建筑生产的过程和方法，设备是改善建筑环境的技术条件。

（3）建筑形象　建筑形象是建筑体型、立体形式、建筑色彩、材料质感、细部装修等的综合反映。构成建筑形象的因素有建筑的体型、内外部空间的组合、立面构图、细部与重点装饰处理、材料的质感与色彩、光影变化等。

建筑的三要素是辩证的统一体，是不可分割的，但又有主次之分。第一是建筑功能，起主导作用；第二是建筑技术，是达到目的的手段，技术对功能又有约束和促进作用；第三是建筑形象，是功能和技术的反映，但如果充分发挥设计者的主观作用，在一定的功能和技术条件下，可以把建筑设计得更加美观。

1.2.1 建筑的分类

（1）民用建筑

① 居住建筑。是指供人们生活起居用的建筑，如住宅、宿舍、公寓等。由于其需要量大、面广、投资比例大等特点，所以又称大量性民用建筑。

② 公共建筑。公共建筑是指供人们进行各项社会、政治、文化活动的建筑，如办公楼、学校、商场、影剧院等。某些大型公共建筑，如大型体育馆、航空港、大剧院等，由于规模、投资巨大，所以又称为大型民用建筑，指供人们工作、学习、生活、居住用的建筑物。

（2）工业建筑　指为工业生产服务的生产车间及为生产服务的辅助车间、动力用房、仓贮用房等。

（3）农业建筑　指供农（牧）业生产和加工用的建筑，如种子库、温室、畜禽饲养场、农副产品加工厂、农机修理厂（站）等。

建筑按性质分类如图 1-1 所示。

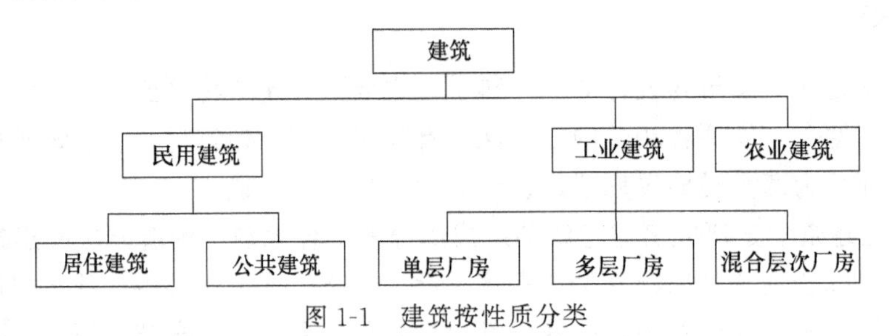

图 1-1　建筑按性质分类

1.2.2 民用建筑的分类

（1）按规模和数量分类

① 大量性建筑。指建筑规模不大，但修建数量多，与人们生活密切相关的分布面广的建筑，如住宅、中小学教学楼、医院、中小型影剧院、中小型工厂等。

② 大型性建筑。指规模大、耗资多的建筑，如大型体育馆、大型剧院、航空港站、博览馆、大型工厂等。与大量性建筑相比，其修建数量是很有限的，这类建筑在一个国家或一个地区具有代表性，对城市面貌的影响也较大。

（2）按建筑层数分类

① 住宅建筑按层数划分为：1～3 层为低层；4～6 层为多层；7～9 层为中高层；10 层以上为高层。

② 公共建筑及综合性建筑总高度超过 24m 者为高层（不包括总高度超过 24m 的单层主体建筑）。

③ 建筑物高度超过 100m 时，不论住宅或公共建筑均为超高层。

（3）按承重结构的材料分类

① 木结构建筑。指以木材作房屋承重骨架的建筑。

② 砖（或石）结构建筑。指以砖或石材为承重墙柱和楼板的建筑。这种结构易于就地

取材，施工较方便，具有良好的耐火、耐久性和保温、隔热、隔声性能。缺点是强度低、自重大、手工砌筑工作繁重，砂浆与块材之间的黏结力较弱，抗震性能差。

③ 钢筋混凝土结构建筑。指以钢筋混凝土作承重结构的建筑。如框架结构、剪力墙结构、框剪结构、筒体结构等，具有坚固耐久、防火和可塑性强等优点，故应用较为广泛。

④ 钢结构建筑。指以型钢等钢材作为房屋承重骨架的建筑。钢结构力学性能好，便于制作和安装，工期短，结构自重轻，适宜在超高层和大跨度建筑中采用。随着我国高层、大跨度建筑的发展，采用钢结构的趋势正在增长。

⑤ 混合结构建筑。指采用两种或两种以上材料作承重结构的建筑。如由砖墙、木楼板构成的砖木结构建筑；由砖墙、钢筋混凝土楼板构成的砖混结构建筑；由钢屋架和混凝土（或柱）构成的钢混结构建筑。其中砖混结构在大量性民用建筑中应用最广泛。

（4）按耐久性能分等级　建筑物的耐久等级主要根据建筑物的重要性和规模大小划分，作为基建投资和建筑设计的重要依据。《民用建筑设计通则》（WGJ 37—87）中规定：划分建筑物耐久等级的指标是使用年限，以主体结构确定的建筑耐久年限分为下列四级（表 1-1）。

表 1-1　建筑物耐久年限分类表

建筑等级	建筑物性质	耐久年限
1	具有历史性、纪念性、代表性的重要建筑物，如纪念馆、博物馆、国家会堂等	100 年以上
2	重要的公共建筑，如行政机关大楼、大城市火车站、航空港、宾馆、大型体育馆、大剧院等	50～100 年
3	比较重要的公共建筑和居住建筑，如医院、高等院校、高层住宅等	15～50 年
4	临时性和简易建筑物	15 年以下

（5）按耐火性能分等级　所谓耐火等级，是衡量建筑物耐火程度的标准，它是由组成建筑物的构件的燃烧性能和耐火极限的最低值所决定的。划分建筑物耐火等级的目的在于根据建筑物的用途不同提出不同的耐火等级要求，做到既有利于安全，又有利于节约基本建设投资。现行《建筑设计防火规范》（GBJ 16—87）将建筑物的耐火等级划分为四级（表 1-2）。

表 1-2　建筑物耐火等级表

燃烧性能和耐火极限/h ＼ 耐火等级 ＼ 构件名称		一级	二级	三级	四级
墙柱	防火墙	非燃烧体 3.00	非燃烧体 3.00	非燃烧体 3.00	非燃烧体 3.00
	承重墙、楼梯间、电梯井墙	非燃烧体 3.00	非燃烧体 2.50	非燃烧体 2.00	难燃烧体 0.50
	非承重外墙、疏散走道两侧的隔墙	非燃烧体 1.00	非燃烧体 1.00	非燃烧体 0.50	燃烧体
	房间隔墙	非燃烧体 0.75	非燃烧体 0.50	难燃烧体 0.50	难燃烧体 0.25
	支承多层的柱	非燃烧体 3.00	非燃烧体 2.50	非燃烧体 2.00	难燃烧体 1.50
	支承单层的柱	非燃烧体 2.50	非燃烧体 2.00	非燃烧体 2.00	燃烧体
梁		非燃烧体 2.00	非燃烧体 1.50	非燃烧体 1.00	难燃烧体 0.50
楼板		非燃烧体 1.50	非燃烧体 1.00	非燃烧体 0.50	燃烧体 0.25
屋顶承重构件		非燃烧体 1.50	非燃烧体 1.00	燃烧体	燃烧体
疏散楼梯		非燃烧体 1.50	非燃烧体 1.00	非燃烧体 0.50	燃烧体
吊顶（包括吊顶格栅）		非燃烧体 0.25	难燃烧体 0.25	难燃烧体 0.15	燃烧体

注：1. 非燃烧体指用非燃烧材料做成的建筑构件，如天然石材、人工石材、金属材料等。

2. 燃烧体指用容易燃烧的材料做成的建筑构件，如木材、纸板、胶合板等。

3. 难燃烧体指用不易燃烧的材料做成的建筑构件，或者用燃烧材料做成，但用非燃烧材料作为保护层的构件，如沥青混凝土构件、木板条抹灰等。

1.3 建筑模数协调

为适应建筑工业大规模生产，使用不同材料、不同形状和不同制造方法的建筑构配件具有一定的通用性和互换性，在建筑工业中必须共同遵守《建筑模数协调统一标准》（GBJ 2—86）。

建筑模数是指选定的尺寸单位，作为尺度协调中的增值单位，也是建筑设计、建筑施工、建筑材料与制品、建筑设备、建筑组合件等各部门进行尺度协调的基础，其目的是使构配件安装吻合，并有互换性。

1.3.1 基本模数

基本模数 M=100mm，建筑物或构筑物及其组合体的模数化尺寸，应是基本模数的倍数。

1.3.2 导出模数

（1）扩大模数　扩大模数是基本模数的整数倍，3M、6M 、12M、15M、30M、60M 共 6 个。其数值分别为 300mm、600mm、1200mm、1500mm、3000mm、6000mm。

（2）分模数　分模数为基本模数的分值，1/10M、1/5M、1/2M 共三个，其数值分别为 10mm、20mm、50mm。

1.3.3 模数数列（模数应用）

模数数列是以基本模数、扩大模数、分模数为基础扩展成的一系列尺寸，模数数列在各类建筑中应用时，其尺寸的统一与协调原则应为减少尺寸的范围，但又使尺寸的叠加与分割有较大的灵活性。模数数列的幅度应符合《建筑模数协调统一标准》（GBJ 2—86）规定。

① 水平基本模数用于平面图中较小门窗洞口宽度与构配件截面等。

② 竖向基本模数用于较小建筑物立面图或剖面图中层高、门窗洞口高度和构配件截面等处。

③ 水平扩大模数：3M、6M、12M、15M、30M、60M。用于建筑物平面图中的较大开间或柱距、进深或跨度、门窗洞口宽度和构配件尺寸。

④ 竖向扩大模数：3M、6M。用于建筑物立面图或剖面图中较大的高度、层高、门窗洞口高度。

⑤ 分模数：1/10M、1/5M、1/2M。基本模数的分数值，用于缝隙、构造结点、构配件截面等处。

模数应用范围汇总见表 1-3。

表 1-3　模数应用范围汇总表

模数名称	基本模数	扩大模数						分模数		
代号	1M	3M	6M	12M	15M	30M	60M	1/10M	1/5M	1/2M
尺寸/mm	100	300	600	1200	1500	3000	6000	10	20	50
适用范围	用于门窗洞口，建筑构配件，跨度（进深）、柱距（开间）、层高等尺寸			用于大型建筑跨度（进深）、柱距（开间）、层高等尺寸				用于成材厚度、直径、缝隙，构造节点，构件截面等尺寸		

1.3.4 模数协调

为了使建筑在满足设计要求的前提下，尺量减少构配件的类型，使其达到标准化、系列化、通用化，充分发挥投资效益，对大量性民用建筑中的尺寸关系进行模数协调是很有必要的。通常模数协调主要包括以下几个方面的内容。

1.3.4.1 构件定位

构配件的定位又分为水平面内的定位和竖向定位。

（1）水平定位轴线 定位轴线是确定结构构件位置和尺寸的基准线，是施工放样的基线。水平定位轴线分横向定位轴线和纵向定位轴线；水平定位轴线通常用于确定平面图中墙、柱、板、梁的位置，如图 1-2 所示。

对于工程图，确定主要结构位置关系，如开间或柱距、进深或跨度的线，称为定位轴线。合理确定定位轴线有利于建筑产品设计、生产的标准化、系列化、通用化和商品化，提高构配件的互换性，充分发挥投资效益，加快施工速度。墙的定位，应使顶层墙身中线位于该墙的定位轴线上，图 1-3 中 t 为顶层墙的厚度。

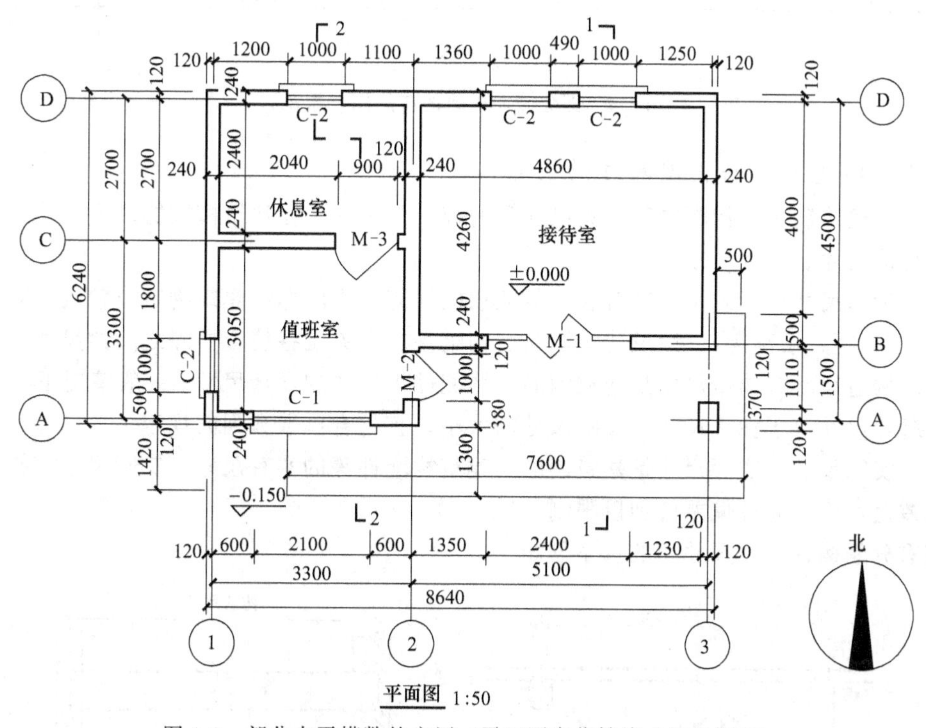

图 1-2 部分水平模数的应用（平面图定位轴线之间的距离）

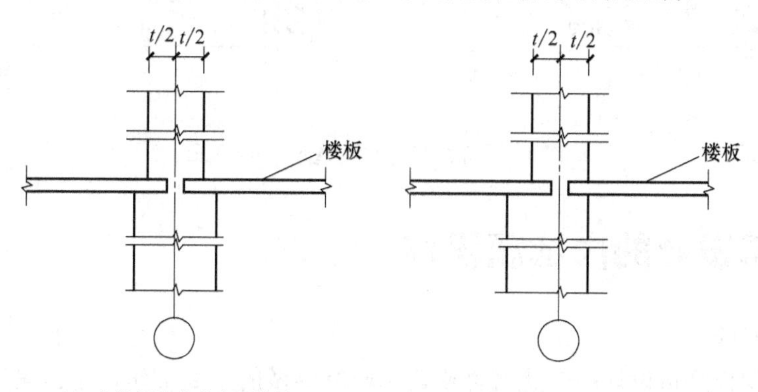

图 1-3 承重内墙定位轴线

（2）竖向定位　竖向定位轴线是用标高表示的。竖向定位轴线的位置在各类构件的上（下）表面，如图 1-4 所示。

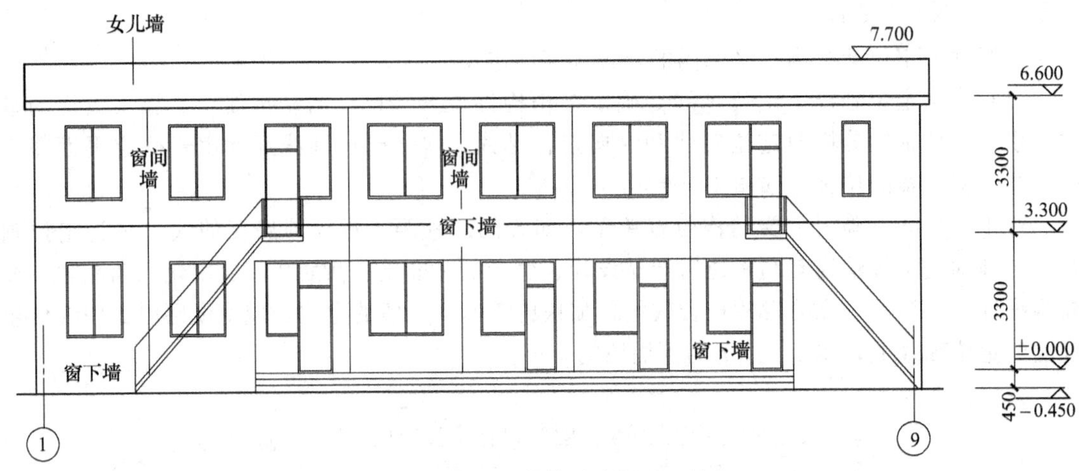

图 1-4　部分竖向模数的应用图（层高）

1.3.4.2　标志尺寸与构造尺寸的关系

为保证建筑制品、构配件等有关尺寸间的统一与协调，在建筑模数协调中尺寸分为标志尺寸、构造尺寸、实际尺寸。

（1）标志尺寸　标志尺寸应符合模数数列的规定，用以标注建筑物定位轴线之间的距离（如跨度、柱距、层高等），以及建筑制品、构配件、有关设备位置界限之间的尺寸。

（2）构造尺寸　构造尺寸是建筑制品、构配件等生产的设计尺寸。一般情况下，构造尺寸加上缝隙尺寸等于标志尺寸。缝隙尺寸的大小，宜符合模数数列的规定。

（3）实际尺寸　实际尺寸是建筑制品、建筑构配件等的实有尺寸。实际尺寸与构造尺寸之间的差值，应由允许偏差值加以限制。

当有分隔构件时，尺寸间的关系见图 1-5。

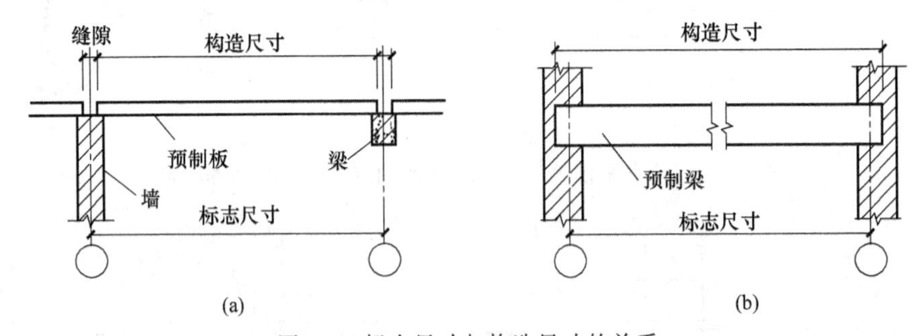

图 1-5　标志尺寸与构造尺寸的关系

1.4　建筑设计的内容和程序

1.4.1　设计内容

建筑工程设计是指设计一个建筑物或建筑群所要做的全部工作，包括建筑设计、结构设计、设备设计三个方面的内容。

1.4.1.1　建筑设计

建筑设计是在总体规划的前提下，根据任务书的要求，综合考虑基地环境、使用功能、结构施工、材料设备、建筑经济及建筑艺术等问题，着重解决建筑物内部各种使用功能和使用空间的合理安排，建筑物与周围环境、与各种外部条件的协调配合，内部和外表的艺术效果，各个细部的构造方式等，创造出既符合科学性又具有艺术性的生产和生活环境。

建筑设计在整个工程设计中起着主导和先行的作用，建筑设计包括总体设计和个体设计两个方面，一般由建筑师来完成。

1.4.1.2　结构设计

结构设计主要是根据建筑设计选择切实可行的结构方案，进行结构计算及构件设计、结构布置及构造设计等。一般由结构工程师来完成。

1.4.1.3　设备设计

设备设计主要包括给水排水、电气照明、采暖通风、动力等方面的设计，由有关工程师配合建筑设计来完成。

1.4.2　设计程序

1.4.2.1　设计前的准备工作

(1) 落实设计任务　建设单位必须具有以下批文才可向设计单位办理委托设计手续。

① 主管部门的批文。上级主管部门对建设项目的批准文件，包括建设项目的使用要求、建筑面积、单方造价和总投资等。

② 城市建设部门同意设计的批文。为了加强城市的管理及进行统一规划，一切设计都必须事先得到城市建设部门的批准。批文必须明确指出用地范围（常用红色线划定），以及有关规划、环境及个体建筑的要求。

(2) 熟悉设计任务书　设计任务书是经上级主管部门批准提供给设计单位进行设计的依据性文件，一般包括以下内容。

① 建设项目总的要求、用途、规模及一般说明。

② 建设项目的组成，单项工程的面积，房间组成、面积分配及使用要求。

③ 建设项目的投资及单方造价，土建设备及室外工程的投资分配。

④ 建设基地大小、形状、地形，原有建筑及道路现状，并附地形测量图。

⑤ 供电、供水、采暖及空调等设备方面的要求，并附有水源、电源的使用许可文件。

⑥ 设计期限及项目建设进度计划安排要求。

(3) 调查研究、收集资料　除设计任务书提供的资料外，还应当收集必要的设计资料和原始数据，如：建设地区的气象、水文地质资料；基地环境及城市规划要求；施工技术条件及建筑材料供应情况；与设计项目有关的定额指标及已建成的同类型建筑的资料；当地文化传统、生活习惯及风土人情等。

1.4.2.2　设计阶段的划分

建筑设计过程按工程复杂程度、规模大小及审批要求，划分为不同的设计阶段。一般分两阶段设计或三阶段设计。

两阶段设计是指初步设计和施工图设计两个阶段，一般的工程多采用两阶段设计。对于大型民用建筑工程或技术复杂的项目，采用三阶段设计，即初步设计、技术设计和施工图设计。

（1）初步设计阶段　初步设计的内容般包括设计说明书、设计图纸、主要设备材料表和工程概算四部分，具体的图纸和文件如下。

① 设计总说明。是对设计指导思想及主要依据，设计意图及方案特点，建筑结构方案及构造特点，建筑材料及装修标准，主要技术经济指标以及结构、设备等系统的说明。

② 建筑总平面图：比例1∶500、1∶1000，应表示用地范围，建筑物位置、大小、层数及设计标高，道路及绿化布置，技术经济指标。

③ 各层平面图、剖面图及建筑物的主要立面图。比例1∶100、1∶200，应表示建筑物各主要控制尺寸，如总尺寸、开间、进深、层高等，同时应表示标高，门窗位置，室内固定设备及有特殊要求的厅、室的具体布置，立面处理，结构方案及材料选用等。

④ 工程概算书。说明建筑物投资估算、主要材料用量及单位消耗量。

⑤ 此外，大型民用建筑及其他重要工程，必要时可绘制透视图、鸟瞰图或制作模型。

（2）技术设计阶段　主要任务是在初步设计的基础上进一步解决各种技术问题。技术设计的图纸和文件与初步设计大致相同，但更详细些。具体内容包括整个建筑物和各个局部的具体做法，各部分确切的尺寸关系，内外装修的设计，结构方案的计算和具体内容、各种构造和用料的确定，各种设备系统的设计和计算，各技术工种之间各种矛盾的合理解决，设计预算的编制等。

（3）施工图设计阶段　施工图设计是建筑设计的最后阶段，是提交施工单位进行施工的设计文件。施工图设计的主要任务是满足施工要求，解决施工中的技术措施、用料及具体做法。

施工图设计的内容包括建筑、结构、水电、采暖通风等工种的设计图纸、工程说明书，结构及设备计算书和概算书。具体图纸和文件如下。

① 建筑总平面图。与初步设计基本相同。

② 建筑物各层平面图、剖面图、立面图。比例1∶50、1∶100、1∶200。除表达初步设计或技术设计内容以外，还应详细标出门窗洞口、墙段尺寸及必要的细部尺寸、详图索引符号等。

③ 建筑构造详图。应详细表示各部分构件的关系、材料尺寸及做法、必要的文字说明。根据节点需要，比例可分别选用1∶20、1∶10、1∶5、1∶2、1∶1等。

④ 各工种相应配套的施工图纸，如基础平面图、结构布置图、钢筋混凝土构件详图、水电平面图及系统图、建筑防雷接地平面图等。

⑤ 设计说明书。包括施工图设计依据、设计规模、面积、标高定位、用料说明等。

⑥ 结构和设备计算书、工程概算书。

1.5 建筑设计的要求及设计依据

1.5.1 建筑设计的要求

（1）安全可靠　首先应考虑建筑的使用安全，保证质量，满足建筑的功能要求。

（2）技术先进　尽量采用先进的技术，包括材料选用、结构造型、施工工艺各个角度。

（3）经济实惠　重视造价，讲究建筑的经济效果，因地制宜，就地取材。

（4）和谐美观　考虑人们对建筑物的美观要求，建筑一旦建成，将长期存在，应考虑与周围环境形成协调的空间组合，满足人们的视觉享受。

1.5.2 建筑设计的依据

（1）人体尺度和人体活动所需的空间尺度（图 1-6） 建筑构造中门窗、走道、楼梯、栏杆、踏步等的宽度或高度，以及各类房屋的层高、面积等都和人体尺度以及人体活动所需要的空间尺度直接或间接相关。因此，人体尺度和人体活动所需要的空间尺度是确定建筑空间的基本依据之一。

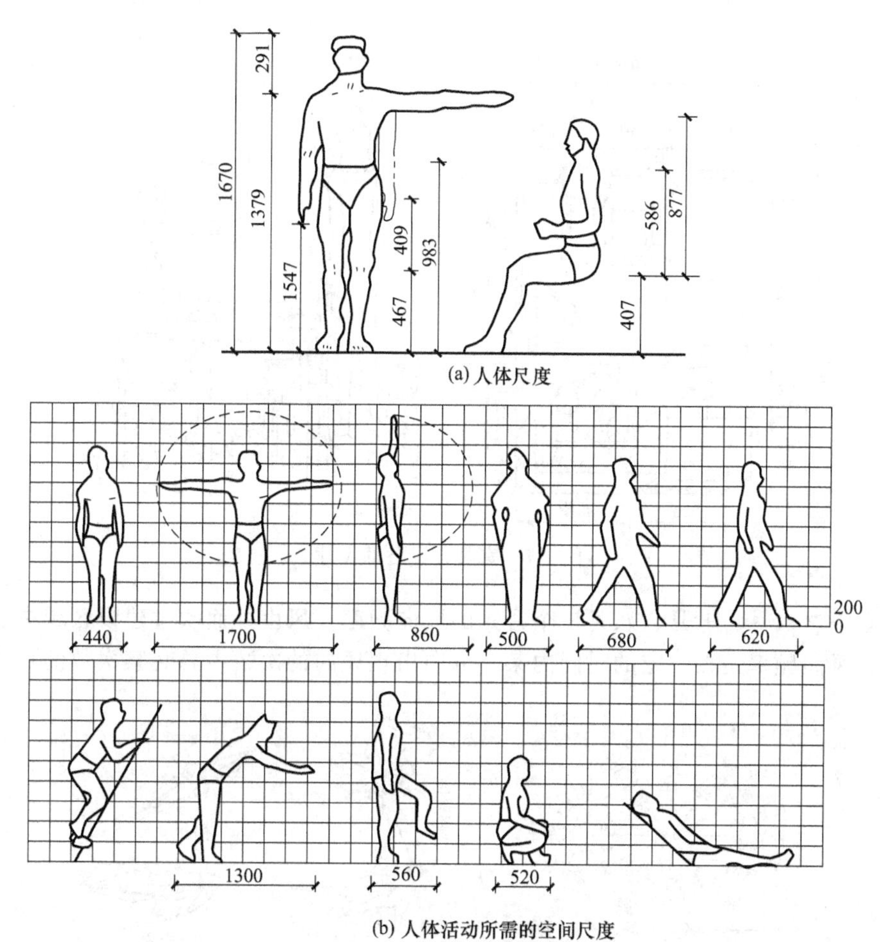

(a) 人体尺度

(b) 人体活动所需的空间尺度

图 1-6 人体尺度及人体活动所需的空间尺度

（2）家具、设备的尺寸和使用它们的必要空间 建筑物中家具、设备的尺寸也与人体尺度以及人体活动所需要的空间尺度直接或间接相关。家具、设备的尺寸，以及人们在使用家具和设备时，在它们近旁必要的活动空间，是考虑房屋内部使用面积的重要依据（图 1-7）。

（3）温湿度、日照、雨雪、风向、风速等气候条件 温度、湿度、日照、雨雪、风向、风速等气候条件对建筑设计有较大影响。例如湿热地区，房屋设计要很好地考虑隔热、通风和遮阳等问题；干冷地区，通常又希望把房屋的体型尽可能设计得紧凑些，以减少外围护面的散热，有利于室内采暖、保温。

日照和主导风向，通常是确定房屋朝向和间距的主要因素，风速是高层建筑、电视塔等设计中考虑结构布置和建筑体型的重要因素，雨雪量的多少对屋顶形式和构造也有一定影响。

风向频率玫瑰图见图 1-8。风玫瑰用于反映建筑场地范围内常年主导风向和六月、七月、八月三个月的主导风向（虚线表示），共有 16 个方向，图中实线表示全年的风向频率，

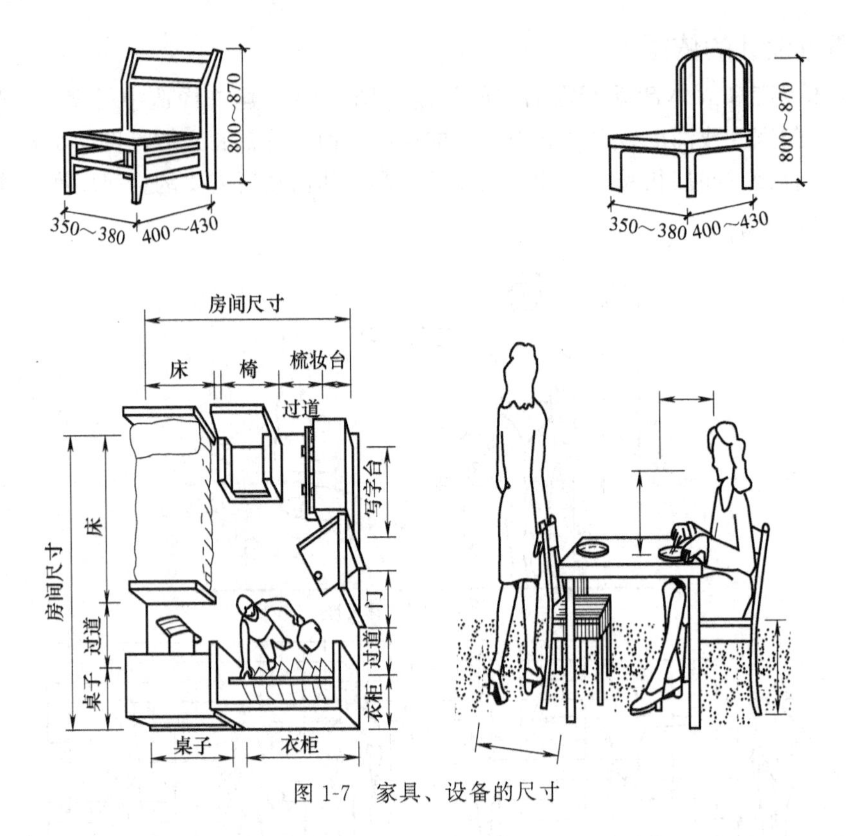

图 1-7　家具、设备的尺寸

虚线表示夏季（六月、七月、八月三个月）的风向频率。风由外面吹过建设区域中心的方向称为风向。风向频率是在一定的时间内某一方向出现风向的次数占总观察次数的百分比。

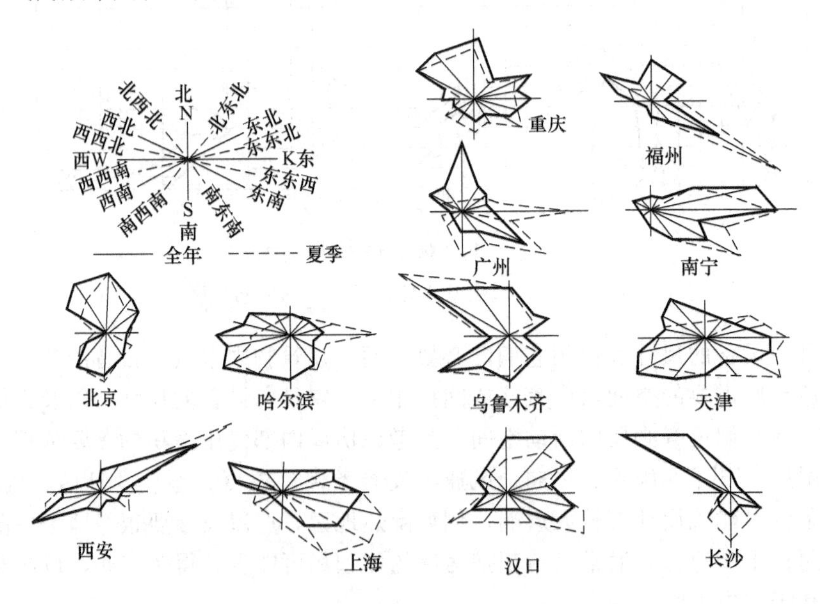

图 1-8　我国部分城市全年及夏季风向频率图

（4）地形、地质条件和地震烈度　地震烈度表示地面及房屋建筑遭受地震破坏的程度。地震设防烈度是按国家规定的权限批准作为一个地区抗震设防依据的地震烈度。地震烈度是房屋设计的一个重要影响因素。我国规定地震烈度为 6 度以上必须进行抗震设计；9 度以上地区不宜建造房屋。基地地形的平缓、起伏，基地的地质构成对建筑物的平面组合、结构布置和建筑体型都有明显的影响。坡度较陡的地形，常使房屋结合地形错层建造。复杂的地质条件，要求对房屋构成和基础设置采取相应的结构构造措施（图 1-9）。

图 1-9 结合地形错层建造的住宅

小　结

1. 建筑是指建筑物与构筑物的总称，是人工创造的空间环境，直接供人使用的建筑叫建筑物。建筑是科学，同时又是艺术。

2. 建筑功能、建筑技术和建筑形象构成建筑的三个基本要素，三者之间是辩证统一的关系。

3. 建筑按照使用性质分为生产性建筑和非生产性建筑；按照民用建筑的使用功能分为居住建筑和公共建筑；按规模和数量大小分为大量性建筑和大型性建筑；按层数分为单层、多层和高层建筑；建筑按耐火等级分为四级；而按照建筑的耐久年限同样分为四级。

4. 建筑设计是指设计一个建筑物和建筑群体所做的工作，一般包括建筑设计、结构设计、设备设计等几方面的内容。建筑设计由建筑师完成，建筑师是龙头，常常处于主导地位。

5. 建筑设计的依据是做好建筑设计的关键，是满足使用功能，体现以人为本的原则，同时又是创造出良好的室内外空间环境，合理的技术和经济指标的基础。

6.《建筑模数协调统一标准》是为了实现建筑工业化大规模生产，推进建筑工业化的发展而制定出的。其主要内容包括建筑模数、基本模数、导出模数、模数数列以及模数数列的适用范围。

复习思考题

1. 民用建筑的分类有哪些？
2. 房屋设计包括哪几个方面的设计内容？
3. 建筑设计分为哪几个阶段？ 每个阶段的任务是什么？
4. 建筑设计的主要依据是什么？
5. 什么叫建筑模数？ 简述基本模数、扩大模数、分模数的适用范围。
6. 建筑耐火等级分为几级？ 依据是什么？

第 2 章　建筑平面图设计

本章提要

主要使用房间的面积、形状、尺寸以及门窗位置的设计；厕所、盥洗室、浴室以及厨房等辅助房间设备类型、数量的确定与设计；楼梯的类型，楼梯尺寸设计；电梯及自动扶梯的组成与构造；建筑平面组合设计的任务。

建筑是人为创造的空间环境，任何空间都具有三维性，因此在进行建筑设计的过程中，往往从平、立、剖三个方向的投影来综合分析建筑物的特征，并通过相应的图示来表达其设计意图。

建筑的平面、立面、剖面设计三者是密切联系而又相互制约的。建筑平面表达的是建筑物在水平投影方向的房屋各部分的组合关系，并集中反映建筑物的使用功能关系，是建筑设计中的重要一环。因此，在建筑设计中平面设计是关键，在进行方案设计时，先从平面入手，同时认真分析剖面及立面的可能性和合理性及对平面设计的影响。只有综合考虑三者的关系，按完整的三维空间概念去进行设计，才能做好一个建筑设计。

建筑平面设计包括单一空间设计和平面组合设计。

从组成平面各部分的使用性质来分析，平面分为使用部分和交通联系部分。使用部分是指各类建筑物中的使用房间和辅助房间。交通联系部分是建筑物中各房间之间、楼层之间和室内与室外之间联系的空间。

单一空间设计是在整体建筑合理而适用的基础上，确定房间的面积、形状、尺寸以及门窗的大小和位置，解决建筑的交通联系问题。

平面组合设计是根据各类建筑功能要求，抓住使用房间、辅助房间、交通联系部分的相互关系，结合基地环境及其他条件，采取不同的组合方式将各单个房间合理地组合起来。

2.1　平面设计的内容和要求

建筑平面图是一栋房屋的水平剖面图。假想用一水平的剖切平面，沿着房屋门窗洞口的位置，将房屋水平切开，移走上部分，作出切面以下部分的水平投影图，即为建筑平面图。

建筑平面图是施工放线、砌筑墙体、安装门窗、室内装修、安装设备及编制预算、施工备料等的重要依据。

建筑平面设计的内容包括单个房间平面设计和平面组合设计。

建筑平面设计就是充分研究几个部分的特征和相互关系，以及平面与周围环境的关系，在各种复杂的关系中找出平面设计的规律，使建筑能满足功能、技术、经济、美观的要求，如图 2-1 所示。建筑平面设计的要求可以分为以下几个部分：

① 建筑平面布局与基地周边环境条件相适应。

② 建筑平面形式、组合符合建筑的规模和使用功能的要求。

③ 建筑平面布局为建筑结构选型与立面处理提供合理的基础依据。

④ 在满足使用功能的基础上，尽量减少交通面积，提高建筑的利用率，降低建筑的造价。

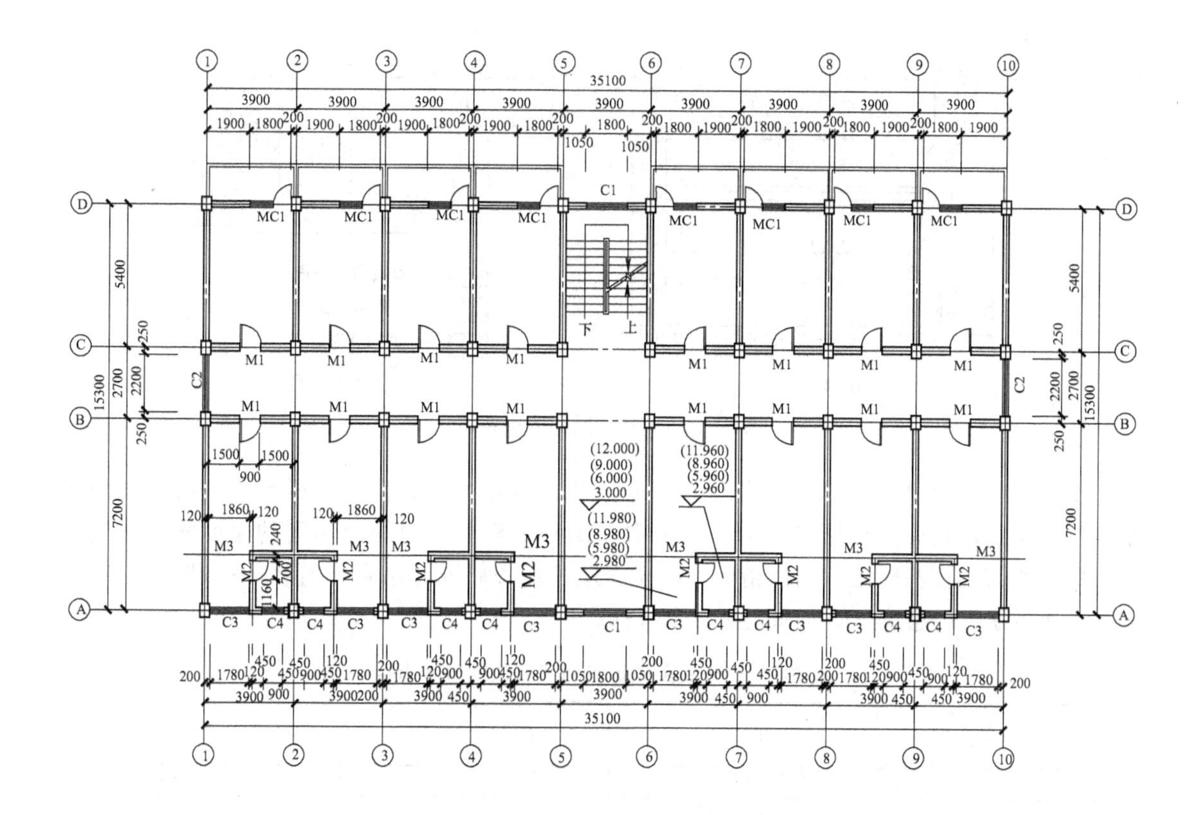

标准层平面图 1:100

图 2-1　某办公楼平面图

2.2　主要使用房间的设计

使用房间是各类建筑的主要部分，是供人们工作、学习、生活、娱乐等的必要房间，它的设计直接关系到建筑物是否能达到预期的使用效果。由于建筑类别不同，使用功能不同，对使用房间的要求也不一致。如生活、工作和学习用的房间要求安静、朝向好，尽量避免各种有形或无形的噪声干扰；公共活动房间人流比较集中，因此室内活动组织和交通组织比较重要，特别是人员的疏散问题比较突出。

2.2.1　房间面积

主要使用房间面积的大小，主要是由房间内部活动特点、使用人数的多少、家具设备的多少等因素决定的。

房间的面积可由以下三部分组成：

① 家具和设备所占用的面积；

② 人们使用家具设备及活动所需的面积；

③ 房间内部的交通面积。

图 2-2 为学校教室和住宅卧室的室内使用面积分析示意图。

影响房间面积大小的因素概括起来有以下几点。

① 房间用途、使用特点与要求。

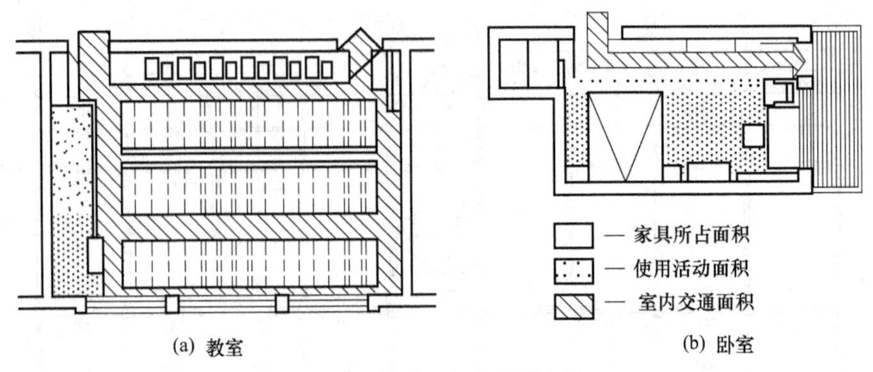

图 2-2 使用面积分析示意图

② 房间容纳人数。在实际工作中，房间面积的确定主要是依据我国有关部门及各地区制订的面积定额指标。根据房间的容纳人数及面积定额就可以得出房间的总面积。应当指出，每人所需的面积除面积定额指标外，还需通过调查研究并结合建筑物的标准综合考虑。表 2-1 是部分民用建筑房间面积定额参考指标。

表 2-1 部分民用建筑房间面积定额参考指标

项目 建筑类型	房间名称	面积定额/(m^2/人)	备注
中小学	普通教室	1～1.2	小学取下限
办公楼	一般办公室	3.5	不包括走道
	会议室	2.3	有会议桌
铁路旅客站	普通候车厅	1.1～1.3	
图书馆	普通阅览室	1.8～2.3	4～6 座双面阅览桌

③ 家具品种、数量及布置方式。

④ 室内交通活动。

⑤ 采光通风。

2.2.2 房间形状

民用建筑常见的房间形状有矩形、方形、多边形、圆形、扇形等。房间的平面形状与室内使用活动特点、家具布置方式以及采光、通风等因素有关，有时还要考虑人们对室内空间的直观感觉。

① 一般功能要求的民用建筑房间形状常采用矩形，如图 2-3 教室的平面布置图。

② 一些有特殊功能和视觉要求的房间，如观众厅、杂技场、体育场馆等房间，它的形

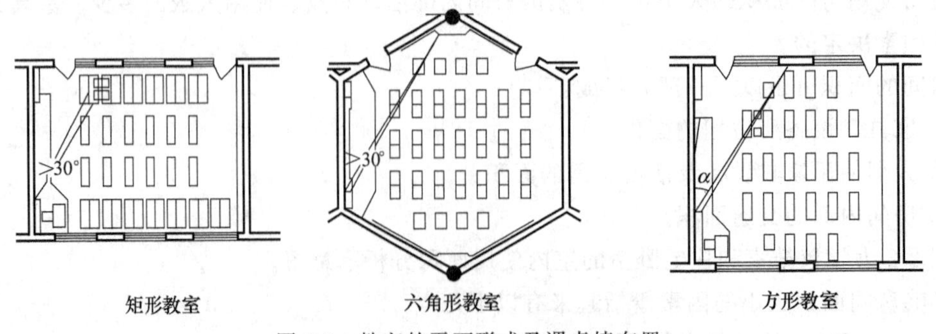

图 2-3 教室的平面形式及课桌椅布置

状首先应满足这类建筑的房间功能要求。影剧院观众厅平面形式图如图 2-4 所示。

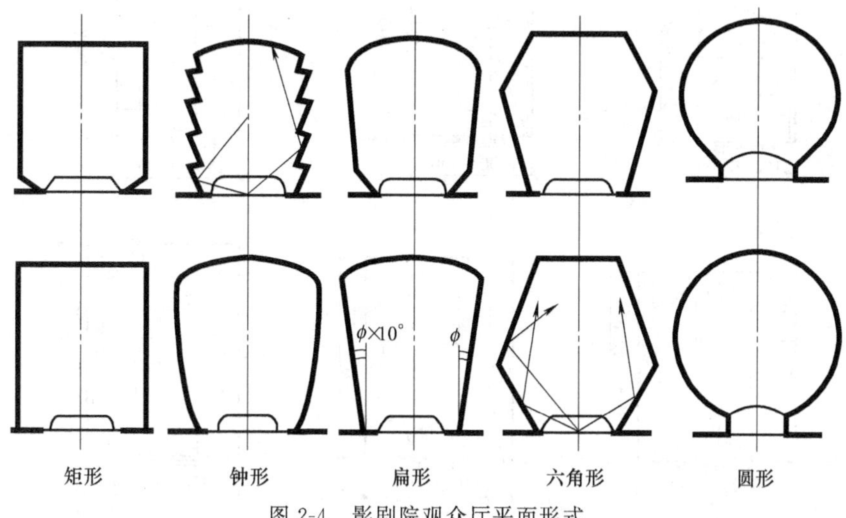

图 2-4　影剧院观众厅平面形式

③ 房间形状的确定，取决于房屋功能、结构和施工条件，同时也要考虑房间的空间艺术效果。某中学平面图如图 2-5 所示。

2.2.3　房间平面尺寸

房间尺寸是指房间的面宽和进深，而面宽常常是由一个或多个开间组成。在确定了房间的面积和形状之后，确定合适的房间尺寸便是一个重要问题了。一般从以下几方面进行综合考虑。

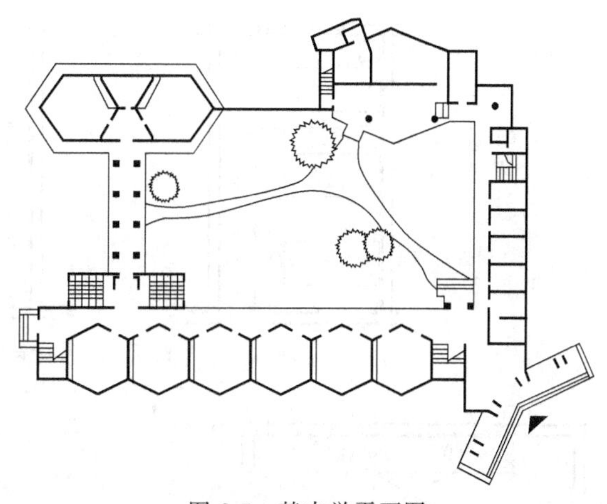

图 2-5　某中学平面图

（1）满足家具设备布置及人们活动的要求　例如主要卧室要求床能两个方向布置（图 2-6），因此开间尺寸常取 3.6m，深度方向常取 3.90～4.50m。小卧室开间尺寸常取 2.70～3.00m。医院病房主要是满足病床的布置及医护活动的要求（图 2-7），3～4 人的病房开间尺寸常取 3.30～3.60m，6～8 人的病房开间尺寸常取 5.70～6.00m。

（2）满足视听要求　有的房间如教室、会堂、观众厅等的平面尺寸除满足家具设备布置及人们活动要求外，还应保证有良好的视听条件。

从视听的功能考虑，教室的平面尺寸应满足以下要求：第一排座位距黑板的距离≥2.00m；后排距黑板的距离不宜大于 8.50m；为避免学生过于斜视，水平视角应≥30°。

中学教室平面尺寸常取 6.30m×9.00m、6.00m×9.00m、6.60m×9.00m、6.90m×9.00m 等（图 2-8）。

（3）良好的天然采光　一般房间多采用单侧或双侧采光，因此，房间的深度常受到采光的限制。一般单侧采光时进深不大于窗上口至地面距离的 2 倍，双侧采光时进深可较单侧采光时增大一倍（图 2-9）。

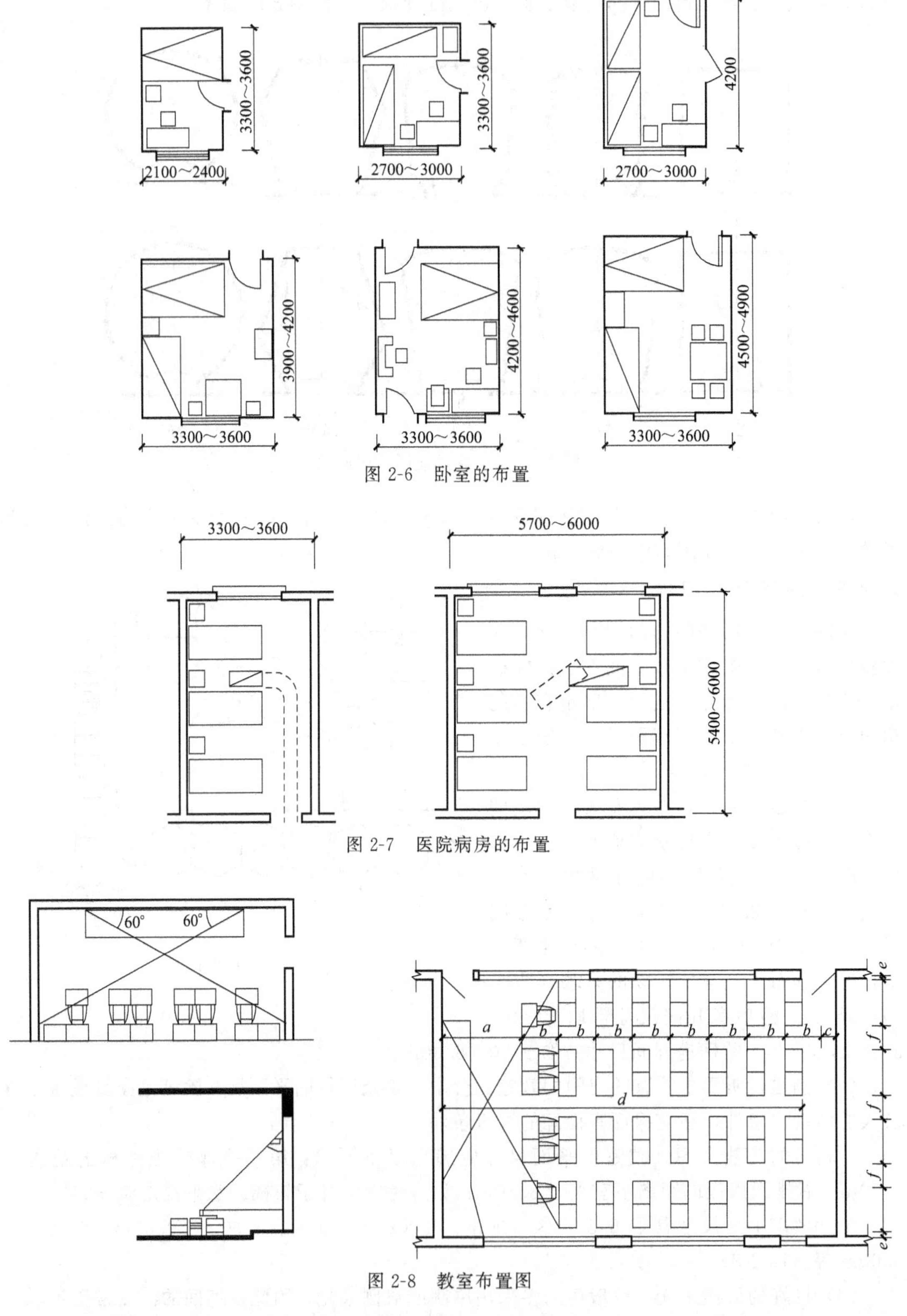

图 2-6　卧室的布置

图 2-7　医院病房的布置

图 2-8　教室布置图

(4) 经济合理的结构布置　较经济的开间尺寸是不大于 4.00m，钢筋混凝土梁较经济的跨度是不大于 9.00m。对于由多个开间组成的大房间，如教室、会议室、餐厅等，应尽

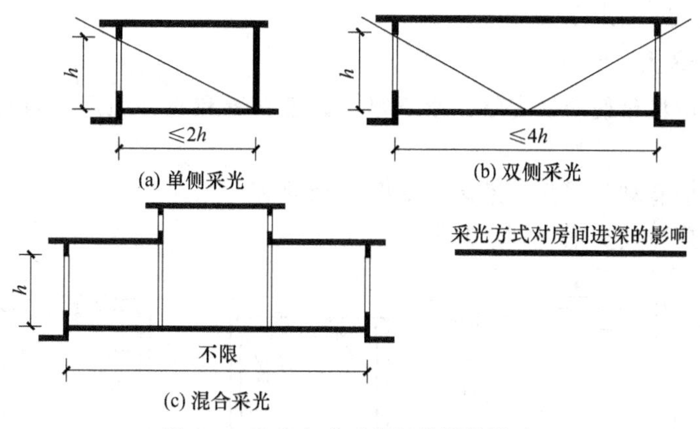

图 2-9 采光方式对房间进深的影响

量统一开间尺寸，减少构件类型。

(5) 符合建筑模数协调统一标准 为提高建筑工业化水平，必须统一构件类型，减少规格，这就需要在房间开间和进深上采用统一的模数，作为协调建筑尺寸的基本标准。按照建筑模数协调统一标准的规定，房间的开间和进深一般以 300mm 为模数。如办公楼、宿舍、旅馆等以小空间为主的建筑，其开间尺寸常取 3.30m、3.60m 等，住宅楼梯的开间尺寸常取 2.40m、2.70m 等。

2.2.4 房间的门窗设置

2.2.4.1 门的宽度及数量

门的宽度取决于人流股数及家具设备的大小等因素。一般单股人流通行最小宽度取 550mm，一个人侧身通行需要 300mm 宽。因此，门的最小宽度一般为 700mm，常用于住宅中的厕所、浴室。住宅中卧室、厨房、阳台的门应考虑一人携带物品通行，卧室常取 900mm（图 2-10），厨房可取 800mm。普通教室、办公室等的门应考虑一人正面通行，另一人侧身通行，常采用 1000mm。双扇门的宽度可为 1200～1800mm，四扇门的宽度可为 2400～3600mm。

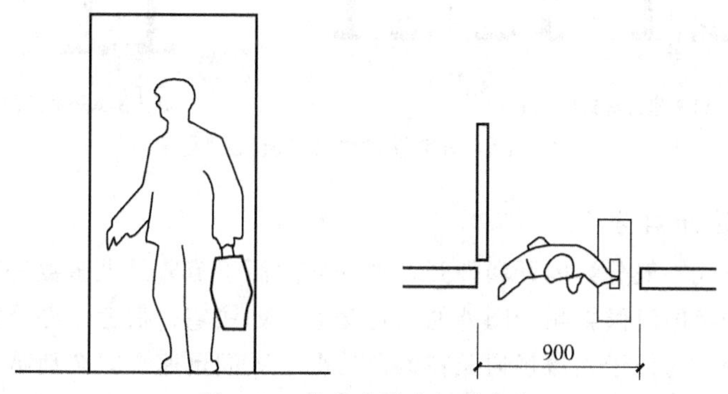

图 2-10 住宅中卧室门的宽度

按照《建筑设计防火规范》的要求，当房间使用人数超过 50 人，面积超过 $60m^2$ 时，至少需设两个门。影剧院、礼堂的观众厅、体育馆的比赛大厅等，门的总宽度可按每 100 人 600mm 宽（根据规范估计值）计算。影剧院、礼堂的观众厅，按≤250 人/安全出口设计，人数超过 2000 人时，超过部分按≤400 人/安全出口设计；体育馆按≤400～700 人/安全出口设计，规模小的按下限值。

2.2.4.2 门窗位置

① 门窗位置应尽量使墙面完整，便于家具设备布置和充分利用室内有效面积，如图 2-11 所示。

② 门窗位置应有利于采光、通风，如图 2-12 所示。

③ 门的位置应方便交通，利于疏散。

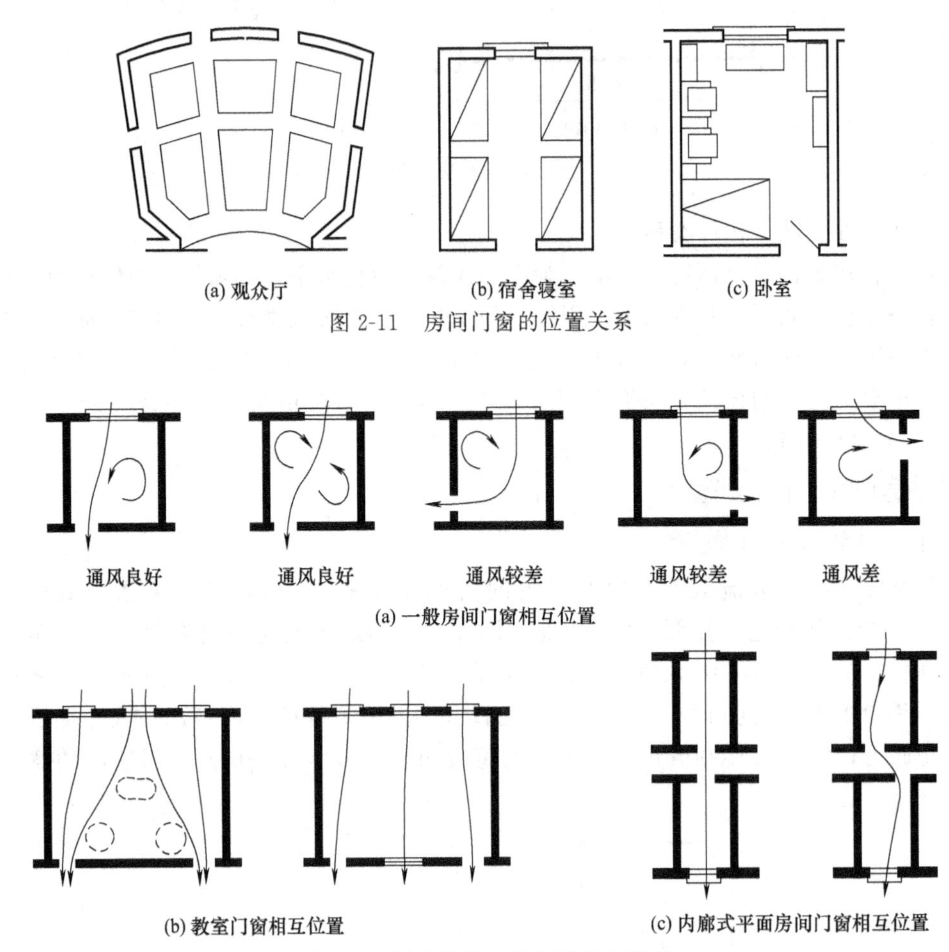

(a) 观众厅　(b) 宿舍寝室　(c) 卧室

图 2-11　房间门窗的位置关系

(a) 一般房间门窗相互位置

(b) 教室门窗相互位置　(c) 内廊式平面房间门窗相互位置

图 2-12　门窗位置与采光通风的关系

2.2.4.3 门窗的开启方向

门窗的开启方式一般分为内开和外开，外开的门便于疏散。大多数房间的门均采用内开方式，可防止门开启的时候影响房间外的人行交通，如住宅、宿舍、办公室等。在使用人数较多的公共建筑中，为便于人流畅通及在紧急情况下人们迅速、安全地疏散，门必须向外即向疏散方向开启。对于有抗风压、保温要求的房间，可以采用转门或弹簧门。但是，幼儿园建筑不宜设弹簧门。门的位置应与室内走道紧密配合，使通行线路简捷。在设计时要注意避免几个门扇相互碰撞和妨碍人流通行（图 2-13）。

门的开启方向应不影响交通，便于安全疏散，防止紧靠在一起的门扇相互碰撞，如图 2-13（a）所示。

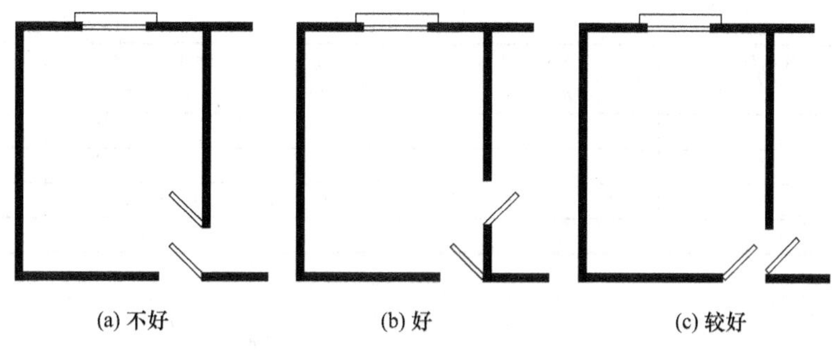

图 2-13 门的相互位置关系

2.2.4.4 窗的面积

窗口面积大小主要根据房间的使用要求、房间面积及当地日照情况等因素来考虑。根据不同房间的使用要求，建筑采光标准分为五级，每级规定相应的窗地面积比，即房间窗口总面积与地面积的比值（表 2-2）。

表 2-2 不同视觉作业场所的采光系数最低值和窗地面积比

采光等级	视觉作业分类		侧面采光		顶部采光	
	工作或活动要求精确程度	识别对象的最小尺寸 d/mm	采光系数最低值 C_{min}/%	侧窗的窗地面积比	采光系数最低值 C_{av}/%	平天窗的窗地面积比
Ⅰ	特别精细	$d\leqslant0.15$	5	1/2.5	7	1/6
Ⅱ	很精细	$0.15<d\leqslant0.3$	3	1/3.5	4.5	1/8.5
Ⅲ	精细	$0.3<d\leqslant1.0$	2	1/5	3	1/11
Ⅳ	一般	$1.0<d\leqslant5.0$	1	1/7	1.5	1/18
Ⅴ	粗糙	$d>5.0$	0.5	1/12	0.7	1/27

2.3 辅助使用房间的设计

民用建筑除了主要使用房间以外，还有很多辅助使用房间，这些房间在整个建筑平面中虽然处于次要地位，但却是不可缺少的部分。辅助使用房间的设计原理和方法与主要使用房间基本相同。但由于在这类房间中大都布置有较多的管道、设备，因此，房间的大小及布置均受到一定的限制，如厕所、盥洗室、浴室、厨房、通风机房等服务用房。

2.3.1 厕所设计

2.3.1.1 厕所设备及数量

厕所卫生设备有大便器、小便器、洗手盆、污水池等。厕所设备及组合尺寸见图 2-14。

卫生设备的数量及小便槽的长度主要取决于使用人数、使用对象、使用特点。一般民用建筑每一个卫生器具可供使用的人数如表 2-3 所列。具体设计中可参考各种类型建筑设计规范。

表 2-3 部分民用建筑厕所设备参考指标

建筑类型	男小便器/(人/个)	男大便器/(人/个)	女大便器/(人/个)	洗手盆或龙头/(人/个)	男女比例
办公楼	50	50	30	50～80	3∶1～5∶1
火车站	80	80	50	150	2∶1
旅馆	20	20	12	—	—
门诊部	50	100	50	150	1∶1

续表

建筑类型	男小便器/(人/个)	男大便器/(人/个)	女大便器/(人/个)	洗手盆或龙头/(人/个)	男女比例
宿舍	20	20	15	15	—
影剧院	35	75	50	140	2∶1～3∶1
幼托	—	5～10	5～10	2～5	1∶1
中小学	40	40	25	100	1∶1

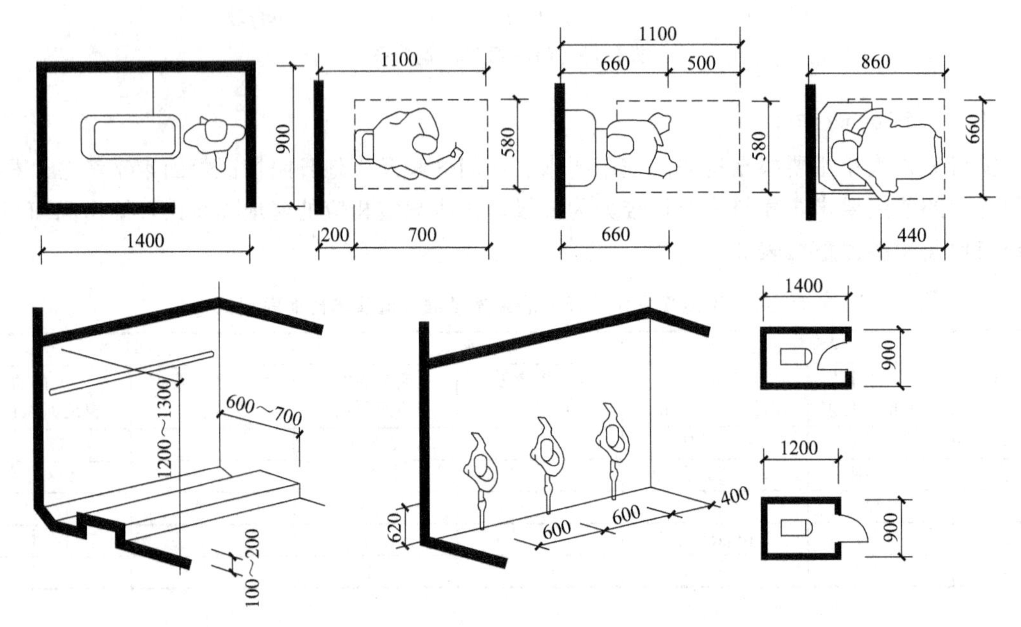

图 2-14 厕所设备及组合尺寸

2.3.1.2 厕所设计的一般要求

① 厕所在建筑物中常处于人流交通线上与走道及楼梯间相联系，应设前室，以前室作为公共交通空间和厕所的缓冲地，并使厕所隐蔽一些。

② 大量人群使用的厕所，应有良好的天然采光与通风。少数人使用的厕所允许间接采光，但必须有抽风设施。

③ 厕所位置应有利于节省管道，减少立管并靠近室外给排水管道。同层平面中男、女厕所最好并排布置，避免管道分散。多层建筑中应尽量使厕所上下对齐。

2.3.1.3 厕所布置

应设前室，带前室的厕所有利于隐蔽，可以改善通往厕所的走道和过厅的卫生条件。前室的深度应不小于 1.5～2.0m。当厕所面积小，不可能布置前室时，应注意门的开启方向，务必使厕所蹲位及小便器处于隐蔽位置。厕所布置形式见图 2-15。

2.3.2 浴室、盥洗室

浴室和盥洗室的主要设备有洗脸盆、污水池、淋浴器，有的设置浴盆等。除此以外，公共浴室还有更衣室，其中主要设备有挂衣钩、衣柜、更衣凳等。设计时可根据使用人数确定卫生器具的数量，同时结合设备尺寸及人体活动所需的空间尺寸进行布置。洗脸盆、浴盆及淋浴设备组合尺寸见图 2-16。

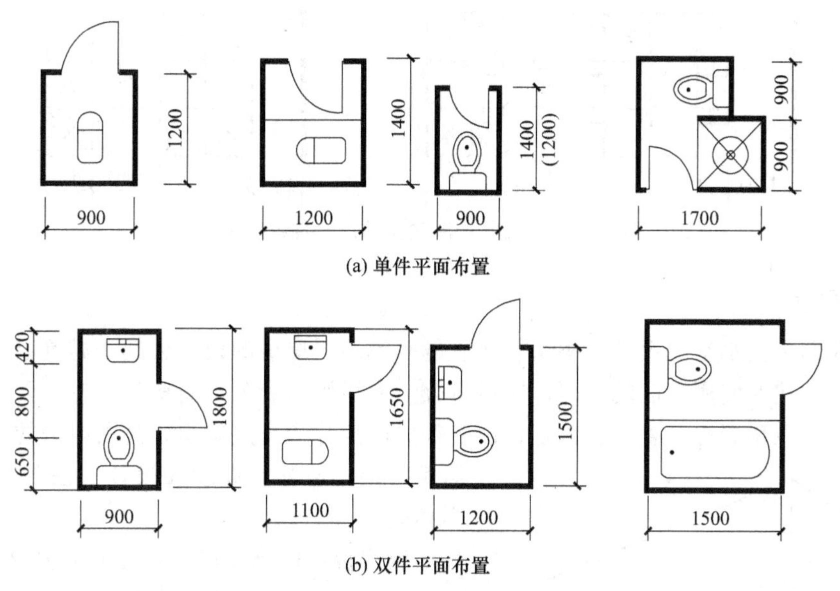

图 2-15 厕所布置形式

[注：图中尺寸为卫生设备及管道组合尺度（最小尺寸）]

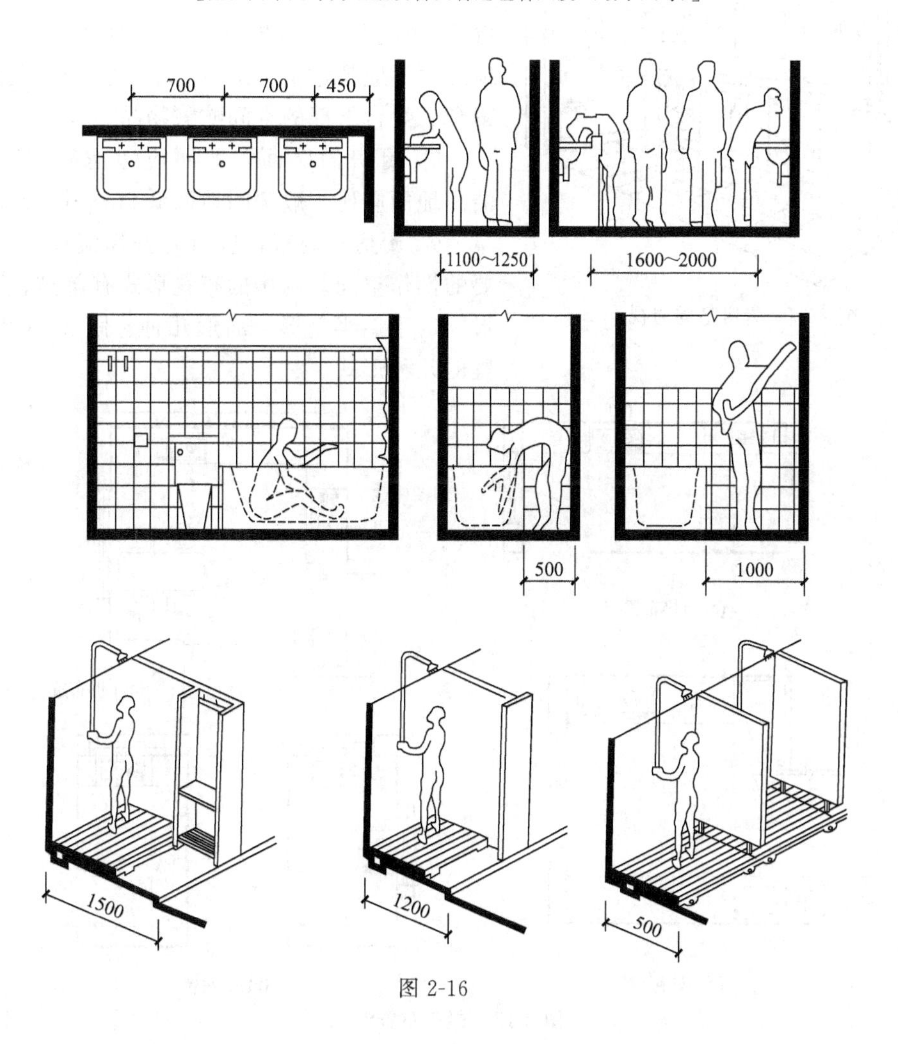

图 2-16

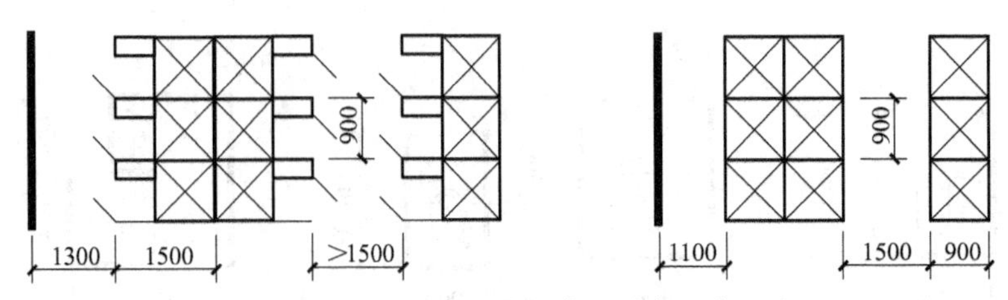

图 2-16　洗脸盆、浴盆及淋浴设备组合尺寸

2.3.3　厨房

随着人们生活水平的提高，餐馆、饭店越来越多，厨房的设计也越来越复杂（图2-17），种类也很多。按照使用功能的不同，厨房可分为专用厨房和公共厨房。住宅、公寓内每户使用的厨房称为专用厨房，餐厅、食堂、饭店等的厨房称为公共厨房。公共厨房的设计比专用厨房复杂，但基本原理和设计方法与专用厨房基本相同。

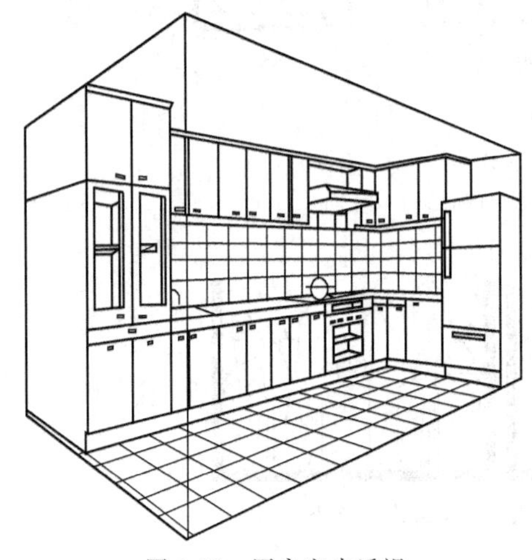

图 2-17　厨房室内透视

厨房设计应满足以下几方面的要求：

① 厨房应有良好的采光和通风条件。

② 尽量利用厨房的有效空间布置足够的贮藏设施，如壁柜、吊柜等。为方便存取，吊柜底距地高度不应超过 1.7m。除此以外，还可充分利用案台、灶台下部的空间贮藏物品。

③ 厨房的墙面、地面应考虑防水，便于清洁。地面应比一般房间地面低 20～30mm。

④ 厨房室内布置应符合操作流程，并保证必要的操作空间。厨房的布置形式有单排、双排、L 形、U 形、半岛形、岛形几种。图 2-18 为厨房布置的几种形式。

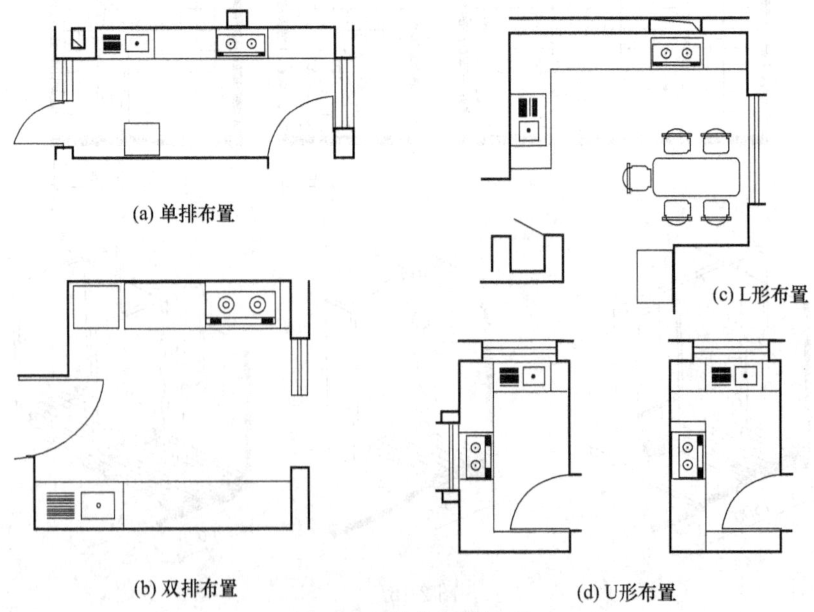

图 2-18　厨房布置形式

2.4 交通部分的设计

一幢建筑物除了有满足使用要求的各种房间外，还需要有交通联系部分把各个房间之间以及室内外之间联系起来，建筑物内部的交通联系部分可以分为：

① 水平交通联系的走廊、过道等；

② 垂直交通联系的楼梯、坡道、电梯、自动扶梯等；

③ 交通联系枢纽的门厅、过厅等。

交通联系部分的面积，在一些常见的建筑类型中，如教学楼占总面积的20%～25%，办公楼占15%～25%，医院占20%～38%。因此，这部分面积设计得是否合理，除了直接关系到建筑中各部分的联系通行是否方便外，还对房屋造价、建筑用地、平面组合方式等许多方面有很大影响。

交通联系部分设计的主要要求如下。

① 有足够的通行宽度，交通路线简洁明确，通行联系方便；

② 人流通畅，紧急疏散时迅速安全；

③ 满足一定的采光通风要求；

④ 在满足使用需要的前提下，要尽可能提高整个建筑平面的利用率，同时考虑空间造型问题。

2.4.1 走道（过道、走廊）——水平交通

2.4.1.1 走道的宽度

走道的宽度主要取决于人流通畅和安全疏散要求。通常单股人流通行时走道净宽度的最小尺寸为900mm，考虑两人并列行走或迎面交叉，走道的净宽度尺寸为1100～1200mm，三股人流时为1500～1800mm。一般民用建筑常用走道宽度如下：当走道两侧布置房间时，教学楼为2.10～3.00m，门诊部为2.40～3.00m，办公楼为2.10～2.40m，旅馆为1.50～2.10m，作为局部联系或住宅内部走道宽度不应小于0.90m，当走道一侧布置房间时，其走道的宽度应相应减少。走道的宽度主要由以下三个因素确定：

① 要保证在紧急状态下人们的安全疏散；

② 要考虑在正常状态下人流和家具设备的通行；

③ 要考虑在某些情况下能利用走道兼作别的用途。

2.4.1.2 走道的长度

走道的长度主要根据人流和家具通行、安全疏散、防火规范、走道性质、空间感受来综合考虑。为了满足人的行走和紧急情况下的疏散要求，我国《建筑设计防火规范》规定学校、医院等建筑直接通向疏散走道的最远房间疏散门至最近安全出口的最大距离如表2-4和图2-19所示。

表2-4 直接通向疏散走道的最远房间疏散门至最近安全出口的最大距离 单位：m

名称	位于两个安全出口之间的疏散门L1			位于袋形走道两侧或尽端的疏散门L2		
	耐火等级			耐火等级		
	一、二级	三级	四级	一、二级	三级	四级
托儿所、幼儿园	25	20	—	20	15	—
医院、疗养院	35	30	—	20	15	—

续表

名称	位于两个安全出口之间的疏散门 L1			位于袋形走道两侧或尽端的疏散门 L2		
	耐火等级			耐火等级		
	一、二级	三级	四级	一、二级	三级	四级
学校	35	30	—	22	20	—
其他民用建筑	40	35	25	22	20	15

注：1. 建筑内的观众厅、展览厅、多功能厅、餐厅、营业厅和阅览室等，其室内任何一点至最近安全出口的直线距离不宜大于 30.0m。

2. 直接通向疏散走道的房间疏散门至最近非封闭楼梯间的距离，当房间位于两个楼梯之间时，应按表 2-4 的规定减少 5.0m；当房间位于袋形走道两侧或尽端时，应按表 2-4 的规定减少 2.0m。

3. 楼梯间的首层应设置直通室外的安全出口或在首层采用扩大封闭楼梯间。当层数不超过 4 层时，可将直通室外的安全出口设置在离楼梯间小于或等于 15.0m 处。

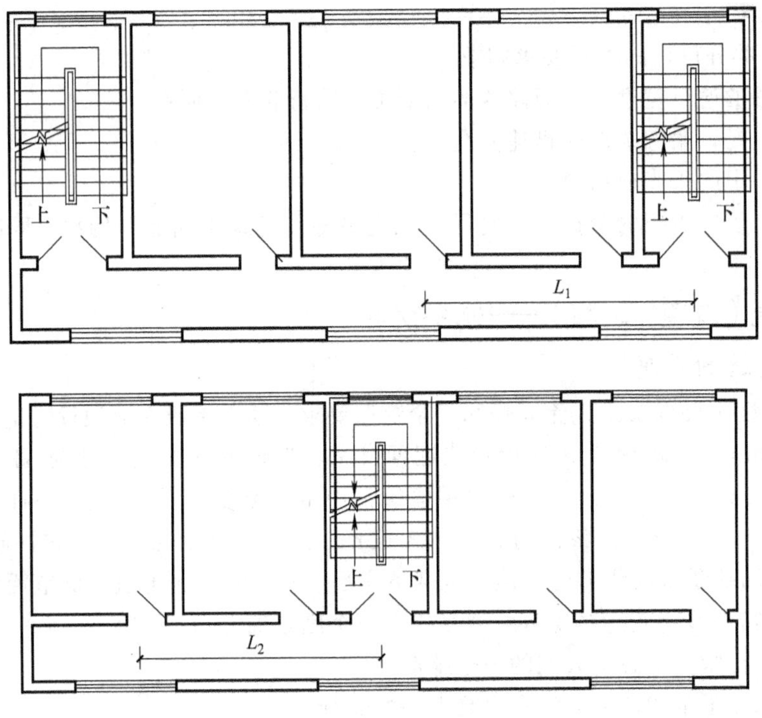

图 2-19　走道长度的控制

2.4.1.3　走道的采光和通风

走道的采光和通风主要依靠天然采光和自然通风。在南方地区，因为气候炎热、空气潮湿，常采用外走道的布置方式，由于只有一侧布置房间，可以获得较好的采光和通风效果；在北方地区，因为气候寒冷，常采用内走道的布置方式，由于内走道两侧都布置房间，如果设计不当，就会造成光线不足、通风不好，一般可以通过走道尽端开窗，利用楼梯间、门厅或走道两侧房间设高窗来解决。

2.4.2　楼梯

楼梯是多层建筑中的垂直交通联系，是楼层人流疏散的必经通道。楼梯设计主要是根据使用要求和人流通行情况选择适当的楼梯形式、考虑整个建筑的楼梯数量、布置恰当的位置、确定梯段和平台的具体尺寸等。

2.4.2.1 楼梯的形式

楼梯的形式主要有单跑梯、双跑梯（平行双跑、直双跑、L形、双分式、双合式、剪刀式）、三跑梯、弧形梯、螺旋楼梯等。直行单跑楼梯方向单一、不转向、构造简单，常用于层高较小的建筑，当尺寸达到一定的时候，常给人以严肃向上的感觉。平行双跑楼梯是民用建筑中最为常见的一种形式，往往布置在单独的楼梯间中，方向感强，占地面积小，使用方便，常用于住宅、旅馆等建筑中。三跑楼梯体态灵活，造型美观，但梯井较大，常布置在公共建筑门厅和过厅中，可取得较好的效果。

楼梯按位置和使用性质可分为主要楼梯、次要楼梯和消防楼梯等，如图 2-20 所示。

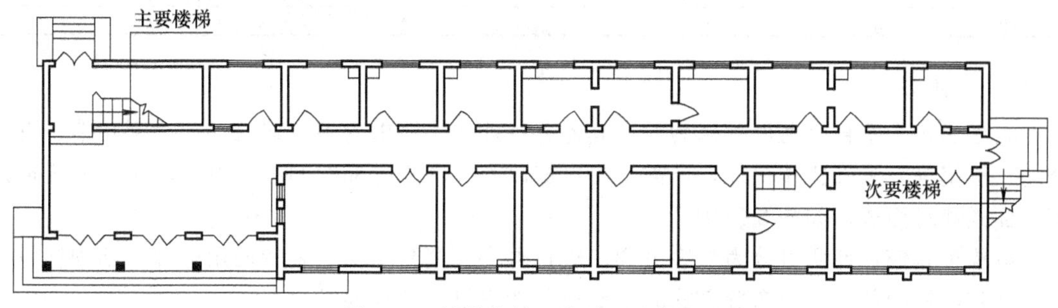

图 2-20　楼梯在某医院平面图中布置

2.4.2.2 楼梯的宽度

楼梯的宽度和数量主要根据使用性质、使用人数和防火规范来确定。一般供单人通行的楼梯宽度应不小于 850mm，双人通行为 1100～1200mm。一般民用建筑楼梯的最小净宽应满足两股人流疏散要求，但住宅内部楼梯可减小到 850～900mm。所有楼梯梯段宽度的总和应按照《建筑设计防火规范》（GB 50016—2006）和《高层民用建筑设计防火规范》（GB 50045—1995）的最小宽度进行校核。楼梯梯段及平台宽度如图 2-21 所示。疏散楼梯的最小净宽度见表 2-5。

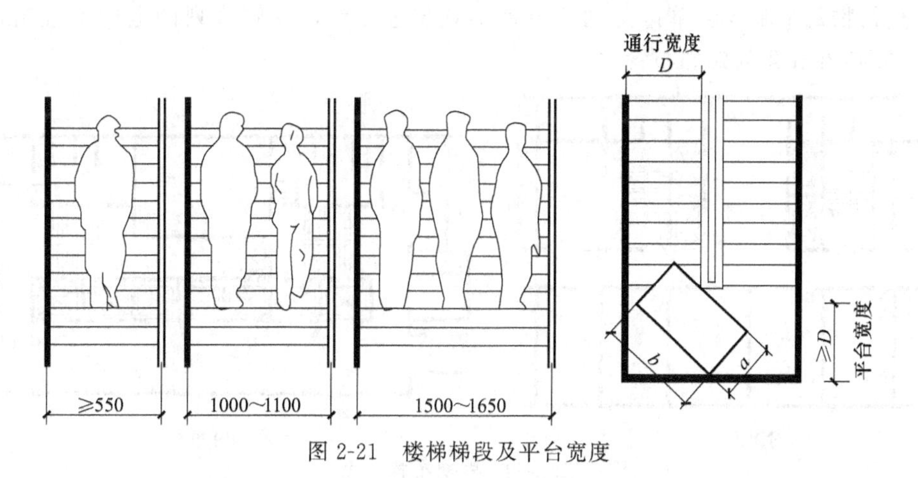

图 2-21　楼梯梯段及平台宽度

表 2-5　疏散楼梯的最小净宽度

高层建筑	疏散楼梯的最小净宽度/m	高层建筑	疏散楼梯的最小净宽度/m
医院病房楼	1.30	其他建筑	1.20
居住建筑	1.10		

2.4.2.3　楼梯的数量

楼梯的数量应根据使用人数及防火规范要求来确定，必须满足关于走道内房间门至楼梯间的最大距离的限制（表 2-4）。在通常情况下，每一幢公共建筑均应设两个楼梯。对于使用人数少或除幼儿园、托儿所、医院以外的二层、三层建筑，当其符合表 2-6 的要求时，也可以只设一个疏散楼梯。

表 2-6　只设置一个疏散楼梯的条件

耐火等级	最多层数	每层最大建筑面积/m^2	人数
一、二级	3 层	500	第二层和第三层的人数之和不超过 100 人
三级	3 层	200	第二层和第三层的人数之和不超过 50 人
四级	2 层	200	第二层人数不超过 30 人

2.4.3　电梯

高层建筑的垂直交通以电梯为主，其他有特殊功能要求的多层建筑，如大型宾馆、百货公司、医院等，除设置楼梯外，还需设置电梯以解决垂直升降的问题。电梯的布置方式可采用单面式和对面式，如图 2-22 所示。

电梯按其使用性质可分为乘客电梯、载货电梯、消防电梯、客货两用电梯、杂物梯等几类。确定电梯间的位置及布置方式时，应充分考虑以下几点要求。

① 电梯间应布置在人流集中的地方，如门厅、出入口等，位置要明显，电梯前面应有足够的等候面积，以免造成拥挤和堵塞，另外，电梯不得做安全出口。

② 按防火规范的要求，设计电梯时应配置辅助楼梯，供电梯发生故障时使用。布置时可将两者靠近，以便灵活使用，并有利于安全疏散。

③ 电梯井道无天然采光要求，布置较为灵活，通常主要考虑人流交通方便、通畅。电梯等候厅由于人流集中，最好有天然采光及自然通风。

④ 高度超过 24m 的重要建筑、12 层以上的高层住宅以及高度超过 32m 的公共建筑还应设置消防电梯。

⑤ 建筑物每个服务区单排排列的电梯不宜超过 4 台，双侧排列的电梯不宜超过 2×4 台；电梯不应在转角处贴邻布置。

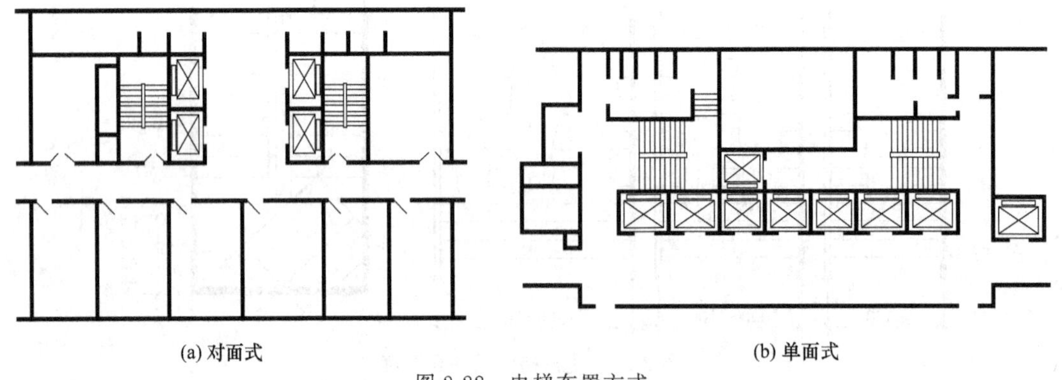

(a) 对面式　　(b) 单面式

图 2-22　电梯布置方式

2.4.4　自动扶梯及坡道

2.4.4.1　自动扶梯

自动扶梯是一种在一定方向上能大量、连续输送流动客流的装置。除了提供乘客一种既方便又舒适的上下楼层间的运输工具外，自动扶梯还可引导乘客走一些既定路线，以引导乘客和顾客游览、购物，并具有良好的装饰效果。在具有频繁而连续人流的大型公共建筑中，如百货大楼、展览馆、游乐场、火车站、地铁站、航空港等建筑将自动扶梯作为主要垂直交通工具考虑。其布置方式有单向布置、转向布置、交叉布置。其梯段宽度较小，通常为600～1000mm。自动扶梯（图 2-23）应布置在明显的位置，如主要入口处，便于引导人流。

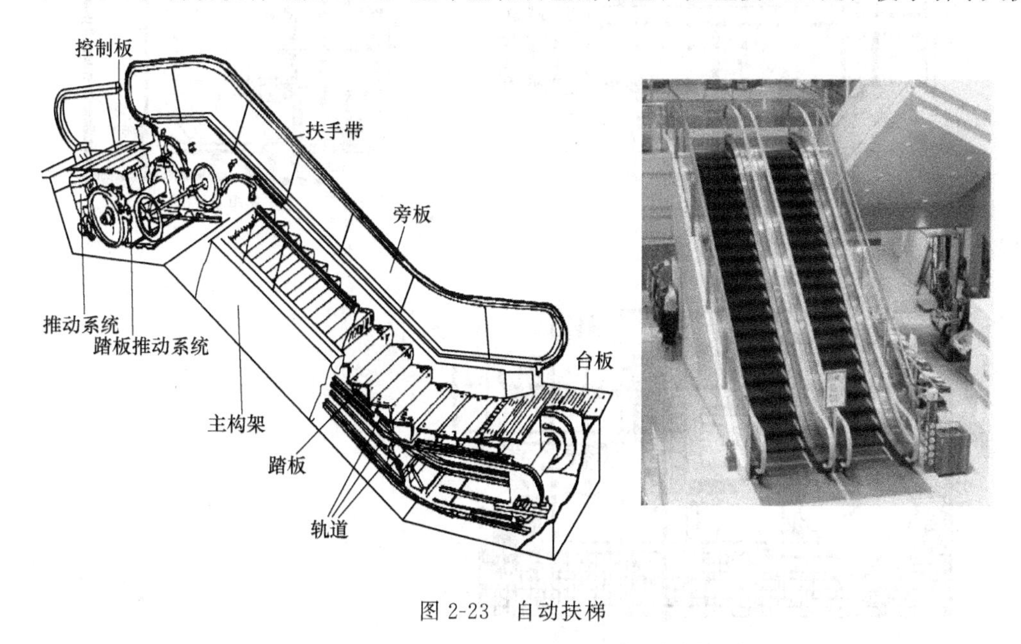

图 2-23　自动扶梯

2.4.4.2　坡道

坡道也是垂直交通联系的一种方式，有一些人流大量集中的建筑物，如大型体育馆常在人流疏散集中的地方设置坡道，以利于安全和快速地疏散人流；一些医院为了病人上下和手推车的通行方便也可采用坡道。坡道的特点是上下比较省力，通行人流的能力几乎和平地相当，但是坡道的最大缺点是所占面积比楼梯面积大得多。

2.4.5 门厅

门厅作为交通枢纽，其主要作用是接纳、分配人流，室内外空间过渡及各方面交通（过道、楼梯等）的衔接。同时，根据建筑物使用性质不同，门厅还兼有其他功能，如医院门厅常设挂号、收费、取药的房间，旅馆门厅兼有休息、会客、接待、登记、小卖部等功能。除此以外，门厅作为建筑物的主要出入口，其不同空间处理可体现出不同的意境和形象。因此，民用建筑中门厅是建筑设计重点处理的部分。

2.4.5.1　门厅的大小

门厅的大小应根据各类建筑的使用性质、规模及质量标准等因素来确定，设计时可参考有关面积定额指标，如表 2-7 所示。

表 2-7　部分建筑门厅面积设计参考指标

建筑类型	面积定额	备注
中小学校	0.06～0.08m^2/生	—
食堂	0.08～0.18m^2/座	包括洗手间、小卖部
城市综合医院	11m^2/(日·百人次)	包括衣帽间和询问台
旅馆	0.2～0.5m^2/床	—
电影院	0.13m^2/观众	—

2.4.5.2 门厅的布局

门厅的布局可分为对称式与非对称式两种，如图 2-24 所示。

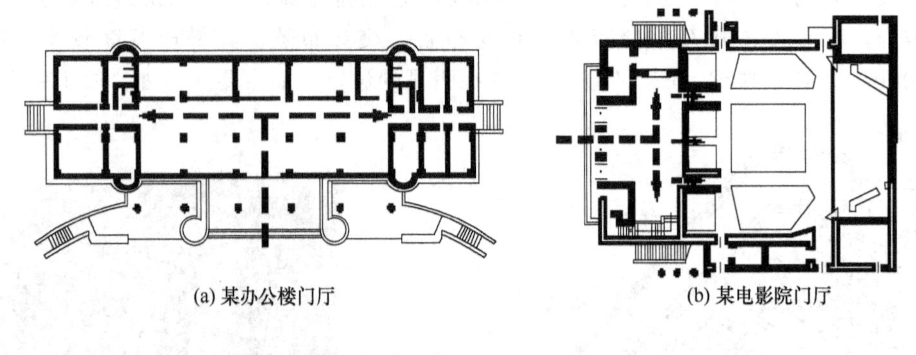

(a) 某办公楼门厅　　(b) 某电影院门厅

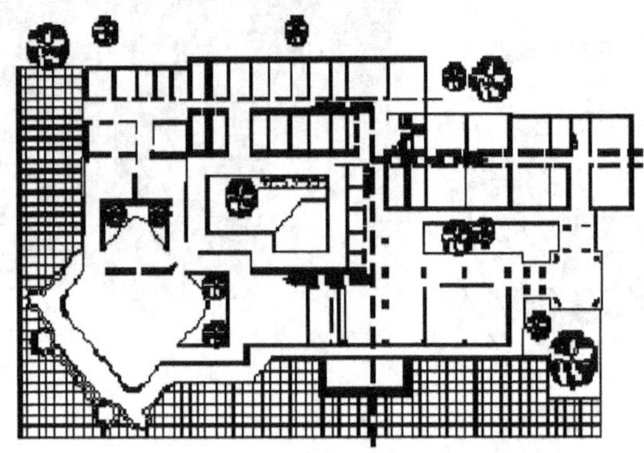

(c) 某中学教学楼平面

图 2-24 门厅布置形式

门厅设计应注意以下几点。

① 门厅应处于总平面中明显而突出的位置。

② 门厅内部设计要有明确的导向性，同时交通流线组织简明醒目，减少相互干扰。

③ 重视门厅内的空间组合和建筑造型要求。

④ 门厅对外出口的宽度按防火规范的要求不得小于通向该门厅的走道、楼梯宽度的总和。

2.5 建筑平面的组合设计

建筑平面组合设计就是将建筑平面中的使用部分、交通联系部分有机地联系起来，使之成为一个使用方便、结构合理、体型简洁、构图完整、造价经济及与环境协调的建筑物。

2.5.1 影响平面组合的因素

2.5.1.1 使用功能

平面组合的优劣主要体现在合理的功能分区及明确的流线组织两个方面。当然，采光、通风、朝向等要求也应予以充分的重视。

(1) 功能分区合理　合理的功能分区是将建筑物若干部分按不同的功能要求进行分类，并根据它们之间的密切程度加以划分，使之分区明确，又联系方便。在分析功能关系时，常借助于功能分析图来形象地表示各类建筑的功能关系及联系顺序。

具体设计时，可根据建筑物不同的功能特征，从以下三个方面进行分析。

① 主次关系。组成建筑物的各房间，按使用性质及重要性，必然存在着主次之分。在平面组合时应分清主次、合理安排。平面组合中，一般是将主要使用房间布置在朝向较好的位置，靠近主要出入口，并有良好的采光通风条件，次要房间可布置在条件较差的位置，如图 2-25 所示。

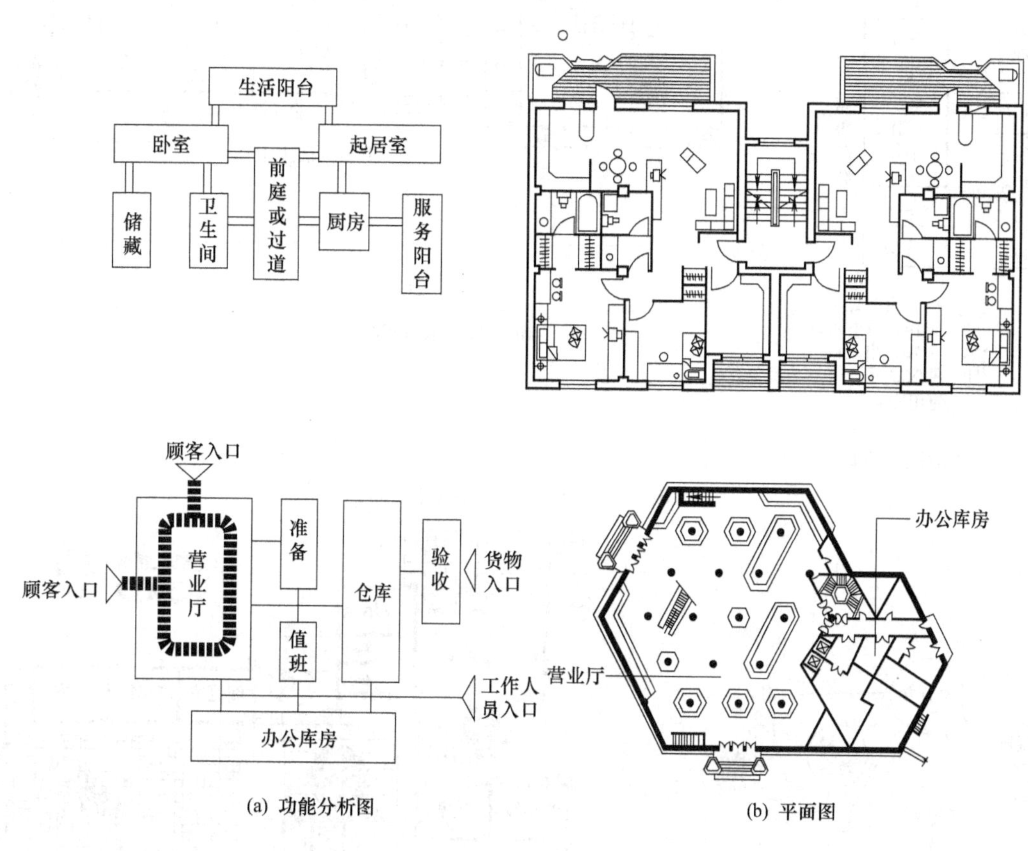

(a) 功能分析图　(b) 平面图

图 2-25　商业建筑房间的主次关系

② 内外关系。各类建筑的组成房间中，有的对外联系密切，直接为公众服务，有的对内联系密切，供内部使用。一般是将对外联系密切的房间布置在交通枢纽附近，位置明显便于直接对外，而将对内性强的房间布置在较隐蔽的位置。对于饮食建筑，餐厅是对外的，人流量大，应布置在交通方便、位置明显处，而对内性强的厨房等部分则布置在后部，次要入口面向内院较隐蔽的地方，如图 2-26 所示。

③ 联系与分隔。在分析功能关系时，常根据房间的使用性质如“闹”与“静”、“清”与“污”等方面进行功能分区，使其既分隔而互不干扰，且又有适当的联系。如教学楼中的多功能厅、普通教室和音乐教室，它们之间联系密切，但为防止声音干扰，必须适当隔开。教室与办公室之间要求方便联系，但为了避免学生影响教师的工作，需适当隔开。

(2) 流线组织明确　流线分为人流及货流两类。所谓流线组织明确，即是要使各种流线简捷、通畅，不迂回逆行，尽量避免相互交叉，如图 2-27 所示。

2.5.1.2　结构类型

目前民用建筑常用的结构类型有：混合结构、框架结构、剪力墙结构、框剪结构、空间

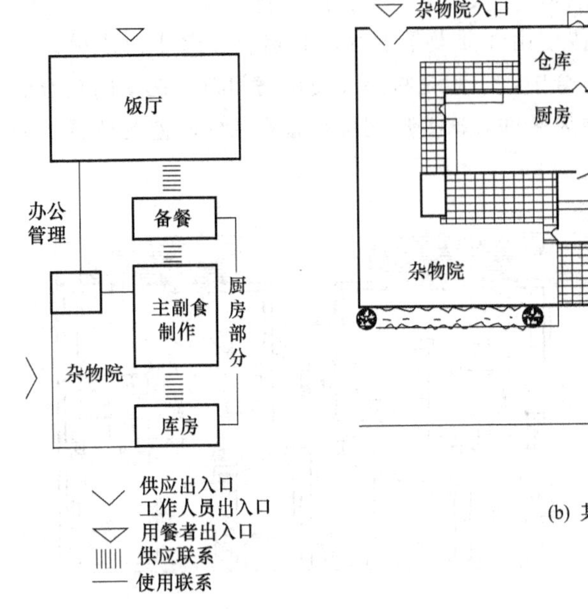

(a) 食堂功能分析图

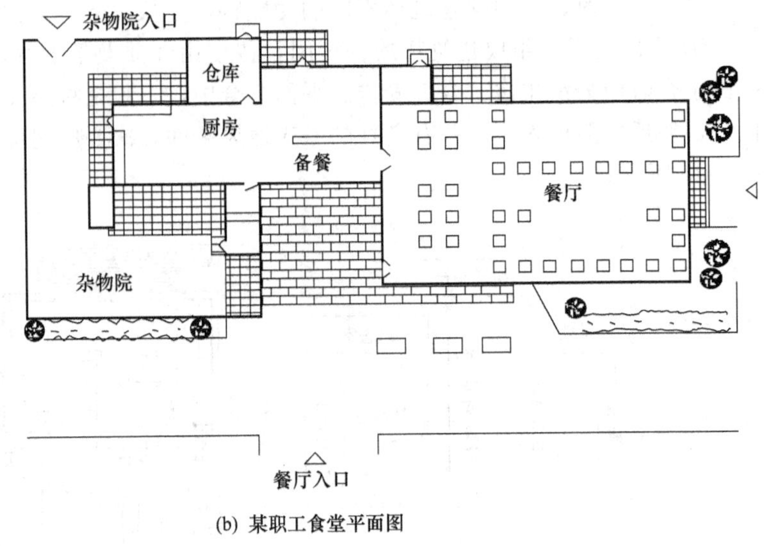

(b) 某职工食堂平面图

图 2-26 建筑房间的内外关系

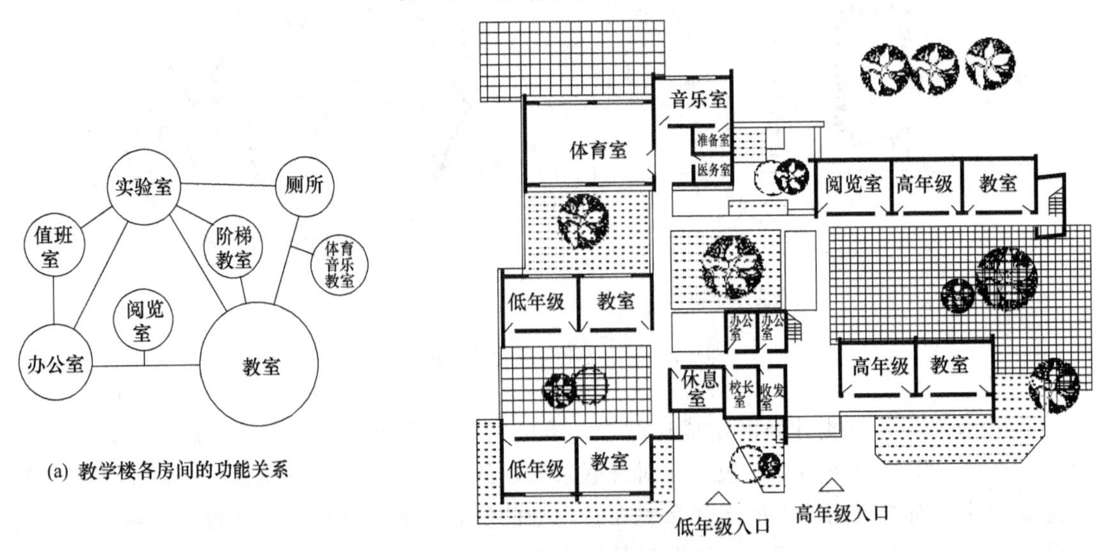

(a) 教学楼各房间的功能关系

(b) 某小学体育室、音乐室布置在教学楼一端

图 2-27 建筑房间的联系与分隔

结构。

（1）混合结构　多为砖混结构。这种结构形式的优点是构造简单、造价较低，其缺点是房间尺寸受钢筋混凝土梁板经济跨度的限制，室内空间小，开窗也受到限制，仅适用于房间开间和进深尺寸较小、层数不多的中小型民用建筑，如住宅、中小学校、医院及办公楼等，如图 2-28 所示。

（2）框架结构　框架结构的主要特点是：强度高，整体性好，刚度大，抗震性好，平面布局灵活性大，开窗较自由，但钢材、水泥用量大，造价较高。适用于开间、进深较大的商店、教学楼、图书馆之类的公共建筑以及多、高层住宅、旅馆等，如图 2-29 所示。

（3）剪力墙结构　剪力墙结构的主要特点是：强度高，整体性好，刚度大，抗震性好，但房间尺寸受钢筋混凝土梁板经济跨度的限制，室内空间小，开窗也受到限制。适用于房间开间和进深尺寸较小、层数较多的中小型民用建筑。

（4）框剪结构　框剪结构的主要特点是：结合了框架结构和剪力墙结构的优点。

（5）空间结构　这类结构用材经济，受力合理，并为解决大跨度的公共建筑提供了有利条件，如薄壳、悬索、网架等，如图 2-30 所示。

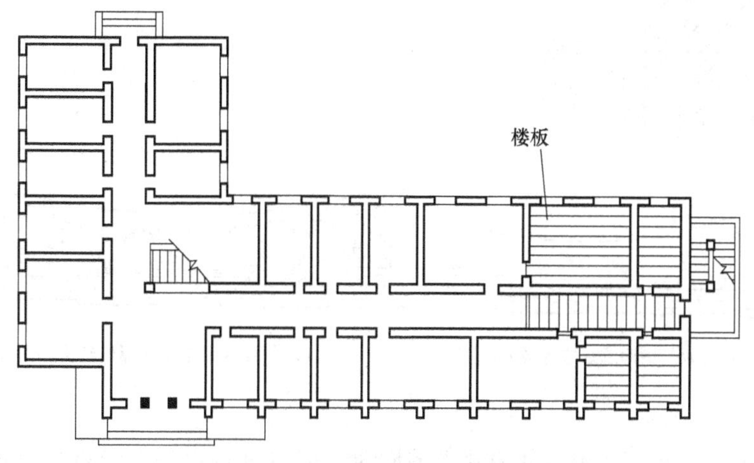

图 2-28　某采用墙体承重的门诊部平面图

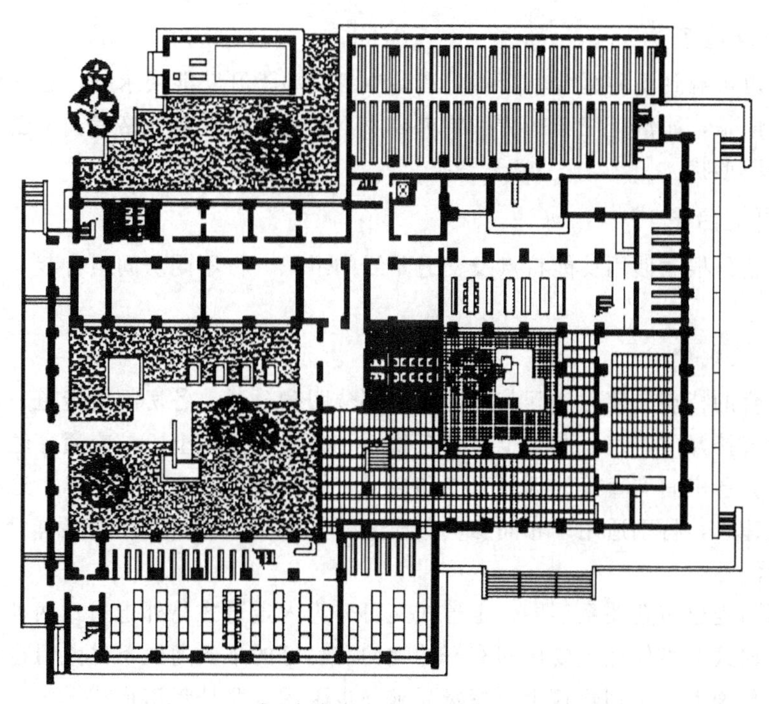

图 2-29　采用框架结构的某高校图书馆平面图

2.5.1.3　设备管线

民用建筑中的设备管线主要包括给水排水、空气调节以及电气照明等所需的设备管线，

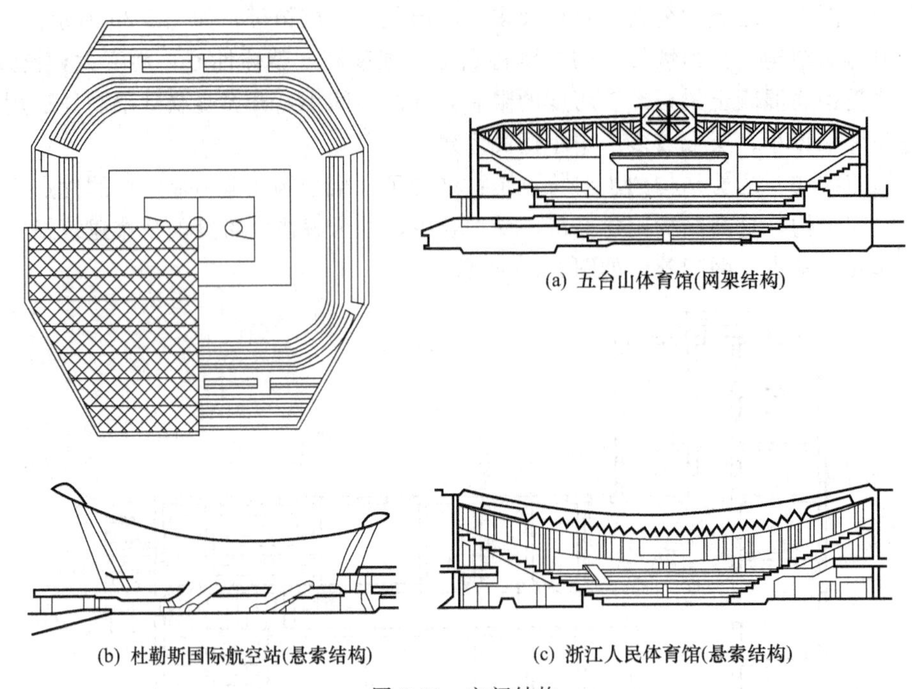

(a) 五台山体育馆(网架结构)

(b) 杜勒斯国际航空站(悬索结构)

(c) 浙江人民体育馆(悬索结构)

图 2-30　空间结构

它们都占有一定的空间。在满足使用要求的同时，应尽量将设备管线集中布置、上下对齐，方便使用，有利施工和节约管线。

2.5.1.4　建筑造型

建筑造型也影响到平面组合。当然，造型本身是离不开功能要求的，它一般是内部空间的直接反映。但是，简洁、完美的造型要求以及不同建筑的外部性格特征又会反过来影响到平面布局及平面形状。

2.5.2　平面组合形式

平面组合就是根据使用功能特点及交通路线的组织，将不同房间组合起来，常见组合形式如下。

2.5.2.1　走道式组合

走道式组合的特点是使用房间与交通联系部分明确分开，各房间沿走道一侧或两侧并列布置，房间门直接开向走道，通过走道相互联系；各房间基本上不被交通穿越，能较好地保持相对独立性；各房间有直接的天然采光和通风，结构简单，施工方便等。这种形式广泛应用于一般民用建筑，特别适用于相同房间数量较多的建筑，如学校、宿舍、医院、旅馆等，如图 2-31 所示。

根据房间与走道布置关系不同，走道式又可分为内走道式与外走道式两种。

（1）外走道式　可保证主要房间有好的朝向和良好的采光通风条件，但这种布局造成走道过长，交通面积大。个别建筑由于特殊要求，也采用双侧外走道形式。

（2）内走道式　各房间沿走道两侧布置，平面紧凑，外墙长度较短，对寒冷地区建筑热工有利。但这种布局难免出现一部分使用房间朝向较差的缺点，且走道采光通风较差，房间之间相互干扰较大。

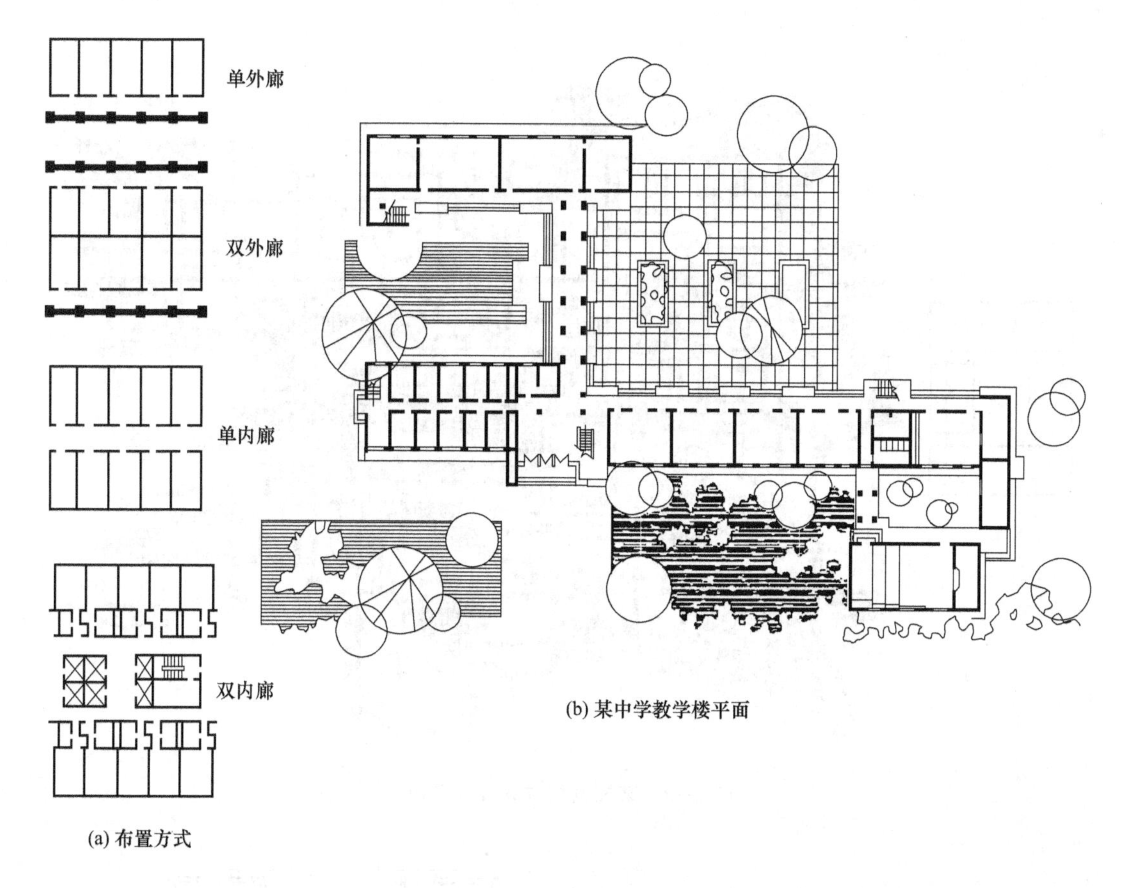

图 2-31　走道式组合示例

2.5.2.2　套间式组合

套间式组合的特点是用穿套的方式按一定的序列组织空间。房间与房间之间相互穿套，不再通过走道联系。其平面布置紧凑，面积利用率高，房间之间联系方便，但各房间使用不灵活，相互干扰大。适用于住宅、展览馆等，如图 2-32 所示。

2.5.2.3　大厅式组合

大厅式组合是以公共活动的大厅为主穿插布置辅助房间。这种组合的特点是主体房间使用人数多、面积大、层高大，辅助房间与大厅相比，尺寸大小悬殊，常布置在大厅周围并与主体房间保持一定的联系。适用于影剧院、体育馆等，如图 2-33 所示。

2.5.2.4　单元式组合

单元式组合是将关系密切的房间组合在一起成为一个相对独立的整体，称为单元。将一种或多种单元按地形和环境情况在水平或垂直方向重复组合起来成为一幢建筑，这种组合方式称为单元式组合，如图 2-34 所示。

单元式组合的优点是：①能提高建筑标准化，节省设计工作量，简化施工；②功能分区明确，平面布置紧凑，单元与单元之间相对独立，互不干扰；③布局灵活，能适应不同的地形，满足朝向要求，形成多种不同组合形式。因此，单元式组合广泛用于大量性民用建筑，如住宅、学校、医院等。

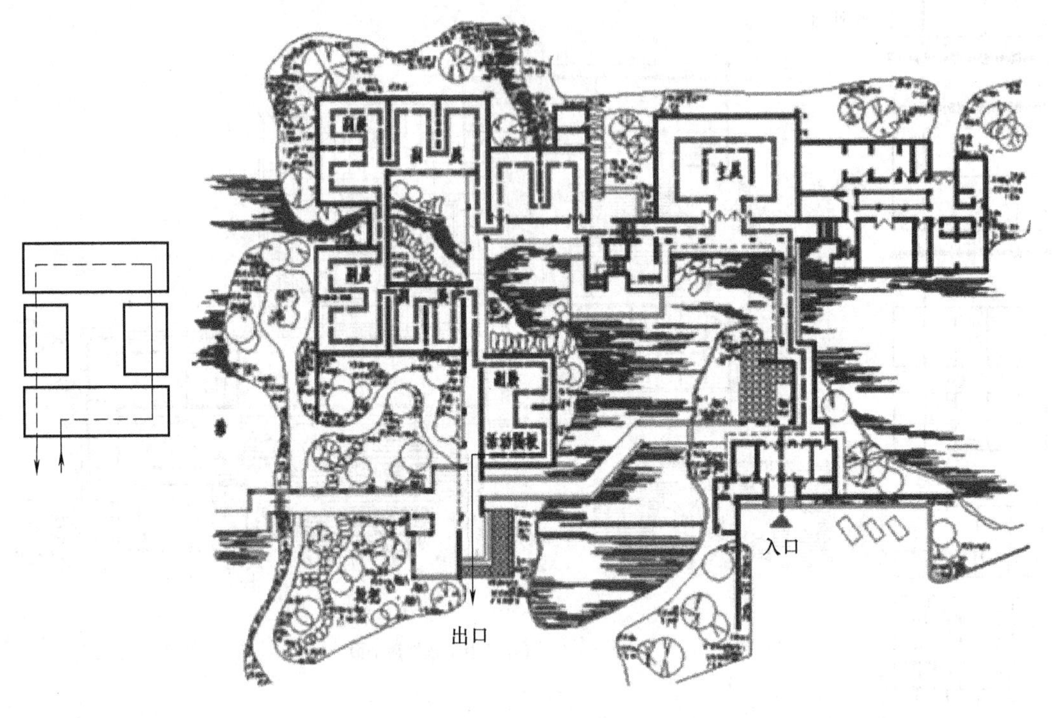

图 2-32　某展览馆方案设计平面

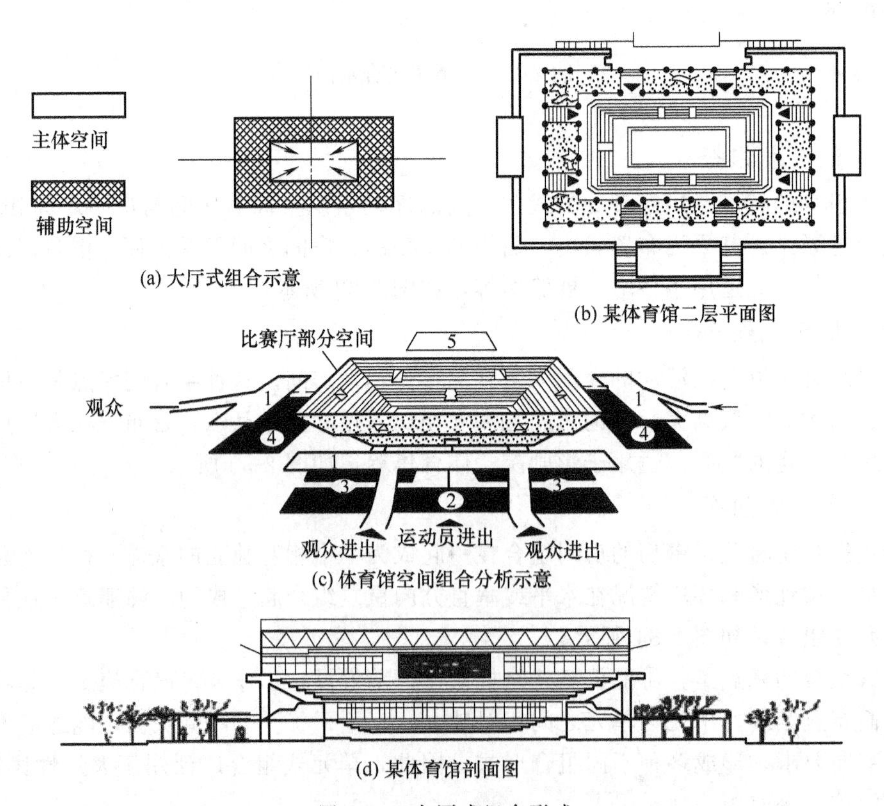

图 2-33　大厅式组合形式

1—门厅、休息厅；2—运动员活动部分；3—淋浴；4—辅助、管理用房；5—贵宾室

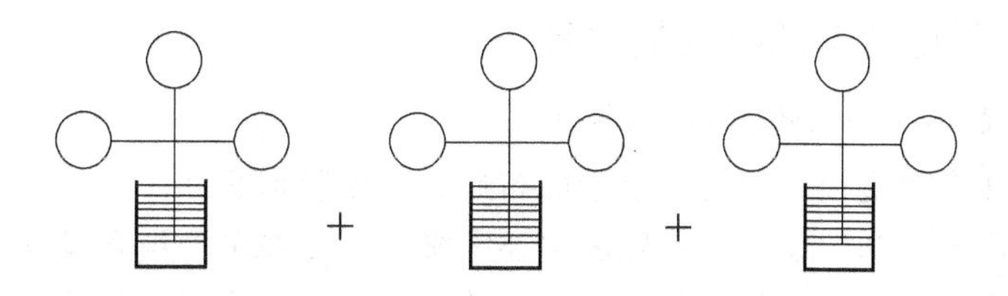

组合示意

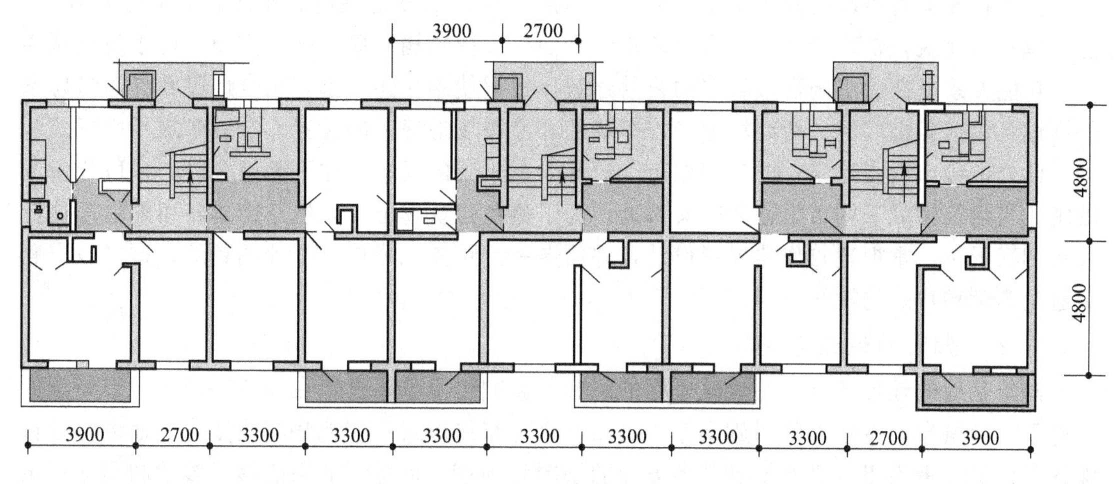

图 2-34　某单元式住宅

2.5.2.5　庭院式组合

建筑物围合成院落，用于学校、医院、图书室、旅馆等，如图 2-35 所示。

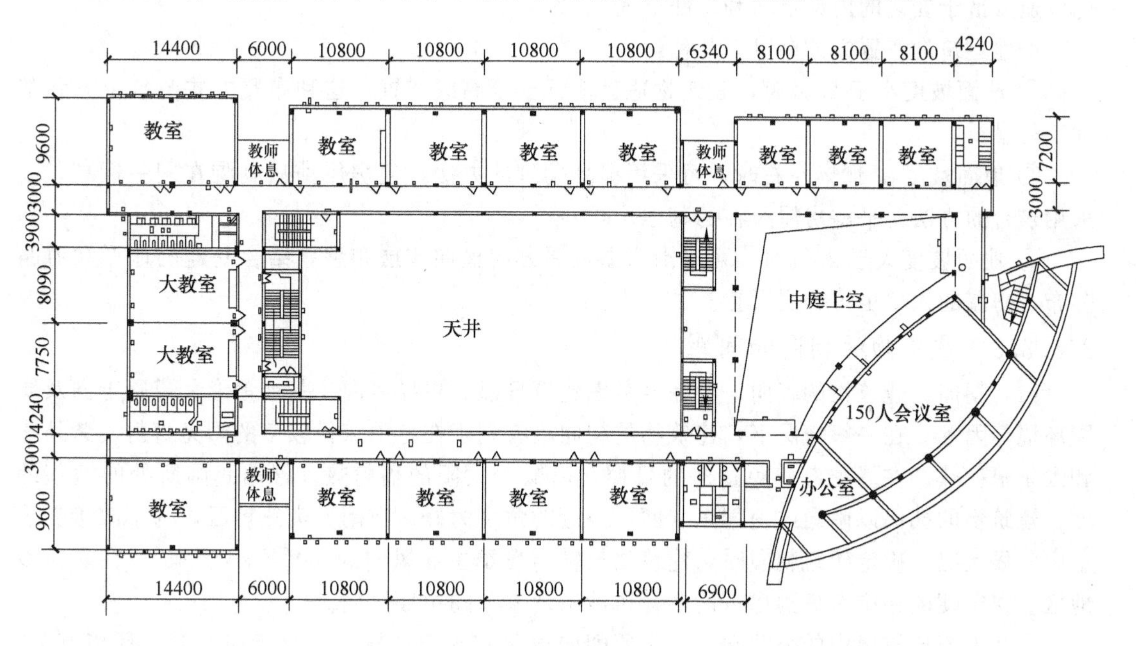

图 2-35　某庭院式教学楼平面图

2.5.3 建筑平面组合与总平面的关系

2.5.3.1 基地的大小、形状和道路布置

基地的大小和形状直接影响到建筑平面布局、外轮廓形状和尺寸。基地内的道路布置及人流方向是确定出入口和门厅平面位置的主要因素。因此在平面组合设计中，应密切结合基地的大小、形状和道路布置等外在条件，使建筑平面布置的形式、外轮廓形状和尺寸以及出入口的位置等符合城市总体规划的要求。

基地状况又直接影响着建筑平面形式。一般来说，当场地规整、平坦时，对于规模小，性质单一的建筑，常采用简洁、规整的矩形平面，以使结构简单，施工方便；对于建筑规模大、功能关系复杂、房间数量较多的公共建筑，根据使用功能要求，结合地段状况，考虑室外场地（包括集散广场、活动场地、停车场地和堆放场地等）的设置，布置建筑平面形式。

此外，城市沿街建筑，要考虑城市交通和沿街景观的要求，在平面组合时，采取相应的措施。当建筑物处于城市干道的交叉口处，为了避免建筑物出入人流与街道转角处的来往行人的相互干扰，常把建筑作曲尺形设计，并后退一定距离，形成一个开阔场地，这样也有利于避免车辆转弯时的视线遮挡。

2.5.3.2 基地的地形条件

建筑基地的地形条件，对建筑平面的组合的影响也十分明显。在地势平坦、地形有利的条件下，建筑布局有较大的回旋余地，可以有多种布局形式；在地势起伏变化、地形比较特殊的条件下，平面组合必然要受到多方面的限制和约束。但是，如果能够巧妙地利用地形条件，不仅具有良好的经济效果，而且还可以赋予设计方案以鲜明的特点。

基地地形若为坡地时，则应将建筑平面组合与地面高差结合起来，依山就势，顺应地势的起伏变化，使建筑布局、平面组合、剖面关系与地形条件紧密结合，以减少土方量，而且可以造成富于变化的内部空间和外部形式。

坡地建筑的布置方式有以下几种：

① 地面坡度小于25%时，建筑物适宜平行于等高线布置，这种布置方式节省土方和基础工程量。

② 地面坡度在10%左右时，可采用提高勒脚的方法，使房屋前后勒脚在同一标高，或采用筑台的方法，平整房屋所在的基地。

③ 地面坡度大于25%时，可以沿房屋进深方向横向错层布置，结合基地的地形和道路分布，房屋的入口也可分层设置。

2.5.3.3 建筑物的朝向和间距

（1）朝向　建筑物的朝向，要综合考虑建筑日照、主导风向、基地地形、道路走向及周围环境等因素。在一般情况下，建筑物的朝向应有利于在冬季获得较多的阳光直射、紫外线和太阳辐射热；在夏季应避免过多的日照，以减少太阳的辐射热。根据我国所处的地理纬度，建筑物的朝向以南向或南偏东（西）一定的角度为好。在南方炎热地区，为了改善夏季室内气候状况，确定建筑朝向时，建筑物长轴与夏季主导风向的夹角不小于45°。在多风沙地区，建筑朝向还应考虑到尽可能避开风沙出现季节的主导风向。

一些人流比较集中的公共建筑，主要朝向通常和街道位置、人流走向、周围环境有关，风景区的建筑，一般又以山河景色、绿化条件作为考虑建筑朝向的主要因素。

沿街建筑物的朝向，还应考虑到道路的走向。一般常将建筑物的长轴与道路平行布置。

当街道为南北走向时，为使街道两侧建筑物获得良好的朝向，常把建筑的主体部分南北布置，将辅助用房或商业服务性建筑沿街布置，两者连成一个整体，这样既照顾了城市街景要求，又使主体建筑处于好的朝向。

① 日照。我国大部分地区处于夏季热、冬季冷的状况。为保证室内冬暖夏凉的效果，建筑物的朝向应为南向、南偏东或偏西少许角度（15°）。在严寒地区，由于冬季时间长、夏季不太热，应争取日照，建筑朝向以东、南、西为宜。

② 风。根据当地的气候特点及夏季或冬季的主导风向，适当调整建筑物的朝向，使夏季可获得良好的自然通风条件，而冬季又可避免寒风的侵袭。

③ 基地环境。对于人流集中的公共建筑，房屋朝向主要考虑人流走向、道路位置和邻近建筑的关系，对于风景区建筑，则应以创造优美的景观作为考虑朝向的主要因素。

（2）间距　在一定的基地条件下（如基地的大小、基地的朝向等），建筑物之间必要的间距也将对房屋的平面组合方式、房间进深造成影响。

拟建房屋和周围房屋之间距离的确定主要考虑以下一些因素。

① 房屋的室外使用要求：房屋周围人行或车辆通行必要的道路面积，房屋之间对声音、视线干扰必要的间隔距离等。

② 日照、通风等卫生要求：主要考虑成排房屋前后阳光遮挡情况及通风条件。

③ 防火安全要求：考虑火灾时保证邻近房屋安全的间隔距离，以及消防车辆的必要通行宽度（例如两幢一级耐火等级建筑物之间的防火间距不应小于6m）。

④ 环境要求：对拟建房屋周围布置绿化景观等所需的面积要求。

⑤ 拟建房屋施工条件的要求：房屋建造时可能采用的施工起重设备、外脚手架的搭设以及新旧房屋基础之间必要的间距等。

对于走廊式或套间式长向布置的房屋，如住宅、宿舍、学校、办公楼等，成排房屋前后的日照间距通常是确定房屋间距的主要因素。这是因为这些房屋前后之间的日照间距通常大于它们在室外使用、防火或其他方面要求的间距，例如居住小区建筑物的用地指标主要也和日照间距有关。

房屋日照间距的要求，是使后排房屋在底层窗台高度处，保证冬季能有一定的日照时间。房间日照时间的长短是由房间和太阳相对位置的变化关系决定的，这个相对位置以太阳的高度角和方位角表示，它和建筑物所在的地理纬度、建筑方向以及季节、时间有关。通常以当地冬至正午12时太阳的高度角作为确定房屋日照间距的依据，日照间距的计算式为：

$$L=H/\tan\alpha$$

式中　L——房屋水平间距；

H——南向前排房屋檐口至后排房屋底层窗台的垂直高度；

α——当房屋正南向时冬至日正午的太阳高度角。

我国大部分地区日照间距约为（1.0～1.7）H。越往南日照间距越小，越往北则日照间距越大，这是因为太阳高度角在南方要大于北方。

对于大多数民用建筑，日照是确定房屋间距的主要依据，因为在一般情况下，只要满足了日照间距，其他要求也就能满足。但有的建筑由于所处的周围环境不同，以及使用功能要求不同，房屋间距也不同，如教学楼为了保证教室的采光和防止声音、视线的干扰，间距要求应大于或等于2.5H，而最小间距不小于12m。又如医院建筑，考虑卫生要求，间距应大于2.0H，对于1～2层病房，间距不小于25m；3～4层病房，间距不小于30m；传染病房与非传染病房的间距应不小于 40m。为节省用地，实际设计采用的建筑物间距可能会略小于理论计算的日照间距。

小　　结

1. 民用建筑平面设计包括房间设计和平面组合设计。各种类型的民用建筑，其平面均可归纳为使用和交通联系两个基本组成部分。

2. 使用房间是供人们生活、工作、学习、娱乐等的必要房间。为满足使用要求，必须有适合的房间面积、尺寸、形状及良好的朝向、采光、通风、疏散条件。同时，还应符合建筑模数协调统一的要求，并保证经济合理的结构布置等。

3. 辅助房间的设计原理和方法与使用房间设计基本相同。但是，由于这一类房间设备管线较多，设计中要特别注意房间的布置和与其他房间的位置关系，否则会造成使用、维修管理不便和造价增加等。

4. 建筑物内各房间之间以及室内外之间均要通过交通联系部分组合成有机整体。交通联系部分应具有足够的尺寸，流线简捷、明确，不迂回，有明显的导向性，有足够的照度和舒适感，保证安全防火等。

5. 平面组合设计应遵循以下原则：功能分区合理，流线组织明确，平面布局紧凑，结构经济合理，设备管线布置集中，体型简洁。

6. 民用建筑平面组合的方式有走廊式、套间式、大厅式、单元式以及混合式等。

7. 任何建筑都处在一个特定的建筑地段上，单体建筑必然要受到基地环境、大小、形状、地形起伏变化、气象、道路及城市规划等的制约。因此，建筑组合设计必须密切结合环境，做到因地制宜。

8. 建筑物之间的距离主要根据建筑的日照通风条件、防火安全要求来确定。除此以外，还应综合考虑防止声音和视线的干扰，兼顾绿化、室外工程、地形利用及建筑空间环境等的要求。对于一般建筑，只着重考虑日照间距问题。

9. 建筑朝向是建筑设计考虑的重要问题，要综合考虑日照、风向、地形、道路走向、周围环境等，在我国地理纬度条件下，以南向和南偏东（西）为好。

复习思考题

1. 建筑平面设计包含哪些内容？
2. 房间面积由哪几部分组成？
3. 影响房间形状的因素有哪些？试举例说明为什么矩形房间被广泛使用。
4. 房间尺寸指的是什么？试举例说明确定房间尺寸应考虑哪些因素？
5. 辅助房间设计有哪些要求？
6. 交通联系空间由哪三部分组成？交通联系部分的设计要求有哪些？
7. 门厅的设计要求有哪些？
8. 设计走道的宽度和长度要考虑哪些方面的要求？
9. 影响建筑平面组合的因素有哪些？
10. 简述几种建筑平面组合形式的特点及各自的使用范围。
11. 试举例说明基地环境对平面组合的影响。
12. 建筑物如何争取好的朝向？建筑物之间的间距如何确定？

第 3 章　建筑剖面设计

—— 本章提要 ——

剖面设计的一般规律和原则、建筑空间的组合设计、建筑层数、建筑内部空间高度的确定、建筑的剖面组合方式、建筑空间组合及利用。

建筑剖面图用于表示建筑物在垂直方向房屋各部分的组合关系。

剖面设计主要分析建筑物各部分应有的高度、剖面形状、建筑层数、建筑空间的组合和利用，以及建筑剖面中的结构、构造关系等。它在平面设计的基础上进行，同时又会对建筑平面设计产生一定的影响，在建筑设计中必须充分考虑平面和剖面之间的相互影响。建筑剖面设计和竖向组合直接影响到建筑物的使用、造价和节约用地，并对城市景观的形成有直接影响。

剖面设计主要表达以下内容：

① 确定房间的剖面开关、尺寸及比例关系。

② 确定房屋的层数和各部分的标高，如层高等。

③ 解决天然采光、自然通风、保温、隔热等。

④ 选择主体结构与围护结构方案。

⑤ 进行房屋朝向空间的组合，研究建筑空间的利用。

⑥ 用材料图例表达建筑所使用的材料（部分材料图例见图 3-1）

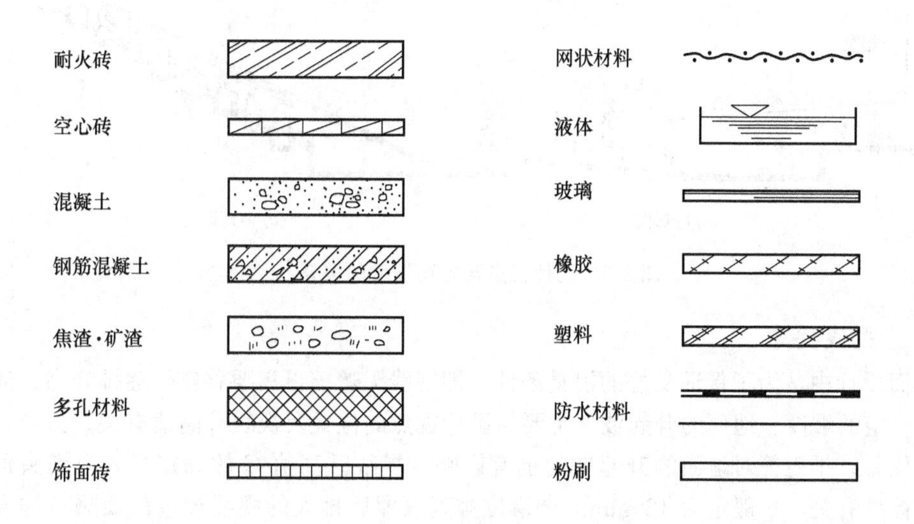

图 3-1　部分建筑材料图例

3.1　房间的剖面形状

房间的剖面形状分为矩形和非矩形两类，大多数民用建筑均采用矩形，非矩形剖面常用于有特殊要求的房间。房间的剖面形状主要是根据使用要求和特点来确定，同时也要结合具体的物质技术、经济条件及特定的艺术构思考虑，使之既满足使用要求又能达到一定的艺术效果，如图 3-2 所示。

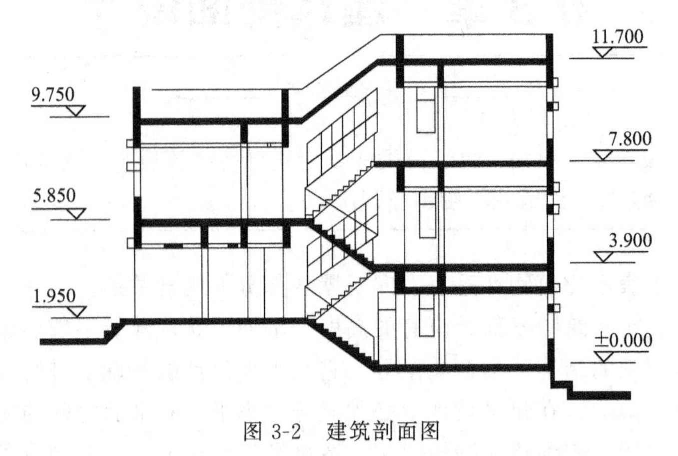

图 3-2　建筑剖面图

3.1.1　使用要求

在民用建筑中，绝大多数的建筑是属于一般功能要求的，如住宅、学校、办公楼、旅馆、商店等。这类建筑房间的剖面形状多采用矩形，因为矩形剖面能满足这类建筑的使用要求。对于某些特殊功能要求（如视线、音质等）的房间，则应根据使用要求选择适合的剖面形状。

有视线要求的房间主要是指影剧院的观众厅、体育馆的比赛大厅、教学楼中的阶梯教室等。这类房间除平面形状、大小满足一定的视距、视角要求外，地面应有一定的坡度，以保证良好的视觉要求，即舒适、无遮挡地看清对象。设计视点与地面坡度的关系见图 3-3。

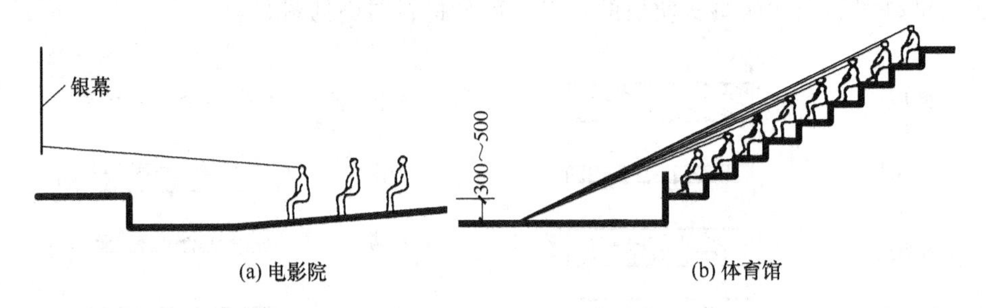

图 3-3　设计视点与地面坡度的关系

3.1.1.1　视线要求

在剖面设计中，为了保证良好的视觉条件，即视线无遮挡，需要将座位逐排升高，使室内地面形成一定的坡度。地面的升起坡度主要与设计视点的位置及视线升高值有关，另外，第一排座位的位置、排距等对地面的升起坡度也有影响。视线升高值 C 的确定与人眼到头顶的高度和视觉标准有关，一般定为 120mm。当错位排列（即后排人的视线擦过前面隔一排人的头顶而过）时，C 值取 60mm；当对位排列（即后排人的视线擦过前排人的头顶而过）时，C 值取 120mm。以上两种座位排列法均可满足视线无遮挡的要求（图 3-4、图 3-5）。

3.1.1.2　音质要求

影剧院、电影院、会堂等建筑，大厅的音质要求对房间的剖面形状影响很大。为保证室内声场分布均匀，防止出现空白区、回声和聚焦等现象，在剖面设计中要注意顶棚、墙面和地面的处理。为有效地利用声能，加强各处直达声，必须使大厅地面逐渐升高，除此以外，顶棚的高度和形状是保证听得清楚、真实的一个重要因素。它的形状应使大厅各座位都能获

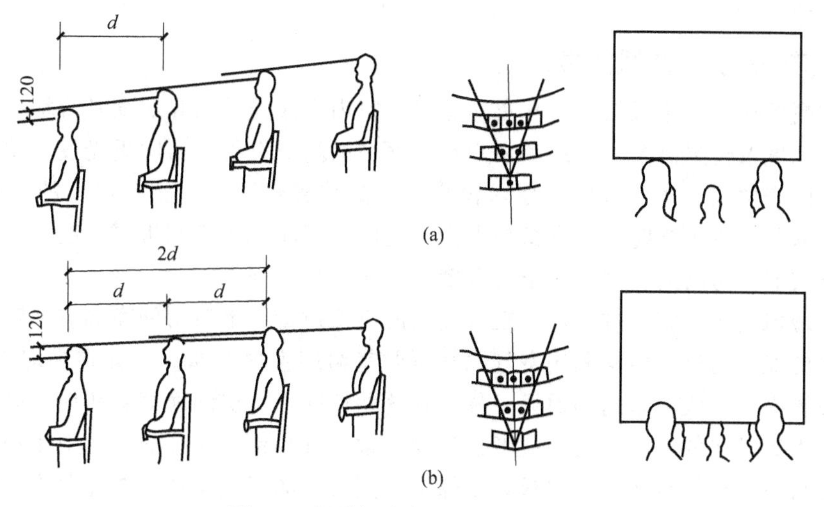

图 3-4　视觉标准与地面升起的关系

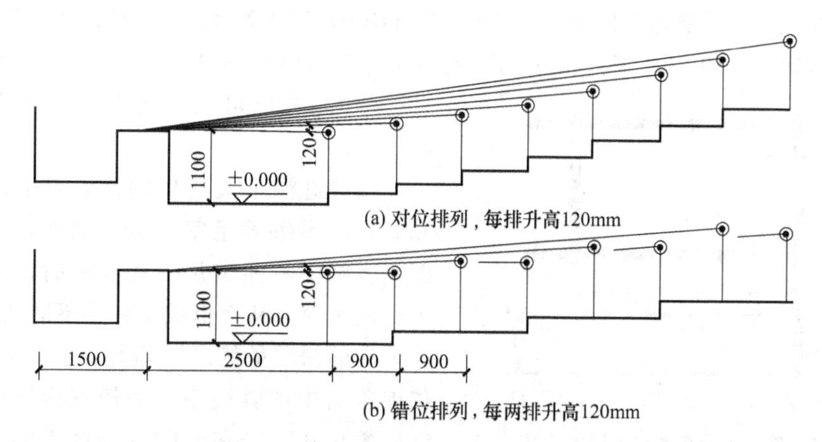

图 3-5　中学演示教室的地面升高剖面

得均匀的反射声，同时能加强声压不足的部位。一般说来，凹面易产生聚焦，声场分布不均匀，凸面是声扩散面，不会产生聚焦，声场分布均匀。为此，大厅顶棚应尽量避免采用凹曲面或拱顶（图 3-6）。

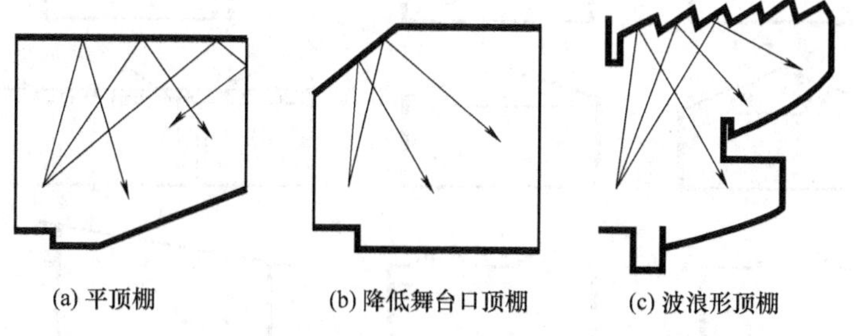

图 3-6　观众厅的几种剖面形状示意图

3.1.2　结构、材料和施工的影响

长方形的剖面形状规整、简单，有利于采用梁板式结构布置，同时施工也较简单，常用于大量性民用建筑。即使有特殊要求的房间，在能够满足使用要求的前提下，也宜优先考虑

采用矩形剖面。

3.1.3 室内采光、通风的要求

房间的高度应有利于天然采光和自然通风。室内光线的强弱和照度是否均匀，除了和平面中窗户的宽度及位置有关外，还和窗户在剖面中的高低有关。房间里光线的照射深度主要靠窗户的高度来解决，进深越大，要求窗户上沿的位置越高，即相应房间的净高也要高一些。当房间采用单侧采光时，通常窗户上沿离地的高度应大于房间进深长度的一半。当房间允许两侧开窗时，房间的净高不小于总深度的1/4（图3-7）。

房间的通风要求，室内进出风口在剖面上的高低位置，也对房间净高有一定影响。潮湿和炎热地区的民用房屋，经常利用空气的气压差来组织室内穿堂风，如在内墙上开设高窗，或在门上设置亮子等改善室内的通风条件，在这些情况下，房间净高就相应要高一些。除此以外，容纳人数较多的公共建筑，应考虑房间正常的气容量，保证必要的卫生条件，房间的净高应满足自然采光与自然通风要求，以保证房间必要的卫生条件。进深大的房间，为满足房间的采光要求，常提高窗上沿的高度，此时房间净高亦相应加大。

为保证室内二氧化碳浓度低于一定水平，保证必要的卫生条件，对一些使用人数多、无空调设备又经常关闭门窗的房间，每人应占有一定的空气量。如中小学教室3～5m^3/人，影剧院3.5～5.5m^3/人，据此可以确定符合卫生要求的房间净高。

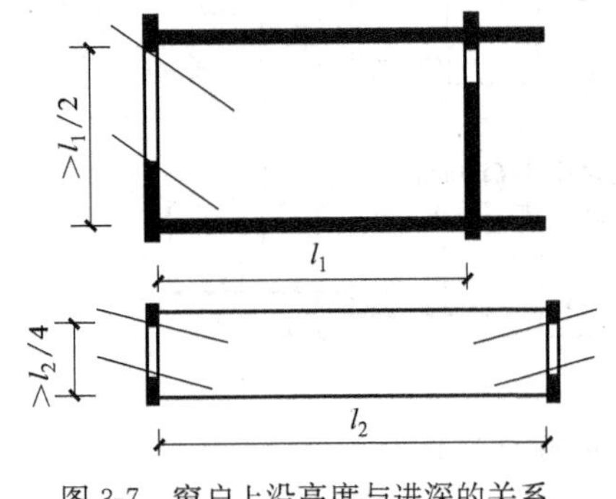

图3-7 窗户上沿高度与进深的关系

一般进深不大的房间，通常采用侧窗采光和通风已足够满足室内卫生的要求。当房间进深大，侧窗不能满足上述要求时，常设置各种形式的天窗，从而形成了各种不同的剖面形状。

有的房间虽然进深不大，但具有特殊要求，如展览馆中的陈列室，为使室内照度均匀、稳定、柔和并减轻和消除眩光的影响，避免直射阳光损害陈列品，常设置各种形式的采光窗（图3-8）。

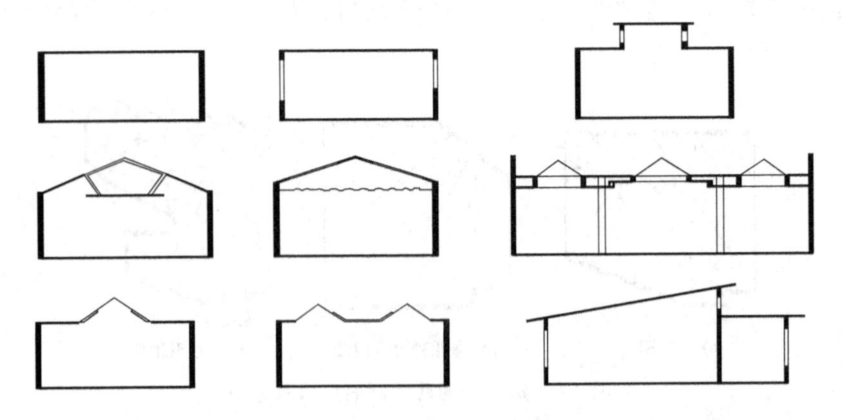
图3-8 不同采光方式对剖面形状的影响

对于厨房一类的房间，由于在操作过程中常散发出大量蒸汽、油烟等，可在顶部设置排气窗以加速排除有害气体（图3-9）。

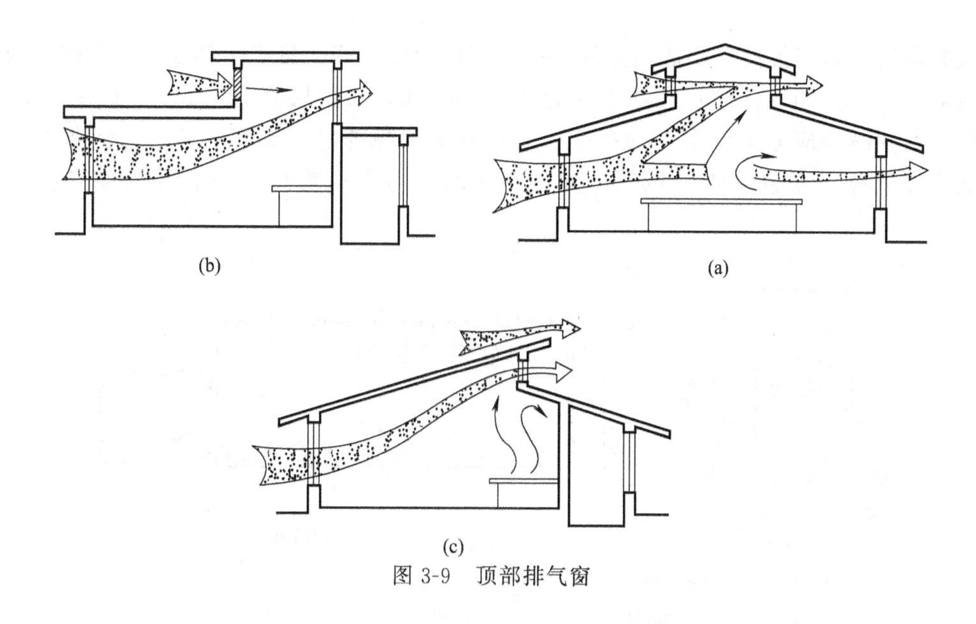

图 3-9　顶部排气窗

3.2　房间各部分高度的确定

3.2.1　房间的净高和层高

房间的净高是指楼地面到结构层（梁、板）底面或顶棚下表面之间的距离。层高是指该层楼地面到上一层楼面之间的距离（图 3-8）。房间的高度恰当与否，直接影响到房间的使用、经济以及室内空间的艺术效果。在通常情况下，房间高度的确定主要考虑以下几个方面。

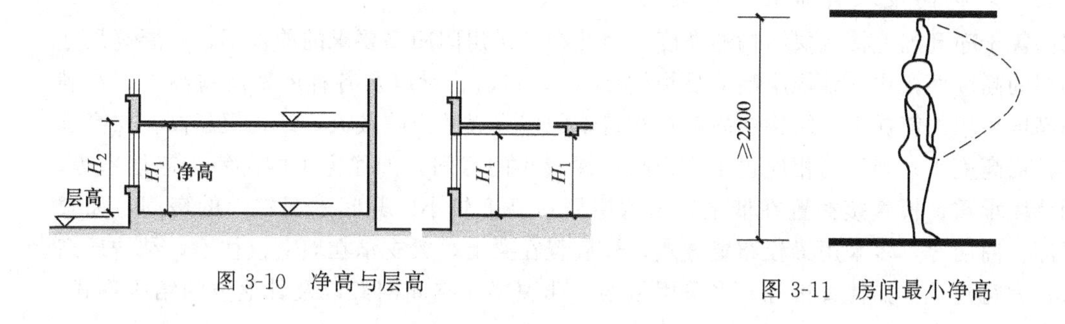

图 3-10　净高与层高

图 3-11　房间最小净高

3.2.1.1　人体活动及家具设备的要求

房间的主要用途决定了房间的使用性质和人在其中的活动特征。房间净高应不低于 2.20m（图 3-11）。住宅中的卧室和起居室，因使用人数较少，面积不大，净高要求一般不应小于 2400mm，层高在 2800mm 左右；中学的普通教室，由于使用人数较多，面积较大，净高也相应加大，要求不应小于 3400mm，层高在 3600～3900mm 之间；同样面积的中学舞蹈教室，由于人在其中活动的幅度较大，虽然使用人数较少（一般不超过 20 人），但净高却要求不应少于 4500mm，层高达到 4800～5100mm。

如学生宿舍设有双层床时，净高不应小于 3000mm，层高一般取 3300mm 左右；医院手术室的净高应考虑到手术台、无影灯以及手术操作所必需的空间，而无影灯的装置高度一般为 3000～3200mm，因此，手术室的净高不应小于 3000mm；公共建筑的门厅人流较多，高度可较其他房间适当提高；商店营业厅净高受房间面积及客流量多少等因素的影响，国内大中型营业厅（无空调设备的）底层层高为4.2～6.0m，二层层高为3.6～5.1m；游泳馆比赛大厅，房间净高应考虑跳水台的高度、跳水台至顶棚的最小高度；对于有空调要求的房间，通常在顶棚内布置有水平风管，确定层高时应考虑风管尺寸及必要的检修空间（图3-12）。

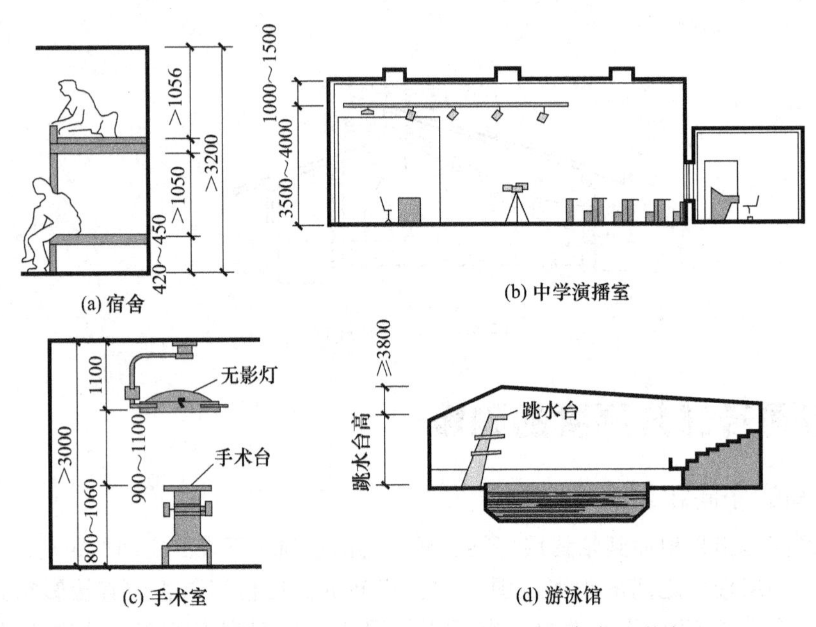

图3-12 家具设备和使用活动要求对房间高度的影响

3.2.1.2 结构高度及其布置方式的影响

层高等于净高加上楼板层结构的高度。因此在满足房间净高要求的前提下，其层高尺寸随结构层的高度而变化。结构层高度是指楼板（屋面板）、梁以及各种屋架所占高度。在满足房间高度要求的前提下，结构层高度对建筑物的层高尺寸影响较大。结构层越高，层高越大，结构层高度小，则层高相应也小。开间进深较小的房间，如住宅中的卧室、起居室等，多采用墙体承重，板直接搁置在墙上，结构层所占高度较小；开间进深较大的房间，如教室、餐厅、商店等，多采用梁板布置方式，板搁置在梁上，梁支承在墙上或柱上，结构层高度较大；大跨建筑，如体育馆等，多采用屋架、薄腹梁、空间网架以及其他空间结构形式，结构层高度则更大（图3-13）。

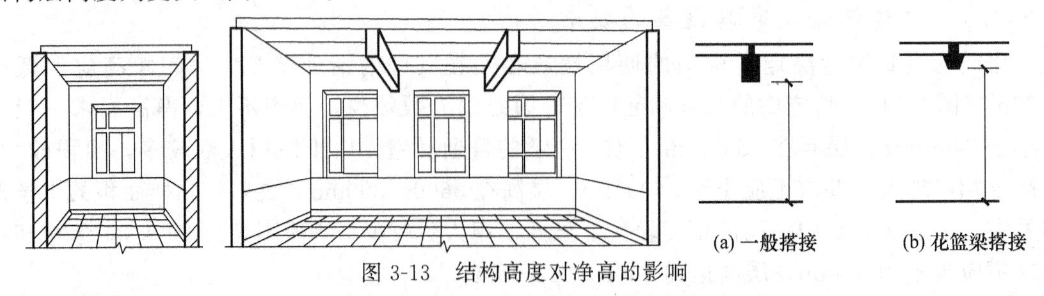

图3-13 结构高度对净高的影响

3.2.1.3 建筑经济效果

层高是影响建筑造价的一个重要因素。在满足使用要求和卫生要求的前提下，合理地选择房间高度，适当降低层高可以相应地减少房屋的间距，节约用地，减轻房屋自重，改善结构受力状况，节约材料。寒冷地区以及有空调要求的建筑，降低层高，可减少空调费用、节约能源。实践表明，普通砖混结构的建筑物，层高每降低 100mm 可节省投资 1%。

3.2.1.4 采光、通风要求

房间的高度应有利于天然采光和自然通风，以保证房间必要的学习、生活及卫生条件。室内光线的强弱和照度是否均匀，除了和平面中窗户的宽度有关外，还和窗户在剖面中的高低有关。

房间的通风要求，室内进出风口在剖面上的高低位置，也对房间净高有一定影响。

容纳人数较多的公共建筑，应考虑房间正常的气容量，保证必要的卫生条件。根据房间的容纳人数、面积大小及气容量标准，可以确定出符合卫生要求的房间净高。

3.2.1.5 室内空间比例

一般说面积大的房间高度要高一些，面积小的房间则可适当降低。同时，不同的比例尺度给人不同的心理效果，高而窄的比例易使人产生兴奋、激昂、向上的情绪，且具有严肃感，但过高就会使人觉得不亲切；宽而矮的空间使人感觉宁静、开阔、亲切，但过低又会使人产生压抑、沉闷的感觉（图 3-14）。

图 3-14　空间比例不同给人以不同感受

3.2.2 窗台高度

窗台高度与使用要求、人体尺度、家具尺寸及通风要求有关。大多数民用建筑，窗台高度主要考虑方便人们工作、学习，保证书桌上有充足的光线。一般常取 900～1000mm，这样窗台距桌面高度控制在 100～200mm，保证了桌面上充足的光线，并使桌上纸张不致被风吹出窗外。对于有特殊要求的房间，如设有高侧窗的陈列室，为消除和减少眩光，应避免陈列品靠近窗台布置。实践中总结出窗台到陈列品的距离要使保护角大于 14°，为此，一般将窗下口提高到离地面 2.5m 以上。厕所、浴室窗台可提高到 1800mm 左右。

公共建筑的房间如餐厅、休息厅、娱乐活动场所，以及疗养建筑和旅游建筑，为使室内阳光充足和便于观赏室外景色，丰富室内空间，常将窗台做得很低，甚至采用落地窗（图 3-15）。

托儿所、幼儿园的窗台，由于考虑到儿童的身高和家具尺寸，高度常采用 600～700mm。医院儿童病房的窗台高度也较一般民用建筑的窗台低一些。

3.2.3 室内地面高差

同层各个房间的地面标高要取得一致，这样行走比较方便。对于一些易于积水或者需要

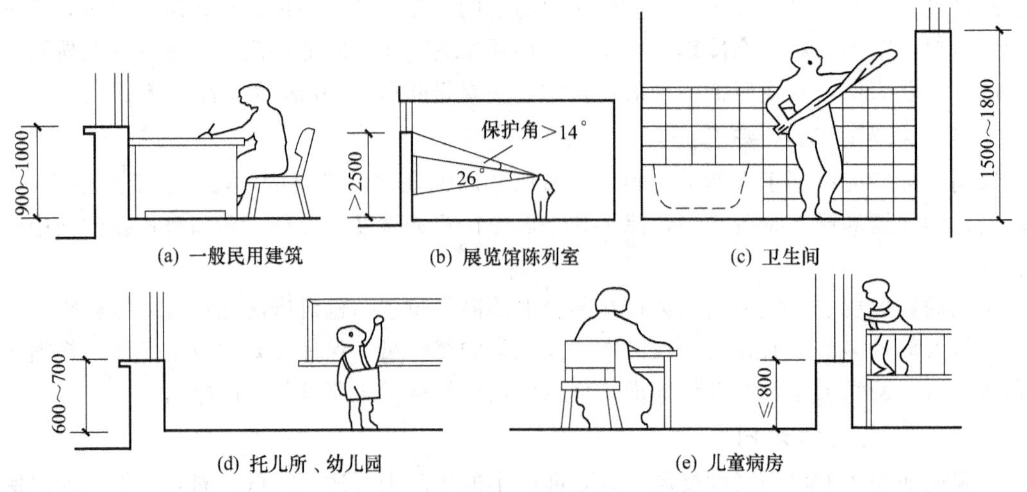

图 3-15 窗台高度

经常冲洗的房间，如浴室、厕所、厨房、阳台及外走廊等，它们的地面标高应比其他房间的地面标高低 20～50mm，以防积水外溢，影响其他房间的使用。高差过大，不便于通行和施工。

3.2.4 室内外地面的高差

为了防止室外雨水流入室内，防止建筑物因沉降而使室内地面标高过低，同时为了满足建筑使用及增强建筑美观要求，室内外地面应有一定高差。室内外地面高差要适当，高差过小难以保证基本要求，高差过大又会增加建筑高度和土方工程量。对大量民用建筑，室内外高差的取值一般为 300～600mm，最小为 150mm。建筑设计中，一般取底层室内地坪相对标高为±0.000。建筑其他部位及室外设计地坪的标高均以此为标准，高于底层地坪为正值，低于底层地坪为负值。

（1）内外联系方便　住宅、商店、医院等建筑的室外踏步的级数常不超过四级，即室内外地面高差以不大于 600mm 为好。而仓库类建筑为便于运输，在入口处常设置坡道，为不使坡道过长影响室外道路布置，室内外地面高差以不超过 300mm 为宜。

（2）防水、防潮要求　一般大于或等于 300mm。

（3）地形及环境条件　位于山地和坡地的建筑物，应结合地形的起伏变化和室外道路布置等因素，综合确定底层地面标高，使其既方便内外联系，又有利于室外排水和减少土石方工程量。

（4）建筑物性格特征　一般民用建筑应具有亲切、平易近人的感觉，因此室内外高差不宜过大。纪念性建筑除在平面空间布局及造型上反映出它独自的性格特征以外，还常借助于室内外高差值的增大，如采用高的台基和较多的踏步处理，以增强严肃、庄重、雄伟的气氛。

3.3 房屋的层数

影响房屋层数的因素有以下几个方面。

3.3.1 使用要求

住宅、办公楼、旅馆等建筑，可采用多层和高层。

对于托儿所、幼儿园等建筑，考虑到儿童的生理特点和安全，同时为便于室内与室外活动场所的联系，其层数不宜超过三层。医院门诊部为方便病人就诊，层数也以不超过三层为宜。

影剧院、体育馆等一类公共建筑都具有面积和高度较大的房间，人流集中，为迅速而安全地进行疏散，宜建成低层。

3.3.2 建筑结构、材料和施工的要求

建筑结构类型和材料是决定房屋层数的基本因素，如砌体结构，墙体多采用砖或砌块，自重大、整体性差，下部墙体厚度随层数的增加而增加，故建筑层数一般控制在 6 层以内，常用于住宅、宿舍、普通办公楼等大量性建筑。

多层和高层建筑，可采用梁柱承重的框架结构、剪力墙结构或框架剪力墙结构等结构体系。空间结构体系，如薄壳、网架、悬索等则适用于低层大跨度建筑，如影剧院、体育馆、仓库、食堂等（图 3-16）。

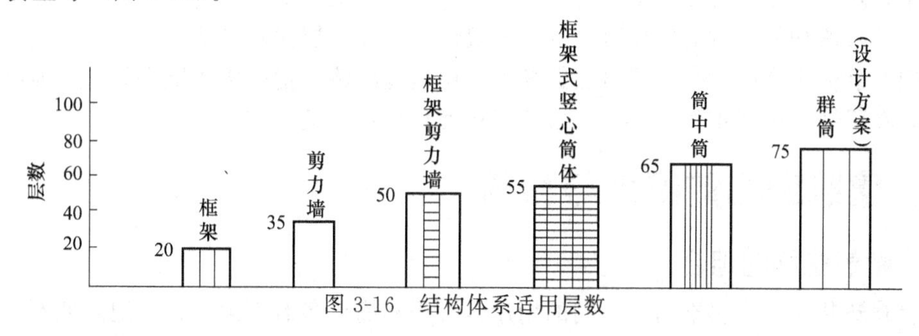

图 3-16　结构体系适用层数

3.3.3 地震烈度

地震烈度不同，对房屋的层数和高度要求也不同。表 3-1 为砌体房屋总高度和层数限值；表 3-2 为钢筋混凝土房屋最大适用高度。

表 3-1　砌体房屋总高度和层数限值

砌体类型	最小墙厚/m	烈度							
		6		7		8		9	
		高度/m	层数	高度/m	层数	高度/m	层数	高度/m	层数
黏土砖	0.24	24	8	21	7	18	6	12	4
混凝土小砌块	0.19	21	7	18	6	15	5	不宜采用	
混凝土中砌块	0.20	18	6	15	5	9	3		
粉煤灰中砌块	0.24	18	6	15	5	9	3		

表 3-2　钢筋混凝土房屋最大适用高度　　单位：m

结构类型	烈度			
	6	7	8	9
框架结构	同非抗震设计	55	45	25
框架-抗震墙结构		120	100	50

3.3.4 建筑基地环境与城市规划的要求

房屋的层数与所在地段的大小、高低起伏变化有关。同时不能脱离一定的环境条件。特

别是位于城市街道两侧、广场周围、风景园林区等，必须重视建筑与环境的关系，做到与周围建筑物、道路、绿化等协调一致。同时要符合当地城市规划部门对整个城市面貌的统一要求。位于城市干道、广场、道路交叉口的建筑，对城市面貌影响很大，城市规划中，往往对层数有严格的要求。例如位于天安门广场周围的建筑物，当决定其高度时，应考虑与天安门高度相协调。位于风景区的建筑，其体量和造型对周围景观有很大影响，为了保护风景区，使建筑与环境协调，一般不宜建造体量大、层数多的建筑物。

3.3.5 建筑防火要求

按照《建筑设计防火规范》的规定，建筑物层数应根据不同建筑的耐火等级来决定。如一、二级的民用建筑物，原则上层数不受限制；三级的民用建筑物，允许层数为1～5层。

3.3.6 经济性要求

建筑物单方造价一般与建筑层数密切相关，以砖混结构住宅为例，在墙身截面尺寸不变的情况下，随着层数的增加，单方造价将有所降低。但到了6层以上时，由于砖墙截面尺寸的变化，层数增加使单方造价显著上升。一般情况下以5层比较经济。

在建筑群体组合中，个体建筑层数越多，用地越经济。把一幢4层房屋与4幢单层平房相比较，在保证日照间距的条件下，后者用地面积要增加近2倍。

3.4 建筑空间的组合与利用

3.4.1 建筑空间的组合

一幢建筑物包括许多空间，它们的用途、面积和高度各有不同。如果把高低不同的房间简单地按使用要求组合起来，将会造成屋面和楼面高低错落，结构布置不合理，建筑体型零乱复杂的结果。所以在垂直方向上应当考虑各种不同高度房间合理的空间组合，以取得协调统一的效果。实际上，在进行建筑平面空间组合设计和结构布置时，就应当对剖面空间的组合及建筑造型有所考虑。

当建筑物内部出现高低差，或者由于地形的变化使房间几部分空间的楼地面出现高低错落时，可采用错层的方式使空间取得和谐统一。

3.4.1.1 层高相同或相近的房间之间的组合

使用性质接近，而且层高相同的房间可以组合在同一层并逐层向上叠加，直至达到所定的建筑层数或高度为止。这种剖面空间组合有利于结构布置和便于施工。

对于层高相近、相互之间的联系又很密切的房间，考虑到结构布置、构造简单和施工方便等因素，在组合时需将这些房间的层高调整到该层主要房间的层高的高度，并逐层叠加。而对于标准层平面面积较大，普遍调整层高不经济、不合理时，可采取分区分段调整层高，并仍按前述的组合方式处理，只需在层高变化的地方加设台阶或坡道。图3-17是某中学教学楼的空间组合。教室、实验室与厕所、贮藏室等，从使用要求上需要组合在一起，因此把它们调整为同一高度。办公室由于开间进深小，层高比较低，组合中把全部办公室组织在一起，它们和教学楼活动部分的层高高差，通过走廊中的踏步来解决；平面一端的阶梯大教室，它和普通教室、办公室高度相差较大，故采用单层附建于教学主楼旁。这样的空间组合方式，使用上能满足各房间的要求，结构布置较合理，也比较经济。

3.4.1.2 多层和高层房屋层高相差较大的房间之间的组合

在多层和高层房屋建筑中，如教学楼、办公楼、旅馆、临街带商店的住宅等，虽然构成

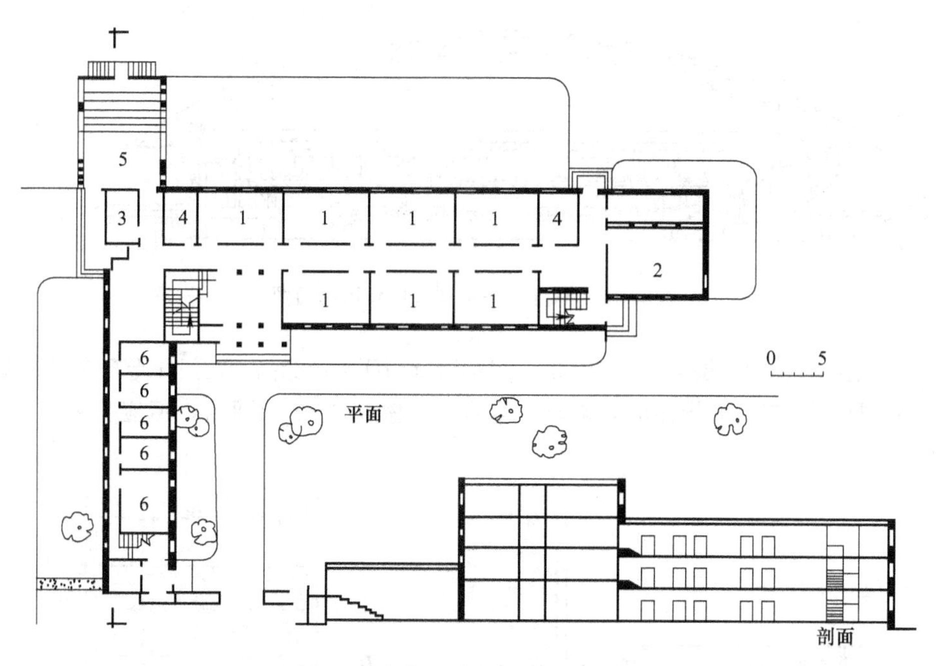

图 3-17 高度相同或接近的房间组合

1—教室；2—阅览室；3—贮藏室；4—厕所；5—阶梯教室；6—办公室

建筑物的绝大多数房间为小空间，但由于功能的要求还需布置少量大空间，如教学楼中的阶梯教室、办公楼的大会议室及食堂、旅馆的餐厅、临街带商店的住宅的营业厅等，这类建筑通常以小空间为主体，将大空间附建于主体建筑旁边，从而不受层高与结构的限制；或根据实际情况，对于层高相差较大的房间，可以把少量面积较大、层高较高的房间设置在一层、二层、顶层（图 3-18）。

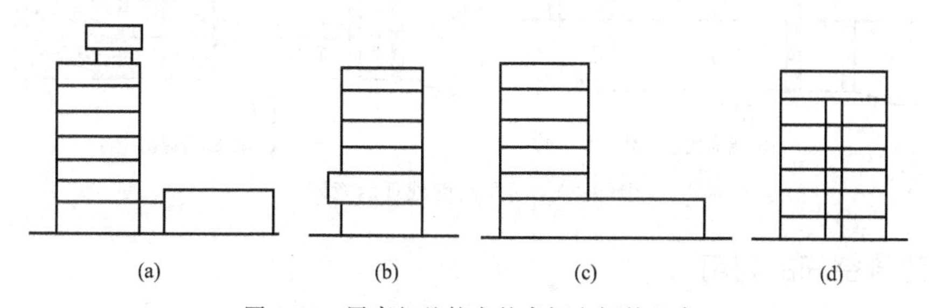

图 3-18 层高相差较大的房间之间的组合

3.4.1.3 高度相差特别大的房间的组合

对于房间高度相差特别大，如体育馆和影剧院建筑的比赛厅、观众厅与办公室、厕所等空间，实际设计中常利用大厅的起坡、楼座等特点，把一些辅助用房布置在看台以下或大厅四周（图 3-19）。

3.4.2 门厅高度处理手法

在多层和高层建筑中常常设置门厅，但门厅高度往往和其他空间高度不一致，通常可以采取以下几种常用方法解决这一问题（图 3-20）。

① 门厅设在主体之外，单独形成一个体部，此时可按需要高度确定其层高。

② 门厅设在主体内，层高相差较大时，提高底层层高，这样做可能造成空间浪费。

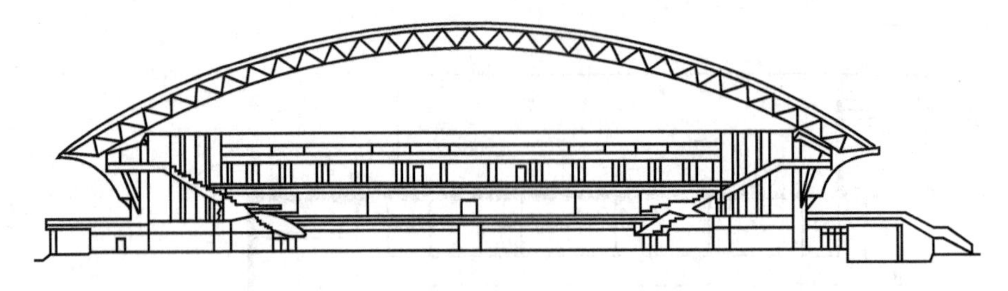

图 3-19　高度相差特别大体育馆剖面图

③ 门厅设在主体内，层高相差较大时，局部降低门厅地坪标高，在门厅走廊衔接处设踏步。

④ 当门厅需要有高大雄伟的效果时，常将门厅做成 2～3 层通高，但应妥善解决防火分区问题。

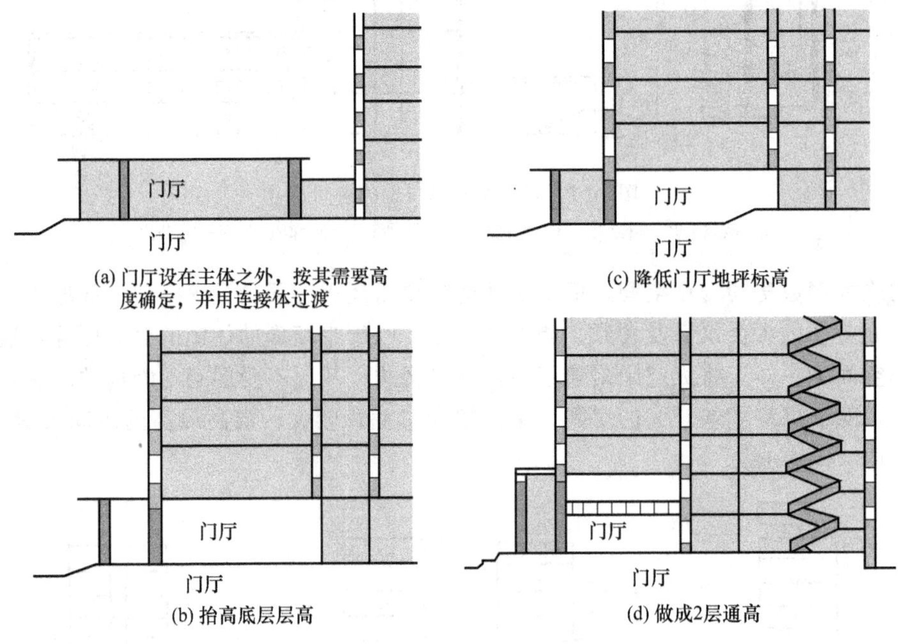

图 3-20　门厅高度处理示意图

3.4.3　建筑空间的利用

3.4.3.1　楼梯间的利用

底层楼梯间的休息平台下的空间可做仓库或做通向另一空间的通道，住宅建筑常利用这一空间做单元入口，并兼做门厅，如高度不够时，可适当抬高平台高度或降低平台下部地面标高，以保证通行净高要求。

顶层楼梯间上部的空间，通常可以用作贮藏间。利用顶层上部空间时，应注意梯段与贮藏间的净空应大于 2.2m，以保证人们通过楼梯间时不会发生碰撞，如图 3-21（a）所示。

3.4.3.2　走廊上部空间利用

高层建筑的走廊一般较窄，净高应比其他房间低些，但为了结构简化，通常与房间的高度相同，使走廊空间造成一定的浪费。这样就可以充分利用走廊上部空间设置通风、照明等线路和各种管道，如图 3-21（b）、（c）所示。

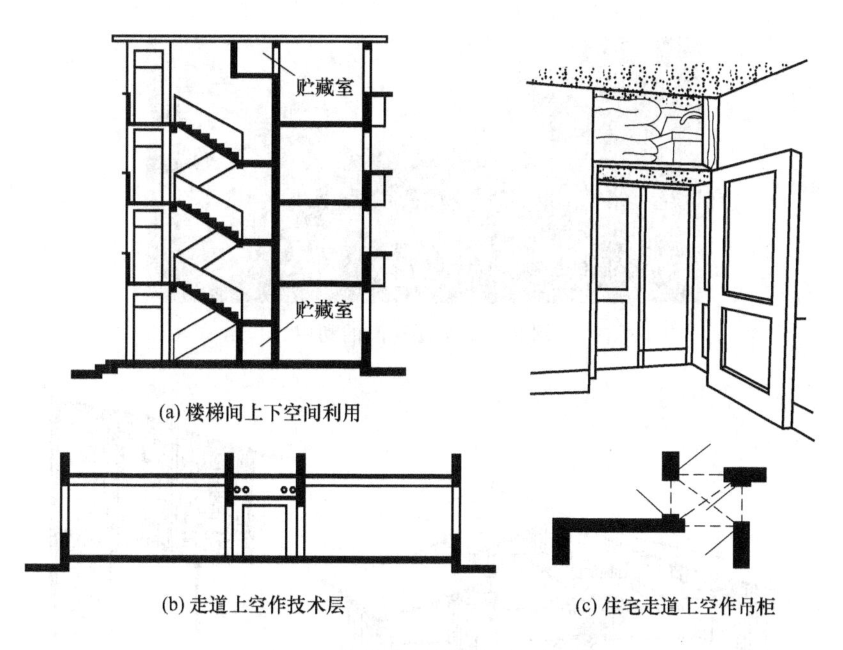

图 3-21　走道和楼梯间空间的利用

3.4.3.3　房间内部空间利用

如居室中设置吊柜、壁柜、搁板等，放置换季衣物、被褥和日用杂物；厨房中设置吊柜、壁龛和低柜，放置杂物、燃料和炊具等，如图 3-22、图 3-23 所示。

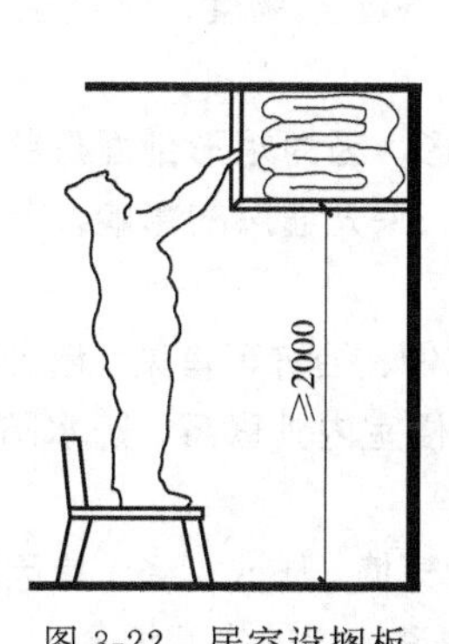

图 3-22　居室设搁板

图 3-23　厨房设吊柜

3.4.3.4　夹层空间的利用

在公共建筑中的营业厅、体育馆、影剧院、候机楼等，由于功能要求其主体空间与辅助空间的面积和层高不一致，因此常采取在大空间周围布置夹层的方式，以达到利用空间及丰富室内空间的效果，如图 3-24 所示。

3.4.3.5　结构空间的利用

在建筑物中随着墙体厚度的增加，所占用的室内空间也相应增加，因此充分利用墙体空间可以起到节约空间的作用。通常多利用墙体空间设置壁柜、窗台柜，利用角柱布置书架及工作台。坡屋顶的山尖部分的空间，可以作卧室或贮藏室，如图 3-25 所示。

图 3-24　夹层空间的利用

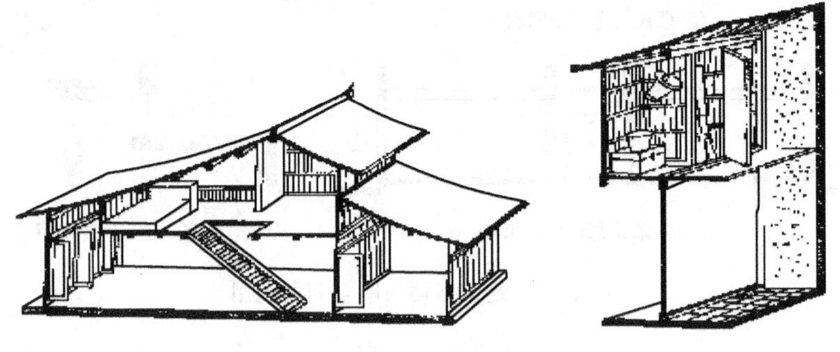

图 3-25　民居中空间的充分利用

小　结

1. 剖面设计包括剖面形状、层高、层数、室内外高差及各部分高度、建筑空间的组合与利用。

2. 剖面设计包括剖面形状，大多数房屋的剖面形状为矩形，因为矩形剖面形状对功能、结构施工及工业化有利。但考虑到建筑物的功能、结构及材料、采光通风的影响，有些房屋的剖面形状为非矩形。

3. 层高和净高与使用功能、结构形式、采光通风、空间比例、经济等有关；窗台高度与人的尺度、使用要求、家具高度、通风有关；室内外高差需考虑方便室内外联系、防水防潮、地形及建筑特征等因素。

4. 建筑物总高度与使用功能、结构形式、城市规划、基地环境、防火、经济等因素有关。

5. 建筑空间的组合包括房屋相近高度、相差较大高度及悬殊特大的空间组合。

复习思考题

1. 房屋的剖面形状与什么有关系？
2. 什么是房屋的层高、净高？
3. 房间窗台高度如何确定？
4. 室内外高差怎么确定？
5. 建筑的空间组合有哪几种方式？

第 4 章　建筑体型及立面体设计

——— 本章提要 ———

本章通过对影响建筑体型的立面设计的各种因素，以及建筑构图的基本法则进行总结，论述了建筑造型的原则和方法，包括建筑体型的组合，建筑体型的转折与转角，体量的联系与交接，建筑立面设计等方面的处理方式。

建筑不仅要满足人们的生产、生活等物质功能的要求，而且要满足人们的精神文化方面的要求，也就是赋予它实用性和美观性。它的美观主要通过内部空间及外部造型的艺术处理来体现，同时也涉及建筑工地的群体空间布局。

体型和立面设计着重研究建筑物的体量大小、体型组合、立面及细部处理等。建筑体型和立面设计不能离开物质技术发展的水平和特定的功能。

4.1　影响体型和立面设计的因素

(1) 反映建筑使用功能要求和特征　建筑是为了满足人们生产和生活需要而创造出的物质空间环境。各类建筑由于使用功能的千差万别，室内空间全然不同，在很大程度上必然导致不同的外部体型及立面特征。

例如住宅建筑，重复排列的阳台、尺度不大的窗户，形成了生活气息浓郁的居住建筑性格特征，如图 4-1 所示。

(2) 反映物质技术条件的特点　建筑不同于一般的艺术品，它必须运用大量的材料并通过一定的结构施工技术等手段才能建成。因此，建筑体型及立面设计必然在很大程度上受到物质技术条件的制约，并反映出结构、材料和施工的特点。日本代代木体育场（悬索结构）如图 4-2 所示。

图 4-1　居住建筑

图 4-2　日本代代木体育场

(3) 符合城市规划及基地环境的要求　建筑本身就是构成城市空间和环境的重要因素，它不可避免地要受到城市规划、基地环境的某些制约，所以建筑基地的地形、地质、气候、方位、朝向、形状、大小、道路、绿化以及与原有建筑群的关系等，都对建筑外部形象有极大影响。

图 4-3　美国流水别墅

例如美国建筑大师莱特设计的流水别墅，建于幽雅的山泉峡谷之中，建筑凌跃于奔泻而下的瀑布之上，与山石、流水、树林融为一体。美国流水别墅如图 4-3 所示。

（4）适应社会经济条件　建筑外形设计应本着勤俭的精神，严格掌握质量标准，尽量节约资金。一般对于大量性建筑，标准可以低一些，而国家重点建造的某些大型公共建筑，标准则可高些。

应当指出，建筑外形的艺术美并不是以投资的多少为决定因素。事实上只要充分发挥设计者的主观能动性，在一定的经济条件下，巧妙地运用物质技术手段和构图法则，努力创新，完全可以设计出适用、安全、经济、美观的建筑物。

4.2　建筑构图的基本法规

建筑造型是有其内在规律的，人们要创造出美的建筑，就必须遵循建筑美的法则，如统一、均衡、稳定、对比、韵律、比例、尺度等。不同时代、不同地区、不同民族，尽管建筑形式千差万别，人们审美观各不相同，但这些建筑美的基本法则都是一致的，是被人们普遍承认的客观规律，因而具有普遍性。

4.2.1　统一与变化

（1）以简单的几何形体求统一　任何简单的容易被人们辨认的几何形体都具有一种必然的统一性，如圆柱体、长方体、正方体、球体等。这些形体也常用于建筑上。由于它们的形状简单，很容易取得统一。图 4-4 为美国的西格拉姆大厦，以简单的几何形体获得高度的统一、稳定的效果。

图 4-4　美国西格拉姆大厦

（2）主从分明，以陪衬求统一　复杂体量的建筑根据功能的要求常包括有主要部分和从属部分，如果不加以区别对待，则建筑必然显得平淡、松散，缺乏统一性。在外形设计中，恰当地处理好主要与从属、重点与一般的关系，使建筑主从分明、以次衬主，就可以加强建筑的表现力，取得完整统一的效果。图 4-5 为某市中级人民法院大楼。

4.2.2　均衡与稳定

一幢建筑物由于各体量的大小、高低、材料的质感、色彩的深浅、虚实变化不同，常表现出不同的轻重感。一般说来，体量大的、实体的、材料粗糙及色彩暗的，感觉上要重些；

体量小的、通透的、材料光洁和色彩明快的，感觉上要轻一些。研究均衡与稳定，就是要使建筑形象显得安定、平稳。

（1）均衡　主要是研究建筑物各部分前后左右的轻重关系。在建筑构图中，均衡与力学的杠杆原理是有联系的。支点表示均衡中心，根据均衡中心的位置不同，又可分为对称的均衡与不对称的均衡。

对称的建筑是绝对均衡的，以中轴线为中心并加以重点强调，两侧对称容易取得完整统一的效果，给人以端庄、雄伟、严肃的感觉，常用于纪念性建筑或者其他需要表现庄严、隆重的公共建筑。不对称均衡是将均衡中心（视觉上最突出的主要出入口）偏于建筑的一侧，利用不同体量、材质、色彩、虚实变化等的平衡达到不对称均衡的目的。它与对称均衡相比显得轻巧、活泼（图 4-6）。

图 4-5　某市中级人民法院大楼

图 4-6　某市移动通信综合楼

（2）稳定　是指建筑整体上下之间的轻重关系。建筑物达到稳定往往要求有较宽大的底面，上小下大，上轻下重，使整个建筑重心尽量下降，从而达到稳定的效果，许多建筑在底层布置宽阔的平台形成一个稳定的基座，或者逐层收分呈三角形或阶梯形状（图 4-7）。但是现代新结构、新材料的发展，引起人们审美观的变化。传统的砖石结构上轻下重、上小下大的稳定观念也在逐渐发生变化。近代建造了不少底层架空的建筑，利用悬臂结构的特性、粗糙材料的质感和浓郁的色彩加强底层的厚重感，同样达到稳定的效果（图 4-8）。

图 4-7　西安鼓楼

图 4-8　英国布劳恩医疗器械厂

4.2.3 韵律

韵律是任何物体各要素重复出现所形成的一种特性，它广泛渗透于自然界一切事物和现象中，如心跳、呼吸、水纹、树叶等。这种有规律的变化和有秩序的重复所形成的节奏，能给人以美的感受。

建筑物由于使用功能的要求和结构技术的影响，存在着很多重复的因素，如建筑形体、空间、构件乃至门窗、阳台、凹廊、雨篷、色彩等，这就为建筑造型提供了很多有规律的依据，在建筑构图中，设计人员有意识地对自然界一切事物和现象加以模仿和运用，从而形成了具有条理性、重复性和连续性为特征的韵律美（图 4-9）。

一定数量的重复是产生节奏和韵律的基本条件，有规律的变化是对节奏和韵律的修饰、调节和补充（图 4-10）。

图 4-9 某市写字大楼

图 4-10 中国台北 101 大厦

4.2.4 对比

在彼此相互衬托作用下，使二物形、色更加鲜明，如大者更觉其大，小者更觉其小，深者更觉其深，浅者更觉其浅，给人以强烈的感受及深刻的印象，即为对比。

建筑造型设计中的对比，具体表现在体量的大小、高低、形状、方向、线条曲直、横竖、虚实、色彩、质地、光影等方面。在同一因素之间通过对比，相互衬托，就能产生不同的形象效果。对比强烈，则变化大，感觉明显，建筑中很多重点突出的处理手法往往是采取强烈对比的结果；对比小，则变化小，易于取得相互呼应、和谐、协调统一的效果。因此，在建筑设计中恰当地运用对比的强弱是取得统一与变化的有效手段（图 4-11）。

4.2.5 比例

比例是指长、宽、高三个方向之间的大小关系。无论是整体或局部以及整体与局部之间、局部与局部之间都存在着比例关系。良好的比例能给人和谐、完美的感受；反之，比例失调就无法使人产生美感。

一般来说，抽象的几何形状以及若干几何形状之间的组合，处理得当就可获得良好的比例而易于为人们所接受。如圆形、正方形、正三角形等具有规则的外形而引起人们的注意；“黄金分割”的比例关系（即长宽之比为 1 ∶ 1.618）要比其他长方形好；大小不同的相似形，它们之间对角线互相垂直或平行，由于“比率”相等而使比例关系协调。

4.2.6 尺度

尺度是研究建筑物整体与局部构件给人感觉上的大小与其真实大小之间的关系。

抽象的几何形体显示不了尺度感，但一经尺度处理，人们就可以感觉出它的大小来。在建筑设计过程中，常常以人或与人体活动有关的一些不变因素如门、台阶、栏杆等作为比较标准，通过与它们的对比而获得一定的尺度感。

建筑设计中，尺度的处理通常有以下三种方法。

(1) 自然的尺度　以人体大小来度量建筑物的实际大小，从而给人的印象与建筑物真实大小一致。常用于住宅、办公楼、学校等建筑（图 4-12）。

图 4-11　巴西会议大厦

图 4-12　湖北工程学院图书馆

(2) 夸张的尺度　运用夸张的手法表达，给人以超过形体真实大小的尺度感。常用于纪念性建筑或大型公共建筑，以表现庄严、雄伟的气氛（图 4-13）。

(3) 亲切的尺度　以较小的尺度获得小于真实大小的感觉，从而给人以亲切宜人的尺度感。常用来创造小巧、亲切、舒适的气氛，如庭院建筑（图 4-14）。

图 4-13　人民英雄纪念碑

图 4-14　苏州园林

4.3 建筑体型及立面设计方法

体型是指建筑物的轮廓形状，它反映了建筑物总的体量大小、组合方式以及比例尺度。而立面是指建筑物的门窗组织、比例与尺度、入口及细部处理、装饰与色彩等。体型和立面是建筑统一体的相互联系、不可分割的两方面。在建筑外形设计中，可以说体型是建筑的雏形，而立面设计是建筑体型的进一步深化。因此，只有将二者作为一个有机的整体统一考虑，才能获得完美的建筑形象。

4.3.1 体型的组合

（1）单一体型　单一体型是将复杂的内部空间组合到一个完整的体型中去。外观各面基本等高，平面多呈正方形、矩形、圆形、Y 形等。这类建筑的特点是没有明显的主从关系和组合关系，造型统一、简洁、轮廓分明，给人以鲜明而强烈的印象。也可以将复杂的功能关系，多种不同用途的大小房间，合理地、有效地加以简化，概括在简单的平面空间形式之中，便于采用统一的结构布置（图 4-15）。

（2）单元组合体型　一般民用建筑如住宅、学校、医院等常采用单元组合体型，它是将几个独立体量的单元按一定方式组合起来的。它具有以下特点。

① 组合灵活。结合基地大小、形状、朝向、道路走向、地形起伏变化，建筑单元可随意增减，高低错落，既可形成简单的一字形体型，也可形成锯齿形、台阶式（图 4-16）等体型。

图 4-15　法国卢浮宫

图 4-16　某台阶式住宅

图 4-17　单元组合体型住宅

② 建筑物没有明显的均衡中心及体型的主从关系。这就要求单元本身具有良好的造型。由于单元的连续重复，形成强烈的韵律感（图 4-17）。

（3）复杂体型　复杂体型是由两个以上的体量组合而成的，体型丰富，更适用于功能关系比较复杂的建筑物。由于复杂体型存在着多个体量，进行体量与体量之间相互协调与统一时应着重注意以下几点。

① 主次关系。进行组合时应突出主体，有重点，有中心，主从分明，巧妙结

合，以形成有组织、有秩序又不杂乱的完整统一体。

② 对比。运用体量的大小、形状、方向、高低、曲直等方面的对比，可以突出主体，破除单调感，从而求得丰富、变化的造型效果。

③ 均衡与稳定。体型组合的均衡包括对称与非对称两种方式。对称的构图是均衡的，容易取得完整的效果。对于非对称方式要特别注意各部分体量大小变化、轻重关系、均衡中心的位置以求得视觉上的均衡。

4.3.2 体型的转折与转角的处理

转折主要是指建筑物顺道路或地形的变化作曲折变化。根据功能和造型的需要，转角地带的建筑体型常采用主附体相结合，以附体陪衬主体，主从分明的方式。也可采取局部体量升高以形成塔楼的形式，以塔楼控制整个建筑物及周围道路，使交叉口、主要入口更加醒目（图 4-18）。

4.3.3 体型的联系与交接

复杂体型中各体量的大小、高低、形状各不相同，如果连接不当，不仅影响到体型的完整，而且将会破坏使用功能和结构的合理性。组合设计中常采用以下几种连接方式。

（1）直接连接　在体型组合中，将不同体量的面直接相连称为直接连接。这种方式具有体型分明、简洁、整体性强的优点，常用于功能要求各房间联系紧密的建筑。

（2）咬接　各体量之间相互穿插，体型较复杂，但组合紧凑，整体性强，较前者易于获得有机整体的效果，是组合设计中较为常用的一种方式（图 4-19）。

图 4-18　某转折地带住宅

图 4-19　古根汉姆博物馆

（3）以走廊或连接体相连　这种方式的特点是各体量之间相对独立而又互相联系，走廊的开敞或封闭、单层或多层，常随不同功能、地区特点、创作意图而定，建筑给人以轻快、舒展的感觉。北京 MOMA “城中开放城”如图 4-20 所示。

图 4-20　北京 MOMA “城中开放城”

4.3.4 立面设计

建筑立面是由许多部件组成的，这些部件包括门窗、墙柱、阳台、遮阳板、雨篷、檐口、勒脚、花饰等。立面设计就是恰当地确定这些部件的尺寸大小、比例关系以及材料色彩等。通过形的变换、面的虚实对比、线的方向变化等，求得外形的统一与变化和内部空间与外形的协调统一。

进行立面处理应注意以下几点。

① 在推敲建筑立面时不能孤立地处理某个面，必须注意几个面的相互协调和相邻面的衔接以取得统一。

② 建筑造型是一种空间艺术，研究立面造型不能只局限在立面的尺寸大小和形状，还应考虑到建筑空间的透视效果。

立面处理方法如下。

(1) 立面的比例与尺度　立面的比例与尺度的处理是与建筑功能、材料性能和结构类型分不开的，由于使用性质、容纳人数、空间大小、层高等不同，形成全然不同的比例和尺度关系。

建筑立面常借助于门窗、细部等的尺度处理反映出建筑物的真实大小。

(2) 立面的虚实与凹凸　建筑立面中“虚”的部分是指窗、空廊、凹廊等，给人以轻巧、通透的感觉；“实”的部分主要是指墙、柱、屋面、栏板等，给人以厚重、封闭的感觉。巧妙地处理建筑外观的虚实关系，可以获得轻巧生动、坚实有力的外观形象。如以虚为主、虚多实少的处理手法能获得轻巧、开朗的效果外观形象（图 4-21)。

由于功能和构造上的需要，建筑外立面常出现一些凹凸部分。凸的部分一般有阳台、雨篷、遮阳板、挑檐、凸柱、突出的楼梯间等。凹的部分有凹廊、门洞等。通过凹凸关系的处理可以加强光影变化，增强建筑物的体积感，丰富立面效果。

(3) 立面的线条处理　任何线条本身都具有一种特殊的表现力和多种造型的功能（图 4-22、图 4-23)。从方向变化来看，垂直线具有挺拔、高耸、向上的气氛；水平线使人感到舒展与连续、宁静与亲切；斜线具有动态的感觉；网格线有丰富的图案效果，给人以生动、活泼而有秩序的感觉。从粗细、曲折变化来看，粗线条表现厚重、有力；细线条具有精致、柔和的效果；直线表现刚强、坚定；曲线则显得优雅、轻盈。

图 4-21　中国香港中银大厦

图 4-22　深圳地王大厦

建筑立面上客观存在着各种线条，如立柱、墙垛、窗台、遮阳板、檐口、通长的栏板、窗间墙、分格线等。

（4）立面的色彩与质感　不同的色彩具有不同的表现力，给人以不同的感受。以浅色为基调的建筑给人以明快清新的感觉，深色显得稳重，橙黄等暖色调使人感到热烈、兴奋，青、蓝、紫、绿等色使人感到宁静。运用不同色彩的处理，可以表现出不同建筑的性格、地方特点及民族风格。

图 4-23　日本名古屋

图 4-24　仿石材建筑

建筑外形色彩设计包括大面积墙面的基调色的选用和墙面上不同色彩的构图等两方面，设计中应注意以下问题。

① 色彩处理必须和谐统一且富有变化，在用色上可采取大面积基调色为主，局部运用其他色彩形成对比而突出重点。

② 色彩的运用必须与建筑物性质相一致。

③ 色彩的运用必须注意与环境密切协调。

④ 基调色的选择应结合各地的气候特征。寒冷地区宜采用暖色调，炎热地区多偏于采用冷色调。

建筑立面由于材料的质感不同，也会给人以不同的感觉。如天然石材和砖的质地粗糙，具有厚重及坚固感；金属及光滑的表面感觉轻巧、细腻。立面设计中常常利用质感的处理来增强建筑物的表现力（图 4-24）。

（5）立面的重点与细部处理　根据功能和造型需要，在建筑物某些局部位置进行重点和细部处理，可以突出主体，打破单调感。立面的重点处理常常是通过对比手法取得的。建筑物重点处理的部位如下。

① 建筑物的主要出入口及楼梯间是人流最多的部位。

② 根据建筑造型上的特点，重点表现有特征的部分，如体量中的转折、转角、立面的突出部分及上部结束部分，如车站钟楼、商店橱窗、房屋檐口等。

③ 为了使建筑统一中有变化，避免单调以达到一定的美观要求，也常在反映该建筑性格的重要部位，如住宅阳台、凹廊、公共建筑中的柱头、檐等部位进行处理。

在立面设计中，对于体量较小或人们接近时才能看得清的部分，如墙面勒脚、花格、漏窗、檐口细部、窗套、栏杆、遮阳板、雨篷、花台及其他细部装饰等的处理称为细部处理。细部处理必须从整体出发，接近人体的细部应充分发挥材料色泽、纹理、质感和光泽度的美感作用。对于位置较高的细部，一般应着重于总体轮廓和注意色彩、线条等大效果，而不宜刻画得过于细腻。

小　　结

1. 建筑体型和立面设计不能脱离物质技术发展的水平和特定的功能、环境而任意塑造，它在很大程度上要受到使用功能、材料、结构、施工技术、经济条件及周围环境的制约。因此，每一幢建筑物都具有自己独特的形式和特点。

2. 一幢建筑物从整体到立面均由不同部分、不同材料组成，各部分既有区别，又有内在联系。它们通过一定的规律组合成为一幢完整统一的建筑物。这些规律包含有建筑构图中统一与变化、均衡与对称、韵律、对比、比例和尺度等法则。

3. 建筑体型的造型组合，包括单一体型、单元组合体型、复杂体型等不同的组合方式。

4. 在特定的环境下，根据功能与造型需要，采用主附体结合、以附体陪衬主体或局部体量升高等方式进行转折与转角处理，不仅可以扩大组合的灵活性以适应地形的变化，而且可以使建筑物显得更加完整统一。

5. 体量的组合设计常采用直接连接、咬接、以走廊或连接体相连等连接方式。

6. 立面设计中应注意：立面比例尺度的处理，立面虚实与凹凸处理，立面的线条处理，立面的色彩与质感处理，立面的重点与细部处理。

复习思考题

1. 影响体型及里面涉及的因素有哪些？

2. 建筑构图中的统一与变化、均衡与稳定、对比、比例、尺度等的含义是什么？请用图例加以说明。

3. 建筑体型组合有哪些方式？请用图例进行分析。

4. 简要说明建筑立面的具体处理方法。

5. 体量的联系与交接有哪些方式？试举例说明。

第5章 建筑构造

——— 本章提要 ———

民用建筑构造组成、各部分的作用、影响建筑构造的因素及设计原则。

建筑构造是一门研究建筑物各组成部分的构造原理和构造方法的学科，它是建筑设计不可分割的一部分，其任务是根据建筑的功能、材料、性能、受力情况、施工方法和建筑艺术等要求选择经济合理的构造方案，并作为建筑设计中综合解决技术问题及进行施工图设计的依据。它具有实践性强和综合性强的特点。在内容上是实践经验的高度概括，并且涉及建筑材料、建筑物理、建筑力学、建筑结构、建筑施工以及建筑经济等有关方面的知识。

5.1 建筑物的构造组成及其作用

一幢建筑，一般是由基础、墙或柱、楼地层、楼梯、屋顶和门窗六大部分组成(图 5-1)。

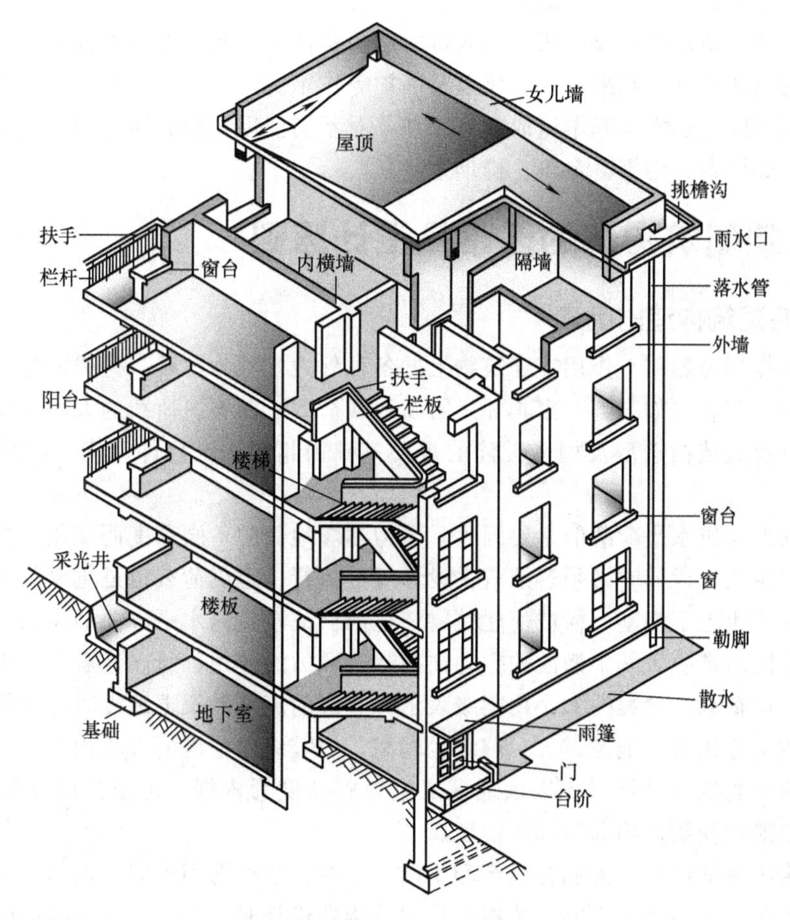

图 5-1 建筑物的基本组成部分

(1) 基础 基础是房屋的重要组成部分，是建筑地面以下的承重构件，它承受建筑物上部结构传递下来的全部荷载，并把这些荷载连同基础的自重一起传到地基上。

（2）墙和柱　墙是建筑物的竖向构件，其作用是承重、围护、分隔及美化室内空间。作为承重构件，墙承受着由屋顶或楼板层传来的荷载，并将其传给基础；作为围护构件，外墙抵御着自然界各种不利因素对室内的侵袭；作为分隔构件，内墙起着分隔建筑内部空间的作用；同时，墙体对建筑物的室内外环境还起着美化和装饰作用。

柱也是建筑物的竖向构件，主要用作承重构件，作用是承受屋顶和楼板层传来的荷载并传给基础。柱与墙的区别在于其高度尺寸远大于自身的长宽尺寸，截面面积较小，受力比较集中。

（3）楼地层　楼地层是建筑物的水平分隔构件，也起承重作用。就承重而言，其承受着人及家具设备和构件自身的荷载，并将这些荷载传给墙或梁柱或地基。楼板作为分隔构件，沿竖向将建筑物分隔成若干楼层，以扩大建筑面积。

（4）屋顶　屋顶是房屋最顶部起覆盖作用的围护结构，用以防止风、雨、雪、日晒等对室内的侵袭。屋顶又是房屋顶部的承重结构，用以承受自重和作用于屋顶上的各种荷载，并将这些荷载传给墙或梁柱，同时对房屋上部还起着水平支撑作用。

（5）楼梯　楼梯是建筑的垂直交通联系设施，其作用是供人们上下楼层和安全疏散，楼梯也有承重作用，但不是基本承重构件。

（6）门与窗　是建筑物及其房间出入口的启闭构件，主要供人们通行和分隔房间。窗主要是建筑中的透明构件，起采光、通风以及围护等作用。

一座建筑物除上述六大基本组成部分以外，对不同使用功能的建筑物，还有许多特有的构件和配件，如阳台、雨篷、台阶、排烟道等。

5.2　影响建筑构造的因素及设计原则

5.2.1　影响建筑构造的因素

（1）外界作用力影响　作用在建筑物上的各种外力统称为荷载。荷载可分为恒荷载（如结构自重）和活荷载（如人群、家具、风雪及地震荷载）两类。荷载的大小是建筑结构设计的主要依据，也是结构选型及构造设计的重要基础，起着决定构件尺度、用料多少的重要作用。

风载是高层建筑水平荷载的主要因素，风力随着地面的不同高度而变化，在沿江沿海地区，风力影响更大，设计时必须遵照有关设计规范执行。地震荷载也是主要荷载，地基土的纵波使建筑物产生上下颤动；横波使建筑物产生前后或左右的水平方向的晃动。但这三个方向的运动并不同时产生，其中横波的振动往往超过风力的作用，所以地震力产生的横波是建筑物的主要侧向荷载。地震的大小用震级表示，震级的高低是根据地震时释放能量的多少来划分的，释放能量越多，地震越大，震级也越高。故震级是地震的大小指标。

在进行建筑物抗震设计时，以该地区所定地震烈度为依据，地震烈度是指在地震过程中，地表及建筑物受到影响和破坏的程度。

（2）人为因素的影响　人们在生产和生活活动中，往往遇到火灾、爆炸、机械振动、化学腐蚀、噪声等人为因素的影响。故在进行建筑构造设计时，必须针对这些影响因素，采取相应的防火、防爆、防振、防腐、隔声等构造措施，以防止建筑物遭受不应有的损失。

（3）气候条件的影响　我国各地区地理位置及环境不同，从炎热的南方到寒冷的北方，气候条件有许多差异（图 5-2）。太阳的辐射热以及自然界的风、雨、雷、霜、地下水等构成了影响建筑物的多种因素。有的构、配件因热胀冷缩而开裂；有的部位出现渗漏水现象；有的因室内过冷或过热而妨碍工作等。在进行构造设计时，应该针对建筑物所受影响的性质与程度，对各有关构、配件及部位采取必要的防范措施，如防潮、防水、保温、隔热、设伸缩缝、设隔蒸汽层等。

图 5-2　各种自然因素和人为因素对建筑物的影响

（4）建筑技术条件的影响　由于建筑材料技术的日新月异，建筑结构技术的不断发展与变化，建筑施工技术的不断进步，建筑构造技术也不断翻新、丰富。例如由悬索、薄壳、网架等空间结构建筑，点式玻璃幕墙，彩色铝合金等新材料的吊顶，采光天窗中庭等现代建筑设施的大量涌现，可以看出，建筑构造没有一成不变的固定模式，因而在构造设计中要综合解决好采光、通风、保温、隔热、洁净、防噪声等问题。以构造原理为基础，在利用原有的、标准的、典型的建筑构造的同时，不断发展或创造新的构造方案。

（5）经济条件的影响　随着建筑技术的不断发展和人们生活水平的日益提高，各类防火新型材料、配套家具设备、家用电器等大量中、高档产品相继出现，人们对建筑的使用要求也越来越高。建筑标准的变化使建筑的质量标准、建筑造价等也出现较大差别。对建筑构造的要求也将随着经济条件的改变而发生大的变化。

5.2.2　建筑构造的设计原则

在满足建筑物各项功能要求的前提下，必须综合运用有关技术知识，并遵循以下设计原则。

（1）结构坚固、耐久　除按荷载大小及结构要求确定构件的基本断面尺寸外，阳台、楼梯栏杆、顶棚、门窗与墙体的连接等构造设计，都必须保证建筑物构、配件在使用时的安全。

（2）技术先进　在进行建筑构造设计时，应大力改进传统的建筑方式，从材料、结构、施工等方面引入先进技术，并注意因地制宜。

（3）合理降低造价　各种构造设计，均要注重整体建筑物的经济、社会和环境三个效益，即综合效益。在经济上注意节约建筑造价，降低材料的能源消耗，还必须保证工程质量，不能单纯追求效益而偷工减料，降低质量标准，应做到合理降低造价。

（4）美观大方　建筑物的形象除了取决于建筑设计中的体型组合和立面处理外，一些建筑细部的构造设计对整体美观也有很大影响。例如栏杆的形式、阳台的凸凹、室内外的细部装修，各种转角、收头、交接处的接头设计，都应合理处理，并相互协调，注意美观大方。

民用建筑课程设计任务书

题目一　多层住宅设计

一、目的要求

通过参观和设计实践，培养学生综合运用一般民用建筑设计原理分析问题和解决问题的能力，从中初步掌握建筑设计的方法和步骤，并使绘图能力得到进一步提高。

二、设计条件

1. 建设地点：拟在某住宅区内建多层住宅数栋，建筑基地自定。
2. 建筑面积：每户 90～110m^2。
3. 结构类型及层数：砖混结构，5层。
4. 各使用房间及面积

(1) 居室：12～14m^2。

(2) 起居室：14～18m^2。

(3) 厨房：4～6m^2，内设案台、灶台、洗碗池等。

(4) 卫生间：4～6m^2，内设坐便器、淋浴器（或浴盆）、洗手池、洗衣机等。

(5) 阳台：生活阳台和服务阳台各一个。

(6) 贮藏空间：根据具体情况设壁柜和贮藏间。

三、设计成果要求

1. 底层平面图 1∶100。
2. 正立面图 1∶100。
3. 屋顶平面图 1∶200。
4. 剖面图（剖到楼梯）1∶50。
5. 设计说明：技术经济指标（按建筑类型的技术经济指标编写）。

题目二　12班中学学校设计

一、目的要求

通过参观和设计实践，培养学生综合运用一般民用建筑设计原理分析问题和解决问题的能力，从中初步掌握建筑设计的方法和步骤，并使绘图能力得到进一步提高。

二、设计内容

1. 建设地点：拟在本市新建住宅区内建一所中学，建筑基地情况自定。
2. 建设规模：12班（每班50人）总建筑面积约 2800m^2。
3. 结构类型及层数：砖混结构，1～4层。
4. 各使用房间及面积如下。
5. 总平面

(1) 教学楼及办公楼。

(2) 体育场地：250m环形跑道（100m直道）运动场一个，篮球、排球场各2个。

(3) 其他：动植物园地、花圃及道路等。

(4) 辅助用房等。

分项	房间名称及面积	备注
教学用房	普通教室(12间)55～56m²	与实验室靠近
	物理实验室75～78m²	
	生化实验室75～78m²	与语音室靠近
	实验准备室(2间)30～40m²	
	电脑房75～85m²	
	科技活动室30～40m²	
	语音室75～85m²	
	语音准备室30～40m²	与阅览室靠近
	阅览室75～85m²	
	书库30～40m²	
	音乐教室55～56m²	
	多功能教室100～120m²	
	器材室35～40m²	与多功能教室靠近
管理用房	校长办公室12～16m²	
	行政办公室(2间)12～16m²	
	教师办公室(12间)12～16m²	
	大会议室35～48m²	
	医务室12～16m²	
	广播室12～16m²	
	传达室12～16m²	
	体育器材室12～16m²	
辅助用房	食堂80m²	在总平面图中布置
	库房30m²	在总平面图中布置
	开水房及浴室30m²	在总平面图中布置
	修理间30m²	在总平面图中布置
	卫生间	按要求在各楼层设置

三、设计成果要求

1. 总平面图 1∶500，1∶1000。
2. 底层平面图 1∶100。
3. 正立面图 1∶100。
4. 屋顶平面图 1∶200。
5. 剖面图（剖到楼梯）1∶50。
6. 设计说明：技术经济指标（按建筑类型的技术经济指标编写）。

题目三　行政办公楼设计

一、目的要求

通过参观和设计实践，培养学生综合运用一般民用建筑设计原理分析问题和解决问题的能力，从中初步掌握建筑设计的方法和步骤，并使绘图能力得到进一步提高。

二、设计条件

1. 建设地点：拟在某市城区主干道旁建一座办公楼，地形自定。
2. 建设规模：总建筑面积约2800m²。
3. 结构类型及层数：框架或砖混结构，1～6层。
4. 各使用房间及面积

(1) 办公用房：面积1500m²，其中单间办公室70%，两套办公室30%（每间15～

18m^2)。

（2）建设规模：90～100m^2 一间，小会议室 60m^2（设置 2～4 间）。

（3）多功能活动室 180m^2 左右。

（4）电控室 30m^2 左右（与多功能活动室邻近）。

（5）传达室 20m^2 左右。

（6）男女厕所（每层设置）。

三、设计成果要求

1. 总平面图 1∶500，1∶1000。

2. 底层平面图 1∶100。

3. 正立面图 1∶100。

4. 屋顶平面图 1∶200。

5. 剖面图（剖到楼梯）1∶50。

6. 设计说明：技术经济指标（按建筑类型的技术经济指标编写）。

四、参考资料

[1] 王雪松，李必瑜. 房屋建筑学课程设计指南. 第 2 版. 武汉：武汉理工大学出版社，2012.

[2] 李志民，张宗尧. 中小学建筑设计. 第 2 版. 北京：中国建筑工业出版社，2009.

[3] 张建涛. 中小型民用建筑设计图集. 北京：中国建筑工业出版社，1999.

[4] 段翔. 住宅建筑设计原理. 北京：高等教育出版社，2009.

[5] 北京市城乡规划委员会. 优秀住宅设计方案选编. 北京：中国建筑工业出版社，1997.

[6] 李雄飞等. 快速建筑设计图集（上、中、下）. 第 2 版. 北京：中国建筑工业出版社，1995.

[7] 吴运华，高远. 建筑制图与识图. 第 2 版. 武汉：武汉理工大学出版社，2008.

小　　结

1. 建筑构造是一门研究建筑物各组成部分的构造原理和构造方法的学科,它是建筑设计不可分割的一部分。 通过学习建筑构造，进一步加深对建筑设计的理解，同时能正确地选择建筑材料、合理的设计方案，从而保证建筑物的设计质量和构造要求，延长建筑物的使用年限。

2. 建筑物一般是由基础、墙或柱、楼地层、楼梯、屋顶和门窗六大部分所组成，每部分发挥各自的作用，除门窗为非承重构件，其他都为承重构件，因此都应满足各自的强度及稳定性。

3. 为使建筑物满足适用、经济、美观的要求，在进行建筑设计时，要注意满足使用功能的要求，确保结构安全、坚固、适应建筑工业化的需求。

复习思考题

1. 建筑物有哪些基本组成？ 各部分的主要作用是什么？

2. 影响建筑的主要因素是什么？

3. 简述建筑构造的设计原则。

第6章　基础与地下室

本章提要

基础是建筑物最下部的承重构件，是建筑物的重要组成部分。它承受建筑物的全部荷载，并将这些荷载全部传递给下面的土层或岩体。支承基础的土层或岩体称为地基。本章阐述了基础与地基的概念、分析基础的类型、基础的埋深、地下室构造、基础结构平面布置图及剖面图。

6.1　基础和地基的基本概念

在建筑工程中，建筑物与土层直接接触的部分称为基础，支承建筑物重量的土层叫地基。基础是建筑物的组成部分，它承受着建筑物的全部荷载，并将其传给地基。而地基则不是建筑物的组成部分，它只是承受建筑物荷载的土壤层。其中，具有一定的耐力，直接支承基础，具有一定承载能力的土层称为持力层；持力层以下的土层称为下卧层。地基土层在荷载作用下产生的变形，随着土层深度的增加而减少，到了一定深度则可忽略不计（图6-1）。

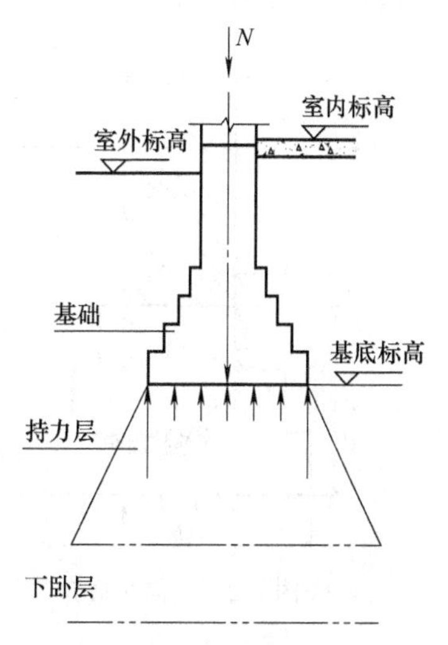

图6-1　基础与地基

地基能承受基础传递的荷载，并能保证建筑正常使用功能的最大能力称为地基承载力。为了保证建筑物的稳定和安全，基础底面传给地基的平均压力必须小于地基承载力。

基础的形式、材料、埋深、地基的处理方法将直接影响工程的安全质量和进度，其重要性已经越来越多地被人们所认识。

6.2　基础的类型

上部结构通过墙、柱等承重构件传递的荷载，在其底部横截面上引起的压强通常大于地基承载力，这就有必要在墙柱下部设置水平截面向下扩大的基础，以便将墙或柱传来的荷载扩散分布于基础底面，使之满足地基承载力和变形的要求。

基础有许多类型，划分方法也不尽相同。

① 根据材料和受力特点划分，有无筋扩展基础（刚性基础）和扩展基础（柔性基础）。无筋扩展基础一般用砖石、混凝土、毛石混凝土、三合土等材料建造。扩展基础一般用钢筋混凝土建造。

② 根据基础的外形划分，又可分为独立基础、条（带）形基础、筏（板）形基础和箱形基础等。

③ 根据持力层深度划分，可分为浅基础和深基础。一般情况下，基础埋深不超过5m时叫浅基础，反之为深基础。深基础的类型主要有：桩基础、地下连续墙、深井基础，最常

见的是桩基础。

6.2.1 刚性基础

无筋扩展基础在旧规范中被称作“刚性基础”，主要是由刚性材料制作的基础。刚性材料一般是指抗压强度高，而抗拉、抗剪强度较低的材料，如砖、石、混凝土等。由于受到地基承载能力的限制，当上部传来的荷载较大，基础底面宽度就会很大，为使其单位面积所传递的力与地基的允许承载力相适应，通常要限制基础构造，主要以台阶的形式逐渐扩大其传力面积，然后将荷载传给地基，称为大放脚。但基础每个台阶的宽度与其高度之比都不得超过表 6-1 所规定的台阶高宽比的允许值，这是因为基础底面要承受地基的反作用力，根据刚性材料的受力特点，基础在传力时只能在材料允许的控制范围内才不会发生挠曲变形，这个控制范围的夹角称为无筋扩展角（旧规范为刚性角），用 α 表示（图 6-2），按照规定要求，基础的相对高度都比较大，所以几乎不发生挠曲变形，基础底面也不会产生拉应力。如果基础底面宽度超过了无筋扩展角的控制范围，则由于地基反作用力的原因，使基础底面产生拉应力而破坏（图 6-3）。

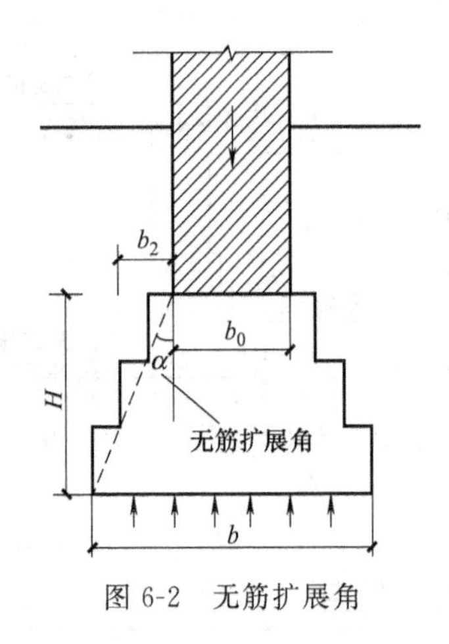

图 6-2 无筋扩展角

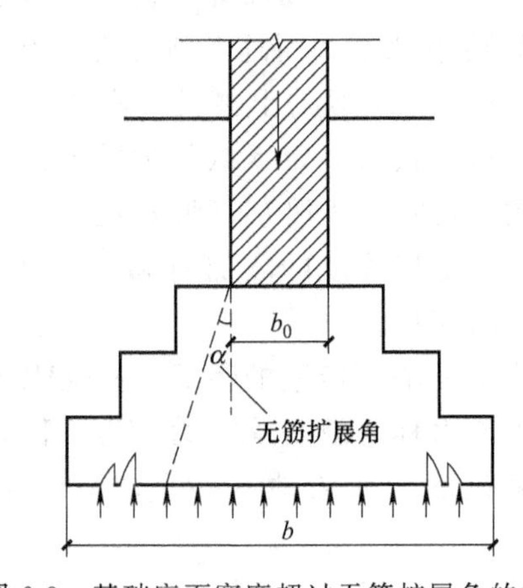

图 6-3 基础底面宽度超过无筋扩展角的情况

表 6-1 无筋扩展基础台阶宽高比的容许值

基础名称	质量要求	台阶高宽比允许值		
		$P_k \leqslant 100$	$100 < P_k \leqslant 200$	$200 < P_k \leqslant 300$
混凝土基础	C15 混凝土	1∶1.00	1∶1.00	1∶1.25
毛石混凝土基础	C15 混凝土	1∶1.00	1∶1.25	1∶1.50
砖基础	砖不低于 MU10、砂浆不低于 M5	1∶1.25	1∶1.50	1∶1.50
毛石基础	砂浆不低于 M5	1∶1.25	1∶1.50	—
灰土基础	体积比为 3∶7 或 2∶8 灰土其最小干密度；对粉土为 1.55t/m³；对粉质黏土为 1.50t/m³；对黏土为 1.45t/m³	1∶1.25	1∶1.50	—
三合土基础	体积比为 1∶2∶4～1∶3∶6(石灰∶砂∶骨料)，每层约虚铺 220mm，夯至 150mm	1∶1.50	1∶200	—

注：1. P_k 为基础底面处的平均压力（kPa）。
2. 阶梯形毛石基础的每阶伸出宽度不宜大于 200mm。
3. 当基础由不同材料叠合组成时，应对接触部分作抗压验算。

常用的无筋扩展基础如下。

(1) 砖基础　砖基础因其施工简便、造价低廉、取材容易、构造简单，成为了比较常见的基础类型，但其强度低，耐久性和抗冻性较差，一般常用于五层及五层以下的混合结构。砖基础一般为两皮一收或二一间隔收。两皮一收为每两皮砖的高度收进 1/4 砖长 (60mm)；二一间隔收为两皮砖的高度与一皮砖的高度相间隔各收一次，每次收 1/4 砖。砌筑时基础底面应先铺砂或灰土等垫层 (图 6-4)。

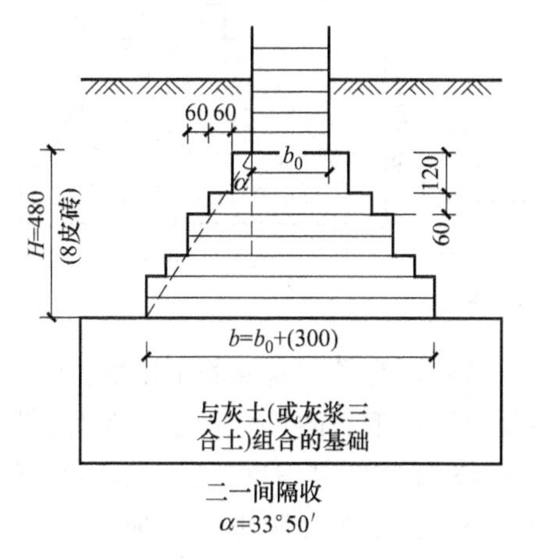

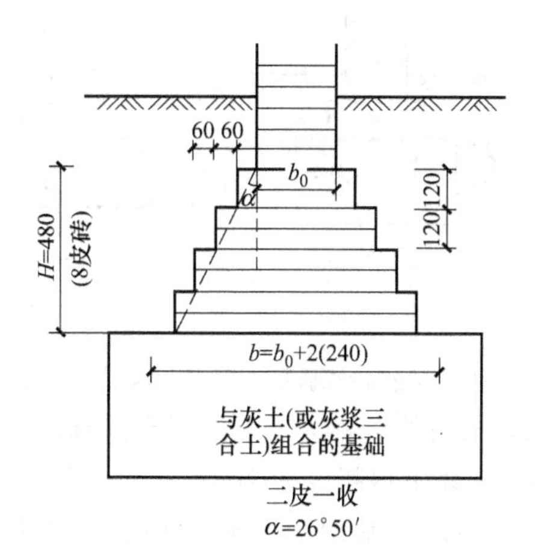

图 6-4　砖基础

(2) 毛石基础　毛石基础是由开采下来未加工的块石用水泥砂浆砌筑而成，一般应选用未经风化的硬质岩石。毛石基础常砌成阶梯形，毛石基础厚度和台阶高度均不小于 400mm，当台阶多于两阶时，每个台阶伸出宽度不宜大于 150mm，见图 6-5。毛石基础的强度高，抗冻、耐水性能好，并且能够就地取材，适用于地下水位较高、冰冻线较深的产石区建筑，但其整体性较差，不宜用于有振动的建筑。

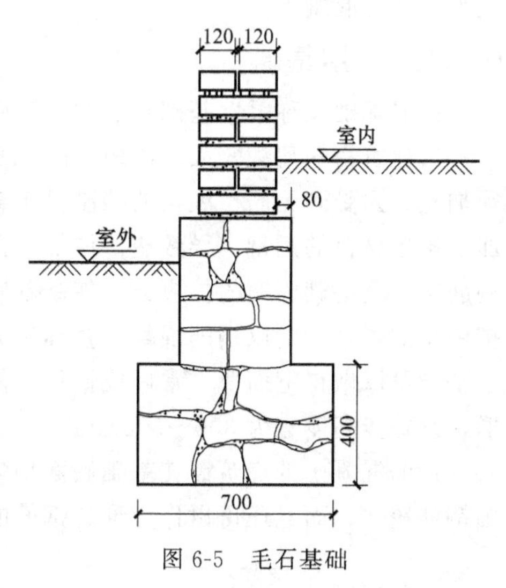

图 6-5　毛石基础

(3) 灰土基础及三合土基础　在地下水位较低的地区，为了节约材料，可在砖基础下设灰土垫层。灰土垫层有较好的抗压强度和耐久性，后期强度较高，灰土垫层按基础计算，所以称为灰土基础。灰土基础是用熟石灰和黏土按一定比例加适量的水拌和夯实而成，熟石灰和黏土的体积比为 3∶7 或 2∶8，施工时每次虚铺 220mm，然后夯实至 150mm，称为一步，一般做二至三步。由于灰土基础的抗冻性、耐水性差，所以只能埋置在地下水位以上，并且其顶面应位于冰冻线以下。

在我国南方地区常采用三合土基础。三合土是用石灰、砂、石，按体积比为石灰∶砂∶石＝1∶2∶4 或 1∶3∶6 配合而成的。铺筑方法与灰土基础一样。三合土基础的优点是造价低，施工简单，但强度较低，所以只能用于基础埋在地下水位以上的四层以下的建筑物。

(4) 混凝土基础　混凝土基础是由混凝土浇筑而成的基础。混凝土基础的优点是坚固、耐久性好、不怕水并且无筋扩展角较大 (可达 45°)，适用于潮湿环境和有水侵蚀的基础。混凝土基础可以做成矩形、阶梯形和锥形等 (图 6-6)。

当基础高度小于350mm时常做成矩形，当基础高度大于350mm时做成阶梯形，每阶高度350mm左右，当基础超过3阶或基础宽度大于2000mm时或高度大于1000mm时，为了节约材料和减轻自重，常做成锥形。

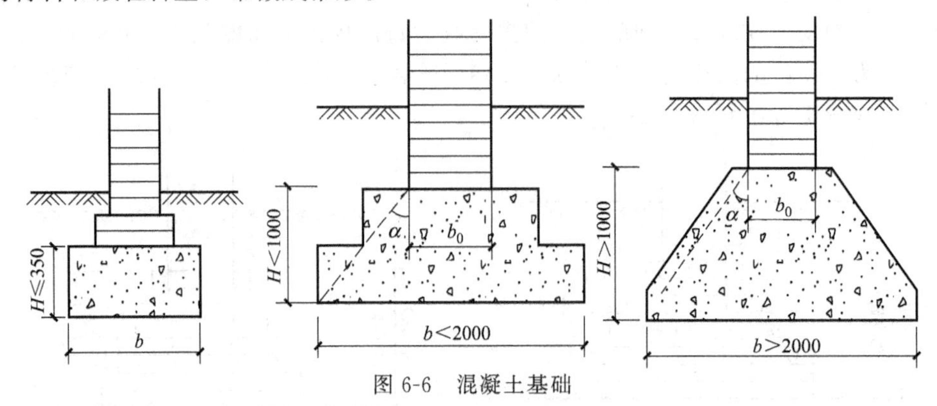

图6-6　混凝土基础

（5）毛石混凝土基础　对于体积较大的混凝土基础，为了节省混凝土用量，常在混凝土中加入较大石块，称为毛石混凝土基础。毛石混凝土所用毛石的尺寸一般不得大于基础宽度的1/3，粒径不得超过300mm，加入石块可为基础体积的25%～30%。混凝土强度等级不得低于C15，当基础埋深较大时，也可用毛石混凝土做成台阶形，每阶宽度不宜小于400mm，高度不小于300mm。当地下水对普通水泥有侵蚀作用时，应采用矿渣水泥或火山灰水泥拌制混凝土。

6.2.2　扩展基础

扩展基础又称柔性基础或非刚性基础。

当建筑物的荷载较大，或地基的承载能力较小时，如果采用无筋扩展基础，基础底面必须加宽，因受到无筋扩展角的限制，将会增加基础的深度，结果既增加了土方工程量，又增加了基础材料的用量，导致造价增加，见图6-7。如果在混凝土基础的底部配以钢筋，利用钢筋来承受基础底面的拉应力，使基础底部能够承受较大的弯矩，这时，基础宽度不受无筋扩展角的限制，所以钢筋混凝土基础称为扩展基础（旧规范中称为“柔性基础”）。钢筋混凝土基础可以做得宽而薄，常做成锥形，但最薄处不应小于200mm（图6-8），若要做成阶梯形，则每步高度宜为300～500mm。

钢筋混凝土的浇筑需在基础底面均匀浇灌一层素混凝土垫层作为保护层，目的是防止基础钢筋锈蚀，而且还可以作为绑扎钢筋的工作面。垫层一般采用C10的混凝土，厚度70～

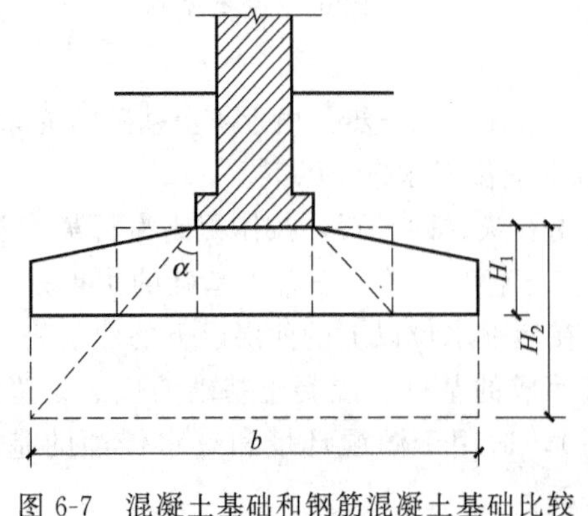

图6-7　混凝土基础和钢筋混凝土基础比较

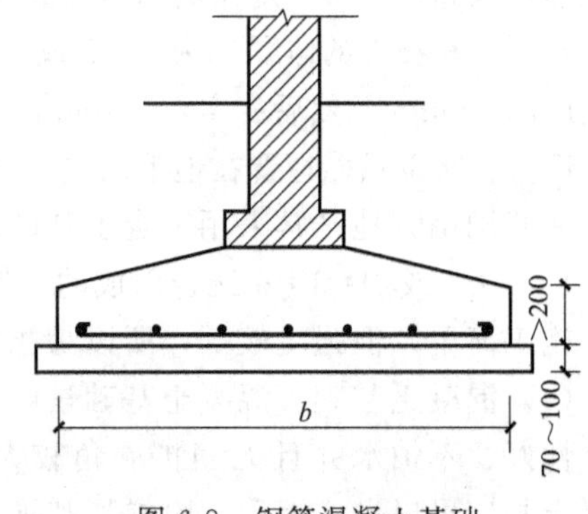

图6-8　钢筋混凝土基础

100mm。垫层两边应伸出底板各 70mm 以上。扩展基础厚度和配筋数量均有计算确定。基础底板的外形一般有锥形和阶梯形两种。

常用的扩展基础有以下几种。

（1）独立基础　当建筑物由框（排）架结构承重时，其承重柱下的基础常为矩形或长方形的钢筋混凝土独立基础；当柱为预制构件时，往往将独立基础做成杯口形式，然后将柱插入预留的杯口内，故称杯形基础。如图 6-9 所示，从左至右依次为阶梯形独立基础、锥形独立基础、杯形独立基础。

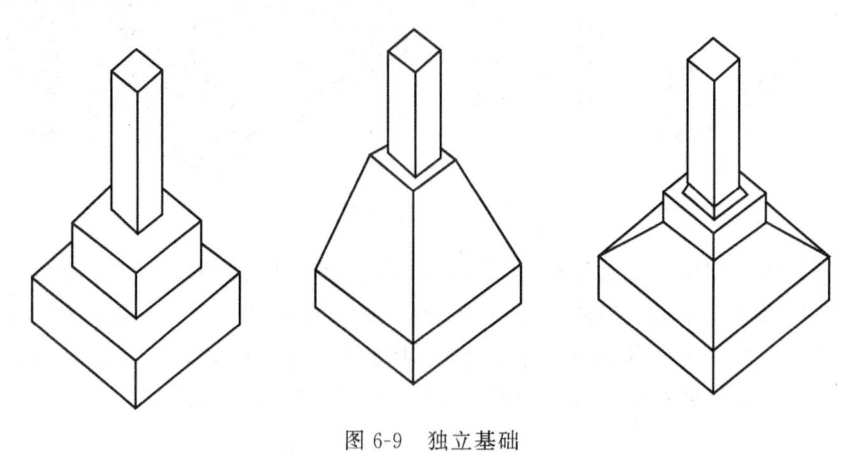

图 6-9　独立基础

（2）条形基础　当建筑物上部结构采用墙承重时，基础沿墙身设置，多做成长条形，这类基础称为条形基础或带形基础，是墙承式建筑基础的基本形式（图 6-10）。

（3）井格式基础　当地基条件较差，为了提高建筑物的整体性，防止柱子之间产生不均匀沉降，常将柱下基础沿纵横两个方向扩展连接起来，做成十字交叉的井格基础（图 6-11）。

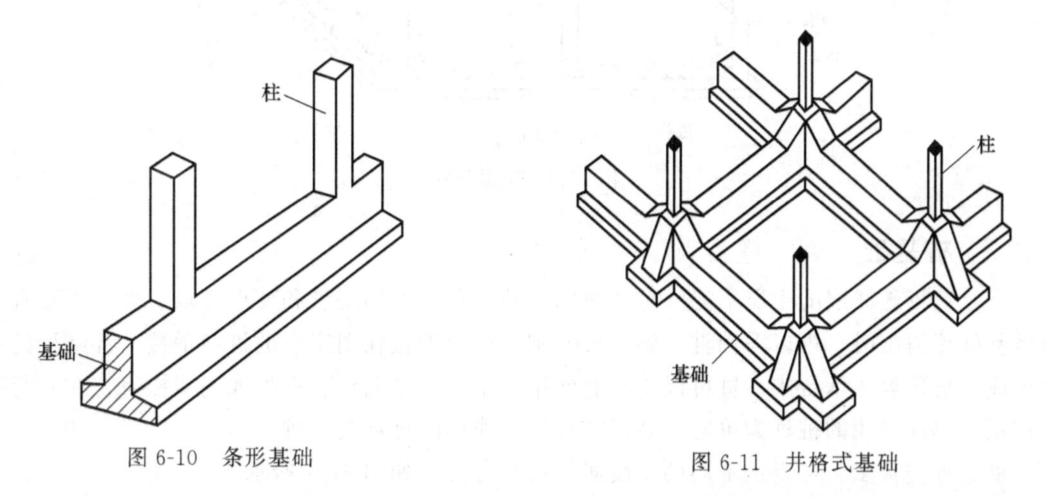

图 6-10　条形基础

图 6-11　井格式基础

（4）筏形基础　筏形基础又称满堂基础。它是由成片的钢筋混凝土板或梁板支承整个建筑物。筏形基础能成片覆盖于建筑物地基的较大面积，具有完整的平面连续性，可以满足软弱地基承载力的要求，减少地基的附加应力和不均匀沉降，增强建筑物的整体抗震性能。但是由于其平面面积较大而厚度有限，造成抗弯刚度有限，由于连续性，在局部荷载作用下，既要有正弯矩钢筋，还要有负弯矩钢筋及一定数量的构造钢筋，造价较高。

筏形基础按构造特点可分为平板式和梁板式两种类型。平板式筏形基础的厚度一般不小于400mm；当柱荷载较大时，为了减小板厚，可在柱轴两个方向设置肋梁，形成梁板式筏形基础。前者一般在荷载不太大、柱网较均匀且柱距较小的情况下采用（图6-12）。

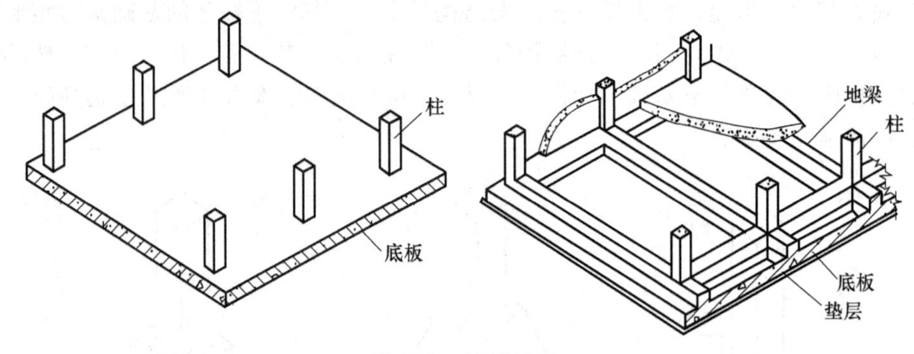

图6-12　筏形基础

（5）箱形基础　当板式基础做得很深时，常将基础改做成箱形基础。箱形基础是由钢筋混凝土底板、顶板和若干纵、横隔墙组成的整体结构，基础的中空部分可用作地下室（单层或多层的）或地下停车库。箱形基础整体空间刚度大，整体性强，能抵抗地基的不均匀沉降，较适用于高层建筑或在软弱地基上建造的重型建筑物（图6-13）。

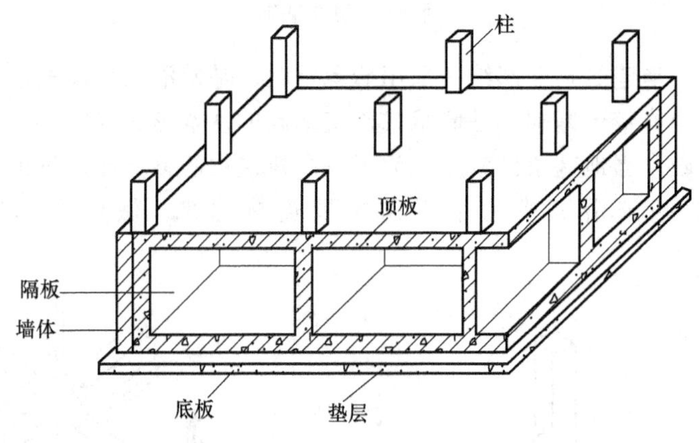

图6-13　箱形基础

6.2.3　桩基础

当建筑场地浅层的土质不能满足建筑物对地基承载力的要求和变形要求、而又不适宜采取地基处理措施时，可以采用桩基础。桩基础一般由埋置在图层中的桩和承接上部结构的承台组成，桩顶埋入承台中。桩可以单独起作用，也可以是两根、三根或更多根组合在一起共同作用。单独作用的桩称为单桩，多根桩基共同作用的桩称为群桩。

桩的种类很多，可以从不同的角度对桩进行分类，如图6-14所示。

桩按照受力状态可以分为端承桩和摩擦桩。

端承桩上部荷载主要依靠下面坚硬土层对桩端的支承来承受；摩擦桩上部荷载主要依靠桩身与周围土层的摩擦阻力来承受，见图6-15。

按照施工方法不同，可分为预制桩和灌注桩。

（1）预制桩　预制桩按所用材料的不同，可分为混凝土预制桩和钢桩。沉桩的方式主要有锤击沉桩和静力压桩两种方法。

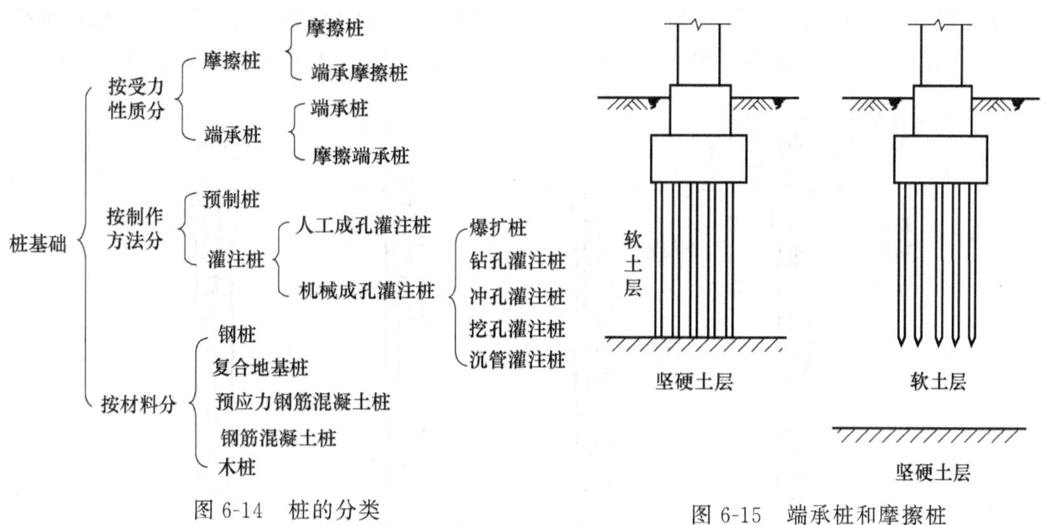

图 6-14　桩的分类

图 6-15　端承桩和摩擦桩

钢筋混凝土预制桩能承受较大的荷载，施工速度快，可以做成各种断面及长度，桩的制作及沉桩工艺简单，并且不受地下水位高低变化的影响。钢筋混凝土预制桩有实心方桩与离心管桩两种，方桩边长一般为 200～450mm；管桩的直径一般为 400mm、500mm 等。单节桩的最大长度取决于打桩架的高度，一般在 27m 以内，如在工厂制作，长度不宜超过 12m。混凝土强度不宜低于 C30，桩身配筋与沉桩方法有关，当采用锤击沉桩时，桩的纵向钢筋配筋率不宜小于 0.8%。

（2）灌注桩　灌注桩是直接在所设计桩位处成孔，然后在孔内吊放钢筋笼再浇筑混凝土而成。与预制桩相比，可节约钢材和水泥，施工工艺简单，成本低，同时可制成不同长度的桩以适应持力层的起伏变化。缺点是施工操作要求较严，容易发生缩颈、断裂等质量事故，技术间歇时间较长，不能立即承受荷载。

灌注桩有很多品种，大体可归纳为沉管灌注桩、钻孔灌注桩和人工挖孔灌注桩等。

① 套管成孔灌注桩。套管成孔灌注桩又称沉管灌注桩，是目前广泛采用的一种灌注桩。按其成孔方法不同，可分为振动沉管灌注桩和锤击沉管灌注桩。这种灌注桩的施工工艺是采用振动沉管打桩机或锤击沉管打桩机将带有活瓣式桩尖或预制钢筋混凝土桩尖的钢制桩管沉入土中，然后在钢管内放入钢筋骨架，边浇筑混凝土，边振动或锤击边拔出钢管而形成灌注桩。施工程序依次为：打桩机就位、沉管、浇灌混凝土、边拔管边振动、安放钢筋笼、继续浇灌混凝土、成型（图 6-16）。

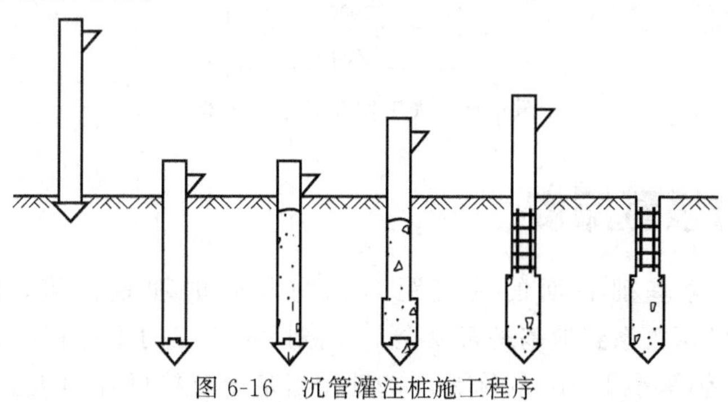

图 6-16　沉管灌注桩施工程序

② 钻孔灌注桩。钻孔灌注桩是用螺旋钻机在所设计桩位处钻孔，然后在孔中放入钢筋笼，再浇筑混凝土成桩。适用于地下水位以上的填土层、黏性土层、粉土层、砂土层和粒径不大的砾砂层等，施工程序依次为：成孔、下导管或钢筋笼、浇灌混凝土、成桩（图6-17）。

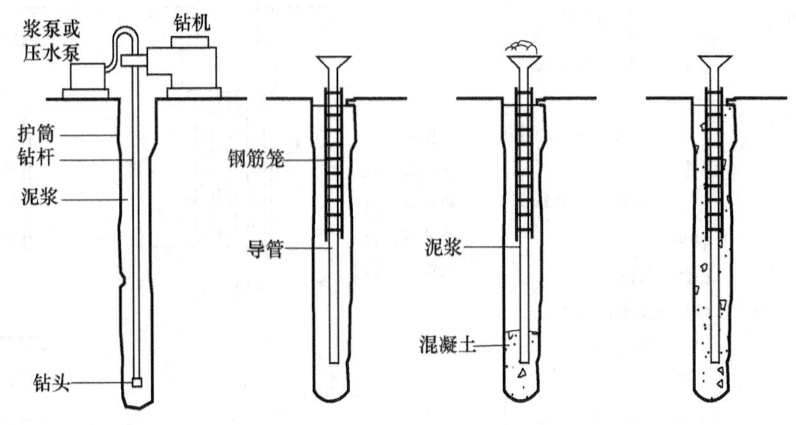

图 6-17　钻孔灌注桩施工程序

③ 人工成孔灌注桩。人工成孔灌注桩是指采用人工挖掘成孔，然后安放钢筋笼，再浇灌混凝土而成的桩基。人工挖孔灌注桩的桩身直径除了能满足设计承载力的要求外，还应考虑施工操作的要求，桩径一般 800～2000mm。桩端可扩底也可不扩底，如图 6-18 所示。

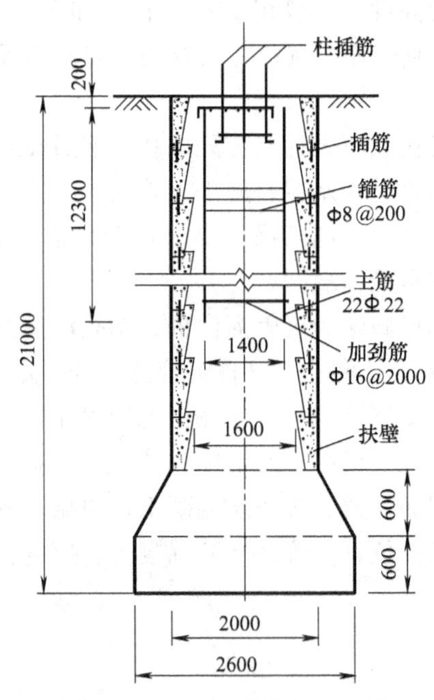

图 6-18　人工挖孔灌注桩实例

6.3　基础的埋置深度

室外设计地面至基础底面的垂直距离称为基础的埋置深度，简称基础的埋深（图 6-19）。基础的埋深关系到地基是否安全、经济以及施工的难易程度。埋深大于或等于 5m 的称为深基础；埋深小于 5m 的称为浅基础；当基础直接做在地表面上的称不埋基础。

在保证安全使用的前提下，应优先选用浅基础，可降低工程造价。但当基础埋深过小时，有可能在地基受到压力后，会把基础四周的土挤出，使基础产生滑移而失去稳定，同时易受到自然因素的侵蚀和影响，使基础破坏，故基础的埋深在一般情况下不要小于0.5m。在确定基础埋置深度时，要根据结构的类型、上部结构传下来的荷载大小和地质情况，并考虑水文地质条件、地基冻胀和相邻建筑物基础的影响，保证基础与上部结构的安全稳定。

影响基础埋深的因素如下。

（1）建筑物上部荷载的大小和性质　多层建筑一般根据地下水位及冻土深度等来确定埋深尺寸。高层建筑筏形和箱形基础的埋置深度应满足地基承载力、变形和稳定性要求。在抗震设防区，除岩石地基外，天然地基上的箱形和筏形基础其埋置深度不宜小于建筑物高度的1/15；桩箱或桩筏基础的埋置深度（不计桩长）不宜小于建筑物高度的1/20～1/18。位于岩石地基上的高层建筑，其基础埋置深度应满足抗滑要求。

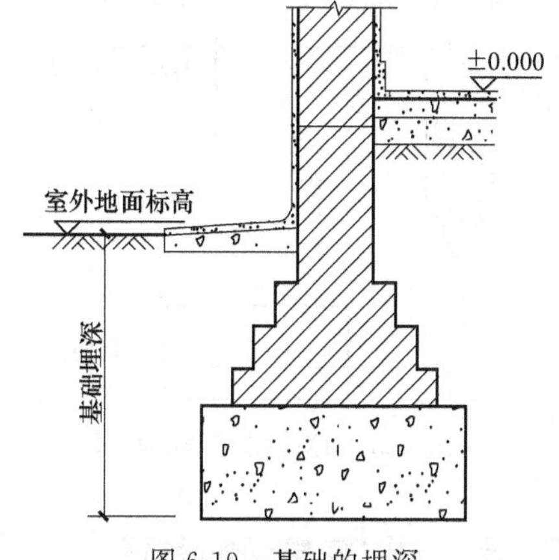

图6-19　基础的埋深

（2）工程地质条件　当地基的土层较好，承载力较高，基础可以浅埋，但基础的最少埋置深度不宜小于0.5m。如果遇到土质差，承载力低的土层，则应该将基础埋深至合适的土层上，或结合具体情况另外进行加固处理。基础底面应尽量选在常年未经扰动而且坚实平坦的土层或岩石上，俗称“老土层”。

（3）水文地质条件　确定地下水的常年水位和最高水位，以便选择基础的埋深。一般宜将基础落在地下常年水位和最高水位之上，这样可不需进行特殊防水处理，节省造价，还可防止或减轻地基土层的冻胀。当地下水位较高，基础不能埋置在地下水位以上时，宜将基础底面埋置在最低地下水位以下（图6-20、图6-21）。

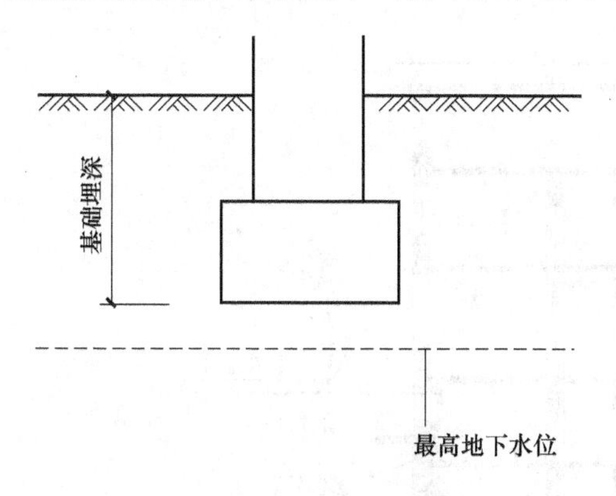

图6-20　地下水位与基础埋深

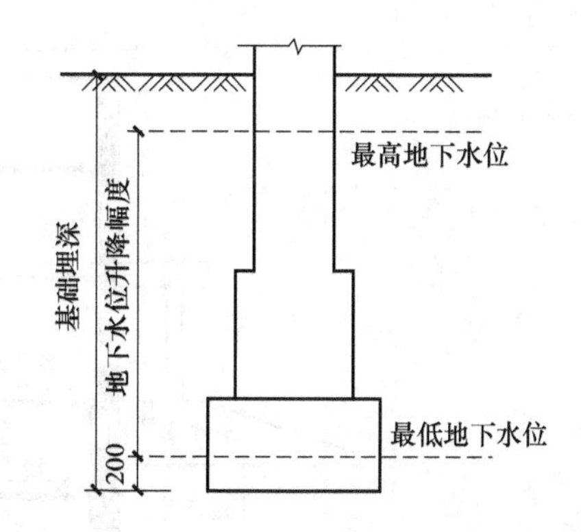

图6-21　地下水位较高时基础的埋深

（4）地基土壤冻胀深度　应根据当地的气候条件了解土层的冻结深度，一般将基础的垫层部分做在土层冻结深度以下。否则，冬天土层的冻胀力会把房屋拱起，产生变形；天气转暖，冻土解冻时又会产生陷落（图6-22）。

（5）相邻建筑物基础的影响　新建建筑物的基础埋深不宜深于相邻的原有建筑物的基础，当埋深大于原有建筑基础时，两建筑间应保持一定净距，其数值应根据原有建筑荷载大小、基础形式和土质情况确定。当上述要求不能满足时，应采取分段施工、设临时加固支撑、打板桩或地下连续墙等施工措施，或加固原有建筑地基，以保证原有建筑的安全和正常使用（图 6-23）。

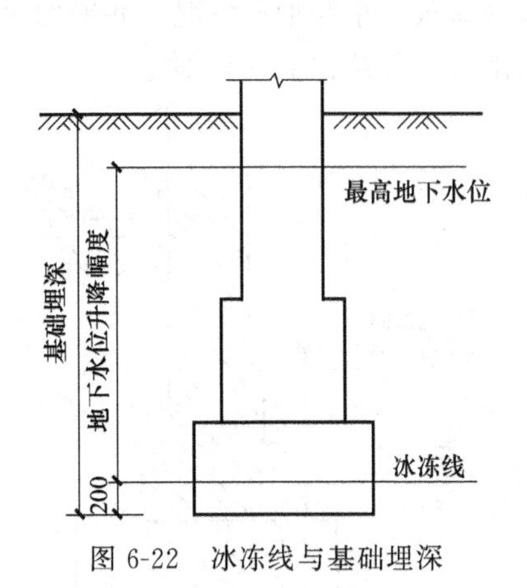

图 6-22 冰冻线与基础埋深

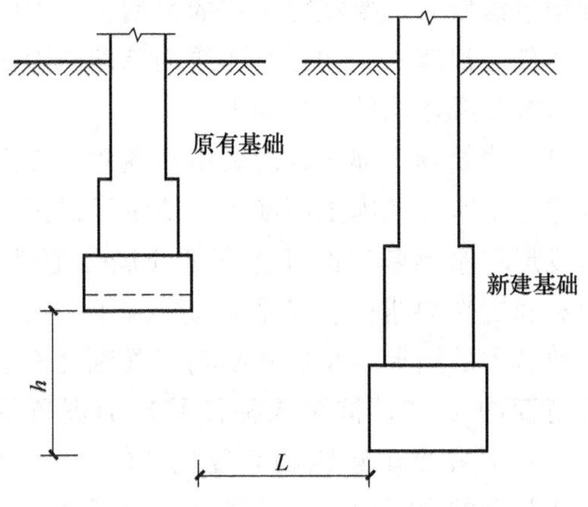

图 6-23 基础埋深与相邻基础的关系

6.4 地下室的构造

6.4.1 地下室的构造组成

建筑物下部的地下使用空间称为地下室。地下室一般由墙身、底板、顶板、门窗、楼梯等部分组成。

地下室按埋入地下深度的不同，可分为：

① 全地下室。是指地下室地面低于室外地坪的高度超过该房间净高的 1/2。

② 半地下室。是指地下室地面低于室外地坪的高度为该房间净高的 1/3～1/2。

地下室示意图见图 6-24。

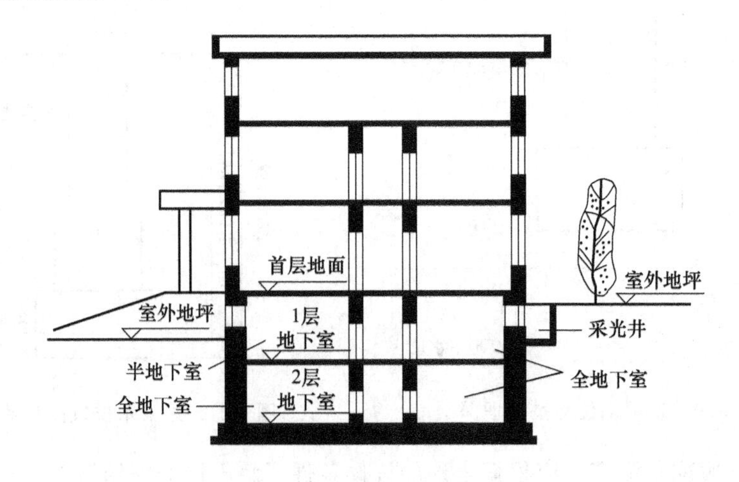

图 6-24 地下室示意图

地下室按使用功能不同，可分为：

① 普通地下室。一般用作高层建筑的地下停车库、设备用房。根据用途及结构需要可做成一层或二、三层、多层地下室。

② 人防地下室。人防地下室是指结合人防要求设置的地下空间，用以应付战时情况下人员的隐蔽和疏散，并有具备保障人身安全的各项技术措施。

6.4.2 地下室防潮构造

当设计最高地下水位低于地下室地层标高，又无形成上层滞水可能时，地下水不会直接侵入室内，地下室外墙和底板仅受到土壤中潮气的影响，只需做防潮处理。对于黏土砖墙，其构造要求是必须采用水泥砂浆砌筑，灰浆饱满，在与土壤接触的外侧墙面，在两道水平防潮层之间要设置垂直防潮层。做法是先抹20mm厚1 ∶2.5水泥砂浆找平层，刷冷底子油一道、热沥青两道，然后回填黏土或灰土等低渗透性土，并逐层夯实，宽500mm左右，以防地面雨水或其他地表水的影响。地下室所有墙体都必须设两道水平防潮层，一道设在地下室地坪附近，另一道设在一层地面向下一皮砖的位置，防止地潮沿地下墙身或勒脚侵入室内（图6-25）。

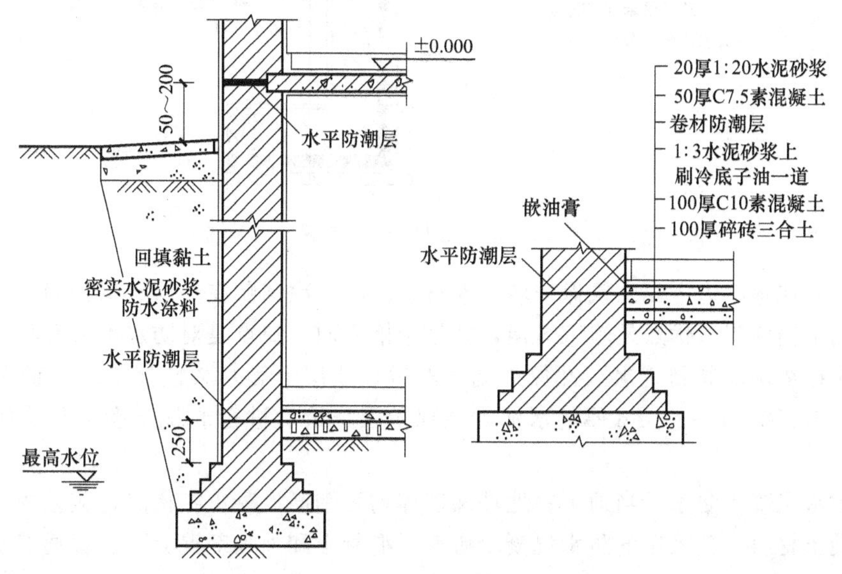

图6-25 地下室的防潮处理

6.4.3 地下室防水构造

当设计最高地下水位高于地下室地坪时，地下室的外墙和地坪都浸泡在水中，在水的压力作用下，大量的地下水会由地下室外墙和地坪渗入室内，地坪也会受到地下水的浮力影响。地下水距地坪的高度越大，水的压力也越大，上浮力越大，渗水也越严重。因此必须对地下室外墙和地坪作防水处理，常采用的防水措施有以下三种。

(1) 沥青卷材防水　卷材防水的卷材防水层应铺贴在整体的混凝土结构或钢筋混凝土结构的基层上或整体的水泥砂浆找平层的基层上。卷材防水性能好，能抗酸、碱、盐的侵蚀，韧性好，但其耐久性差，出现渗漏现象时修补困难。卷材防水层应采用高聚物改性沥青卷材和合成高分子卷材，选用的基层处理剂、胶黏剂、密封材料等配套材料，应与铺贴的卷材材性相容。

按防水卷材铺贴位置的不同可分为外防水和内防水。外防水是在垫层上铺好底面防水层后，先进行底板和墙面结构的施工，再把底面防水层延伸铺贴在墙体结构的外侧表面上，最后在防水层外侧砌筑保护墙，优点是对防水有利，缺点是维修困难。其施工顺序是：首先在垫层四周砌筑永久性保护墙，高度300～500mm，其下部应干铺卷材条一层，上部砌筑临时性保护墙。然后铺设混凝土底板垫层上的卷材防水层，并留出墙身卷材防水层的接头。第三步进行混凝土底板和墙面的施工，拆除临时保护墙，铺贴墙体的卷材防水层，最后砌筑永久保护墙（图 6-26）。

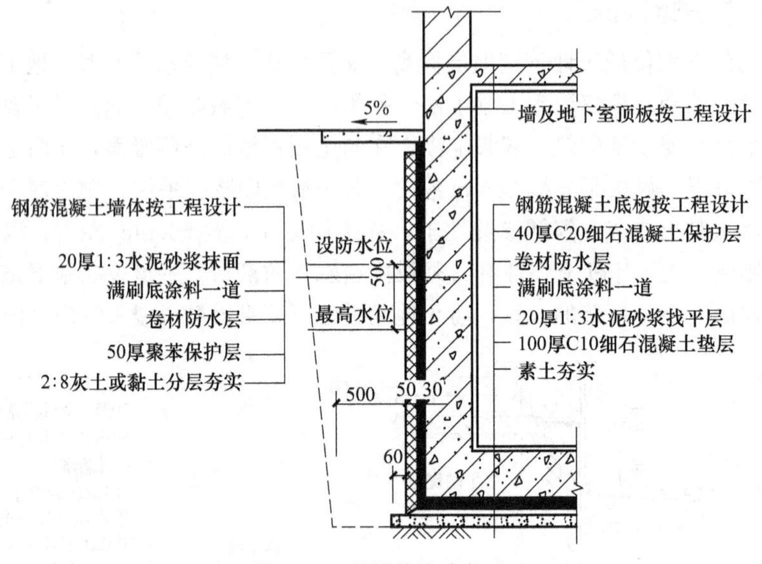

图 6-26　卷材外防水构造

内防水是在垫层边上先砌筑保护墙，卷材防水层一次铺贴在垫层和保护墙上，最后进行底板和墙面结构施工，优点是施工方便，并且维修方便，缺点是对防水不太有利。其施工顺序是：首先在垫层四周砌筑永久性保护墙，然后在垫层上和永久性保护墙上铺贴卷材防水层，防水层上面铺 15～30mm 厚的水泥砂浆保护层，最后进行混凝土底板和墙体结构施工（图 6-27）。

（2）防水混凝土防水　当地下室地坪和墙体均为钢筋混凝土结构时，应采用抗渗性能好的防水混凝土材料，常采用的防水混凝土有普通混凝土和外加剂混凝土。普通混凝土主要是采用不同粒径的骨料进行级配，并提高混凝土中水泥砂浆的含量，使砂浆充满于骨料之间，从而堵塞因骨料间不密实而出现的渗水通路，以达到防水目的。外加剂混凝土是在混凝土中渗入加气剂或密实剂，以提高混凝土的抗渗性能（图 6-28）。

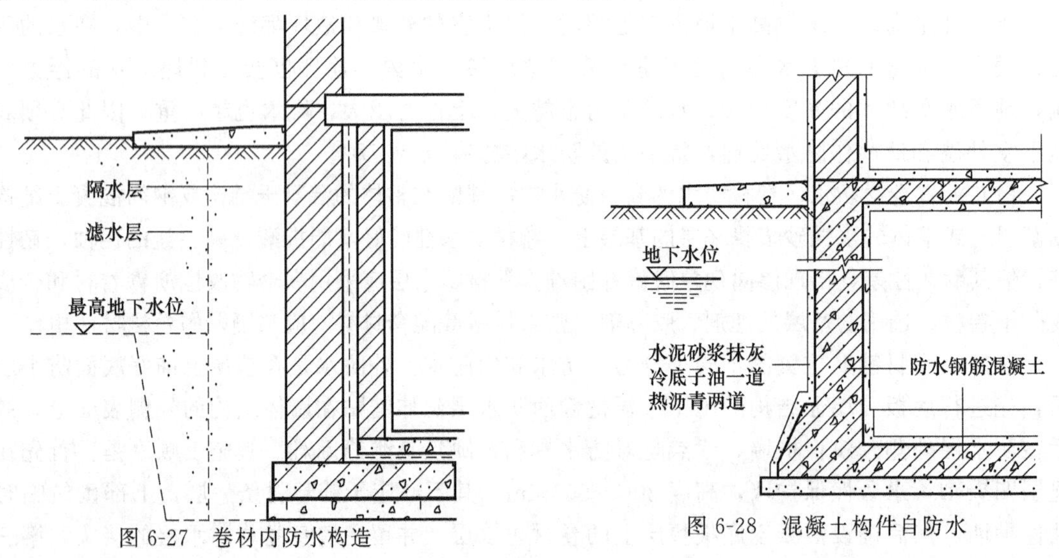

图 6-27　卷材内防水构造

图 6-28　混凝土构件自防水

（3）弹性材料防水　随着新型高分子合成防水材料的不断涌现，地下室的防水构造也在更新，如我国目前使用的三元乙丙橡胶卷材，能充分适应防水基层的伸缩及开裂变形，拉伸强度高，拉断延伸率大，能承受一定的冲击荷载，是耐久性极好的弹性卷材；又如聚氨酯涂膜防水材料，有利于形成完整的防水涂层，对在建筑内有管道、转折和高差等特殊部位的防水处理极为有利（图 6-29）。

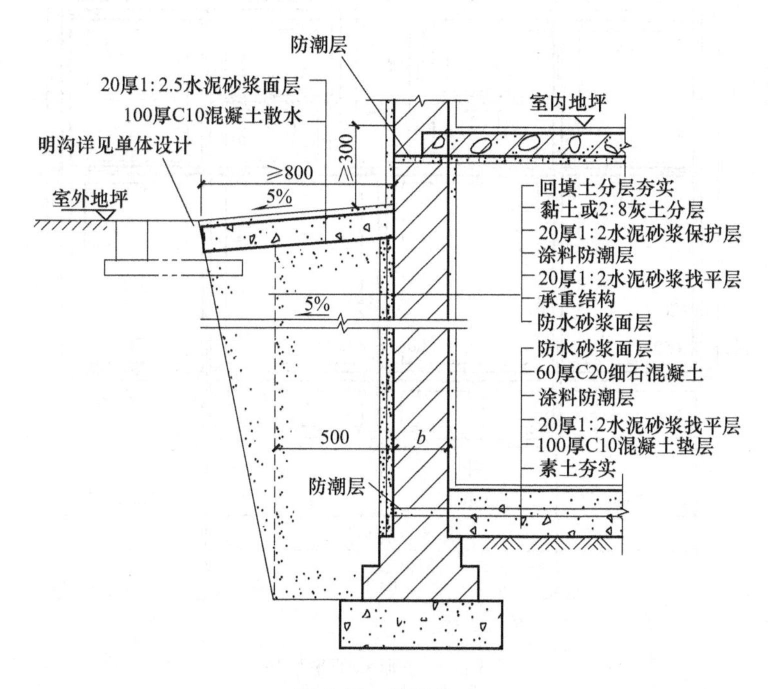

图 6-29　涂料防水

6.5　基础平面图及剖面图识图

表达房屋基础结构及构造的图样称基础结构图，简称基础图，一般包括基础平面图和基础详图。

6.5.1　基础平面图

基础平面图是假想用一水平面沿地面将房屋切开，移去上面部分和周围土层，向下投影所得的全剖面图。

基础平面图绘图的比例一般与建筑平面图的比例相同。其定位轴线及编号也应与建筑平面图一致，以便对照阅读。基础中的梁、柱用代号表示。凡尺寸和构造不同的条形基础都要加画断面图，基础平面图上的剖切符号要依次编号。

基础平面图的图线要求是：剖切到的墙画粗实线；可见的基础轮廓、基础梁等画中实线；剖切到的混凝土柱涂黑。

图 6-30 为某住宅的基础平面图，比例为 1∶100，为条形基础。轴线两侧的粗实线是墙边线，细线是基础底边线。以轴线①为例，左右墙边到轴线的定位尺寸为 120mm，也就是其墙厚 240mm，左右基础底边线到轴线的定位尺寸为 500mm，基础底边宽度尺寸为 1000mm。该处是 2—2 剖切断面，凡是同一编号的断面，其定位与尺寸都应完全相同。轴

线⑦也有 2—2 断面，因此，其墙厚和基础底边线的定位和尺寸，与轴线①的相同。

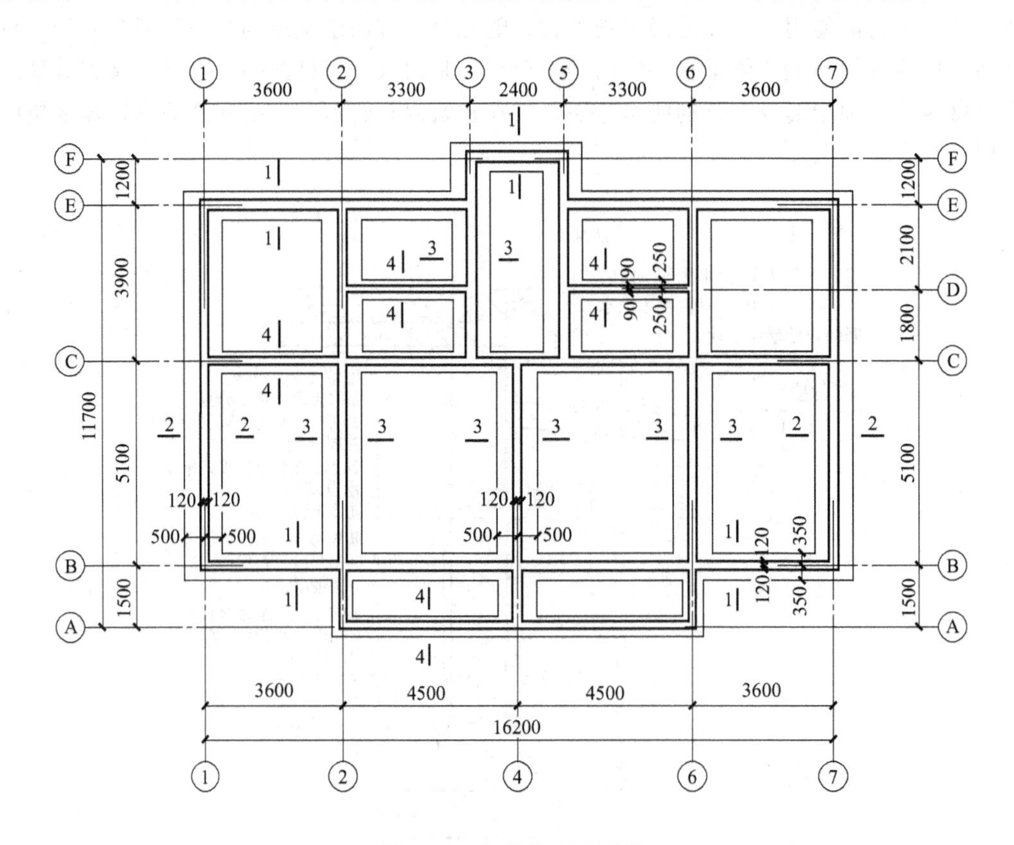

图 6-30 条形基础平面图

图 6-31 为某住宅的基础平面图，比例为 1∶100，为独立基础。轴线两侧的中实线是基础梁边线，填黑部分是钢筋混凝土柱，细线的矩形是基础的底边线。根据该住宅楼左右对称的情况，采用了左半部分标注柱基础（即独立基础），右半部分标注基础梁的方法。以轴线Ⓐ为例，七个柱基础都是 JZ1，长度与宽度均为 1600mm，钢筋混凝土柱的断面长度与宽度均为 400mm，其位置由边线与定位轴线所标注的尺寸确定；基础梁分别有 JKLA-1、JKLA-2 和 JKLA-3，为框架梁，宽度 180mm，高度 500mm。

6.5.2 基础详图

基础平面图仅表示基础的平面布置，而基础各部分的形状、大小、材料、构造及埋置深度需要画基础详图来表示。

各种基础的图示方法不同，条形基础采用垂直剖面图，独立基础则采用垂直剖面和平面图表示。

基础剖面图也叫基础详图。基础剖面图应标注轴线编号，宽度、高度方向尺寸，室内外地面及基础垫层底面标高和材料强度等级。基础详图用大的比例绘制，常用比例为 1∶20 或 1∶30。其定位轴线编号应该与基础平面图一致以便对照查阅。基础墙和垫层等都应画上相应的材料图例。

尺寸标注方面除了标注基础上各部分的尺寸外，还应标注钢筋的规格、室内外地面及基础底面标高。

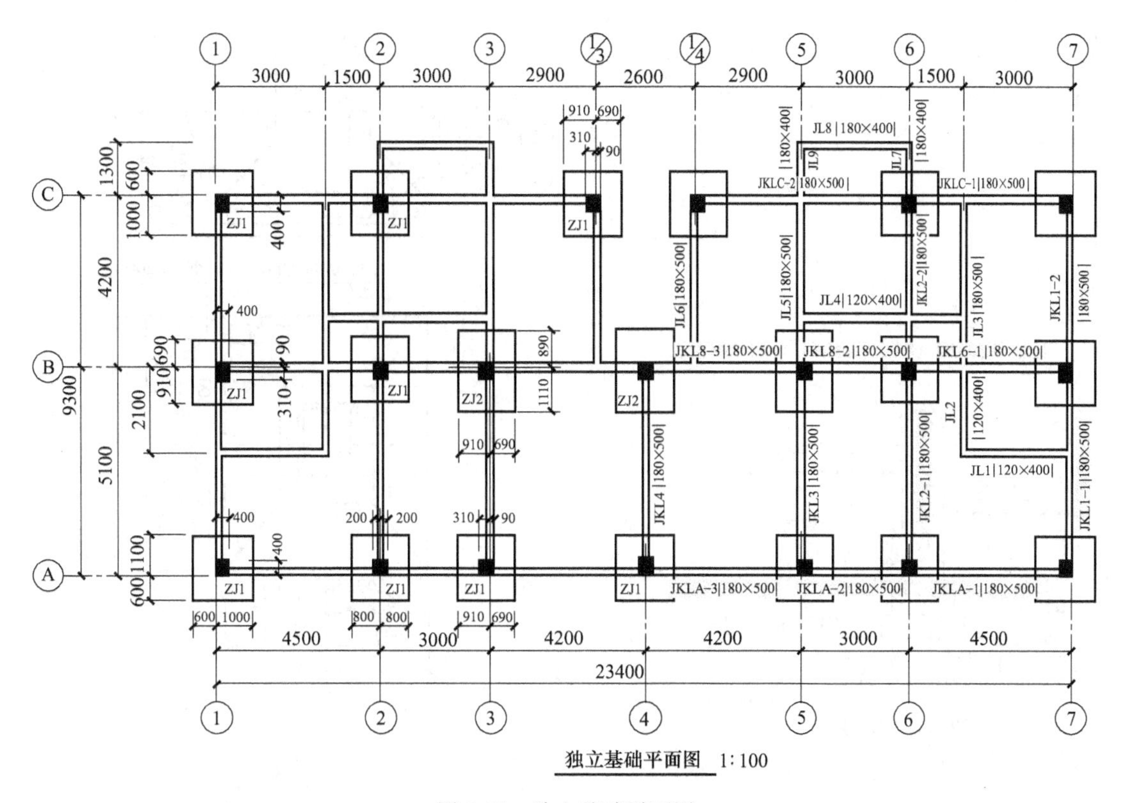

图 6-31　独立基础平面图

基础详图的图线要求是：对于条形基础，剖切到的砖墙和垫层画粗实线；而对于钢筋混凝土的独立基础，其基础轮廓、柱轮廓用中实线或细实线绘制，如果用到钢筋，钢筋用粗实线绘制，钢筋断面为黑圆点。

图 6-32 的垫层用 C10 素混凝土，厚度为 300mm，垫层上面是大放脚，每层高 120mm（即两层砖高），缩进 60mm，共放两级，基础墙厚 240mm，大放脚脚底宽 480mm，若计入灰缝应为 500mm，基坑底面即为垫层底面，宽为 900mm。为了防止地下水沿灰缝渗到室内，施工时砌到－0.06m 处，做一道 1∶2 的水泥砂浆防潮层。

独立杯形基础详图，与条形基础相比，除了绘出断面图外还画出平面图。断面图清晰地反映了基础是由垫层、基础、基础柱三部分构成。基础底部为 2000mm×2500mm 的矩形，基础高 850mm，并向四边逐渐低到 200mm，形成四棱台形状。在基础底部配置了Φ10@200 的双向钢筋。基础下面一般用 C10 或者 C15 的混凝土垫层，垫层高 100mm。杯口的尺寸可以直接从图中读出（图 6-33）。

6.5.3　基础沉降缝识图

为了防止建筑物各部分由于地基不均匀沉降引起房屋破坏所设置的垂直缝称为沉降缝。沉降缝将房屋从基础到屋顶的全部构件断开，使两侧各为独立的单元，可以垂直自由沉降。沉降缝一般在下列部位设置：平面形状复杂的建筑物的转角处、建筑物高度或荷载差异较大处、结构类型或基础类型不同处、地基土层有不均匀沉降处、不同时间内修建的房屋各连接部位等。

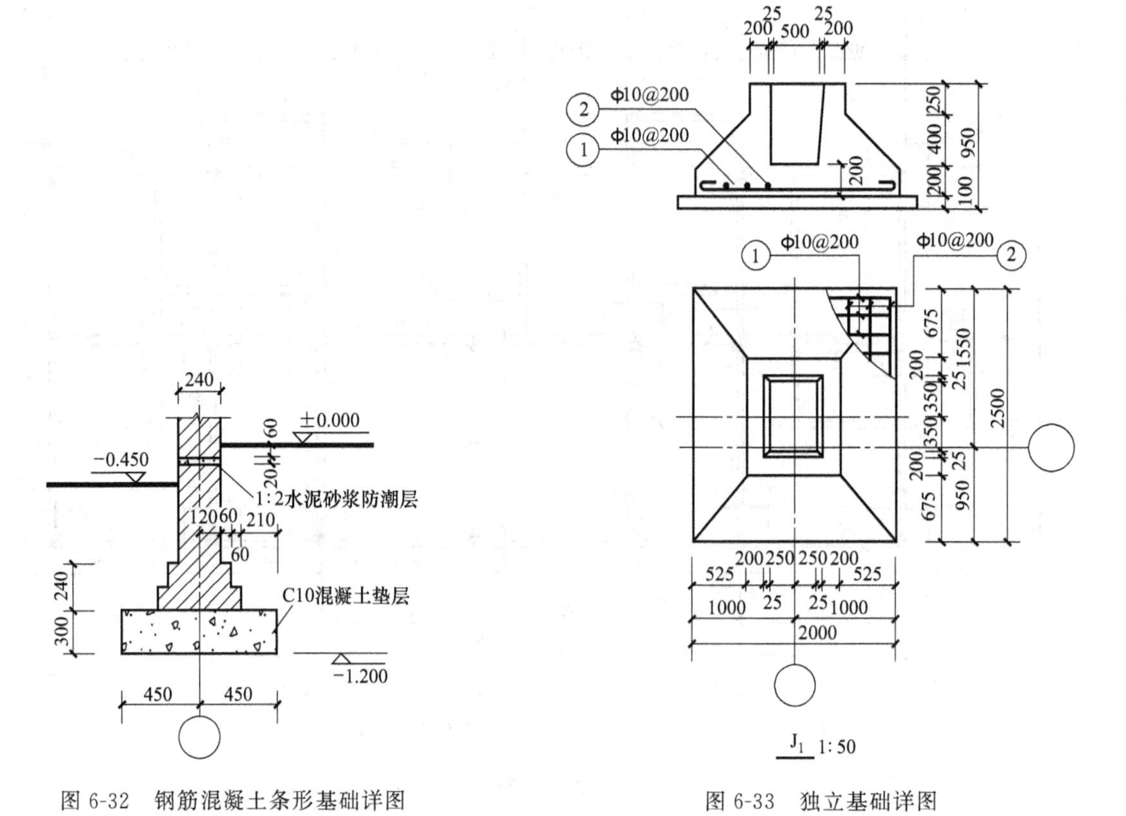

图 6-32　钢筋混凝土条形基础详图

图 6-33　独立基础详图

基础沉降缝的构造处理方案有双墙式、挑梁式和交叉式三种。双墙式：基础全部断开，分别在基础上砌筑墙体，见图 6-34（a）；交叉式：将沉降缝两侧的基础均做成墙壁下独立基础，交叉设置，在各自的基础上设置基础梁以支承墙体，这种做法受力明确、效果好，但施工难度大，造价也高，见图 6-34（b）；挑梁式：将沉降缝一侧的墙和基础按一般构造做法处理，而另一侧则采用挑梁支承基础梁、基础梁上支承轻质墙的做法，见图 6-34（c）。

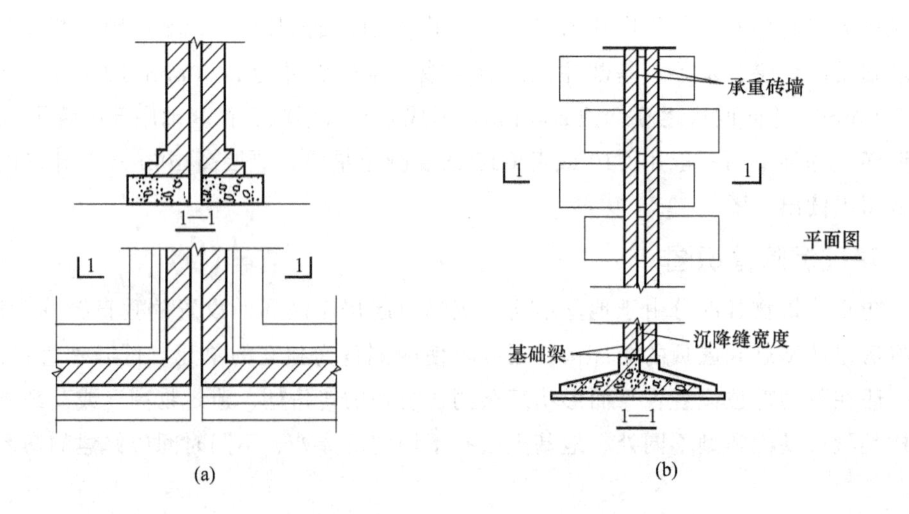

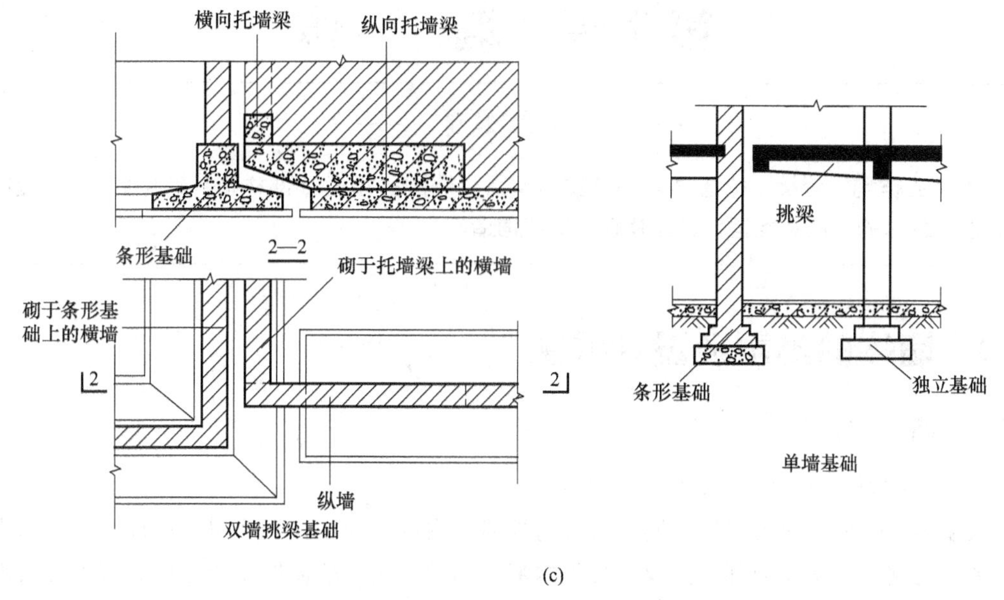

(c)

图 6-34　沉降缝处理基础的构造图

小　　结

1. 基础与地基是不同的概念，地基可分为天然地基和人工地基。 基础按形式分类可以分为条形基础、独立基础和联合基础；按材料和传力情况可分为刚性基础和柔性基础。

2. 基础的埋置深度与地基状况、地下水位及冻土深度、相邻基础的位置以及设备布置等各方面的因素有关，选择合理的埋置深度，对结构物的牢固、稳定与正常使用有重要意义。

3. 地下室经常受到下渗地表水、土壤中的潮气和地下水的侵蚀，应妥善处理地下室的防水构造。 根据防水材料的不同，地下水防水可以采用沥青卷材防水、高分子卷材防水、防水混凝土防水、涂料防水、防水板材防水等。

4. 表达房屋基础结构及构造的图样称为基础结构图，简称基础图，一般包括基础平面图和基础详图。 基础平面图是假想用一水平面沿地面将房屋切开，移去上面部分和周围土层，向下投影所得的全剖面图。 基础剖面图也叫基础详图，用以表达细部构造，常选用较小比例绘制。

复习思考题

1. 什么叫地基？ 什么叫基础？ 天然地基有哪些？
2. 简述常用基础的分类。
3. 简述刚性基础和柔性基础的特点。
4. 简述地下室防潮要求和防水要求。
5. 常用的地下室防水措施有哪些？
6. 基础结构图包括哪些？ 绘制要求有哪些？ 如何识图？

第7章　墙　　体

——　本章提要　——

墙体的作用、分类、构造要求和承重方案；砖墙的类型及细部构造；砌块墙的类型及构造；墙面装修的作用及类型；墙面装修的细部构造。

7.1　墙体的类型及设计要求

7.1.1　墙体的类型

7.1.1.1　按墙体所处位置及方向分类

按墙体在平面上所处位置不同，可分为外墙和内墙。外墙位于房屋的四周，故又称为外围护墙。内墙位于房屋内部，主要起分隔内部空间的作用。墙体按布置方向又可以分为纵墙和横墙。沿建筑物长轴方向布置的墙称为纵墙，沿建筑物短轴方向布置的墙称为横墙，外横墙俗称山墙，如图7-1所示。另外，对于一片墙来说，窗与窗之间和窗与门之间的墙称为窗

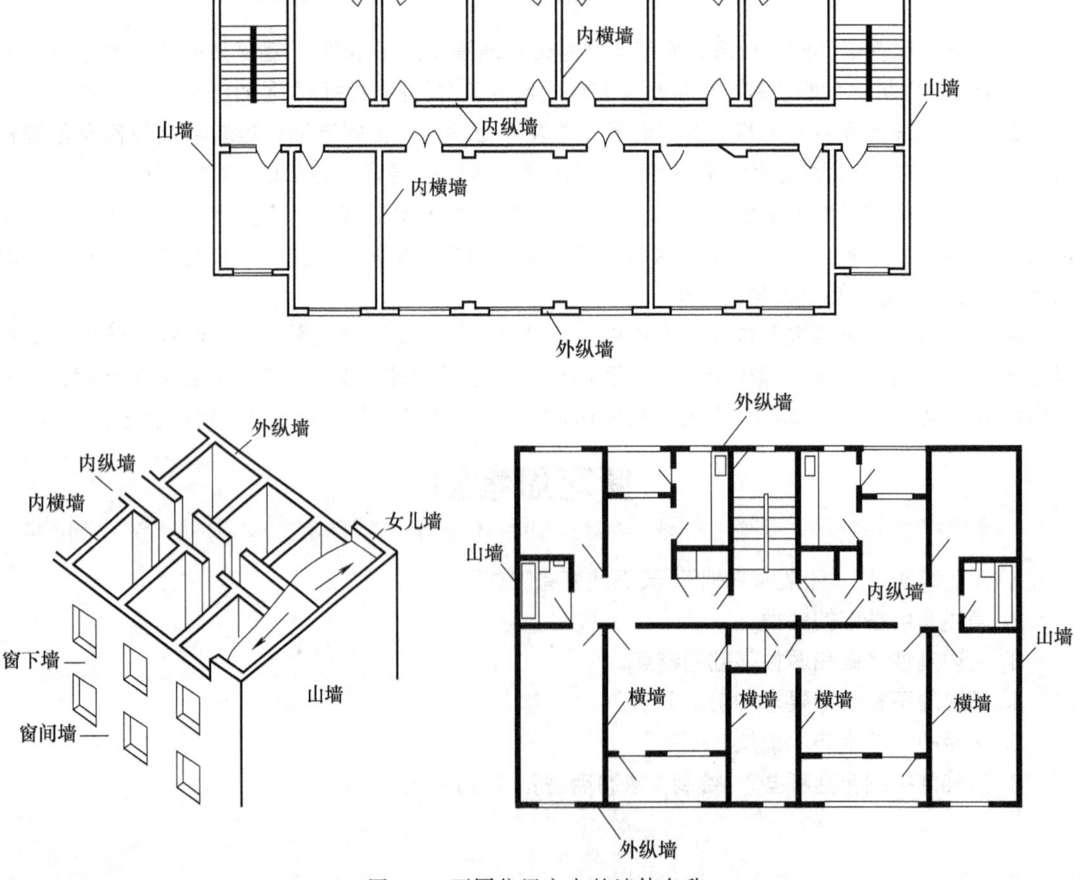

图7-1　不同位置方向的墙体名称

间墙，窗台下面的墙称为窗下墙。

7.1.1.2 按墙体受力状况分类

在混合结构建筑中，按墙体受力方式分为两种：承重墙和非承重墙。非承重墙又可分为两种：一是自承重墙，不承受外来荷载，仅承受自身重量并将其传至基础；二是隔墙，起分隔房间的作用，不承受外来荷载，并把自身重量传给梁或楼板。框架结构中的墙称框架填充墙。墙体按受力情况分类可参见图 7-2。

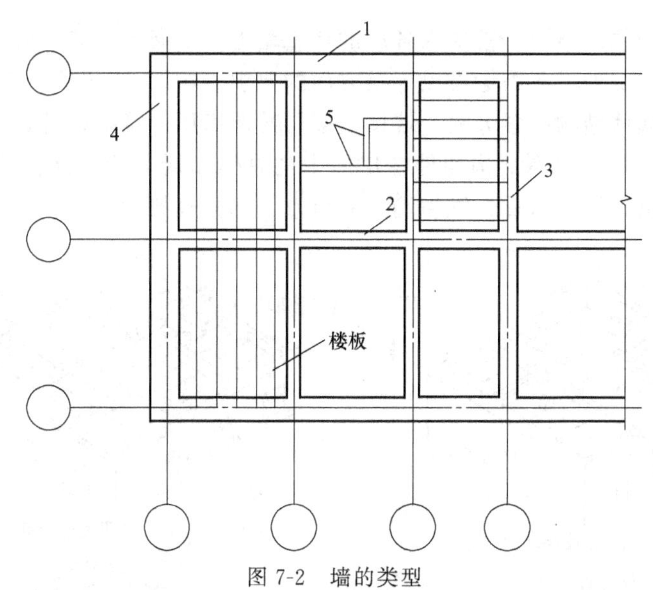

图 7-2 墙的类型

1—纵向承重外墙；2—纵向承重内墙；3—横向承重内墙；4—横向承重外墙（山墙）；5—隔墙

7.1.1.3 按墙体构造和施工方式分类

（1）按构造方式墙体可以分为实体墙、空体墙和组合墙三种（图 7-3） 实体墙由单一材料组成，如砖墙、砌块墙等。空体墙也是由单一材料组成，可由单一材料砌成内部空腔，也可用具有孔洞的材料建造墙，如空斗砖墙（图 7-3）、空心砌块墙等。组合墙由两种以上材料组合而成，例如混凝土、加气混凝土复合板材墙。其中混凝土起承重作用，加气混凝土起保温隔热作用。

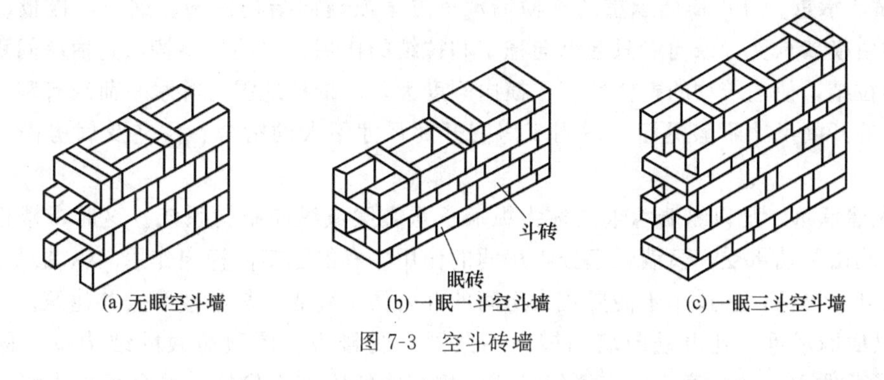

图 7-3 空斗砖墙

（2）按施工方法墙体可以分为块材墙、板筑墙及板材墙三种 块材墙是用砂浆等胶结材料将砖石块材等组砌而成，例如砖墙、石墙及各种砌块墙等。板筑墙是在现场立模板，现浇而成的墙体，例如现浇混凝土墙等。板材墙是预先制成墙板，施工时安装而成的墙，例如预制混凝土大板墙、各种轻质条板内隔墙等。

7.1.2 墙体的设计要求

我国幅员辽阔，气候差异大，因此，墙体除满足结构方面的要求外，作为维护构件还应具有保温、隔热、隔声、防火、防潮等功能。

7.1.2.1 结构要求

对以墙体承重为主的结构，常要求各层的承重墙上、下必须对齐，各层的门、窗洞孔也以上、下对齐为佳。此外，还需考虑以下两方面的要求。

(1) 合理选择墙体结构布置方案 墙体是多层砖混房屋的维护构件，也是主要的承重构件。结构布置指梁、板、柱等结构构件在房屋中的总体布局。砖混结构建筑的结构布置方案，通常有横墙承重、纵墙承重、纵横墙双向承重、部分框架承重几种方式（图 7-4）。

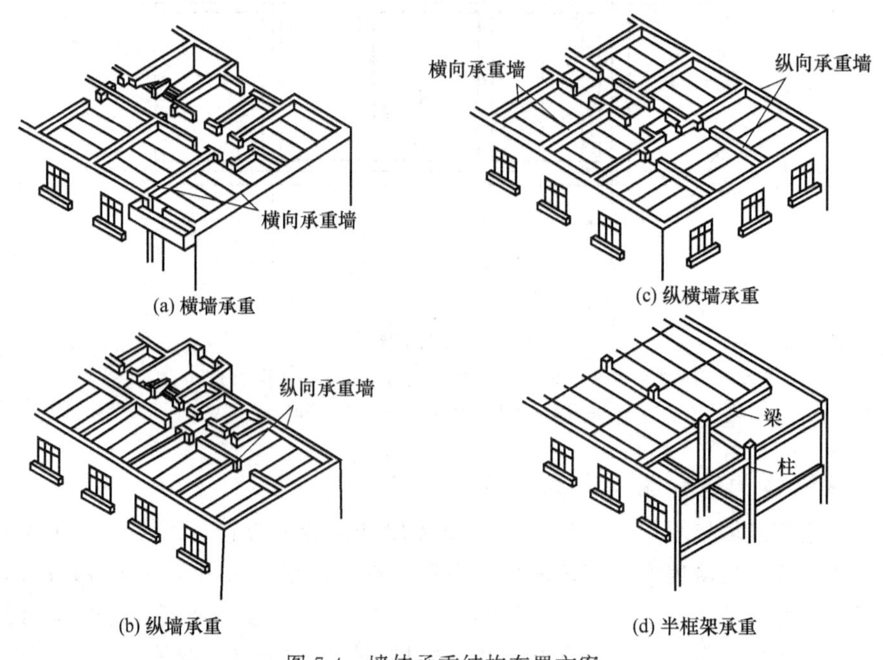

图 7-4 墙体承重结构布置方案

① 横墙承重。凡以横墙承重的称横墙承重方案或横向结构系统。这时，楼板、屋顶上的荷载均由横墙承受，纵向墙只起纵向稳定和拉结的作用。它的主要特点是横墙间距密，加上纵墙的拉结，使建筑物的整体性好、横向刚度大，对抵抗地震力等水平荷载有利。但横墙承重方案的开间尺寸不够灵活，适用于房间开间尺寸不大的宿舍、住宅及病房楼等小开间建筑。

② 纵墙承重。凡以纵墙承重的称为纵墙承重方案或纵向结构系统。这时，楼板、屋顶上的荷载均由纵墙承受，横墙只起分隔房间的作用，有的起横向稳定作用。纵墙承重可使房间开间的划分灵活，多适用于需要较大房间的办公楼、商店、教学楼等公共建筑。

③ 纵横墙承重。凡由纵向墙和横向墙共同承受楼板、屋顶荷载的结构布置称纵横墙(混合) 承重方案。该方案房间布置较灵活，建筑物的刚度亦较好。混合承重方案多用于开间、进深尺寸较大且房间类型较多的建筑以及平面复杂的建筑中，前者如教学楼、住宅等

建筑。

④ 部分框架承重。在结构设计中，有时采用墙体和钢筋混凝土梁、柱组成的框架共同承受楼板和屋顶的荷载，这时，梁的一端支承在柱上，而另一端则搁置在墙上，这种结构布置称部分框架结构或内部框架承重方案。它较适合于室内需要较大使用空间的建筑，如商场等。

(2) 具有足够的强度和稳定性　强度是指墙体承受荷载的能力，它与所采用的材料以及同一材料的强度等级有关。作为承重墙的墙体，必须具有足够的强度，以确保结构的安全。

墙体的稳定性与墙的高度、长度和厚度有关。高而薄的墙稳定性差，矮而厚的墙稳定性好；长而薄的墙稳定性差，短而厚的墙稳定性好。实际工程高厚比必须控制在允许高厚比限值以内。允许高厚比限值结构上有明确的规定，它是综合考虑了砂浆强度等级、材料质量、施工水平、横墙间距等诸多因素确定的。

砖墙是脆性材料，变形能力小，如果层数过多，重量就大，砖墙可能破碎和错位，甚至被压垮。特别是地震区，房屋的破坏程度随层数增多而加重，因而对房屋的高度及层数有一定的限值，见表 7-1。

表 7-1　多层砖房总高和层数限值

抗震设防烈度 最小墙厚	6		7		8		9	
	高度/m	层数	高度/m	层数	高度/m	层数	高度/m	层数
240mm	24	8	21	7	18	6	12	4

7.1.2.2　热工要求

(1) 墙体的保温要求　对有保温要求的墙体，须提高其构件的热阻，通常采取以下措施。

① 增加墙体的厚度。墙体的热阻与其厚度成正比，欲提高墙身的热阻，可增加其厚度。

② 选择热导率小的墙体材料。要增加墙体的热阻，常选用热导率小的保温材料，如泡沫混凝土、加气混凝土、陶粒混凝土、膨胀珍珠岩、膨胀蛭石、浮石及浮石混凝土、泡沫塑料、矿棉及玻璃棉等。其保温构造有单一材料的保温结构和复合保温结构之分。

③ 采取隔蒸汽措施。为防止墙体产生内部凝结，常在墙体的保温层靠高温一侧，即蒸汽渗入的一侧，设置一道隔蒸汽层（图 7-5）。隔蒸汽材料一般采用沥青、卷材、隔汽涂料以及铝箔等防潮、防水材料。

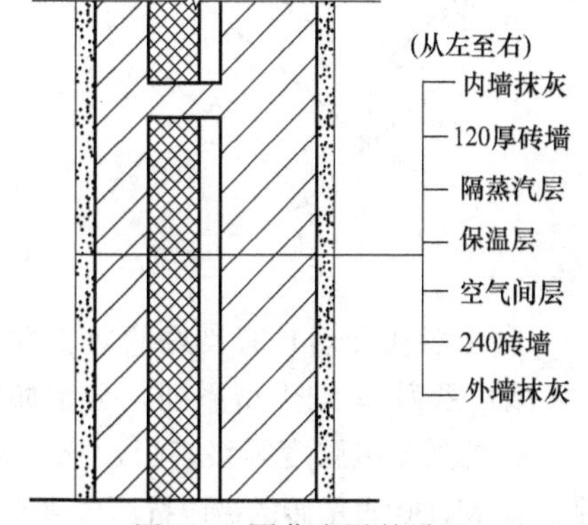

图 7-5　隔蒸汽层的设置

(2) 墙体的隔热要求　隔热措施如下。

① 外墙采用浅色而平滑的外饰面，如白色外墙涂料、玻璃马赛克、浅色墙地砖、金属外墙板等，以反射太阳光，减少墙体对太阳辐射的吸收。

② 在外墙内部设通风间层，利用空气的流动带走热量，降低外墙内表面温度。

③ 在窗口外侧设置遮阳设施，以遮挡太阳光直射室内。

④ 在外墙外表面种植攀缘植物使之遮盖整个外墙，吸收太阳辐射热，从而起到隔热作用。

7.1.2.3 建筑节能要求

为贯彻国家的节能政策，改善严寒和寒冷地区居住建筑采暖能耗大、热工效率差的状况，必须通过建筑设计和构造措施来节约能耗。

7.1.2.4 隔声要求

墙体主要隔离由空气直接传播的噪声，一般采取以下措施。

① 加强墙体缝隙的填密处理。

② 增加墙厚和墙体的密实性。

③ 采用有空气间层式多孔性材料的夹层墙。

④ 尽量利用垂直绿化降噪声。

7.2 砖墙构造

7.2.1 砖墙材料

砖墙是用砂浆将一块块砖按一定技术要求砌筑而成的砌体，其材料是砖和砂浆。

7.2.1.1 砖

砖按材料不同，有黏土砖、页岩砖、粉煤灰砖、灰砂砖、炉渣砖等；按形状分有实心砖、多孔砖和空心砖等。其中常用的是普通黏土砖。

实心黏土砖的规格是统一的，称为标准砖，其尺寸（长×宽×厚）为 240mm×115mm×53mm，砖长∶宽∶厚=4∶2∶1（包括 10mm 宽灰缝）（图 7-6）。

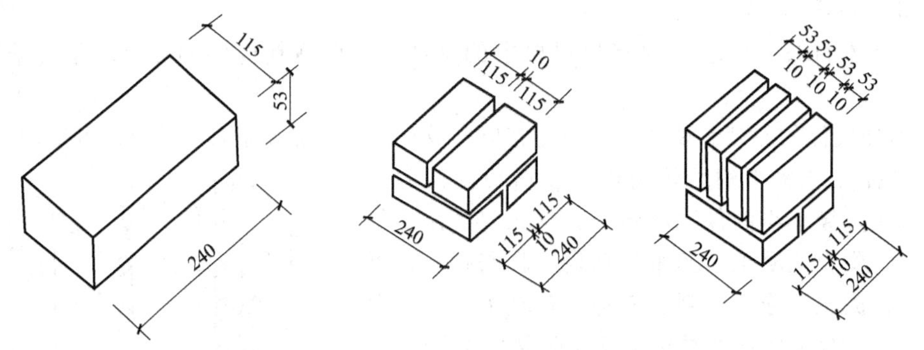

图 7-6 标准砖的尺寸关系

黏土多孔砖墙具有良好的热工性能，并能减少制砖对耕地的破坏。黏土多孔砖有模数型（M 型）系列和 KP1 型系列，分别如图 7-7、图 7-8 所示。

砖的强度以强度等级表示，分别为 MU30、MU25、MU20、MU15、MU10、MU7.5 六个级别。如 MU30 表示砖的极限抗压强度平均值为 30MPa，即每平方毫米可承受 30N 的压力。

7.2.1.2 砂浆

砂浆是砌块的胶结材料。常用的砂浆有水泥砂浆、混合砂浆、石灰砂浆和黏土砂浆。

① 水泥砂浆由水泥、砂加水拌和而成，属水硬性材料，强度高，但可塑性和保水性较差，适应砌筑湿环境下的砌体，如地下室、砖基础等。

② 石灰砂浆由石灰膏、砂加水拌和而成。由于石灰膏为塑性掺合料，所以石灰砂浆的可塑性很好，但它的强度较低，且属于气硬性材料，遇水强度即降低，所以适宜砌筑次要的民用建筑的地上砌体。

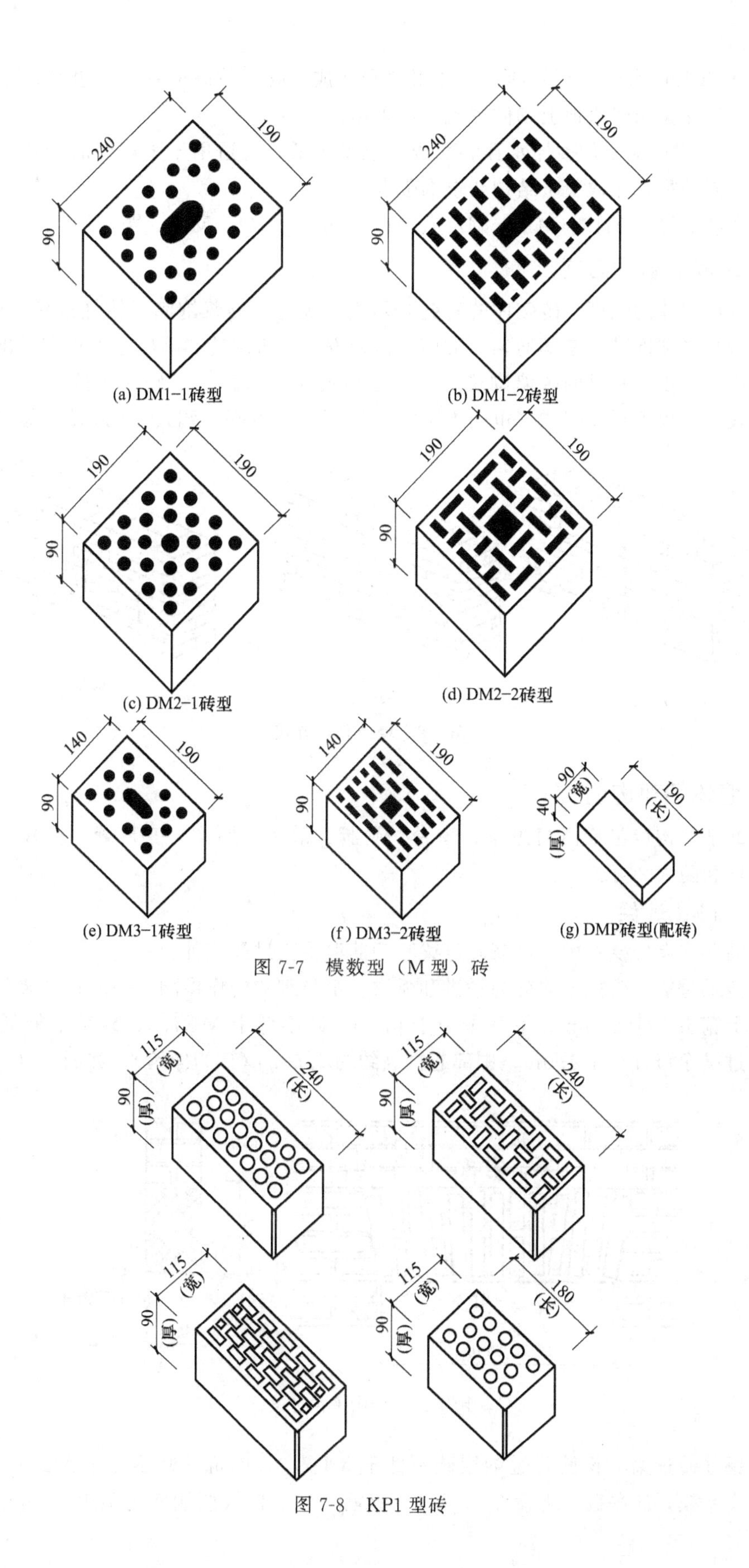

图 7-7　模数型（M 型）砖

图 7-8　KP1 型砖

③ 混合砂浆由水泥、石灰膏、砂加水拌和而成。既有较高的强度，也有良好的可塑性和保水性，故在民用建筑地上砌体中被广泛采用。

④ 黏土砂浆由黏土加砂加水拌和而成，强度很低，仅适用于土坯墙的砌筑，多用于乡村民居。它们的配合比取决于结构要求的强度。

砂浆强度等级有 M15、M10、M7.5、M5、M2.5、M1、M0.4 共 7 个级别。

7.2.2 砖墙的组砌方式

为了保证墙体的强度，砖砌体的砖缝必须横平竖直，砂浆饱满，错缝搭接，避免通缝。同时砖缝砂浆必须饱满，厚薄均匀。常用的错缝方法是将顶砖和顺砖上下皮交错砌筑。每排列一层砖称为一皮。常见的砖墙砌筑方式有全顺式（120 墙）、一顺一丁式、三顺一丁式或多顺一丁式、每皮顶顺相间式（也叫十字式，240 墙）、两平一侧式（180 墙）等（图 7-9）。

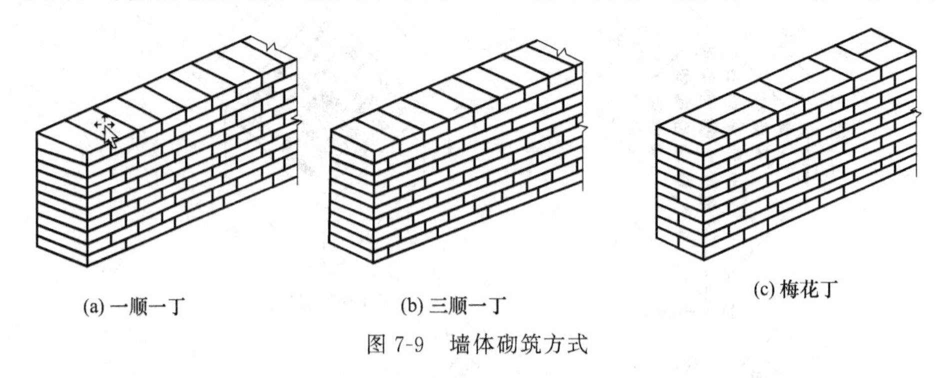

图 7-9 墙体砌筑方式

7.2.3 墙体细部构造

墙体的细部构造包括门窗过梁、窗台、勒脚、散水、明沟、变形缝、壁柱、门垛、圈梁、构造柱和防火墙等。

7.2.3.1 门窗过梁

过梁的形式有砖拱过梁、钢筋砖过梁和钢筋混凝土过梁三种。

(1) 砖拱过梁　砖拱过梁分为平拱和弧拱。由竖砌的砖作拱圈，一般将砂浆灰缝做成上宽下窄，上宽不大于 20mm，下宽不小于 5mm。砖不低于 MU7.5，砂浆不能低于 M2.5，砖砌平拱过梁净跨宜小于 1.0m，中部起拱高约为 1/50L（L 为净跨），如图 7-10 所示。

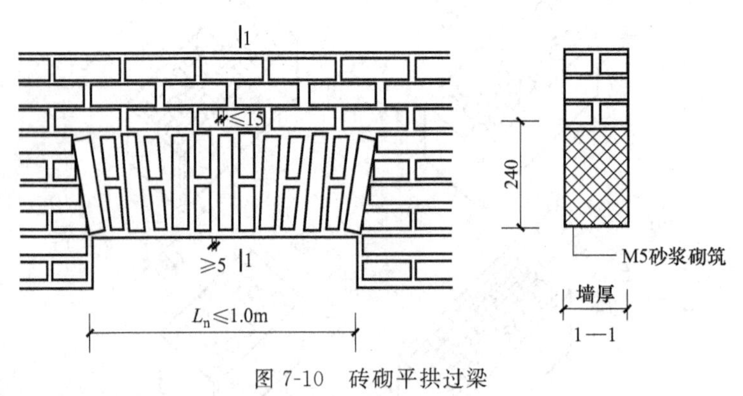

图 7-10 砖砌平拱过梁

(2) 钢筋砖过梁　钢筋砖过梁用砖不低于 MU7.5，砌筑砂浆不低于 M2.5。一般在洞口上方先支木模，砖平砌，下设 2～3 根Φ 6 钢筋，要求伸入两端墙内不少于 240mm，梁高砌 5～7 皮砖或≥$L/4$，钢筋砖过梁净跨宜为 1.5～2m，如图 7-11 所示。

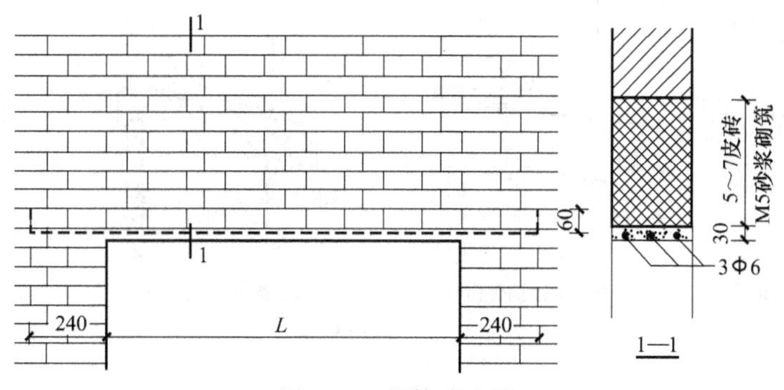

图 7-11　钢筋砖过梁

（3）钢筋混凝土过梁　钢筋混凝土过梁有现浇和预制两种，梁高及配筋由计算确定。为了施工方便，梁高应与砖的皮数相适应，以方便墙体连续砌筑，故常见梁高为 60mm、120mm、180mm、240mm，即 60mm 的整数倍。梁宽一般同墙厚，梁两端支承在墙上的长度不少于 240mm，以保证足够的承压面积。

过梁断面形式有矩形和 L 形。为简化构造，节约材料，可将过梁与圈梁、悬挑雨篷、窗楣板或遮阳板等结合起来设计。如在南方炎热多雨地区，常从过梁上挑出 300～500mm 宽的窗楣板，既保护窗户不淋雨，又可遮挡部分直射太阳光，如图 7-12 所示。

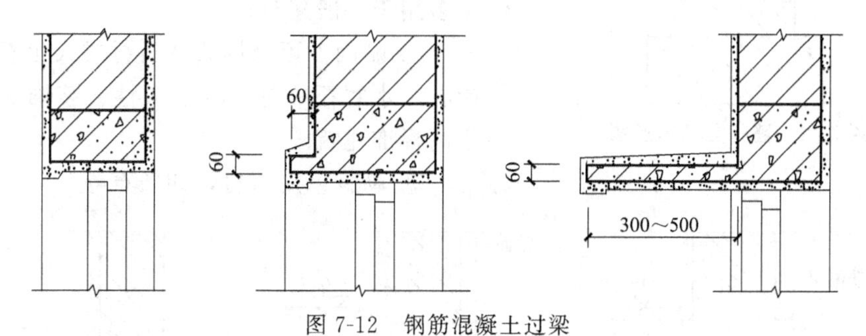

图 7-12　钢筋混凝土过梁

7.2.3.2　窗台

窗台的作用是排除沿窗面流下的雨水，防止其渗入墙身且沿窗缝渗入室内，同时避免雨水污染外墙面。为便于排水一般设置为挑窗台。处于内墙或阳台等处的窗，不受雨水冲刷，可不必设挑窗台。外墙面材料为贴面砖时，墙面易被雨水冲洗干净，也可不设挑窗台。

悬挑窗台可采用砖平砌出挑和砖侧砌出挑，也可采用预制钢筋混凝土窗台板出挑，窗台应向外形成 10%左右的坡度，挑出外墙约 60mm，以利于排水，如图 7-13 所示。当窗框安装在墙的中间时，窗洞口内侧一般要做内窗台。

7.2.3.3　墙脚

底层室内地面以下、基础以上的墙体常称为墙脚。墙脚包括墙身防潮层、勒脚、散水和明沟等。

墙脚由于其位置的特殊，容易出现以下几方面的问题。一是容易受到地面上各种机械撞击而损坏；二是地表雨水容易溅湿墙面，使墙身受潮，影响正常使用；三是地表雨水下渗至墙脚附近的土壤里，土壤里的含水量增加容易造成墙体受潮，甚至引起地基的不均匀沉降；

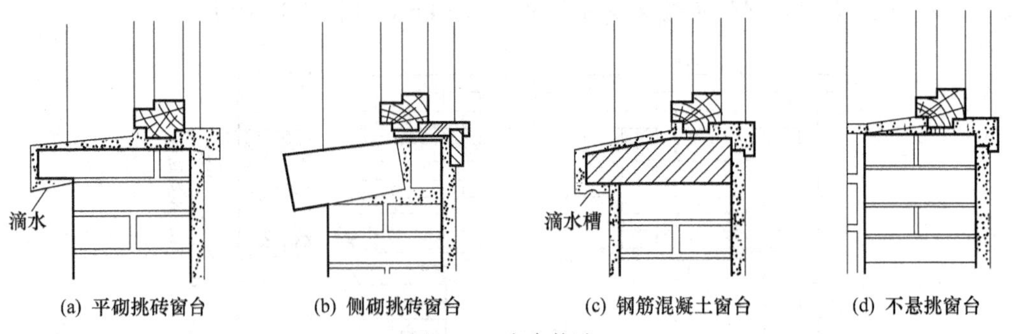

图 7-13　窗台构造

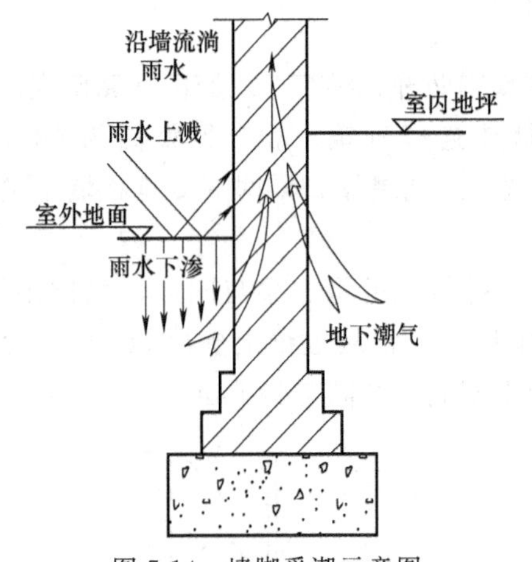

图 7-14　墙脚受潮示意图

四是地面以下土层中的潮气沿墙身向上渗透，如图 7-14 所示。

（1）勒脚　勒脚是外墙墙身接近室外地面的部分，为防止雨水上溅墙身和机械力等的影响，所以要求墙脚坚固耐久和防潮。一般采用以下几种构造做法（图 7-15）。

① 抹灰。可采用 20mm 厚 1∶3 水泥砂浆抹面、1∶2 水泥白石子浆水刷石或斩假石抹面，此法多用于一般建筑。

② 贴面。可采用天然石材或人工石材，如花岗石、水磨石板等，其耐久性、装饰效果好，用于高标准建筑。

③ 勒脚采用石材，如条石等。

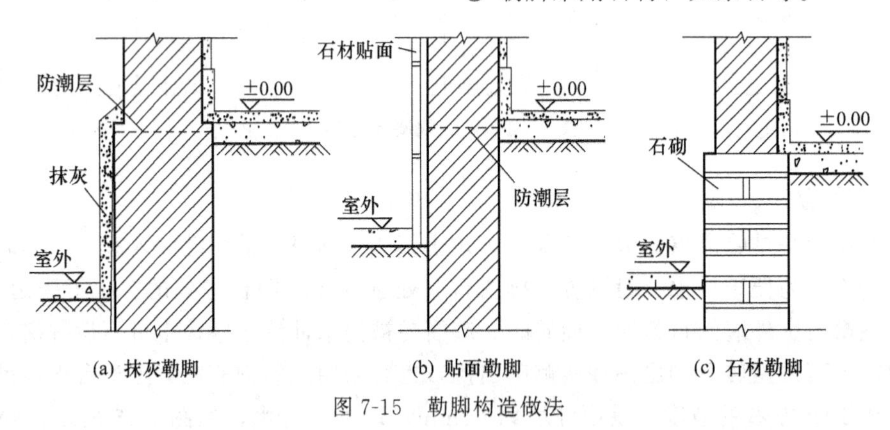

图 7-15　勒脚构造做法

（2）防潮层　为防止土壤中的水分渗入墙体，需要在墙体内接近室内地坪的位置设置防潮层，防潮层分为水平防潮层和垂直防潮层。

① 水平防潮层。水平防潮层是在建筑物内、外墙内沿水平方向设置的防潮层。当室内地面垫层为混凝土等密实材料时，防潮层应设置在垫层厚度范围内比室内地坪低 60mm 处，并至少高于室外地面 150mm [图 7-16（d）]；当室内地面垫层为炉渣、碎石等透水材料时，防潮层设在与室内地面平齐或高于室内地面 60mm 处，如图 7-16（e）所示。

墙身水平防潮层的做法主要有三种：第一种是防水卷材防潮层 [图 7-17（a）]，先抹

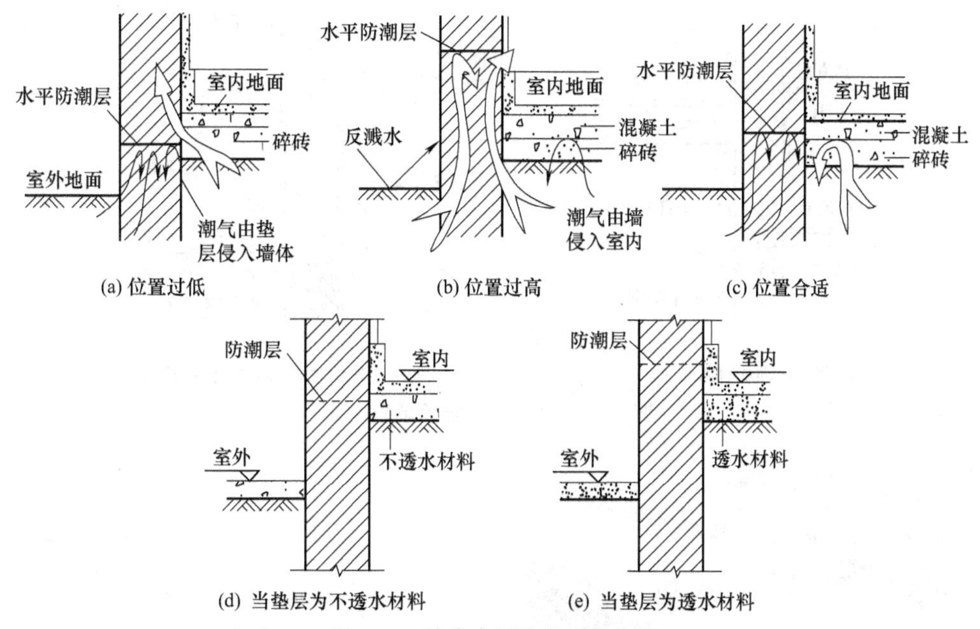

图 7-16　墙身水平防潮层的位置

10～15mm 厚 1∶3 水泥砂浆找平层，上铺防水卷材。这种方法防水效果好，但防水卷材有隔离作用，削弱了砖墙的整体性，不应在刚度要求高或地震区采用。第二种是水泥砂浆防潮层［图 7-17（b）］，在需要设置防潮层的位置铺设 20～25mm 厚 1∶2 水泥砂浆加 3%～5% 防水剂配制而成的防水砂浆，或者用该防水砂浆砌筑三皮砖。这种做法构造简单，但砂浆开裂或不饱满时会影响防潮效果。还有一种是细石混凝土防潮层［图 7-17（c）］，采用 60mm 厚细石混凝土带，内配三根钢筋。

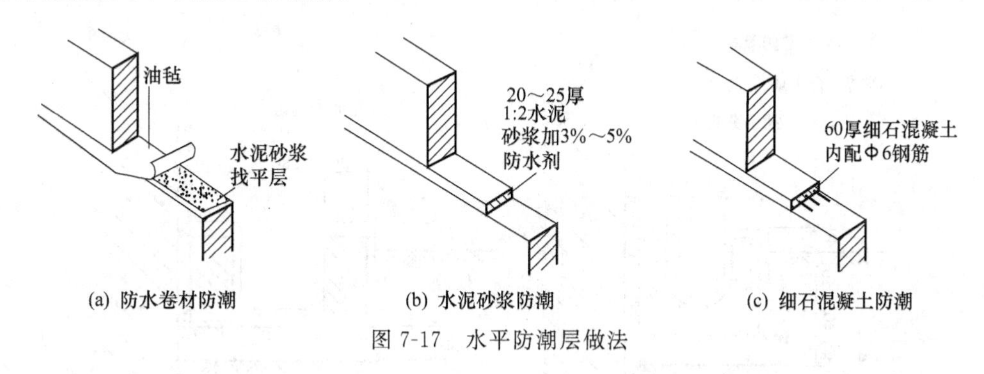

图 7-17　水平防潮层做法

② 垂直防潮层。当室内地坪出现高差或室内地坪低于室外地面时，应在墙身内设高低两道水平防潮层，并在土壤一侧设垂直防潮层，如图 7-18 所示。其做法是在两道水平防潮层之间的墙面上，先用水泥砂浆抹面，再刷防水涂料，也可以采用防水砂浆抹面。

（3）散水与明沟　房屋四周可采取散水或明沟排除雨水。当屋面为有组织排水时一般设明沟或暗沟，也可设散水，如图 7-19 所示。屋面为无组织排水时一般设散水，但应加滴水砖（石）带。散水的做法通常是在素土夯实后铺三合土、混凝土等材料，厚度 60～70mm。散水应设不小于 3%的排水坡，散水宽度一般 0.7～1.0m。散水与外墙交接处应设分格缝，分格缝用弹性材料嵌缝，防止外墙下沉时将散水拉裂。散水整体面层纵向距离每隔 6～12m 做一道伸缩缝，如图 7-20 所示。

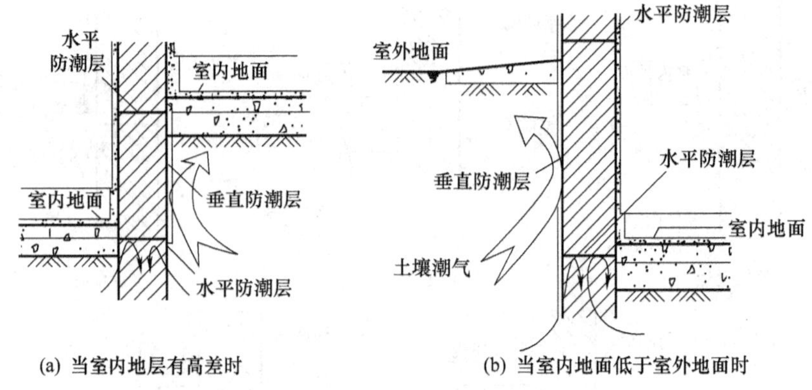

(a) 当室内地层有高差时　(b) 当室内地面低于室外地面时

图 7-18　墙身垂直防潮层的位置

图 7-19　散水、明沟

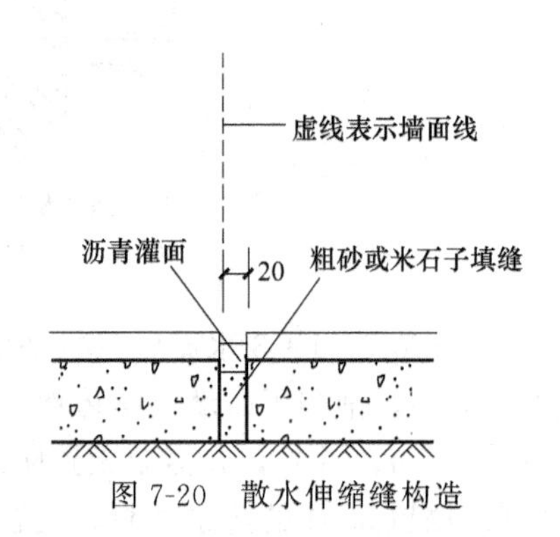

图 7-20　散水伸缩缝构造

明沟的构造做法可用砖砌、石砌、混凝土现浇，沟底应做纵坡，坡度为 0.5%～1%，宽度为 220～350mm，如图 7-21 所示。

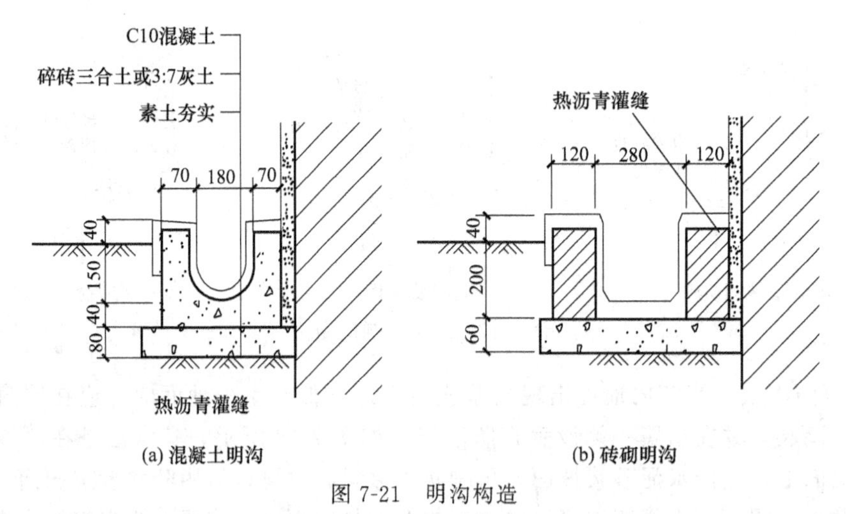

(a) 混凝土明沟　(b) 砖砌明沟

图 7-21　明沟构造

7.2.3.4　墙身的加固

当墙体的高度或长度超过一定限值时，会影响到墙体的稳定性，在必要的情况下，可以增设门垛、壁柱、圈梁和构造柱来增加墙体的稳定性。

(1) 壁柱和门垛　当墙体的窗间墙上出现集中荷载，而墙厚又不足以承担其荷载，或当墙体的长度和高度超过一定限度并影响到墙体稳定性时，常在墙身局部适当位置增设凸出墙面的壁柱以提高墙体刚度。壁柱突出墙面的尺寸一般为 120mm×370mm、240mm×370mm、240mm×490mm 或根据结构计算确定。

当在较薄的墙体上开设门洞时，为便于门框的安置和保证墙体的稳定，须在门靠墙转角处或丁字接头墙体的一边设置门垛，门垛凸出墙面不少于 120mm，宽度同墙厚，如图 7-22 所示。

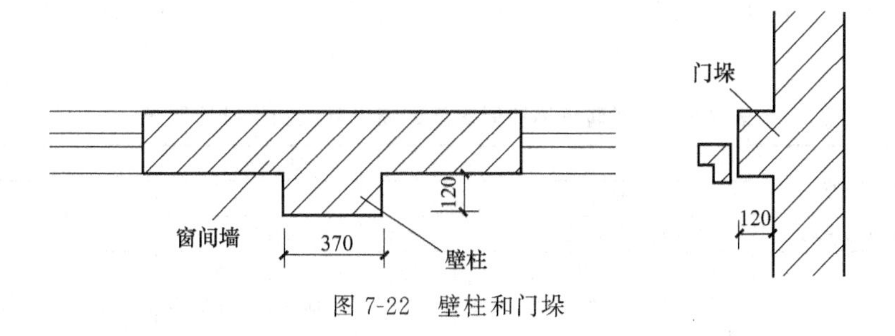

图 7-22　壁柱和门垛

（2）圈梁

① 圈梁的设置要求。圈梁是沿外墙四周及部分内墙设置在楼板处的连续闭合的梁，可提高建筑物的空间刚度及整体性，增加墙体的稳定性，减少由于地基不均匀沉降而引起的墙身开裂。对于抗震设防地区，利用圈梁加固墙身更加必要。

② 圈梁的构造。圈梁有钢筋砖圈梁和钢筋混凝土圈梁两种，如图 7-23 所示。钢筋砖圈

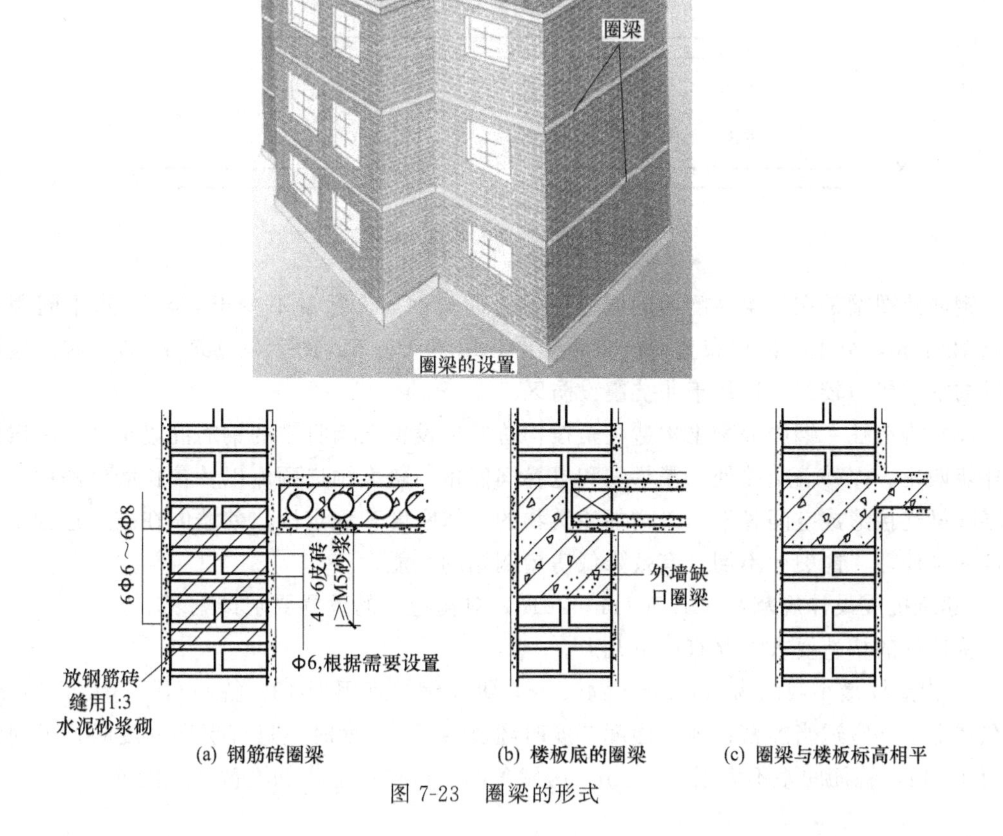

图 7-23　圈梁的形式

梁就是将前述的钢筋砖过梁沿外墙和部分内墙一周连通砌筑而成，如图 7-23（a）所示。

钢筋混凝土圈梁的高度应与砖的皮数相结合，以方便墙体的连续砌筑，一般不小于 120mm。圈梁的宽度宜与墙体的厚度相同，且不小于 180mm，在寒冷地区可略小于墙厚，但不宜小于墙厚的 2/3，如图 7-23（b）、（c）所示。圈梁一般是按构造要求配置钢筋，通常纵向钢筋不小于 4Φ10，而且要对称布置，箍筋间距不大于 250mm。

《建筑抗震设计规范》（GB 50011—2010）规定了现浇钢筋混凝土圈梁的设置原则，详见表 7-2。

表 7-2 多层砖砌体房屋现浇钢筋混凝土圈梁设置要求

圈梁设置及配筋		抗震设计烈度		
		6 度、7 度	8 度	9 度
圈梁设置	外墙和内纵墙	屋盖处及每层楼盖处	屋盖处及每层楼盖处	屋盖处及每层楼盖处
	内横墙	屋盖处及每层楼盖处；屋盖处间距不应大于 4.5m；楼盖处间距不应大于 7.2m；构造柱对应部位	屋盖处及每层楼盖处；屋盖处沿所有横墙，且间距不应大于 4.5m；构造柱对应部位	屋盖处及每层楼盖处；各层所有横墙
配筋	最小纵筋/mm	4Φ10	4Φ12	4Φ14
	最大箍筋间距/mm	250	200	150

圈梁应该在同一水平面上连续、封闭，当被门窗洞口截断时，应就近在洞口上部或下部设置附加圈梁，其配筋和混凝土强度等级不变。附加圈梁与圈梁搭接长度不应小于二者垂直间距的两倍，且不得小于 1.0m，如图 7-24 所示。地震设防地区的圈梁应当完全封闭，不宜被洞口截断。

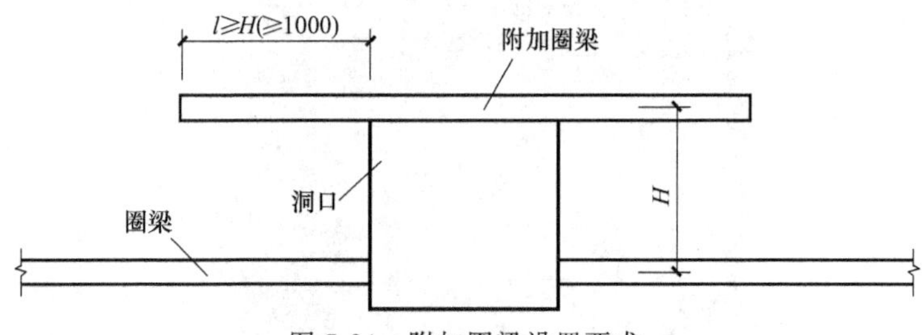

图 7-24 附加圈梁设置要求

钢筋砖圈梁是在圈梁高度内的墙体中设置通长钢筋，数量不少于 4Φ6，水平间距不宜大于 120mm，分上下两层布置并嵌入砖缝中，用不低于 M5 的砂浆砌筑 5～6 皮砖。钢筋砖圈梁的抗震能力较差，适用于非抗震设防区。

（3）构造柱　钢筋混凝土构造柱是按构造要求设置在墙身中的钢筋混凝土柱，一般设置在外墙四角、内外墙交接处、楼梯间和电梯间四角、较大洞口两侧以及较长墙体的中部，与各层圈梁连接形成空间骨架，以增加建筑物的整体刚度和稳定性，使墙体在破坏过程中具有一定的延伸性，能裂而不倒，有效降低房屋倒塌的可能性。

《建筑抗震设计规范》（GB 50011—2010）对构造柱的设置要求详见表 7-3。

构造柱的构造要求主要有以下几点。

① 构造柱最小截面为 180mm×240mm，纵向钢筋宜用 4Φ12，箍筋间距不大于 250mm，且在柱上下端宜适当加密；地震烈度 7 度时超过六层、8 度时超过五层和 9 度时，纵向钢筋宜用 4Φ14，箍筋间距不大于 200mm；房屋角的构造柱可适当加大截面及配筋。

表 7-3　多层砖砌体房屋构造柱设置要求

<table>
<tr><th colspan="4">房屋层数</th><th colspan="2" rowspan="2">设置部位</th></tr>
<tr><th>6 度</th><th>7 度</th><th>8 度</th><th>9 度</th></tr>
<tr><td>四、五</td><td>三、四</td><td>二、三</td><td></td><td rowspan="3">楼梯间、电梯间四角，楼梯段上下端对应的墙体处；外墙四角和对应转角；错层部位横墙与外纵墙交接处，大房间内外墙交接处，较大洞口两侧</td><td>隔 12m 或单元横墙与外纵墙交接处，楼梯间对应的另一侧内横墙与外纵墙交接处</td></tr>
<tr><td>六</td><td>五</td><td>四</td><td>二</td><td>隔开间横墙(轴线)与外墙交接处，山墙与内纵墙交接处</td></tr>
<tr><td>七</td><td>≥六</td><td>≥五</td><td>≥三</td><td>内墙(轴线)与外墙交接处，内墙的局部较小墙垛处；地震烈度为 9 度时内纵墙与横墙(轴线)交接处</td></tr>
</table>

② 构造柱与墙连接处宜砌成马牙槎，并应沿墙高每 500mm 设 2Φ6 拉接筋，每边伸入墙内不少于 1m（图 7-25）。

③ 构造柱可不单独设基础，但应伸入室外地坪下 500mm，或锚入浅于 500mm 的基础梁内。

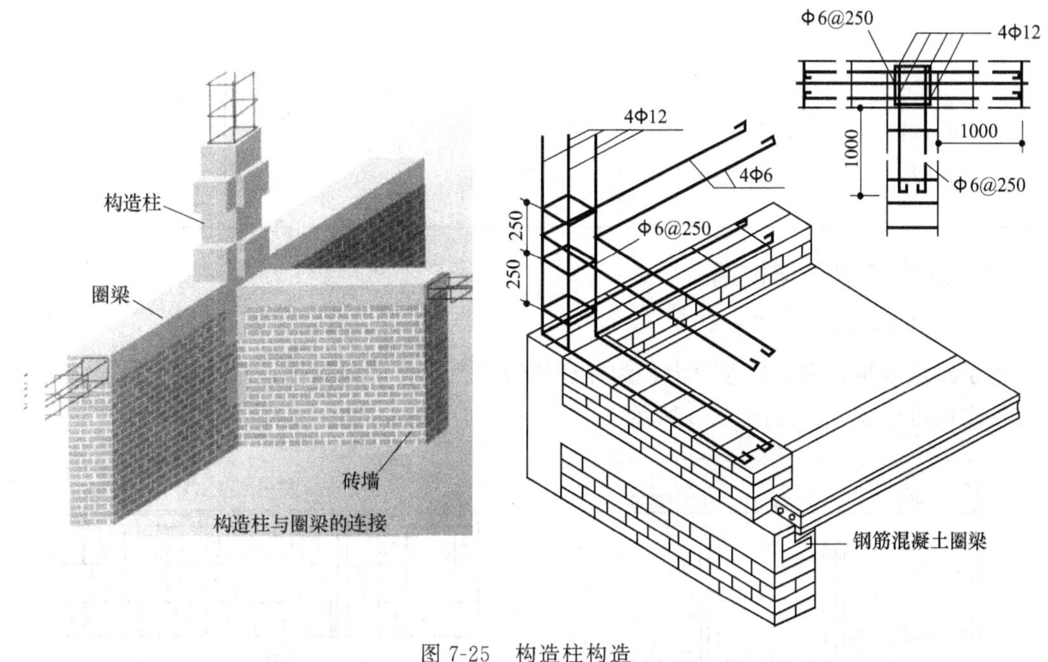

图 7-25　构造柱构造

7.3 砌块墙

7.3.1 砌块的种类与规格

7.3.1.1 砌块材料

砌块材料是利用混凝土、工业废料（如炉渣、粉煤灰等）或地方材料制成的人造块材，外形尺寸比普通砖大，具有设备简单、砌筑速度快的优点。

7.3.1.2 砌块的规格尺寸

砌块按尺寸和质量大小的不同分为小型砌块、中型砌块和大型砌块。砌块系列中主要规格的高度大于 115mm 而小于 380mm 的称作小型砌块，高度为 380～980mm 的称为中型砌块，高度大于 980mm 的称为大型砌块。工程上使用中小型砌块居多。

常用砌块的规格详见表 7-4。

表 7-4　部分砌块常用规格

	小型砌块	中型砌块		大型砌块
分类				
用料及配合比	C15 细石混凝土配合比经计算与实验确定	C20 细石混凝土配合比经计算与实验确定	粉煤灰 530～580kg/m^3 石灰 150～160kg/m^3 磷石膏 35kg/m^3 煤渣 960kg/m^3	粉煤灰 68%～75% 石灰 21%～23% 石膏 4% 泡沫剂 1%～2%
强度等级	MU3.5～MU5	MU5～MU7.5	MU7.5～MU10	MU15
规格 厚×高×长 (mm×mm×mm)	90×190×190 190×190×190 190×190×390	180×845×630 180×845×830 180×845×1030 180×845×1280 180×845×1480 180×845×1680 180×845×1880 180×845×2130	190×380×280 190×380×430 190×380×580 190×380×880	厚:200 高:600、700、800、900 长:2700、3000、3300、3600

7.3.2　砌块墙组砌与构造

7.3.2.1　砌块的排列设计

由于砌块规格较多、尺寸较大，为保证错缝以及砌体的整体性，减少施工错误，需要事先进行砌块排列设计，如图 7-26 所示。

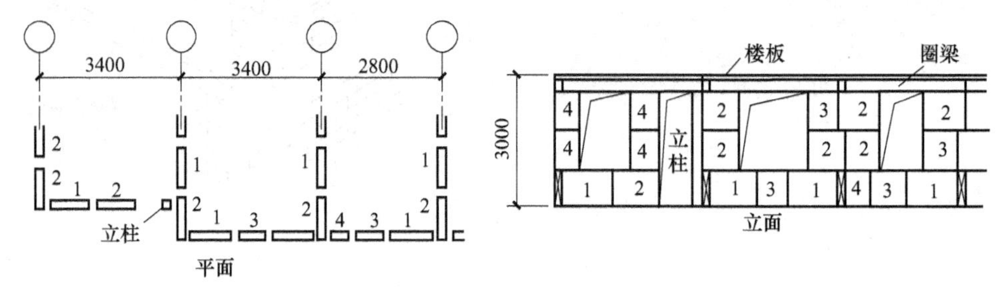

图 7-26　砌块排列示意图

砌块排列设计应满足以下要求。

① 砌块的排列应上下皮错缝搭接，纵横墙交接处要交错搭砌。

② 要优先采用大规格的砌块并尽量减少砌块的规格和数量，使主砌块的数量在 70%以上，排列不足一块时可以用次要规格代替，必须镶砖时，应分散布置。

③ 当采用空心砌块时，上下皮砌块应孔对孔、肋对肋以扩大受压面积。

7.3.2.2　砌块墙的构造

(1) 砌块墙的砌筑　砌块墙在砌筑时，应使竖缝填灌密实（图 7-27），水平缝砂浆饱满，砂浆的强度等级不低于 M5，灰缝厚度一般为 15～20mm。当垂直灰缝大于 30mm 时，须用 C20 细石混凝土灌实，在砌筑过程中出现局部不齐时，可以用砖填砌。砌块必须错缝搭接，小型砌块要求搭接长度不得小于 90mm，中型砌块搭接长度不得小于砌块高度的1/3，且不小于 150mm。如果搭接长度不满足要求时，应在水平灰缝不足处加设Φ 4 的钢筋网片，使之拉结成整体，如图 7-28 所示。

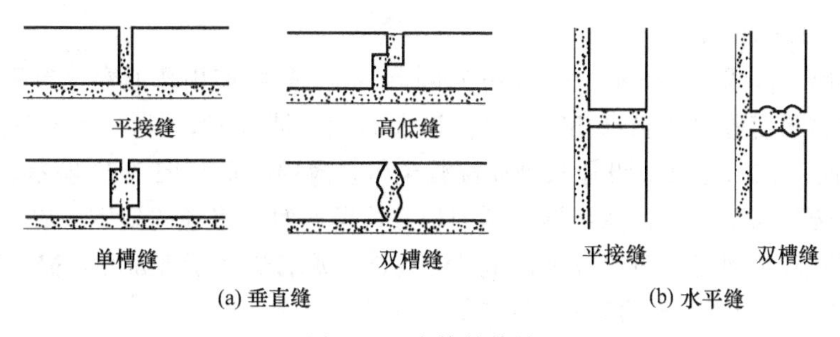

图 7-27　砌块的接缝

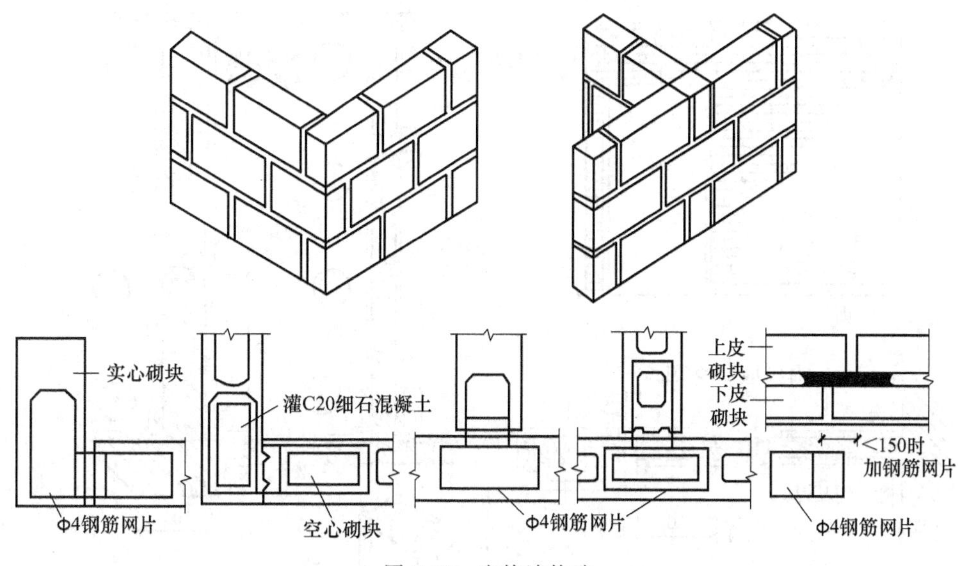

图 7-28　砌块墙构造

（2）过梁和圈梁　砌块墙过梁的构造与普通砖墙过梁基本相同。

砌块墙采用混凝土圈梁，有现浇和预制两种。为方便施工，现浇圈梁可采用 U 形预制砌块代替模板，在其凹槽内配置钢筋后浇筑混凝土。

预制圈梁一般预制成圈梁砌块，砌块之间用预埋件焊接。

（3）构造柱　砌块墙应按规定设置构造柱，或在转角、丁字接头、十字接头的墙段较长的适当部位，利用空心砌块设置混凝土芯柱。混凝土芯柱是将空心砌块上下孔洞对齐，在孔中插入通长钢筋，在水平缝中预埋拉结钢筋，并用 C20 细石混凝土分层填实。

7.4　隔墙构造

隔墙是建筑物的非承重墙，起分隔房间的作用。隔墙自重轻、厚度薄，便于拆卸。根据所处的条件不同，还应具有隔声、防水、防火等要求。隔墙的类型很多，按其构造形式分为砌筑隔墙、轻骨架隔墙和板材隔墙三种类型。

7.4.1 砌筑隔墙

砌筑隔墙是用普通黏土砖、空心砖、加气混凝土等材料砌筑而成，常采用普通砖隔墙和轻质砌块隔墙两种。

7.4.1.1 普通砖隔墙

普通砖隔墙一般采用1/2砖（120mm）隔墙。1/2砖隔墙用普通黏土砖采用全顺式砌筑而成，砌筑砂浆强度等级不低于M5，砌筑较大面积的墙体时，长度超过6m应设砖壁柱，高度超过5m时应在门过梁处设通长钢筋混凝土带。隔墙构造如图7-29所示。

为了保证砖隔墙不承重，在砖墙砌到楼板底或梁底时，将立砖斜砌一皮，或将空隙塞木楔打紧，然后用砂浆填缝。对于隔墙净高大于3m，或墙长大于5m时，需沿高度方向每隔12～16皮砖加设1～2根$\phi 6$的钢筋，并与墙柱拉结。

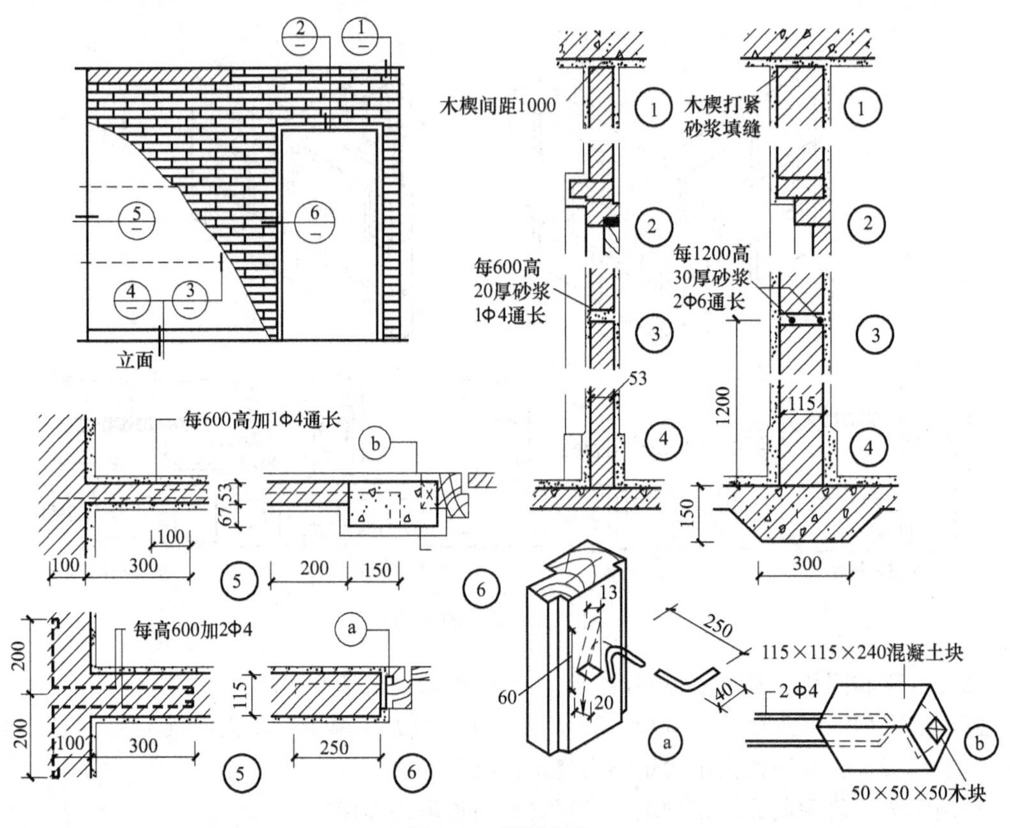

图7-29 隔墙构造

7.4.1.2 砌块隔墙

砌块隔墙常采用加气混凝土砌块、矿渣空心砖、陶粒加气混凝土砌块等，隔墙的厚度随砌块尺寸而定，一般为90～120mm，砌块墙重量轻、孔隙率大、隔热性能好，但吸水性强。砌筑时应在墙下砌3～5皮砖。砌块较薄，也需采取措施加强其稳定性，通常沿墙身横向配以钢筋，如图7-30所示。

7.4.2 轻骨架隔墙

轻骨架隔墙由骨架和面板层两部分组成，骨架有木骨架和金属骨架之分，面板有板条抹

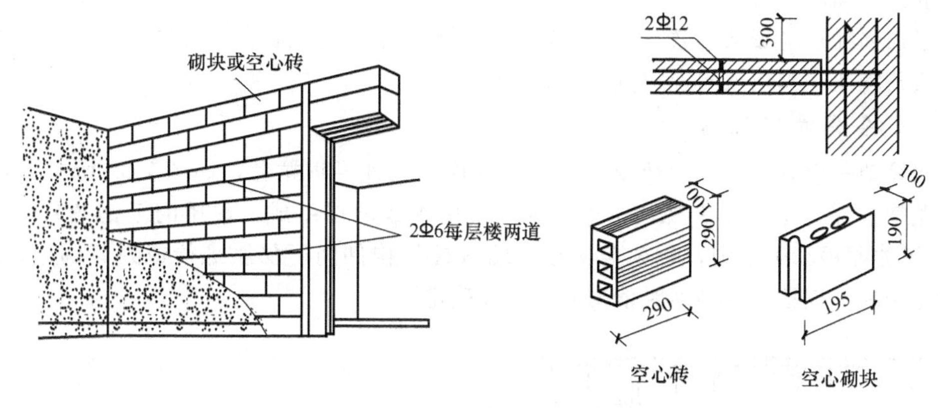

图 7-30　砌块隔墙构造

灰、钢丝网板条抹灰、胶合板、纤维板、石膏板等。由于先立墙筋（骨架），再做面层，故又称为立筋式隔墙。

7.4.2.1　木骨架隔墙

木骨架由上槛、下槛、强筋、横撑或斜撑组成，如图 7-31 所示。强筋靠上、下槛固定。上、下槛及强筋断面通常为（40～50）mm×（70～100）mm，强筋之间沿高度方向每隔 1.2m 左右设横撑或斜撑一道。横撑或斜撑的断面与强筋相同或略小于强筋。强筋、斜撑、横撑的断面一般视饰面材料而定，通常为 400～600mm。

木骨架隔墙的面板通常采用板条抹灰、装饰吸声板、钙塑板、纸面石膏板、水泥刨花板、水泥石膏板以及各种胶合板、纤维板等。板条抹灰隔墙是在木骨架上钉木板条，然后抹灰，木板条尺寸一般为 1200mm×30mm×6mm。板条间留出 7～10mm 的空隙，使灰浆能

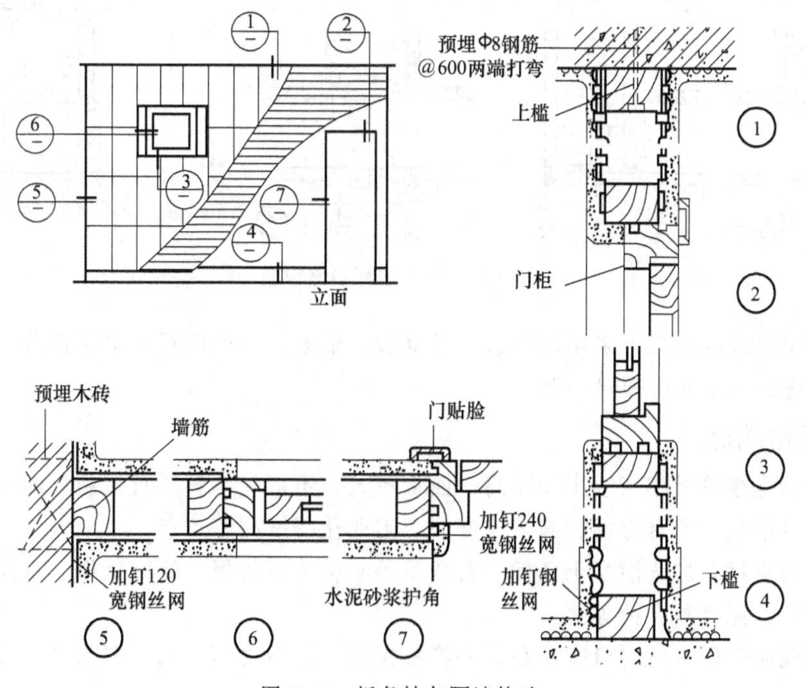

图 7-31　板条抹灰隔墙构造

挤到条缝的背面咬住板条。

为了加强抹灰与板条的联系，使抹灰面层不易开裂，常在板条上加铺钢丝网，加铺了钢丝网的板条隔墙，其板条间缝隙宽加大为 50mm。

7.4.2.2　金属骨架隔墙

金属骨架是由各种形式的薄壁型钢加工制成，也称轻钢龙骨，如图 7-32 所示。轻钢龙骨和木龙骨一样，也是由上槛、下槛、强筋、横撑或斜撑组成。常用的轻钢龙骨有 0.6～1.5mm 厚的槽钢和工字钢。骨架与楼板、墙或柱等构件间用膨胀螺栓或射钉固定，强筋、横档用专用配件连接，强筋间距依据面板尺寸确定。

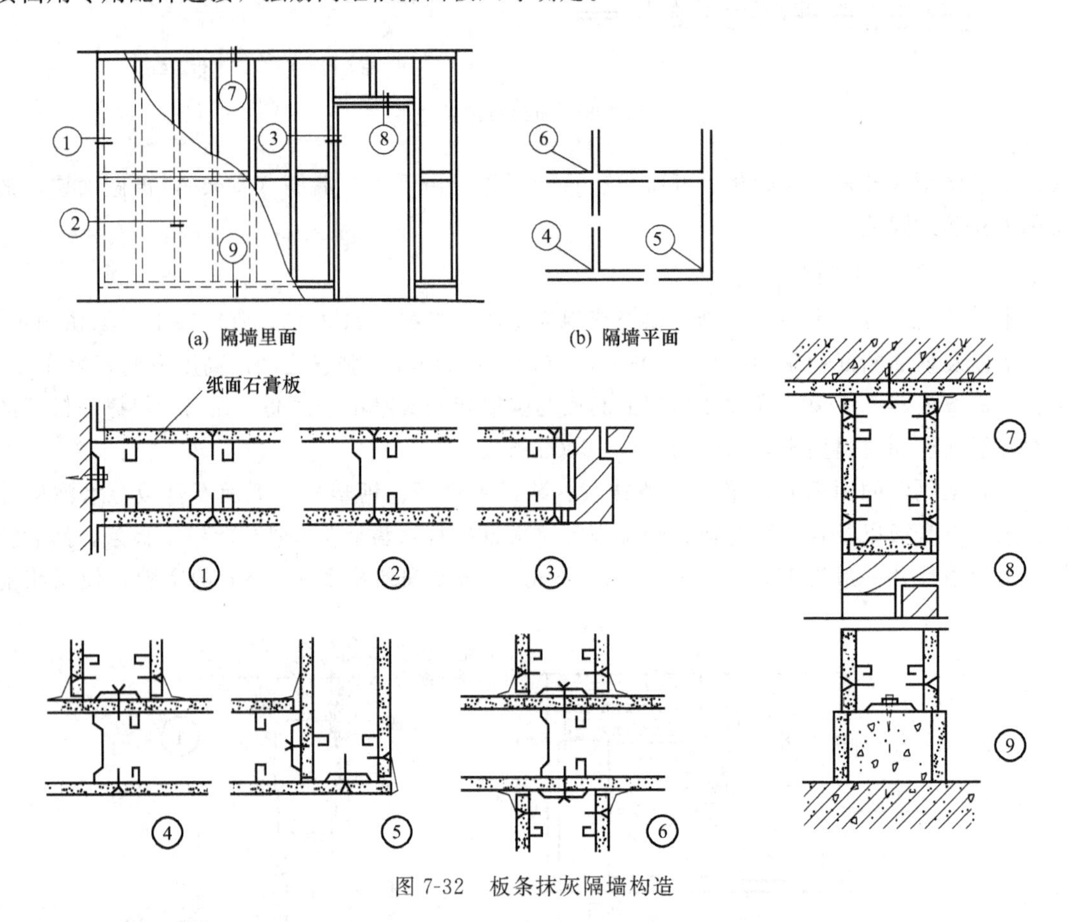

图 7-32　板条抹灰隔墙构造

金属骨架隔墙的面板可采用胶合板、纤维板、纸面石膏板或纤维水泥板等。面板用镀锌螺钉、自攻螺钉固定在金属骨架上。

7.4.3　板材隔墙

板材隔墙是指单板相当于房间净高，面积较大，不依赖于骨架直接装配而成的隔墙。板材隔墙具有自重轻、安装方便、施工速度快、工业化程度高等特点。

常采用的板材有加气混凝土条板、石膏条板、碳化石灰板、蜂窝纸板、水泥刨花板、钢丝网泡沫塑料水泥浆复合板等。

条板在地面上用一对对口木楔在板底将板楔紧，条板之间用黏结剂黏结，安装完成后再进行面层装修，如图 7-33 所示。

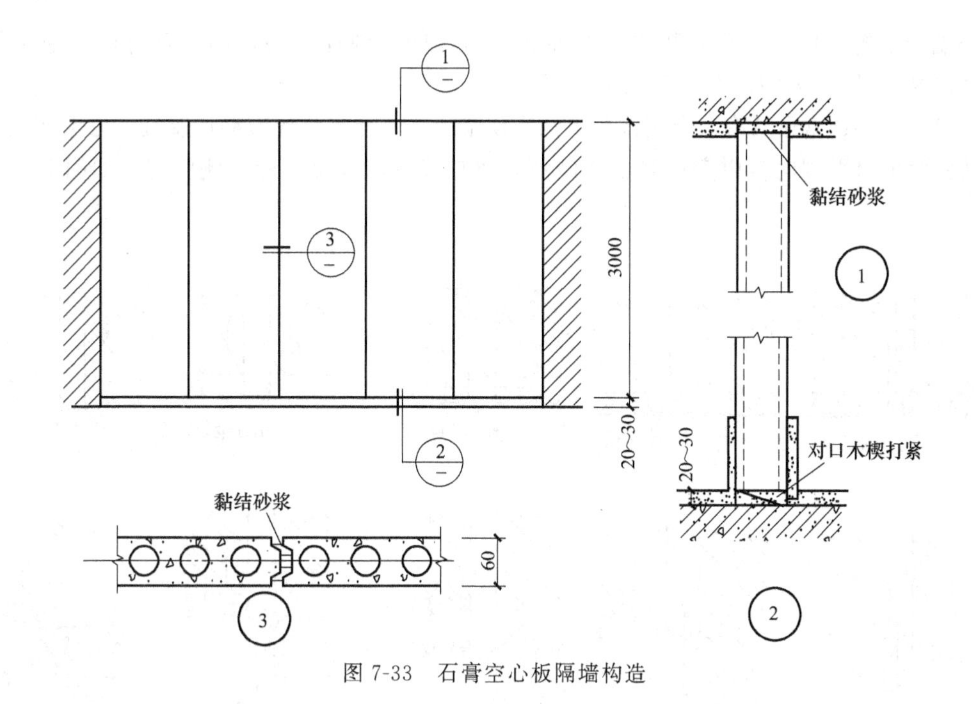

图 7-33　石膏空心板隔墙构造

7.5　墙体变形缝

当建筑物的长度过大、平面形式复杂或同一建筑物个别部位的荷载或高度有较大差别时，建筑物会因温度变化、地基不均匀沉降或地震的影响，在结构内产生附加的变形和应力，可能导致裂缝产生，甚至倒塌，影响正常的使用与安全。为了避免这种状况的发生，可在设计和施工中预先在这些变形敏感部位留出一定的缝隙，将建筑物断开成若干独立的部分，形成能自由变形而互不影响的单元，这种预先设置的宽度适当的缝隙称为变形缝。按其功能，变形缝可分为伸缩缝、沉降缝和防震缝三种。

为防止风、雨、冷热空气、灰砂等侵入室内，影响建筑物的使用和耐久性，应对变形缝进行覆盖和装修。这些覆盖和装修必须保证变形缝能充分发挥其功能，使缝隙两侧结构单元的水平或竖向相对位移不受阻碍。

7.5.1　伸缩缝

墙体伸缩缝根据墙体材料、厚度和施工条件不同，可做成平缝、错口缝、凹凸缝等截面形式，如图 7-34 所示。

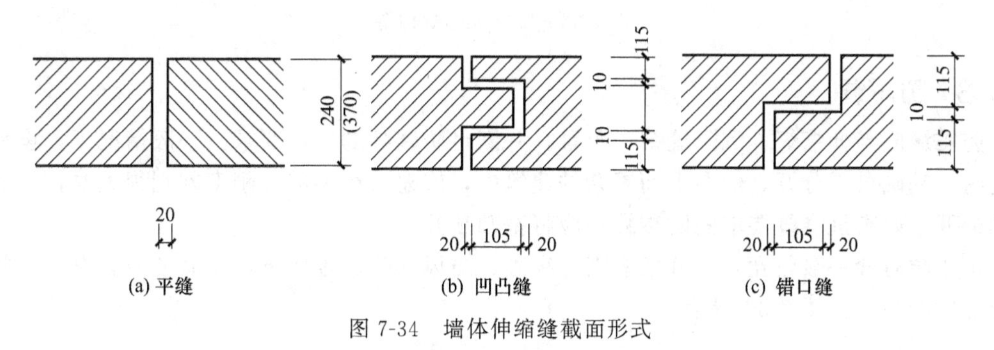

图 7-34　墙体伸缩缝截面形式

外墙伸缩缝内应填塞具有防水、保温和防腐性能的弹性材料，如沥青麻丝、泡沫塑料条、橡胶条、油膏等，如图 7-35（a）所示。

伸缩缝内侧通常用具有一定装饰效果的木质盖缝条、金属片或塑料片遮盖。为保证盖缝材料在结构发生水平方向自由变形时不被破坏，通常仅在墙体变形缝一侧固定，如图 7-35（b）所示。

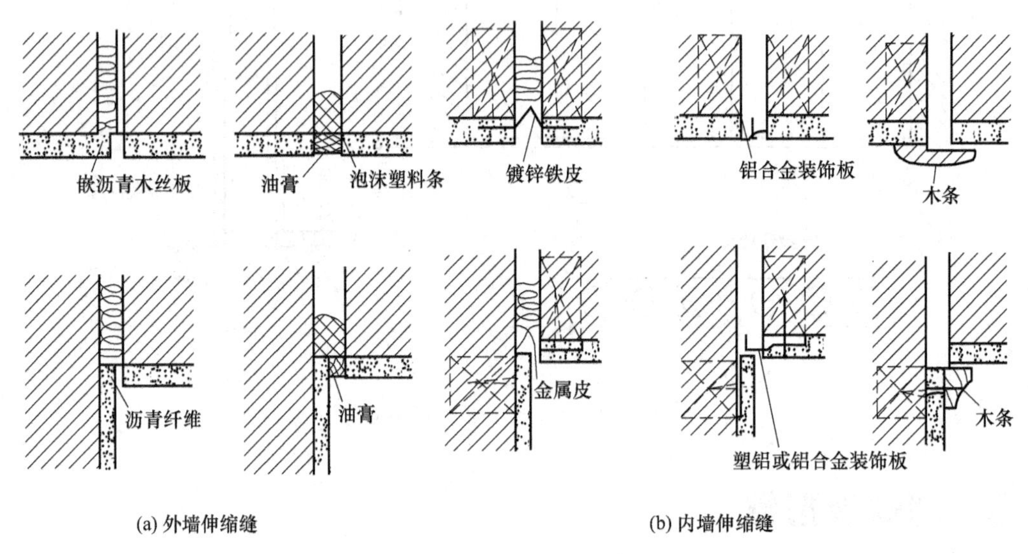

图 7-35　墙体伸缩缝构造

7.5.2　沉降缝

由于沉降缝可能要兼起伸缩缝的作用，所以墙体的沉降缝盖缝条应满足水平伸缩和竖向沉降变形的要求，如图 7-36 所示。

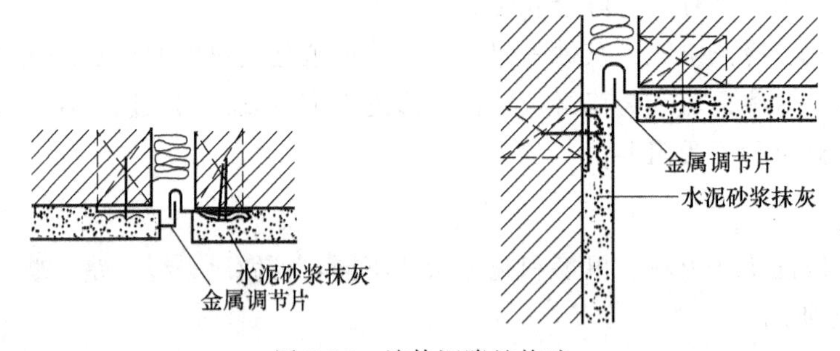

图 7-36　墙体沉降缝构造

7.5.3　防震缝

防震缝应与伸缩缝、沉降缝统一布置，并满足防震缝的设计要求。一般情况下，设置防震缝时，基础可不分开，但在平面复杂的建筑中，或建筑相邻部分刚度差别很大时，则需将基础分开。兼有沉降缝要求的防震缝也应将基础断开。

由于防震缝一般较宽，盖缝条应满足牢固、防风和防水等要求，同时还应具有一定的适应变形的能力，如图 7-37 所示。

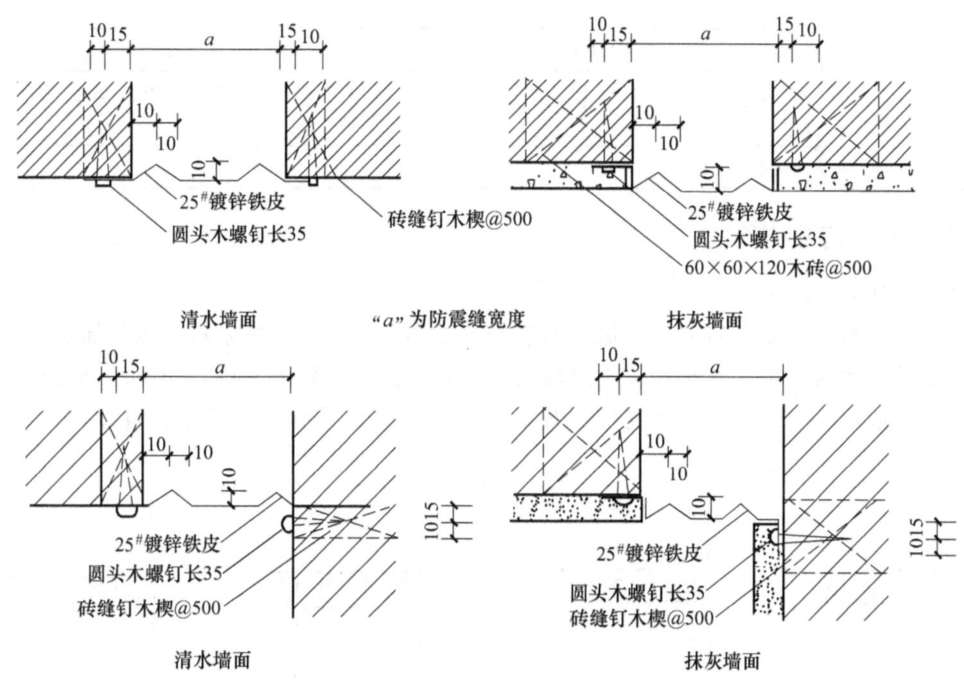

图 7-37　墙体防震缝构造

7.6　墙面装修

7.6.1　墙面装修的作用与分类

墙面装饰是指墙体工程完工后，在墙面做修饰层，是建筑装饰设计的重要环节。墙面装饰可以保护墙体，增强墙体的坚固性、耐久性，延长墙体的使用年限；改善墙体的使用功能，提高墙体的保温、隔热和隔声能力；提高建筑的艺术效果，美化环境。

墙面装饰按装修所处部位不同，有室外装修和室内装修两类。室外装修要求采用强度高、抗冻性强、耐水性好以及具有抗腐蚀性的材料，以起到保护墙体的作用，并保持外观清新。室内装修材料则因室内使用功能不同，要求有一定的强度、耐水及耐火性，一般选择易清洁、接触感好、光线反射能力强的饰面。

墙面装饰按饰面材料及施工方式的不同，可分为抹灰类、贴面类、涂刷类、裱糊类、铺钉类和其他类，见表 7-5。

表 7-5　墙面装饰分类

类别	室外装饰	室内装饰
抹灰类	水泥砂浆、混合砂浆、聚合物水泥砂浆、拉毛、水刷石、干粘石、假面石、喷涂、滚涂等	纸筋灰、麻刀灰粉面、石膏粉面、膨胀珍珠岩灰浆、混合砂浆、拉毛、拉条等
贴面类	外墙面砖、马赛克、玻璃马赛克、人造水磨石板、天然石板等	釉面砖、人造石板、天然石板等
涂刷类	石灰浆、水泥浆、溶剂型涂料、乳液涂料、彩色胶砂涂料、彩色弹涂等	大白浆、石灰浆、油漆、乳胶漆、水溶性涂料、弹涂等
裱糊类		塑料墙纸、金属面墙纸、木纹壁纸、花纹玻璃纤维布、纺织面墙纸等

续表

类别	室外装饰	室内装饰
铺钉类	各种金属装饰板、石棉水泥板、玻璃	各种竹、木制品和塑料板、石膏板、皮革等各种装饰面板
其他类	清水墙饰面	

7.6.2 墙面装修构造

7.6.2.1 清水砖墙

清水砖墙是一种不在砖墙外面做任何装饰的墙体。砖墙用砖的选择和砌筑质量是保证墙面效果的重要因素。为防止空气和雨水渗入墙体，保证墙面整齐美观，应对墙面进行勾缝处理。勾缝一般用 1∶1 或 1∶2 水泥细砂浆，勾缝的形式有平缝、平凹缝、斜缝、弧形缝等，如图 7-38 所示。

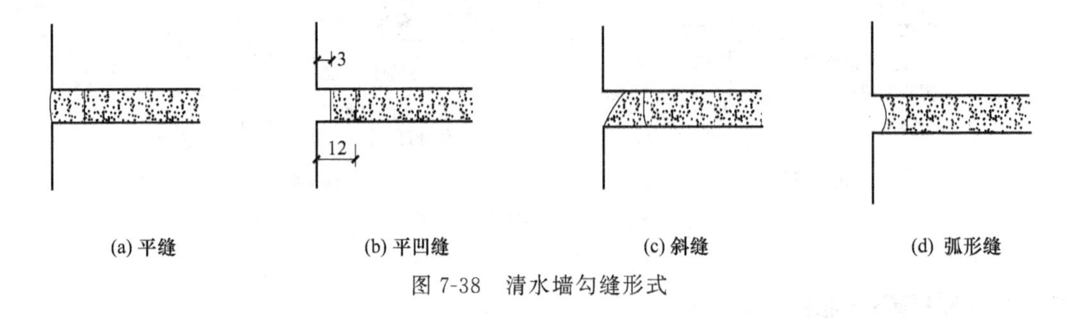

图 7-38 清水墙勾缝形式

7.6.2.2 抹灰类墙面装修

抹灰分为一般抹灰和装饰抹灰两类。

(1) 一般抹灰 一般抹灰采用石灰砂浆、混合砂浆、水泥砂浆等。外墙抹灰一般为20～25mm，内墙抹灰为 15～20mm，顶棚为 12～15mm。在构造上和施工时须分层操作，一般分为底层、中层和面层，各层的作用和要求不同，如图 7-39 所示。

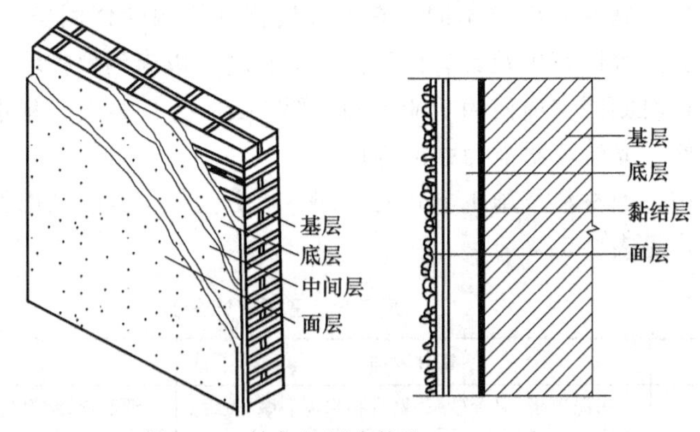

图 7-39 抹灰的层次构造

① 底层抹灰主要起到与基层墙体黏结和初步找平的作用。

② 中层抹灰在于进一步找平以减少打底砂浆层干缩后可能出现的裂纹。

③ 面层抹灰主要起装饰作用，因此要求面层表面平整、无裂痕、颜色均匀。

(2) 装饰抹灰 装饰抹灰有水刷石、干粘石、斩假石、水泥拉毛等。装饰抹灰一般是指采用水泥、石灰砂浆等抹灰的基本材料，除对墙面作一般抹灰之外，利用不同的施工操作方法将其直接做成饰面层。

7.6.2.3 贴面类墙面装修

贴面类装修指在内外墙面上粘贴各种天然石板、人造石板、陶瓷面砖等。

（1）面砖饰面构造　面砖应先放入水中浸泡，安装前取出晾干或擦干净，安装时先抹15mm 1∶3水泥砂浆打底并划毛，再用1∶0.3∶3水泥石灰混合砂浆或用掺有107胶（水泥用量5%～7%）的1∶2.5水泥砂浆满刮10mm厚于面砖背面紧粘于墙上。对贴于外墙的面砖常在面砖之间留出一定的缝隙（图7-40）。

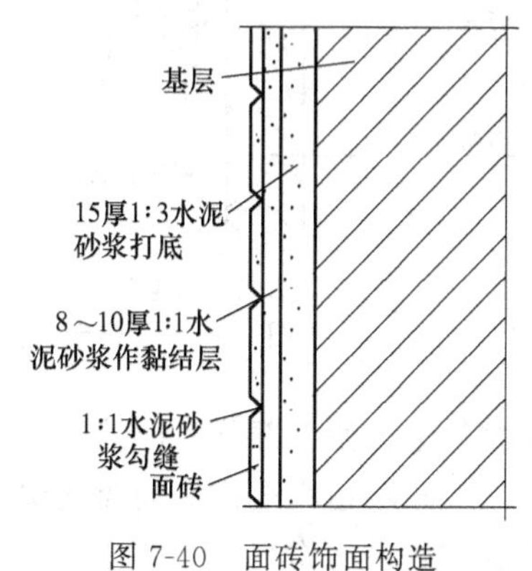

图7-40　面砖饰面构造

（2）陶瓷锦砖饰面　锦砖也称为马赛克，有陶瓷锦砖和玻璃锦砖之分。它的尺寸较小，根据其花色品种，可拼成各种花纹图案。铺贴时先按设计的图案将小块材正面向下贴在325mm×325mm大小的牛皮纸上，然后牛皮纸面向外将马赛克贴于饰面基层上，待半凝后将纸洗掉，同时修整饰面。

（3）天然石材和人造石材饰面　石材按其厚度分为两种，通常厚度为30～40mm的称为板材，厚度为40～130mm及以上的称为块材。常见天然板材饰面有花岗石、大理石和青石板等，强度高、耐久性好，多作高级装饰用。常见人造石材有预制水磨石板、人造大理石板等。

① 石材拴挂法（湿法挂贴）。天然石材和人造石材的安装方法相同，先在墙内或柱内预埋Φ7铁箍，间距依石材规格而定，而铁箍内立Φ7～Φ10竖筋，在竖筋上绑扎横筋，形成钢筋网。在石板上下边钻小孔，用双股17号钢丝绑扎固定在钢筋网上。上下两块石板用不锈钢卡销固定。板与墙面之间预留20～30mm的缝隙，上部用定位活动木楔做临时固定，校正无误后，在板与墙之间浇筑1∶3水泥砂浆，待砂浆初凝后，取掉定位活动木楔，继续上层石板的安装（构造见图7-41）。

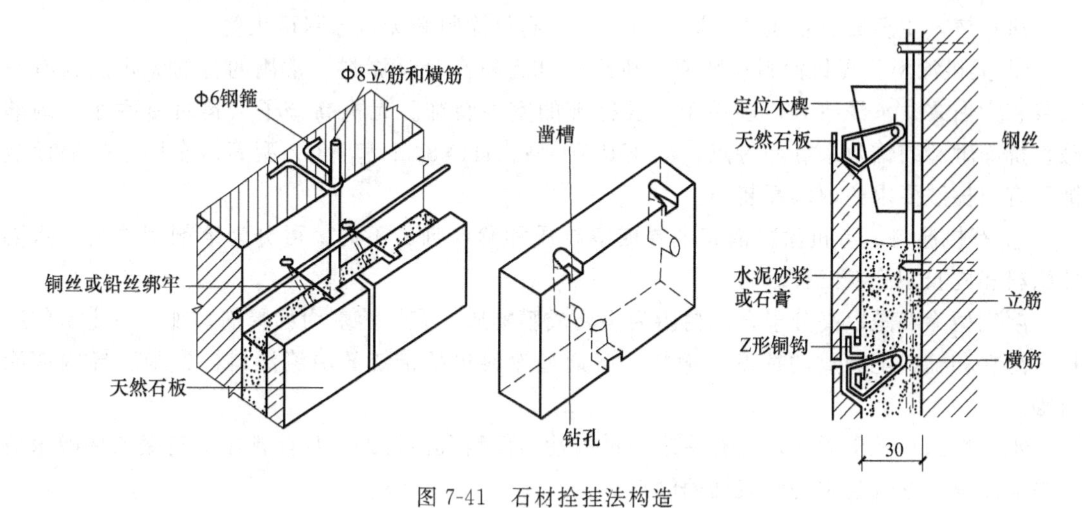

图7-41　石材拴挂法构造

② 干挂石材法（连接件挂接法）。干挂石材的施工方法是用一组高强耐腐蚀的金属连接件，将饰面石材与结构可靠地连接，其间形成空气间层不作灌浆处理（构造见图7-42）。

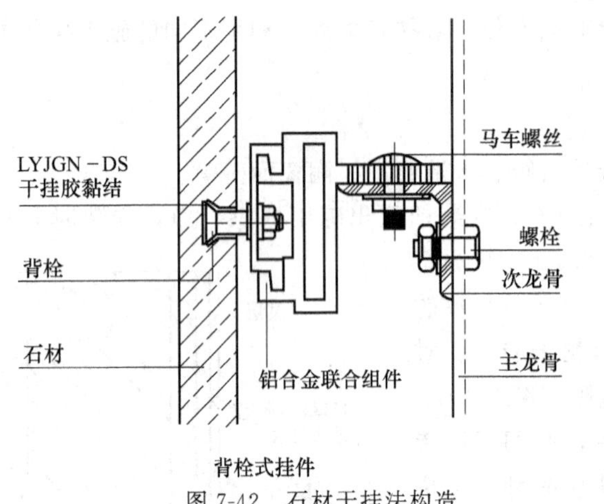

图 7-42 石材干挂法构造

7.6.2.4 涂料类墙面装修

涂料类饰面是指利用各种涂料敷于已经做好的墙面基层上，形成完整牢固的膜层，起到保护墙面和装饰墙面的作用。这种方法具有造价低、装饰性好、工期短、自重轻以及施工操作、维修、更新都比较方便等特点。

(1) 涂料类饰面的组成　涂料类饰面的涂层一般由底层、中间层和面层构成。

底层的主要作用是增加涂层与基层之间的黏结力，还可以进一步清理基层表面灰尘，使一部分悬浮的灰尘颗粒固定于基层。

中间层是涂层构造的成型层，通过特定的工艺可以形成一定的厚度，达到保护基层和形成装饰效果的作用。

面层的作用是体现涂层的色彩和光感，为保证色彩均匀，并满足耐久性、耐磨性等要求，面层最少应涂刷两遍。

涂料类饰面按施工方式有刷涂、弹涂、滚涂等，不同的施工方式会产生不同的质感效果。涂料施工时，后一遍涂料必须在前一遍涂料干燥后进行，否则易产生皱皮、开裂等问题。

(2) 涂料的类型　建筑涂料的品种较多，选用时应根据建筑物的使用功能、墙体周围环境、墙身部位以及施工和经济条件等，选择附着力强、耐久、无毒、耐污染、装饰效果好的涂料。例如，用于外墙面的涂料，应具有良好的耐久、耐冻、耐污染性能，内墙涂料除应满足装饰要求外，还应有一定的强度和耐擦洗性能。炎热多雨地区选用的涂料，应有较好的耐水、耐高温和防霉性能，寒冷地区则对涂料的抗冻性要求较高。

涂料按其主要成膜物质的不同，可以分为有机涂料和无机涂料两大类。

① 无机涂料。无机涂料有普通无机涂料和无机高分子涂料。常用的普通无机涂料有石灰浆、大白浆、水泥浆等，多用于一般标准的室内装饰。无机高分子涂料具有耐水、耐酸碱、抗冻融和装饰效果好等特点，如 JH80-1 型、JHN84-1 和 F832 型等，多用于外墙面装饰和有耐擦洗要求的内墙面装修。

② 有机涂料。有机涂料依其主要成膜物质和稀释剂的不同，可分为溶剂型涂料、水溶性涂料和乳胶型涂料三种。

溶剂型涂料是以高分子合成树脂为主要成膜物质、有机溶剂为稀释剂，加入一定量的颜料、配料和辅料配制成的挥发性涂料。溶剂型涂料包括传统的油漆涂料、聚苯乙烯内墙涂料等。

水溶性涂料无毒无味，具有一定的透气性，但耐久性较差。目前常用的有聚乙烯醇水玻璃内墙涂料、聚合物水泥砂浆饰面涂料等。

乳胶涂料又称乳胶漆，具有无毒无味、不易燃烧和环保等特点，常见的有乙丙乳胶涂料、苯丙乳胶涂料等。

7.6.2.5　裱糊类墙面装修

裱糊类墙面装修是将各种装饰性的墙纸、墙布、织锦等材料裱糊在内墙面上的一种装修饰面。壁纸的基层材料有塑料、纸基、布基、石棉纤维等，面层材料多为聚乙烯和聚氯乙烯，特种壁纸有耐水壁纸、防火壁纸、木屑壁纸、金属箔壁纸等。墙布是指可以直接用作墙面装饰材料的各种纤维织物的总称，包括印花玻璃纤维墙面布和锦缎等材料。

（1）基层处理　在基层刮腻子，以使裱糊墙纸的基层表面平整光滑。同时为了避免基层吸水过快，还应对基层进行封闭处理，处理方法为：在基层表面满刷一遍按 1∶0.5～1∶1 稀释的 107 胶水。

（2）裱贴墙纸　粘贴剂通常采用 107 胶水。其配合比为 107 胶∶羧甲基纤维素(2.5%)水溶液∶水＝100∶(20～30)∶50，107 胶的含固量为 12%左右。

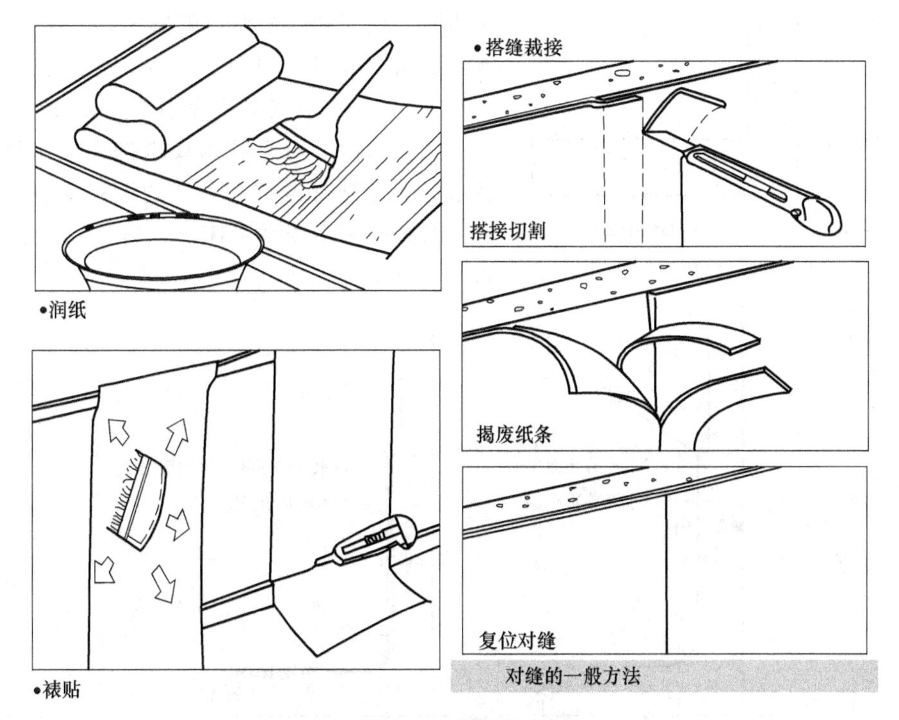

图 7-43　裱糊施工

在裱糊施工中，先贴长墙面、后贴短墙面，粘贴每条壁纸均由上向下进行，上端不留余量，先在一侧对缝、对花型、拼缝到底压实后再抹平大面，阳角转角处不留拼缝。裱糊面不得有气泡、空鼓、翘边、褶皱或污渍，如图 7-43 所示。

7.6.2.6　板材类墙面装修

板材类装修系指采用天然木板或各种人造薄板借助于镶、钉、拼贴等固定方式对墙面进行装饰处理。板材类墙面由骨架和面板组成，骨架有木骨架和金属骨架，面板有硬木板、胶合板、纤维板、石膏板等各种装饰面板和近年来应用日益广泛的金属面板。常见的构造方法如下。

（1）木质板墙面　木质板墙面系用各种硬木板、胶合板、纤维板以及各种装饰面板等作的装修。具有美观大方、装饰效果好且安装方便等优点，但防火、防潮性能欠佳，一般多用作宾馆、大型公共建筑的门厅以及大厅面的装修。木质板墙面装修构造是先立墙筋，然后外钉面板。

(2) 金属薄板墙面　金属薄板墙面系指利用薄钢板、不锈钢板、铝板或铝合金板作为墙面装修材料，以其精密、轻盈，体现着新时代的审美情趣。

金属薄板墙面装修构造，也是先立墙筋，然后外钉面板。墙筋用膨胀铆钉固定在墙上，间距为 70～90mm。金属板用自攻螺丝或膨胀铆钉固定，也可先用电钻打孔后用木螺丝固定。

(3) 石膏板墙面　一般构造做法是：首先在墙体上涂刷防潮涂料，然后在墙体上铺设龙骨，将石膏板钉在龙骨上，最后进行板面修饰。

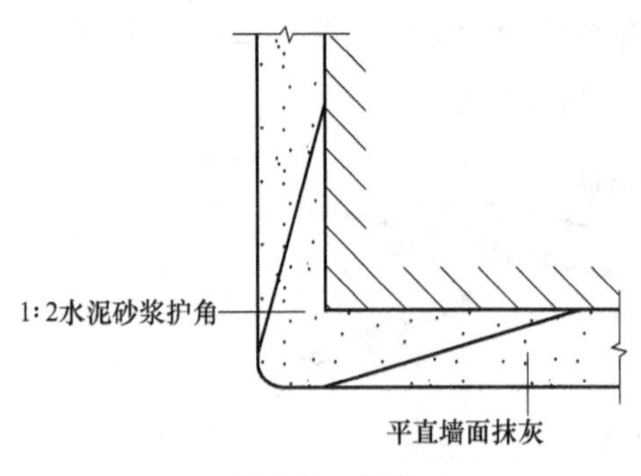

图 7-44　护角

7.6.2.7　细部处理

(1) 护角　为增加墙面转角处的强度，对室内墙面、柱面和门窗洞口的阳角，须做 1∶2 水泥砂浆护角，如图 7-44 所示。水泥护角的高度不应小于 1.5m，两层宽度不应小于 50mm。

(2) 墙裙　对有防水要求的内墙下段，应做墙裙对墙身进行保护。一般的墙裙高度约 1.5m。常用的做法有水泥砂浆抹灰、贴瓷砖和水磨石等，如图 7-45 所示。

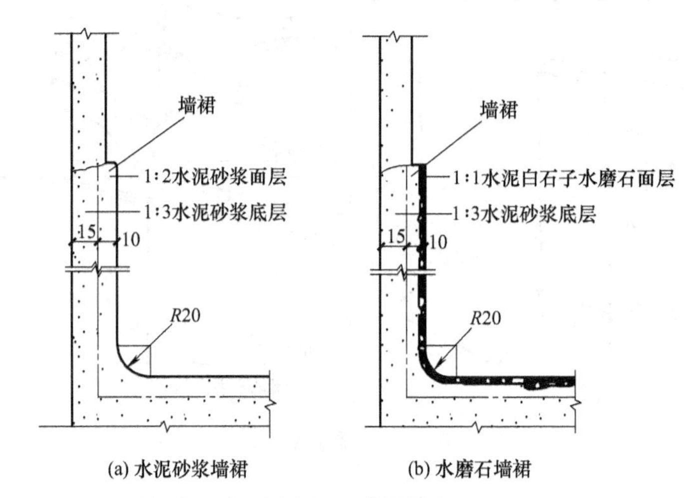

图 7-45　墙裙构造

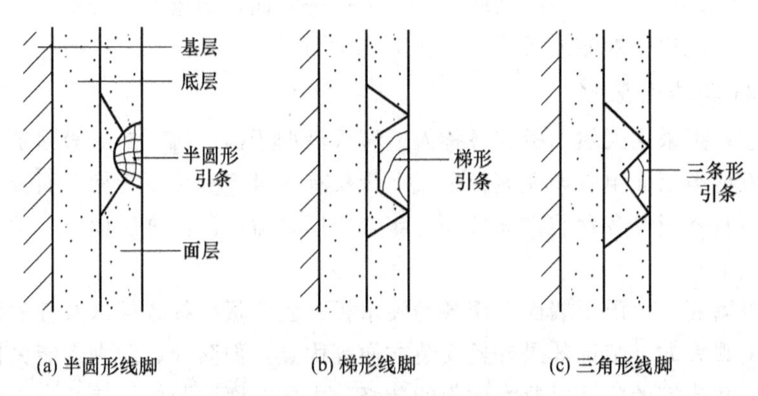

图 7-46　外墙抹灰木引条做法

（3）引条线　由于外墙抹灰面积较大，为防止由于材料干缩或温度变化引起裂缝，常将抹灰面层做分格，称为引条线。引条线的具体做法是在面层抹灰施工前的底灰上埋放不同形式的木引条，面层抹灰后取出木引条，再用水泥砂浆勾缝，如图 7-46 所示。

小　　结

1. 墙是建筑物空间的垂直分格构件，起承重和维护作用。墙体依据不同的标准有很多分类方法，常用的有根据墙体的位置、受力特点、材料、构造方式和施工方法进行分类。

2. 砌体墙是以砂浆为胶结材料，按一定的规律将砖和砌块进行砌筑的墙体。砌体墙的细部构造包括勒脚、散水和明沟、墙身防潮、踢脚板、墙裙、过梁、窗台、壁柱和门垛、圈梁、构造柱等。

3. 砌块墙是将预制块材（砌块）按一定技术要求砌筑而成的墙体。砌块按材料分，有普通混凝土砌块、轻集料混凝土砌块、加气混凝土砌块及利用各种工业废料制成的砌块。

4. 墙面装修是指墙体工程完工后，在墙面做修饰层，是建筑装饰设计的重要环节。墙面装修可以保护墙体，增强墙体的坚固性、耐久性，延长墙体的使用年限；改善墙体的使用功能，提高墙体的保温、隔热和隔声能力；提高建筑的艺术效果，美化环境。墙面装修分为清水勾缝、抹灰类、贴面类、涂刷类、裱糊类、铺钉类等。

复习思考题

1. 简述墙体的分类方式及类别。
2. 墙体在设计上有哪些要求?
3. 简述墙角水平防潮层的做法、特点及适用情况。
4. 简述散水的做法。
5. 简述圈梁与构造的作用和做法。
6. 分析砌块墙构造与砖墙构造的异同点。
7. 墙面装修的作用是什么?
8. 墙面装修的分类有哪些?
9. 墙面抹灰通常由哪几层组成? 各层次的作用是什么?

第8章　楼　　梯

本章提要

楼梯的作用及设计要求，楼梯的组成，楼梯的类型，楼梯的尺度；钢筋混凝土楼梯的分类和一般构造及其细部构造；台阶、坡道的构造；电梯及自动扶梯的组成与构造。

楼梯作为建筑物的竖向交通设施，主要起联系上下层空间和紧急疏散之用。

建筑物的竖向交通设施除楼梯外，还有垂直升降电梯、自动扶梯、台阶、坡道等。垂直升降电梯多用于7层以上的多层建筑和高层建筑以及一些标准较高的低层建筑；自动扶梯常用于人流量大且使用要求高的公共建筑；台阶用于室内外高差之间和室内局部高差之间的联系；坡道则用于建筑中有无障碍交通要求的高差之间的联系，也用于多层车库中通行汽车和医疗建筑中通行担架车等。

8.1　楼梯的组成、类型及尺度

8.1.1　楼梯的组成

楼梯一般由楼梯段、平台及栏杆（或栏板）和扶手四部分组成，如图8-1所示。

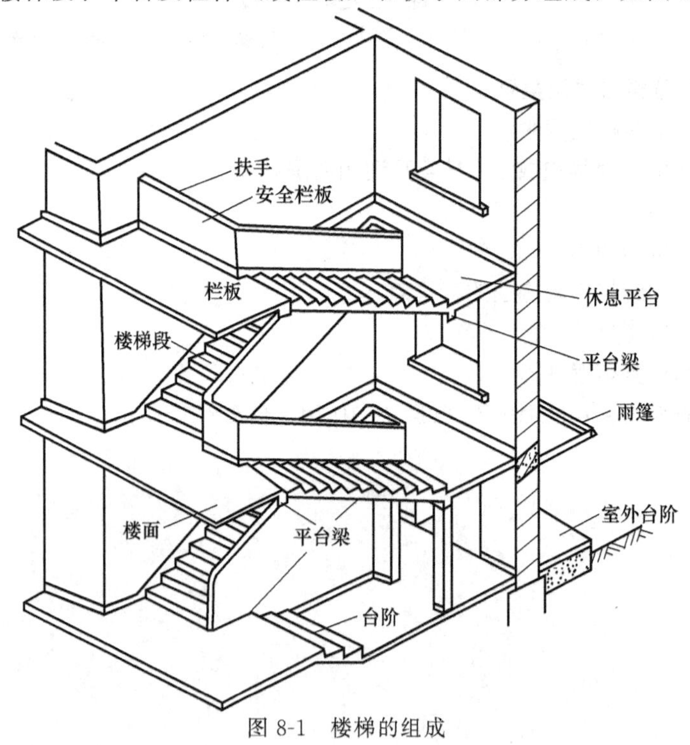

图8-1　楼梯的组成

（1）楼梯段　楼梯段简称为梯段，是联系两个不同标高平台的倾斜构件，由若干踏步构成。每个踏步一般由两个相互垂直的平面组成，供人们行走时脚踏的水平面称为踏面，与踏面垂直的称为踢面，踏面和踢面之间的尺寸关系决定了楼梯的坡度。为减少人们上下楼梯时的疲劳感及适应人们行走的习惯，一个梯段的踏步数一般不宜超过18级，也不宜少于3级。当公共建筑楼梯井净宽大于200mm，住宅的楼梯井净宽大于110mm时，必须采取安全措施。

（2）平台　平台是指两楼梯段之间的水平板，其主要作用在于缓解疲劳，让人们在连续上楼时可在平台上稍加休息，故又称休息平台。平台有楼层平台、中间平台之分，与楼层标高一致的平台称为楼层平台，位于两个楼层之间的平台称为中间平台。

（3）栏杆和扶手　栏杆是楼梯段的安全设施，一般设置在梯段的边缘和平台临空的一边，要求它必须坚固可靠，并保证有足够的安全高度。栏杆、栏板上部，供人们用手扶持的连续倾斜配件称为扶手。

8.1.2 楼梯的类型

楼梯的形式一般与其使用功能和建筑环境空间的要求有关，楼梯形式的选择取决于所处位置、楼梯间的平面形状与大小、楼梯层高低与层数、人流多少与缓急等因素，设计时需综合权衡这些因素。

按位置不同分，楼梯有室内与室外两种。

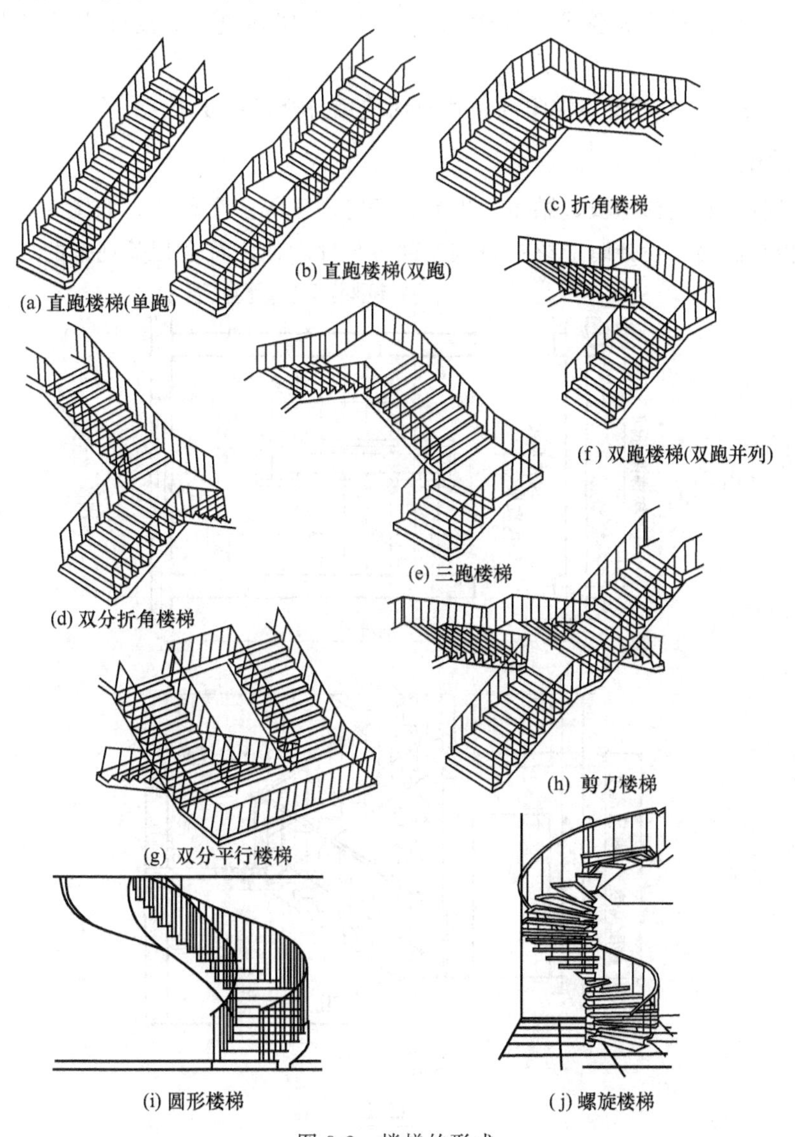

图 8-2　楼梯的形式

按使用性质分，室内有主要楼梯、辅助楼梯；室外有安全楼梯、防火楼梯。

按材料分有木质、钢筋混凝土、钢质、混合式及金属楼梯。

按楼梯的平面形式不同，可分为如下几种：单跑直楼梯；双跑直楼梯；折角楼梯；双分折角楼梯；三跑楼梯；双跑并列楼梯；双分平行楼梯；剪刀楼梯；圆形楼梯；螺旋楼梯，如图8-2所示。目前在建筑中应用较多的是双跑楼梯。弧形楼梯（圆形楼梯）、螺旋楼梯对建筑室内空间具有良好的装饰性，适用于公共建筑的门厅等处，但是不能作为人流交通和疏散楼梯。

楼梯的设计要求主要有以下几点。

① 楼梯梯段的宽度、平台的进深以及踏步的宽度和高度尺寸，要满足行人行走舒适、家具搬运方便、有利于在紧急情况下疏散人流的要求。作为主要楼梯，应与主要出入口邻近且位置明显；同时还应避免垂直交通与水平交通在交接处拥挤、堵塞。

② 楼梯结构要满足承重要求，构造尽量简单，以便于施工。楼梯使用的材料必须满足建筑防火要求，楼梯间除允许直接对外开窗采光外，不得向室内任何房间开窗；楼梯间四周墙壁必须为防火墙；对防火要求高的建筑物特别是高层建筑，应设计成封闭式楼梯或防烟楼梯。

③ 楼梯栏杆、扶手等要连接牢固，材料的使用符合经济要求。

8.1.3 楼梯的尺度

楼梯的尺度涉及楼梯梯段、踏步、平台、净空高度等多个尺寸，如图 8-3 所示。各尺寸相互影响，相互制约，设计时应统一协调各部分尺寸，使之符合相关规范的规定。

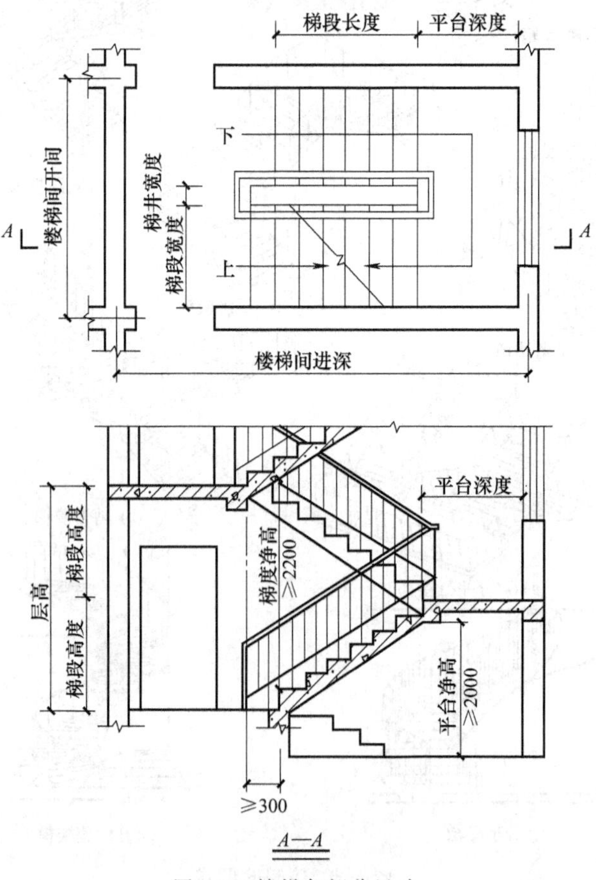

图 8-3 楼梯各部分尺寸

8.1.3.1 梯段尺度

① 梯段宽度（净宽）应根据使用性质、通行人流的股数和建筑的防火要求确定。通常情况下，作为通行用的主要楼梯，供单人行时，其梯段的宽度应不小于900mm；两股以上人流通行时，按每股人流550mm+(0～150)mm考虑，双人通行时为1100～1400mm，三人通行时为1650～2100mm，依此类推。室外疏散的最小宽度为900mm。同时，需满足各类建筑设计规范中对梯段宽度的限定，如医院病房楼、居住建筑及其他建筑的防火疏散楼梯，楼梯的最小净宽应不小于1300mm、1100mm、1200mm，如图8-4所示。

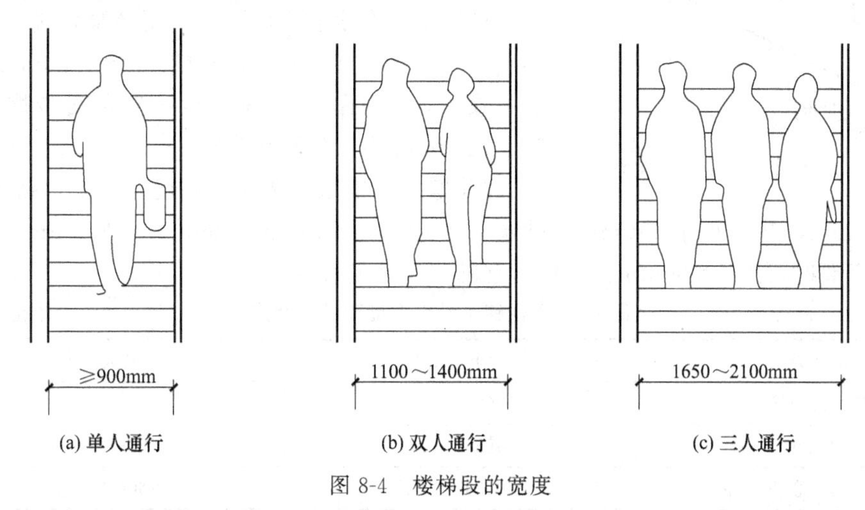

图8-4　楼梯段的宽度

② 梯段长度（L）是指梯段的水平投影长度，其值为 $L=(n-1)b$，其中 b 为踏步宽，n 为本梯段踏步数，如图8-5所示。

8.1.3.2 踏步尺度

踏步由踏面和踢面组成，二者投影长度之比决定了楼梯的坡度，其坡度一般为23°～45°。普通楼梯的坡度不宜超过38°，30°是楼梯的适宜坡度，如图8-6所示。当坡度小于20°时，采用坡道；当坡度大于45°时，则采用爬梯。

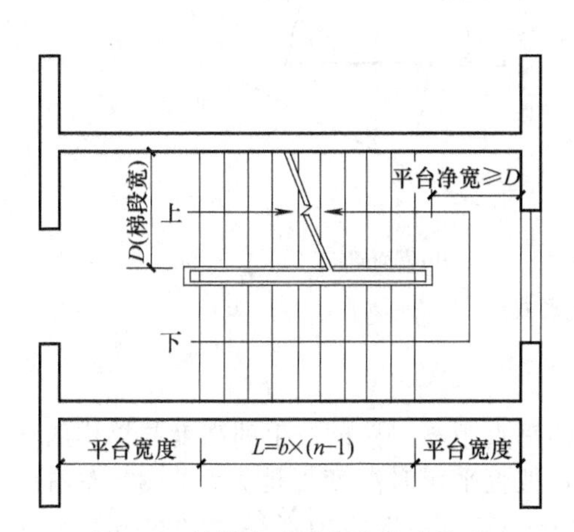

图8-5　楼梯段和平台的尺寸关系

D—楼梯段净宽；b—踏步宽尺寸；n—踏步数

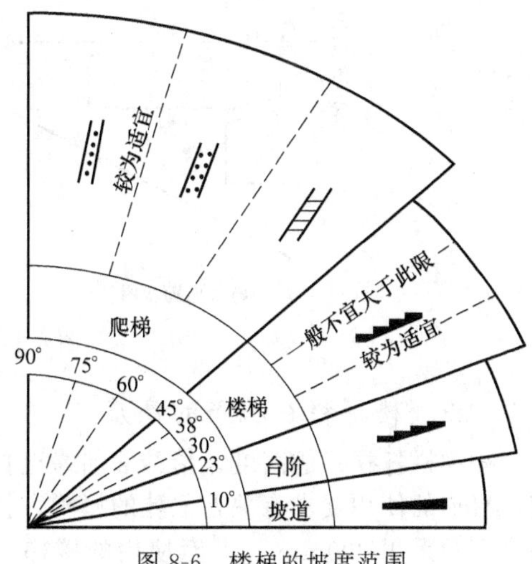

图8-6　楼梯的坡度范围

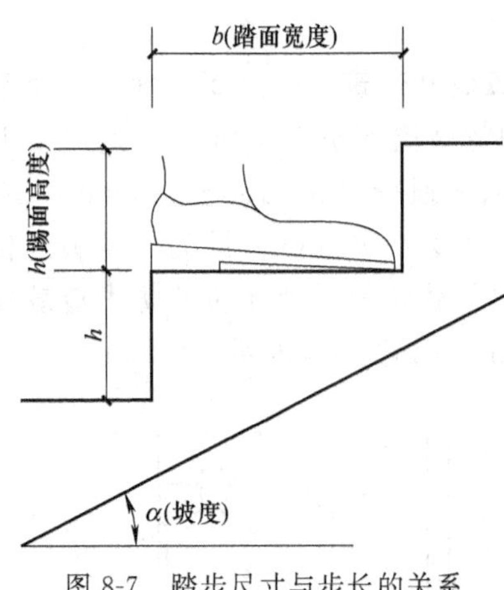

图 8-7　踏步尺寸与步长的关系

由于踏步是楼梯中与人体直接接触的部位，其适度就显得十分重要。一般认为踏面的宽度应与成年男子的平均脚长相适应，使人们在上下楼梯时脚可以全部落在踏面上，以保证行走时的舒适。踢面的高度取决于踏面的宽度，二者之和宜与人的自然跨步长度相近（图 8-7）。踏步尺寸一般是根据建筑的使用功能、使用者的特征及楼梯的通行量综合确定的。

计算踏步宽度和高度可以利用经验公式：

$$2h+b=600\sim620\text{mm} \text{ 或 } h+b=450\text{mm}$$

式中，h 为踏步踏面高度；b 为踏步踢面宽度；600～620mm 为人的平均步距。

《建筑楼梯模数协调标准》规定：楼梯踏步高 h 不宜大于 210mm，并不小于 140mm；踏步宽 b 应采用 240mm、260mm、280mm、300mm、320mm，必要时可采用 250mm，常用适宜踏步尺寸见表 8-1。

表 8-1　楼梯踏步最小宽度和最大宽度　　单位：mm

楼梯类别	最小宽度 b	最大高度 h
住宅公用楼梯	250(260～300)	180(150～185)
幼儿园楼梯	260(260～280)	150(120～150)
医院、疗养院等楼梯	280(300～350)	160(120～150)
学校、办公楼等楼梯	260(280～340)	180(140～160)
剧院、会堂等楼梯	220(300～350)	200(120～150)

由于踏步的宽度受楼梯进深的限制，可以通过在踏步的细部进行适当处理来增加踏面的尺寸，如加做踏步檐或是踢面倾斜，如图 8-8 所示。踏步檐的挑出尺寸一般为 20～25mm，若挑出檐过大，则踏步易损坏，而且会给行走带来不便。

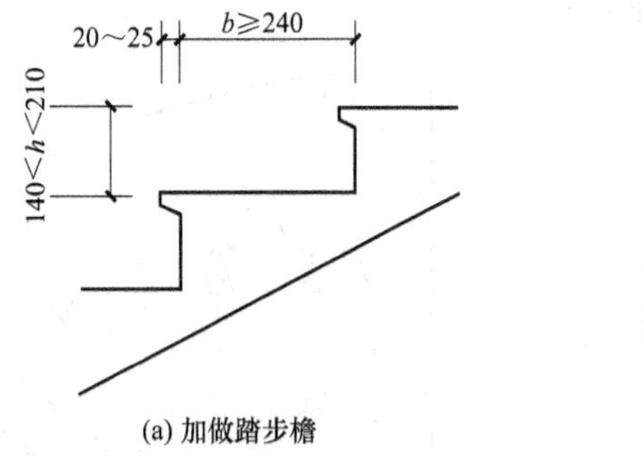

(a) 加做踏步檐

20～25　b≥240　140<h<210

(b) 踢面倾斜

图 8-8　踏步出挑形式

8.1.3.3　楼梯栏杆扶手的高度

楼梯栏杆扶手的高度，指踏面前缘至扶手顶面的垂直距离。楼梯扶手的高度与楼梯的坡度、楼梯的使用要求有关，很陡的楼梯，扶手矮些，坡度平缓时高度可稍大。在 30°左右的坡度下常采用 900mm；儿童使用的楼梯一般为 600mm。对一般室内楼梯≥900mm，靠梯井一侧水平栏杆长度>500mm，其高度≥1000mm，室外楼梯栏杆高≥1050mm，如图 8-9 所示。

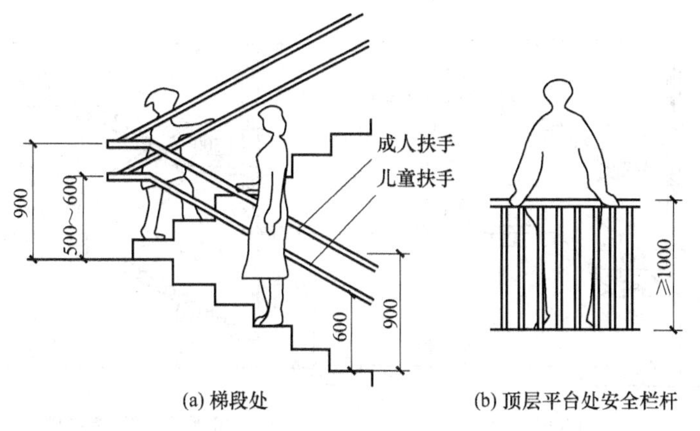

(a) 梯段处　　(b) 顶层平台处安全栏杆

图 8-9　楼梯栏杆和扶手高度

8.1.3.4　楼梯梯井宽度

两个楼梯梯段之间的空隙叫梯井。楼梯井一般是为楼梯施工方便而设置的，其宽度一般在 100mm 左右。但公共建筑楼梯井的净宽不应小于 150mm。有儿童经常使用的楼梯，当楼梯净宽大于 200mm 时，必须采取安全措施，防治儿童坠落。楼梯梯井、梯段的关系如图8-10 所示。

梯段宽度与梯井宽的计算公式为：

$$B=\frac{A-C}{2}$$

式中，A 为开间净宽，mm；B 为梯段宽，mm；C 为两梯段之间的缝隙宽，考虑消防、安全和施工的要求，$C=60\sim200$mm。

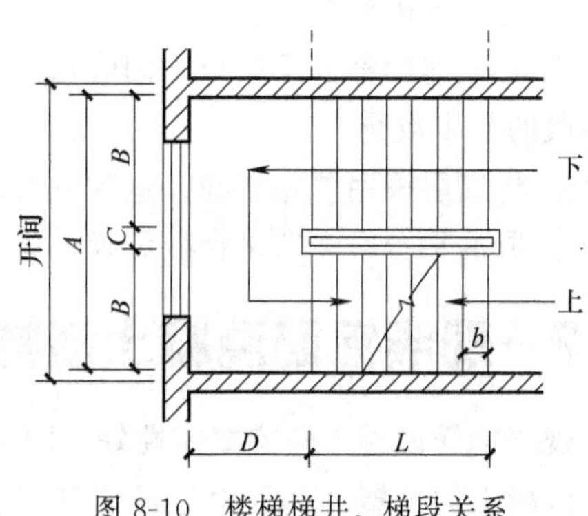

图 8-10　楼梯梯井、梯段关系

8.1.3.5　楼梯的净空高度

为保证在这些部位通行或搬运物件时不受影响，其净高在平台处应大于 2m，在梯段处应大于 2.2m。

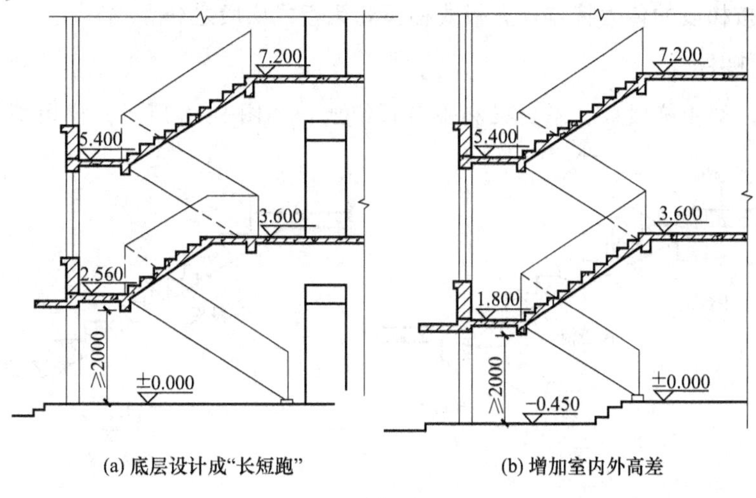

(a) 底层设计成“长短跑”　　(b) 增加室内外高差

图 8-11

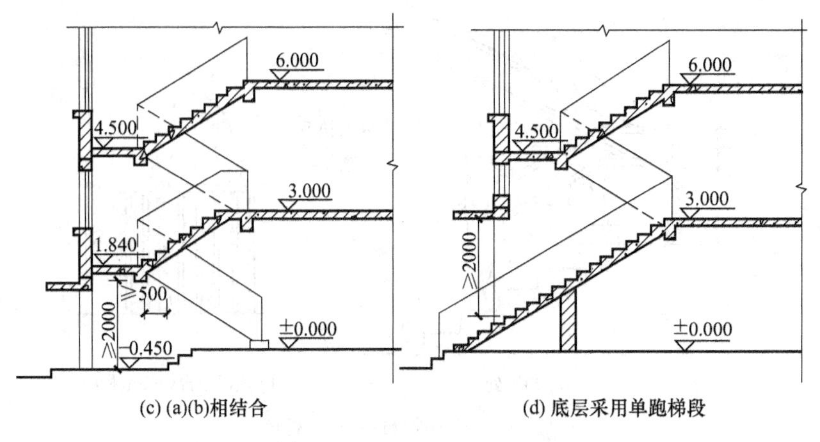

图 8-11　平台下作出入口时楼梯净高设计的几种方式

当楼梯底层中间平台下做通道时，为使得下面空间净高≥2000mm，常采用以下几种处理方法（图 8-11）。

① 将楼梯底层设计成“长短跑”，让第一跑的踏步数目多些，第二跑踏步少些，利用踏步的多少来调节下部净空的高度。

② 增加室内外高差。

③ 将上述两种方法结合，即降低底层中间平台下的地面标高，同时增加楼梯底层第一个梯段的踏步数量。

④ 将底层采用单跑楼梯，这种方式多用于少雨地区的住宅建筑。

⑤ 取消平台梁，即平台板和梯段组合成一块折形板。

8.2　现浇钢筋混凝土楼梯

现浇钢筋混凝土楼梯整体性好、刚度大，能适应各种楼梯间平面和楼梯形式，充分发挥钢筋混凝土的可塑性。但由于需要现场支模，模板耗费较大，施工周期较长，并且抽孔困难，不便做成空心构件，因而混凝土用量和自重较大。

现浇楼梯按梯段的传力特点，有板式梯段和梁板式梯段之分。

8.2.1　板式梯段

板式楼梯一般由梯段板、平台梁和平台板组成，如图 8-12 所示。梯段板是带踏步的斜

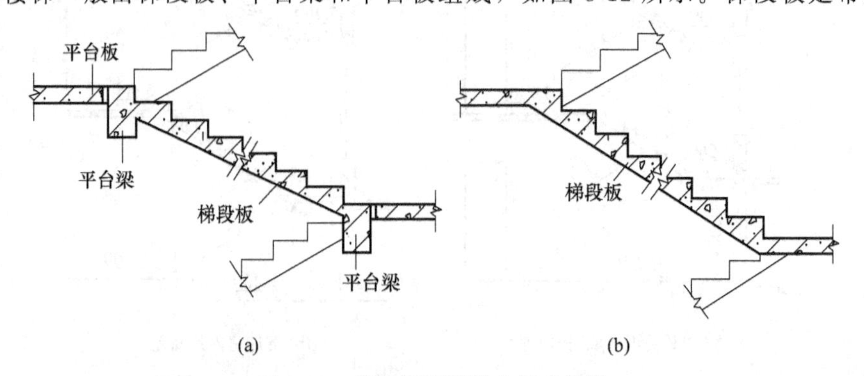

图 8-12　现浇钢筋混凝土板式梯段

板，它承受梯段的全部荷载，并通过平台梁将荷载传给墙或柱子。也可取消梯段板一端或两端的平台梁，使平台板与梯段板连为一体，形成折形板，直接搁置于墙或梁上。

板式楼梯板底平整，相对美观，但板跨较大时板的厚度也较大。因此，板式楼梯多用于荷载较小或梯段板长度不是很大的情况。

当荷载较大或梯段跨度较大时，梁式楼梯比板式楼梯的钢筋和混凝土用量少、自重轻，但梁式楼梯的施工比板式楼梯复杂。

8.2.2 梁板式梯段

当梯段较宽或楼梯负载较大时，采用板式梯段往往不经济，须增加梯段斜梁（简称梯梁）以承受板的荷载，并将荷载传给平台梁，这种梯段称梁板式梯段。这种楼梯由踏步板、梯段斜梁、平台梁和平台板组成，其踏步板搁置在斜梁上，斜梁由上下两端的平台梁支承，如图 8-13 所示。

梁板式楼梯踏步上的荷载由踏步传给斜梁，斜梁将荷载传给支承它的平台梁。梁板式楼梯的特点是传力较复杂，底面不平整，支模施工难度大，不易清扫，但可节约材料、减轻自重，所以它适用于荷载较大、梯段跨度较大的情况。

梁板式梯段在结构布置上有双梁布置和单梁布置之分。梯梁在板下部的称正梁式梯段，将梯梁反向上面称反梁式梯段（图 8-13）。

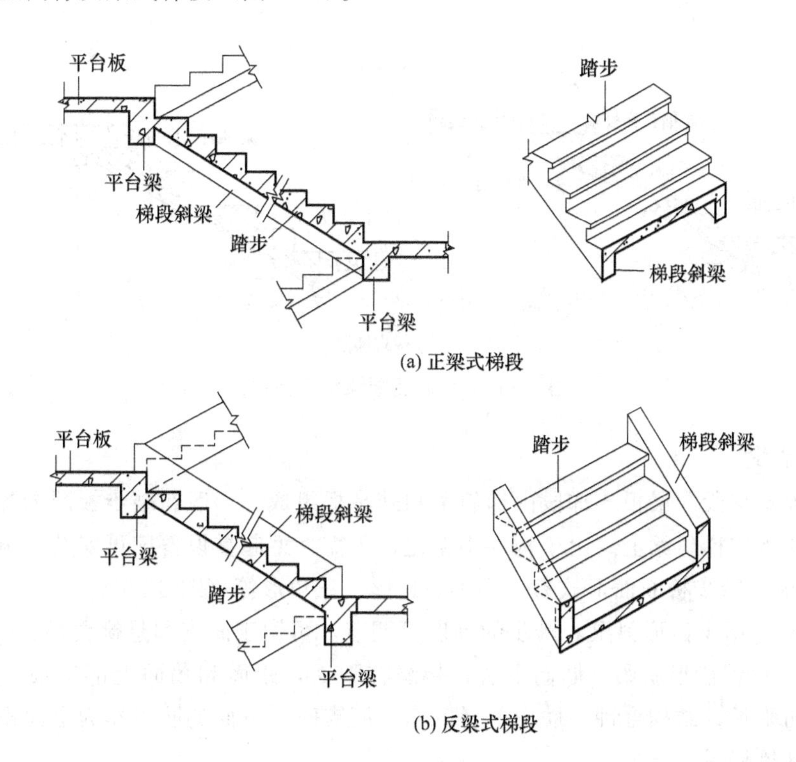

图 8-13　现浇钢筋混凝土梁板式梯段

在梁板式结构中，单梁式楼梯是近年来公共建筑中采用较多的一种结构形式。这种楼梯的每个梯段由一根梯梁支承踏步。梯梁布置有两种方式：一种是单梁悬臂式楼梯，另一种是单梁挑板式楼梯。单梁楼梯受力复杂，梯梁不仅受弯，而且受扭。但这种楼梯外形轻巧、美观，常为建筑空间造型所采用。

8.3 预制装配式钢筋混凝土楼梯

预制装配式钢筋混凝土楼梯是指构件在工厂预制加工，在工地安装组合而成的楼梯。

预制装配式钢筋混凝土楼梯具有工业化施工水平高、节约模板、简化操作程序、较大幅度地缩短工期等特点，但在整体性、抗震性、灵活性等方面不及现浇钢筋混凝土楼梯。预制装配式钢筋混凝土楼梯按其构造方式可分为梁承式、墙承式和墙悬臂式等类型。

8.3.1 预制装配梁承式钢筋混凝土楼梯

预制装配梁承式钢筋混凝土楼梯系指梯段由平台梁支承的楼梯构造方式。预制构件可按梯段（板式或梁板式梯段）、平台梁、平台板三部分进行划分（图 8-14）。

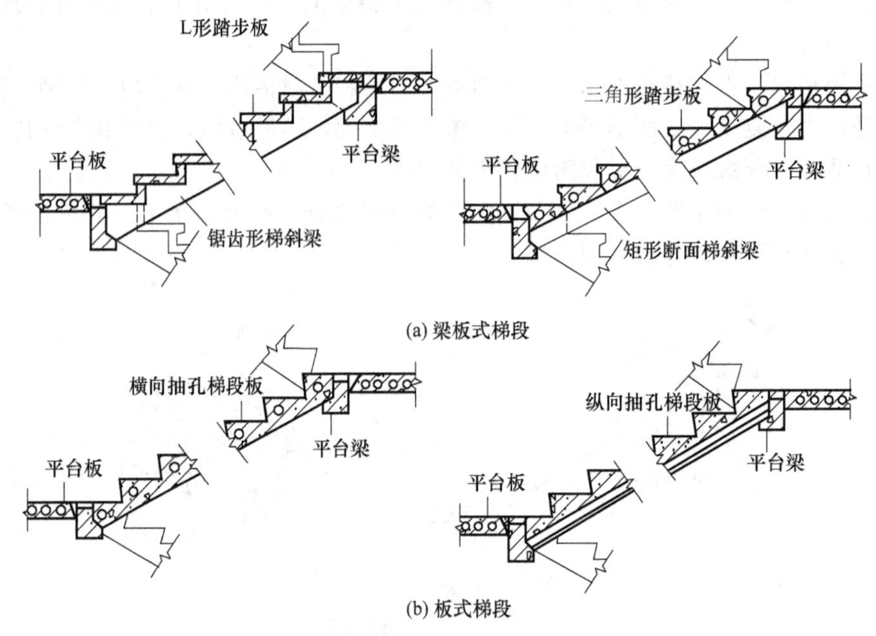

图 8-14 预制装配梁承式楼梯

8.3.1.1 梯段

(1) 梁板式梯段　梁板式梯段由梯斜梁和踏步板组成。一般在踏步板两端各设一根梯斜梁，踏步板支承在梯斜梁上。由于构件小型化，不需大型起重设备即可安装，施工简便。

① 踏步板　踏步板断面形式有一字形、L 形、三角形等（图 8-15）。

a. 一字形。用锯齿形斜梁，踏步的高度可调节，可用于简支和悬挑楼梯。

b. L 形。用锯齿形斜梁。肋向下者，接缝在下面，踏面和踢面上部交接处看上去较完整，类似带肋平板，结构合理。肋向上者，作为简支时，下面的肋可作为上面板的支撑，可用于简支和悬挑楼梯。

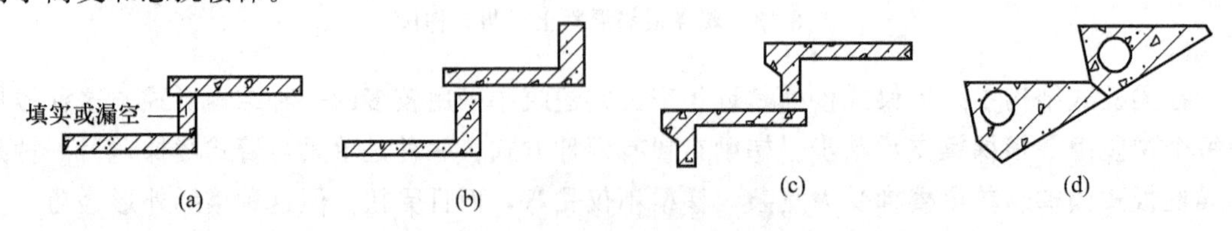

图 8-15 踏步板断面形式

c. 三角形。优点是拼装后，底面平整，但踏步尺寸较难调整，一般多用于简支楼梯。

② 梯斜梁。用于搁置一字形、L形断面踏步板的梯斜梁为锯齿形变断面构件。用于搁置三角形断面踏步板的梯斜梁为等断面构件（图 8-16）。

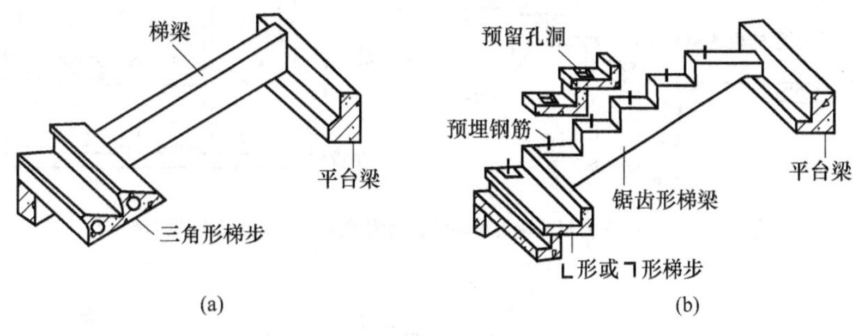

图 8-16 预制梯段斜梁的形式

（2）板式梯段 板式梯段为整块或数块带踏步条板（图 8-17）。

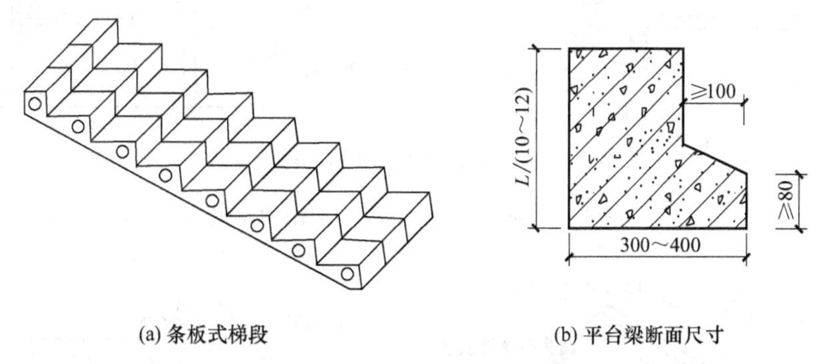

图 8-17 板式楼梯的形式

8.3.1.2 平台梁

为了便于支承梯斜梁或梯段板，平衡梯段水平分力并减少平台梁所占结构空间，一般将平台梁做成L形断面。

8.3.1.3 平台板

平台板可根据需要采用钢筋混凝土空心板、槽板或平板。图 8-18 为平台板布置方式。

8.3.1.4 构件连接构造

（1）踏步板与梯斜梁连接 一般在梯斜梁支承踏步板处用水泥砂浆坐浆连接。如需加强，可在梯斜梁上预埋插筋，与踏步板支承端预留孔插接，用高标号水泥砂桩填实。

（2）梯斜梁或梯段板与平台梁连接 在支座处除了用水泥砂浆坐浆外，应在连接端预埋钢板进行焊接。

（3）梯斜梁或梯段板与梯基连接 在楼梯底层起步处，梯斜梁或梯段板下应作梯基，梯基常用砖或混凝土，也可用平台梁代替梯基。但需注意该平台梁无梯段处与地坪的关系。构件连接构造如图 8-19 所示。

8.3.2 预制装配墙承式钢筋混凝土楼梯

预制装配墙承式钢筋混凝土楼梯系指预制钢筋混凝土踏步板直接搁置在墙上的一种楼梯形式，其踏步板一般采用一字形、L形断面，如图 8-20 所示。平台板可以采用实心板，也

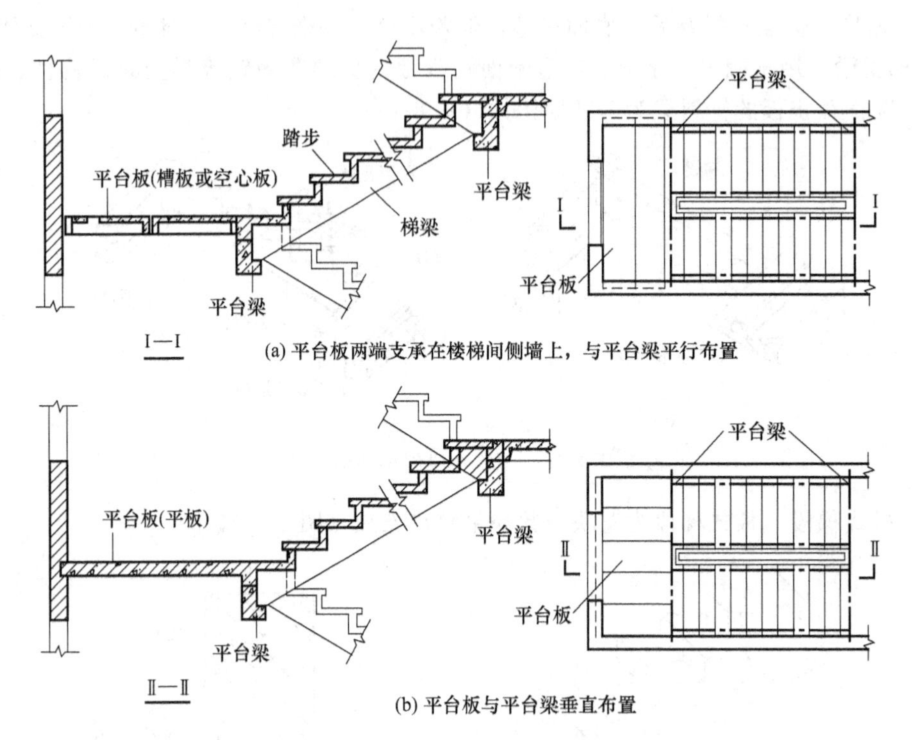

(a) 平台板两端支承在楼梯间侧墙上，与平台梁平行布置

(b) 平台板与平台梁垂直布置

图 8-18 梁承式梯段与平台的结构布置

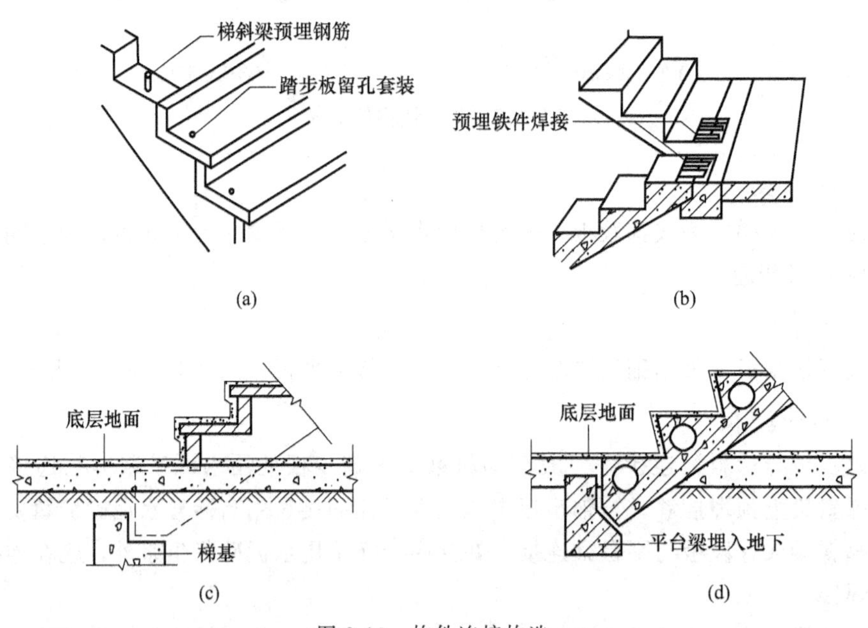

图 8-19 构件连接构造

可以采用空心板和槽形板。为了确保行人的通行安全，应在楼梯间侧墙上设置扶手。

这种楼梯由于在梯段之间有墙，搬运家具不方便，也阻挡视线，上下人流易相撞。通常在中间墙上开设观察口，以使上下人流视线流通。也可将中间墙两端靠平台部分局部收进，以使空间通透，有利于改善视线和搬运家具物品。但这种方式对抗震不利，施工也较麻烦。

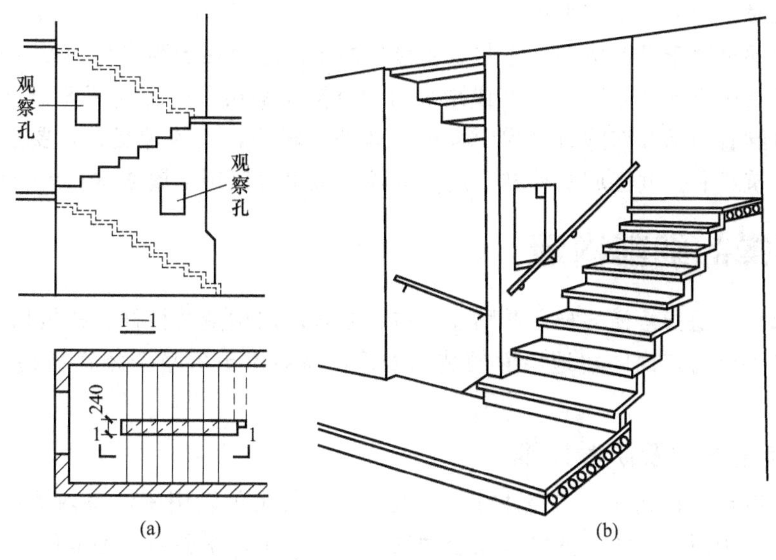

图 8-20　墙承式钢筋混凝土楼梯

8.3.3　预制装配墙悬臂式钢筋混凝土楼梯

预制装配墙悬臂式钢筋混凝土楼梯系指预制钢筋混凝土踏步板一端嵌固于楼梯间侧墙上，另一端凌空悬挑的楼梯形式，又称悬臂踏步板式楼梯。它是由单个踏步板组成楼梯段，由墙体承担楼梯的荷载，梯段与平台之间没有传力关系，因此可以取消平台梁。悬臂式楼梯是根据设计把预制的踏步板一端一次嵌入墙或柱内，另一端形成悬臂，组成楼梯段，如图 8-21（a）、（c）所示。

悬臂楼梯的悬臂长度一般不超过 1.5m，可以满足大部分民用建筑对楼梯的要求，但在

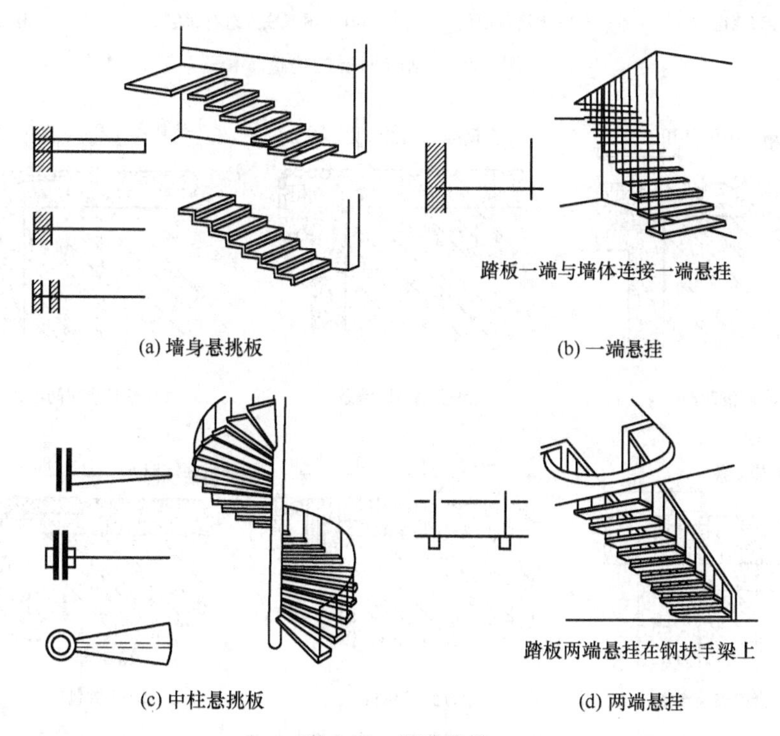

图 8-21　悬臂楼梯

具有冲击荷载时或地震区不宜采用。

悬挂式楼梯也属于悬臂楼梯，它与悬臂楼梯的不同之处在于踏步板的另一端是用金属拉杆悬挂在上部结构上［图 8-21（b）］或踏步两端悬挂在钢扶手梁上［图 8-21（d）］。悬挂式楼梯适于在单跑直楼梯和双跑直楼梯中采用，其外观轻巧，安装较复杂，要求的精度较高，一般在小型建筑或非公共区域的楼梯采用，其踏步板也可以用金属或木材料制作。

8.4 楼梯的细部构造

楼梯细部构造是指楼梯的梯段与踏步构造、踏步面层构造及栏杆、栏板构造等细部的处理。由于楼梯平台的装饰同楼地层面的装饰处理，所以本节着重介绍楼梯梯段部分的细部构造。

8.4.1 踏步的面层及防滑措施

踏步面层应当平整光滑，耐磨性好。一般认为，凡是可以用来做室内地坪面层的材料，均可以用来做踏步面层。常见的踏步面层做法有水泥砂浆、水磨石、地面砖、各种天然石材等，如图 8-22 所示。公共建筑楼梯踏步面层经常与走廊地面面层采用相同的材料。面层材料要便于清扫，并且应当具有相当的装饰效果。图 8-23 是常见的踏步构造举例。

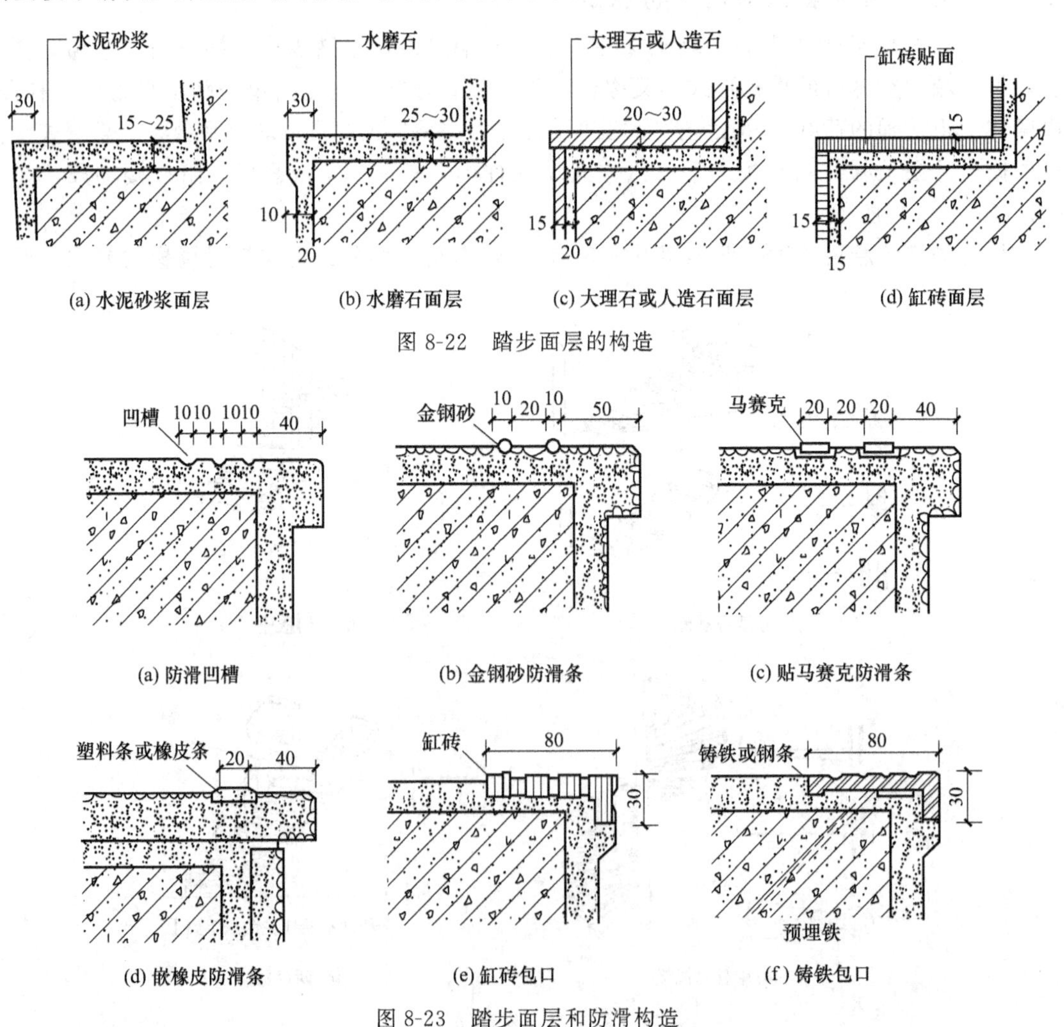

(a) 水泥砂浆面层　(b) 水磨石面层　(c) 大理石或人造石面层　(d) 缸砖面层

图 8-22　踏步面层的构造

(a) 防滑凹槽　(b) 金钢砂防滑条　(c) 贴马赛克防滑条

(d) 嵌橡皮防滑条　(e) 缸砖包口　(f) 铸铁包口

图 8-23　踏步面层和防滑构造

由于踏步面层比较光滑，行人容易跌倒，同时踏步前缘也是踏步磨损最厉害的部位，因此在踏步前缘应设置防滑措施。常见的防滑措施如下。

① 踏步面层留防滑槽［图 8-23（a）］，踏步做面层时留 2～3 道凹槽，凹槽长度一般按踏步长度每边减去 150mm，做法最简单，但使用中易积灰和破损，防滑效果不够理想。

② 防滑条的材料有金刚砂、铜条、铁屑混凝土、马赛克、橡胶条等［图 8-23（b）、（c）、（d）］。

③ 防滑包扣，做法有缸砖包扣、铸铁包扣等［图 8-23（e）、（f）］，既防滑又起保护作用。

④ 地毯常用于标准较高的建筑，行走具有一定的弹性，较舒适。

8.4.2 栏杆、扶手构造

8.4.2.1 栏杆形式

栏杆应选用坚固、耐久的材料制作，并具有一定的强度和抵抗侧向推力的能力，能够保证在人多拥挤时楼梯的使用安全。栏杆的形式可分为空花式、栏板式、混合式等类型。

（1）空花式　空花式楼梯栏杆以楼梯栏杆竖杆作为主要受力构件，一般常采用钢材制作，如方钢、圆钢、钢管、扁钢以及木材、铝合金型材、铜材和不锈钢材等，并可焊接或铆接成各种图案，既起防护作用，又起装饰作用，如图 8-24 所示。这类型栏杆具有重量轻、空透轻巧的特点，是楼梯栏杆的主要形式，一般用于室内楼梯。

图 8-24　空花式栏杆

栏杆在构造设计中应保证其竖杆具有足够的强度以抵抗侧向冲击力，最好将竖杆与水平及斜杆为一体共同工作。其杆件形成的空花尺寸不宜过大，以利于安全，特别是供少年儿童使用的楼梯，竖杆间净距不宜大于 110mm。当竖杆间距较密时，其杆件断面可小一些，反之则可大一些。常用的钢竖杆断面为圆形和方形，并分为实心和空心两种。实心竖杆断面尺寸为圆形时直径一般为 16～30mm，方形尺寸为 20mm×30mm～30mm×30mm。

（2）栏板式　栏板是用实体材料制作，常用的材料有钢筋混凝土、钢化玻璃、加设钢筋网的砖砌体、现浇实心栏板、木材、玻璃等。图 8-25 是栏板的构造举例。栏板的表面应平整光滑，便于清洗。

（3）混合式　混合式是指空花式和栏板式两种栏杆形式的组合，栏杆竖杆作为主要的抗

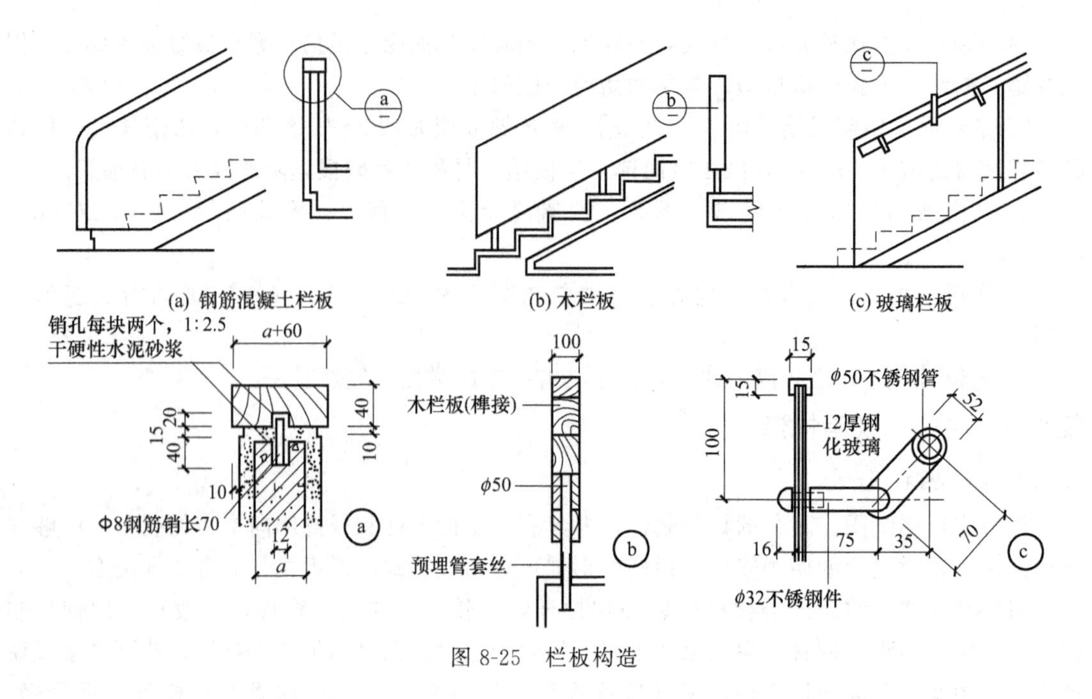

图 8-25 栏板构造

侧力构件，栏板则作为防护和美观装饰构件。栏杆竖杆常采用钢材或不锈钢等材料，栏板部分常采用轻质美观材料制作，如木板、塑料贴面板、铝板、有机玻璃板和钢化玻璃板等。图 8-26 为两种常见做法。

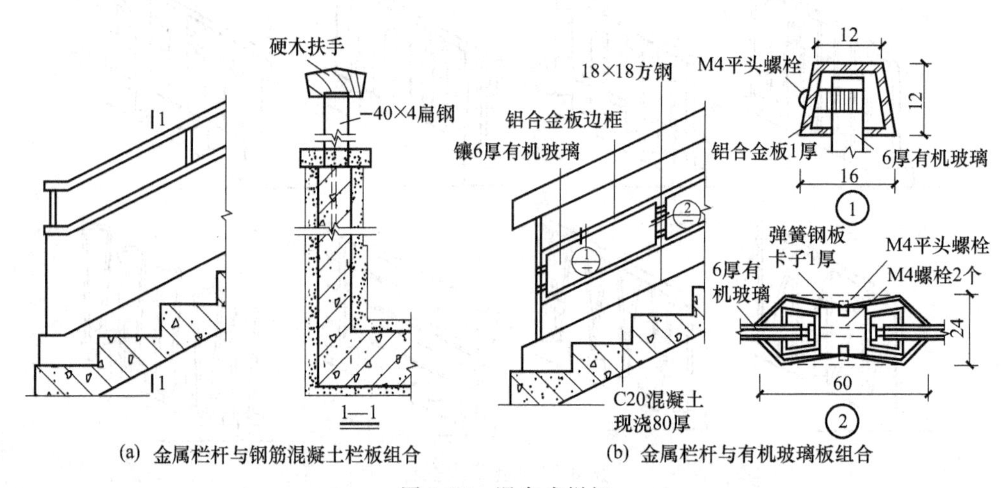

图 8-26 混合式栏杆

8.4.2.2 扶手

扶手也是楼梯的重要组成部分，扶手的断面形式和尺寸的选择既要考虑人体尺度和使用要求，又要考虑扶手与楼梯的尺度关系和加工制作的可能性。扶手按材料分有木扶手、金属扶手、塑料扶手等。室外楼梯不宜使用木扶手，以免淋雨后变形和开裂。不论何种材料的扶手，其表面必须要光滑、圆顺，以便于扶持。绝大多数扶手是连续设置的，接头处应当仔细处理，使之平滑过渡。

8.4.2.3 栏杆扶手连接构造

（1）栏杆与扶手的连接 木扶手、塑料扶手与栏杆连接时，一般在栏杆竖杆顶部焊接一通常扁钢，扁钢与扶手底部或侧面槽口榫接，用木螺钉固定，如图 8-27 所示。

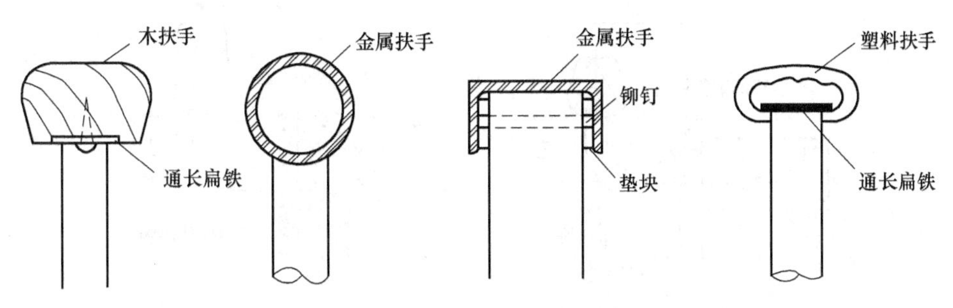

图 8-27 扶手的类型及连接

(2) 栏杆与梯段、平台的连接 栏杆竖杆与梯段、平台的连接一般有预埋钢板焊接、预留孔插接以及螺栓连接的方法，如图 8-28 所示。为了保护栏杆免受锈蚀并增强美观，常在竖杆下部装设套环，覆盖住栏杆与梯段或平台的接头处。

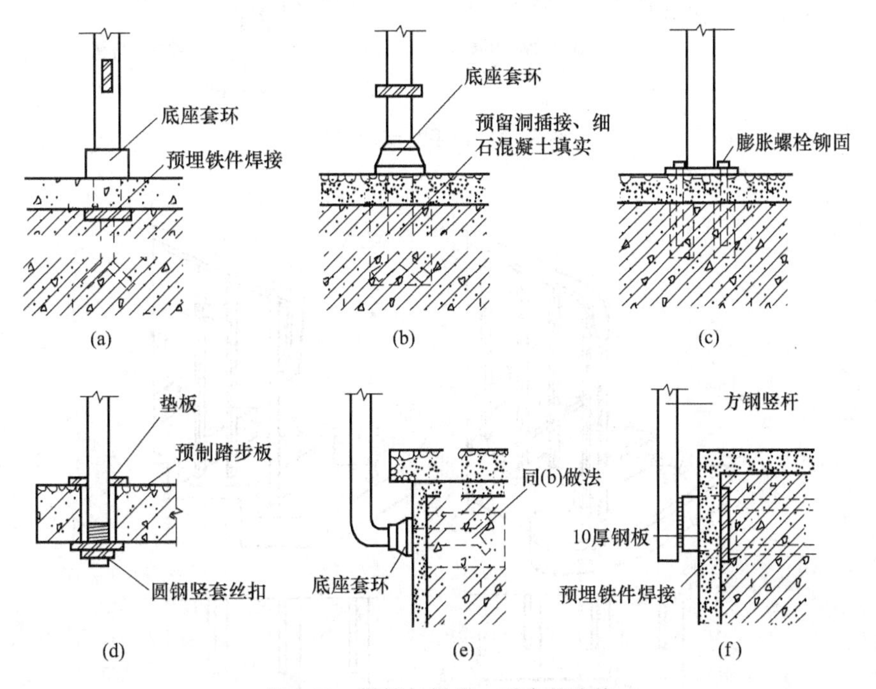

图 8-28 栏杆与梯段、平台的连接

(3) 扶手与墙体的连接 靠墙扶手通过连接件固定于墙上，并保证扶手与墙面保持 50mm 左右的净距离。一般在砖墙上预留洞口，将扶手连接杆件伸入洞内，用细石混凝土填实。当扶手与钢筋混凝土墙或柱连接时，多采用预埋钢板焊接，如图 8-29 (a) 所示。栏杆扶手结束处与墙、柱面的连接，可采用预埋钢板焊接或预留孔插接，如图 8-29 (b) 所示。

8.4.2.4 楼梯起步和梯段转折处栏杆扶手的处理

在底层第一跑梯段起步处，为增强栏杆的刚度和美观，应对第一级踏步和栏杆扶手进行处理，如图 8-30 所示。

在楼梯转折处，由于梯段间存在高差，为了保持栏杆高度一致和扶手的连续，需根据不同情况进行处理，如图 8-31 所示。

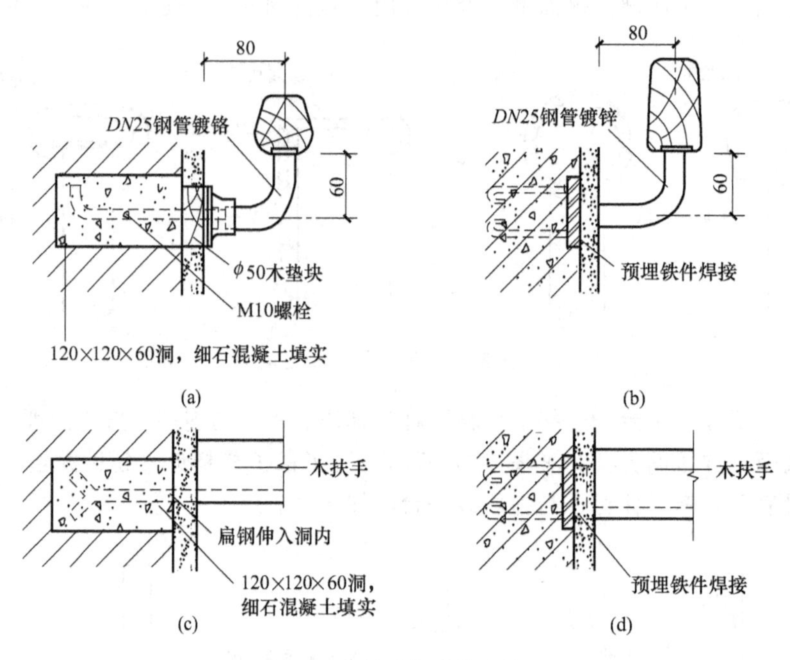

图 8-29　扶手与墙的连接

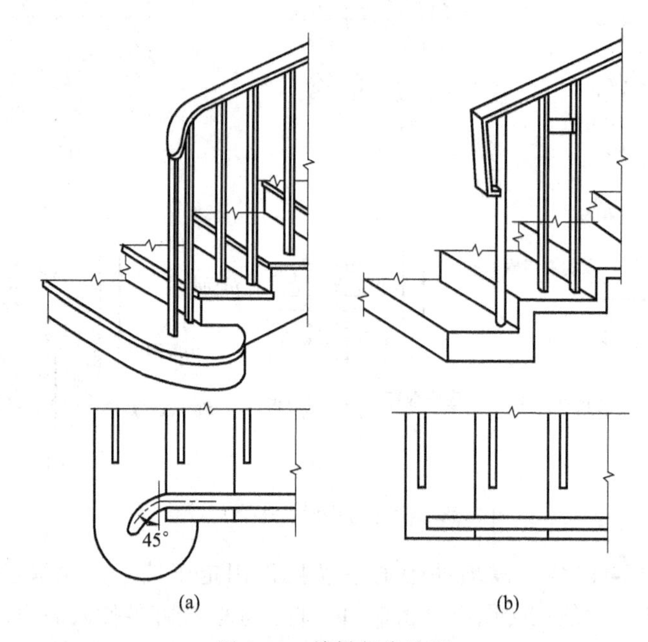

图 8-30　楼梯起步处理

当上下梯段齐步时，上下梯段的扶手在转折处同时向平台延伸半步，使两扶手高度相等，连接自然，如图 8-31（a）所示。

若扶手在转折处不伸入平台，下跑梯段扶手在转折处需上弯形成鹤颈扶手，因鹤颈扶手制作较麻烦，也可改用直线转折的硬连接方式，如图 8-31（b）、（c）所示。

当上下梯段错一步时，扶手在转折处不需向平台延伸即可自然连接，如图 8-31（d）所示。当长短跑梯段错开几步时，将出现一段水平栏杆，如图 8-31（f）所示。

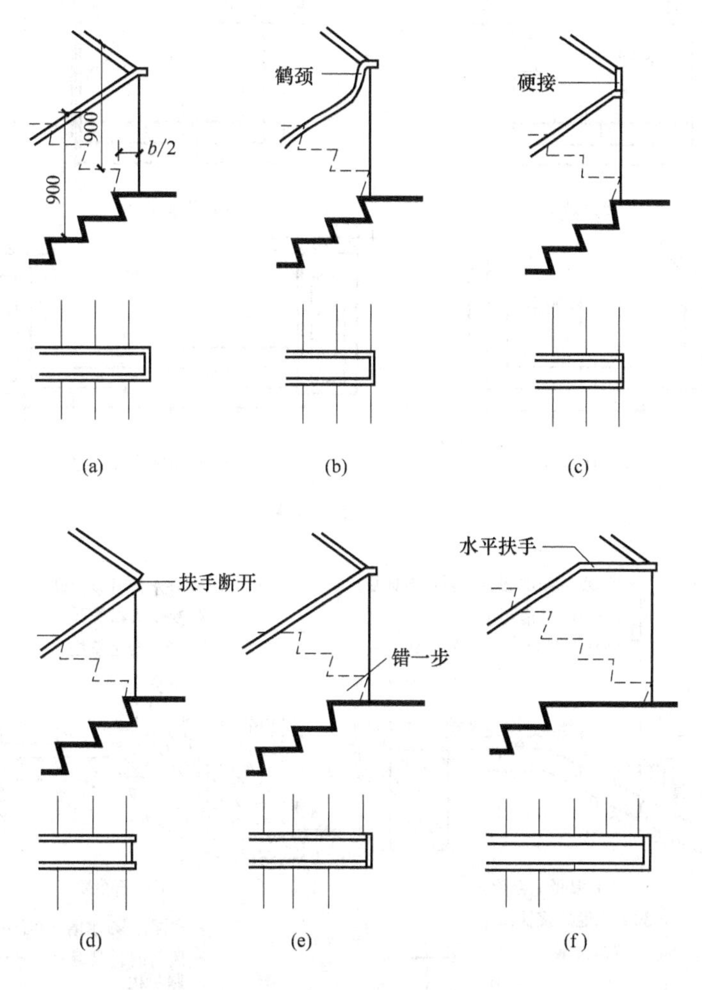

图 8-31　楼梯转折处栏杆扶手处理

8.5　室外台阶与坡道

8.5.1　台阶的形式与构造

8.5.1.1　台阶的形式

台阶由踏步和平台组成，其形式有单面踏步式、三面踏步式等，如图 8-32 所示。台阶坡度较楼梯平缓，每级踏步高为 120～150mm，踏面宽为 300～400mm。当台阶高度超过 1m 时，应有护栏设施。人流密集的场所台阶高度超过 0.7m 并侧面临空时，应有防护措施。

8.5.1.2　台阶构造

台阶构造与地坪构造相似，由面层和结构层构成。面层材料有水泥砂浆、陶瓷锦砖、剁假石和天然石料等。步数较少的台阶，其垫层做法与地面垫层做法类似，一般采用素土夯实后按台阶形状尺寸做 C10 混凝土垫层或砖、石垫层；步数较多或地基土质较差的台阶，可做成钢筋混凝土架空台阶；严寒地区的台阶还需要考虑地基冻胀土因素，一般采用砂石垫层换土至冰冻线以下，如图 8-33 所示。

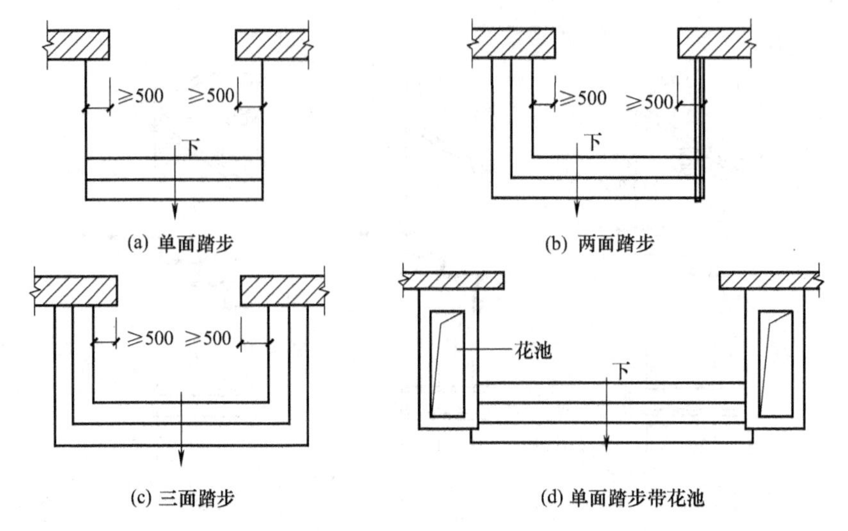

图 8-32 台阶的形式

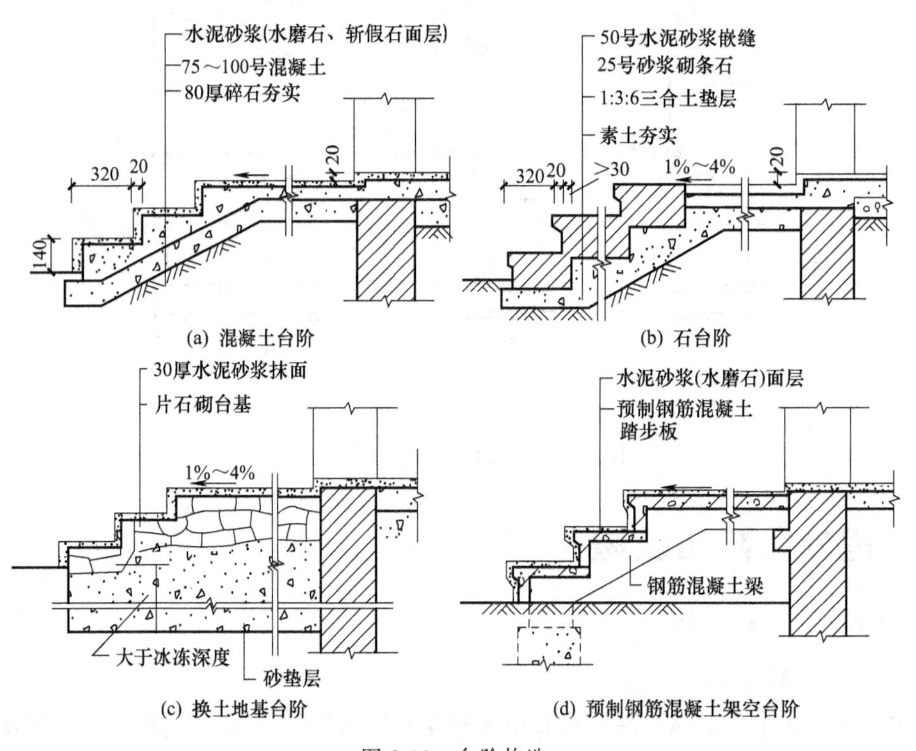

图 8-33 台阶构造

8.5.2 坡道

坡道多为单面坡形式，极少三面坡的，坡道坡度应以有利推车通行为佳，一般为1/10～1/8，室内坡道不宜大于 1/8，室外坡道不宜大于 1/10，供轮椅使用的坡道不应大于 1/12，困难地段不应大于 1/8。还有些大型公共建筑，为考虑汽车能在大门入口处通行，常采用台阶与坡道相结合的形式。

坡道材料常见的有混凝土或石块等，面层亦以水泥砂浆居多，对经常处于潮湿、坡度较陡或采用水磨石作面层的，在其表面必须作防滑处理，如图 8-34 所示。

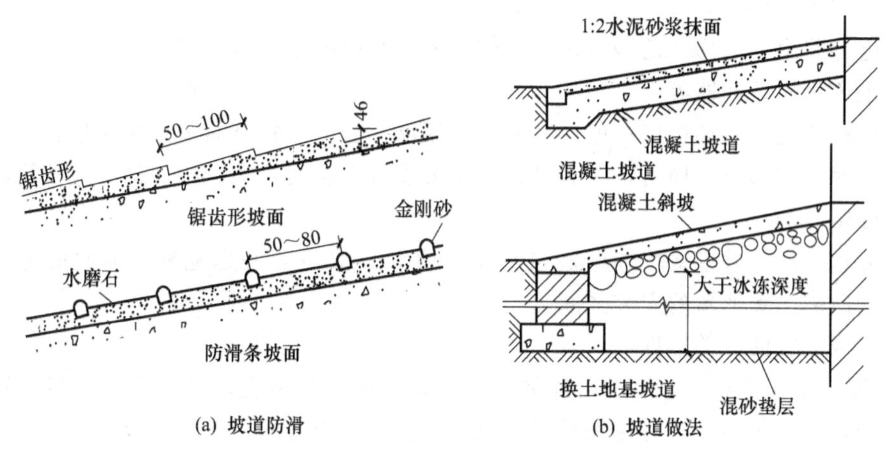

图 8-34　坡道构造

8.6　电梯与自动扶梯

8.6.1　电梯

8.6.1.1　电梯的类型

电梯的类型如图 8-35 所示。

（1）按使用性质分

① 客梯。主要用于人们在建筑物中的垂直联系。

② 货梯。主要用于运送货物及设备。

③ 消防电梯。用于发生火灾、爆炸等紧急情况下安全疏散人员和消防人员紧急救援。

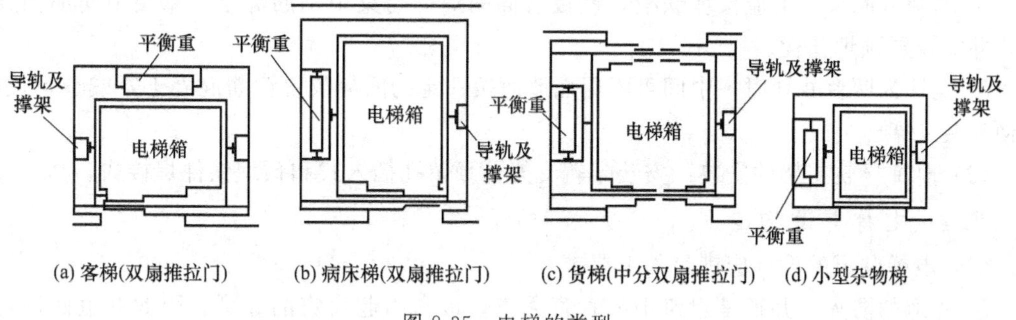

图 8-35　电梯的类型

（2）按电梯行驶速度分

① 高速电梯：速度大于 2m/s，梯速随层数增加而提高，消防电梯常用高速。

② 中速电梯：速度在 2m/s 之内，一般货梯按中速考虑。

③ 低速电梯：送食物电梯常用低速，速度在 1.5m/s 以内。

（3）其他分类　其他分类方法有按单台、双台分；按交流电梯、直流电梯分；按轿厢容量分；按电梯门开启方向分等。

（4）观光电梯　观光电梯是把竖向交通工具和登高流动观景相结合的电梯。透明的轿厢使电梯内外景观相互沟通。

8.6.1.2 电梯的组成

(1) 电梯井道 电梯井道是电梯运行的通道，井道内包括出入口、电梯轿厢、导轨、导轨撑架、平衡锤及缓冲器等。

(2) 电梯机房 电梯机房一般设在井道的顶部。机房和井道的平面相对位置允许机房任意向一个或两个相邻方向伸出，并满足机房有关设备安装的要求。机房楼板应按机器设备要求的部位预留孔洞。

(3) 井道地坑 井道地坑在最底层平面标高下≥1.4m，考虑电梯停靠时的冲力，作为轿厢下降时所需的缓冲器的安装空间。

(4) 组成电梯的有关部件

① 轿厢。是直接载人、运货的厢体。电梯轿厢应造型美观，经久耐用，当今轿厢采用金属框架结构，内部用光洁有色钢板壁面或有色有孔钢板壁面、花格钢板地面、荧光灯局部照明以及不锈钢操纵板等。入口处则采用钢材或坚硬铝材制成的电梯门槛。

② 井壁导轨和导轨支架。是支承、固定厢升降的轨道。

③ 牵引轮及其钢支架、钢丝绳、平衡锤、轿厢开关门、检修起重吊钩等。

④ 有关电器部件。包括交流电动机、直流电动机、控制柜、继电器、选层器、动力、照明、电源开关、厅外层数指示灯和厅外上下召唤盒开关等。

8.6.1.3 电梯与建筑物相关部位的构造

(1) 井道、机房建筑的一般要求

① 通向机房的通道和楼梯宽度不小于1.2m，楼梯坡度不大于45°。

② 机房楼板应平坦整洁，能承受6kPa的均布荷载。

③ 井道壁多为钢筋混凝土井壁或框架填充墙井壁。井道壁为钢筋混凝土时，应预留150mm见方、150mm深的孔洞，垂直中距2m，以便安装支架。

④ 框架（圈梁）上应预埋铁板，铁板后面的焊件与梁中钢筋焊牢，每层中间加圈梁一道，并需设置预埋铁板。

⑤ 电梯为两台并列时，中间可不用隔墙而按一定的间隔放置钢筋混凝土梁或型钢过梁，以便安装支架。

(2) 电梯导轨支架的安装 安装导轨支架分预留孔插入式和预埋铁件焊接式。

8.6.1.4 电梯井道构造

(1) 电梯井道的设计应满足如下要求。

① 井道的防火 井道是建筑中的垂直通道，极易引起火灾的蔓延，因此井道四周应为防火结构。井道壁一般采用现浇钢筋混凝土或框架填充墙井壁。同时当井道内超过两部电梯时，需用防火围护结构予以隔开。

② 井道的隔振与隔声。电梯运行时产生振动和噪声。一般在机房机座下设弹性垫层隔振，在机房与井道间设高1.5m左右的隔声层，如图8-36所示。

③ 井道的通风。为使井道内空气流通，火警时能迅速排除烟和热气，应在井道肩部和中部适当位置（高层时）及地坑等处设置不小于300mm×600mm的通风口，上部可以和排烟口结合，排烟口面积不小于井道面积的3.5%。通风口总面积的1/3应经常开启。通风管道可在井道顶板上或井道壁上直接通往室外。

④ 其他。地坑应注意防水、防潮处理，坑壁应设爬梯和检修灯槽。

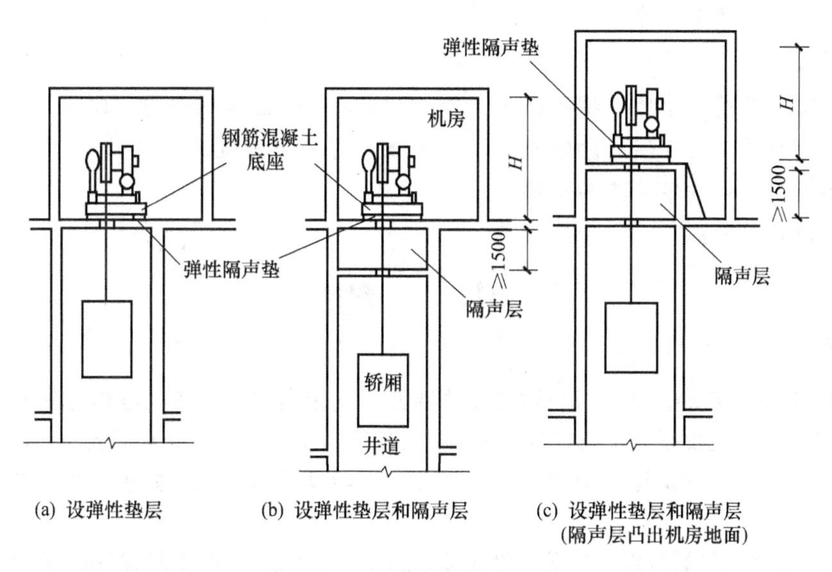

图 8-36　电梯机房隔声处理

（2）电梯井道细部构造　电梯井道的细部构造包括厅门的门套装修及厅门的牛腿处理、导轨撑架与井壁的固结处理等。

电梯井道可采用砖砌加钢筋混凝土圈梁，但大多为钢筋混凝土结构。井道各层的出入口即为电梯间的厅门，在出入口处的地面应向井道内挑出一牛腿。

由于厅门系人流或货流频繁经过的部位，故不仅要求做到坚固适用，而且还要满足一定的美观要求。具体的措施是在厅门洞口上部和两侧装上门套。门套装修可采用多种做法，如水泥砂浆抹面、贴水磨石板、大理石板以及硬木板或金属板贴面。除金属板为电梯厂定型产品外，其余材料均系现场制作或预制。

8.6.2　自动扶梯

自动扶梯适用于有大量人流上下的公共场所，如车站、超市、商场、地铁车站等。自动扶梯可正、逆两个方向运行，可作提升及下降使用，机器停转时可作普通楼梯使用。

自动扶梯是电动机械牵动梯段踏步连同栏杆扶手带一起运转，机房悬挂在楼板下面。

自动扶梯的坡道比较平缓，一般采用 30°，运行速度为 0.5～0.8m/s，宽度按输送能力有单人和双人两种。

楼梯构造设计任务书

依下列条件和要求，设计某住宅的钢笔混凝土平行双跑楼梯。

一、设计条件

该住宅为三层，层高为 3m，楼梯的开间为 2.7m，进深为 5.4m。底层设有住宅出入口，楼梯间四壁均为普通 240mm 砖墙承重结构。室内外高差 900mm。

二、设计要求

1. 根据以上条件，设计楼梯段宽度、长度、踏步数及高、宽尺寸。
2. 确定休息平台宽度。
3. 经济合理地选择结构支承方式。

4. 设计栏杆形状及尺寸。

三、图纸要求

1. 用一张2号图纸绘制楼梯间顶层、二层、底层平面图和剖面图，比例为1∶50。

2. 绘制1个节点大样图，比例为1∶5，反映楼梯各部构造。

3. 简要说明设计方案及其构造做法。

4. 全部用铅笔完成。

小　　结

1. 楼梯、电梯和自动扶梯是解决建筑物垂直交通的必要设施，在以电梯为主要垂直交通设备的建筑物中，楼梯仍然是必不可少的，其主要担任在紧急情况下的安全疏散任务。

2. 楼梯应具有足够的刚度、强度和整体稳定性，能满足紧急疏散要求，并考虑美观和造价问题。

3. 楼梯段是楼梯的重要组成部分，其坡度、踏步尺寸和细部构造对楼梯的使用功能有显著的影响。

4. 台阶与坡道主要应用于室外，应具有坚固、耐磨和抗冻能力。

5. 有高差处无障碍设计，主要解决残疾人在不同标高处的顺利通行问题，应得到足够的重视。

6. 电梯与自动扶梯对建筑设计影响较大，电梯与自动扶梯在建筑中的应用越来越广泛。

复习思考题

1. 简述楼梯的组成以及各部分的作用和要求。

2. 楼梯的设计要求是什么？

3. 常见的楼梯形式有哪些？

4. 楼梯平台下作通道时有何要求？ 当不能满足时可采取哪些方法予以解决？

5. 简述现浇钢筋混凝土楼梯的结构形式和特点。

6. 预制装配式钢筋混凝土楼梯的结构形式有哪些？

7. 楼梯栏杆与梯段是如何连接的？

8. 简述台阶与坡道的构造要点。

第 9 章　楼地层构造

本章提要

楼板的类型和组成;掌握常见楼板的构造特点及适用范围；掌握楼板的设计要求；现浇楼板的传力途径；预制楼板的布置及节点构造；地面的组成；地面的构造及使用特点；顶棚、阳台、雨篷的分类。

9.1　楼地层的构造组成、类型及设计要求

楼地层包括楼板层和地坪层，是水平方向分隔建筑空间的承重构件。楼板层是分隔上下楼层空间的水平承重构件，它把作用于其上面的各种荷载传递给承重的梁、柱或墙，同时对墙体起水平支撑和加强结构整体性的作用。地坪层是指建筑物底层室内地面与土壤相接触的构件，它分隔大地与底层空间，并且把作用于其上的各种荷载直接传递给地基。

9.1.1　楼地层的基本组成

9.1.1.1　楼板层的基本组成

根据楼板的功能要求，楼板由多层构造组成，通常楼板层由面层、结构层、附加层、顶棚四部分组成 [图 9-1 (a)]。

(1) 楼板面层　又称楼面或地面，起着保护楼板结构层、分布荷载、绝缘及装饰的作用。

(2) 楼板结构层　是楼板层的承重部分，将作用于其上的全部荷载传递给承重墙或柱，并对墙身起水平支撑作用。保证楼板的强度和刚度，结构层是楼板层中的核心层。

(3) 楼板附加层 又称功能层，主要用于满足隔声、防水、隔热、保温、防静电、防腐蚀等要求，根据需要，有时和面层合二为一，有时和吊顶合二为一。

(4) 楼板顶棚层　顶棚层是楼板层底面的构造部分，主要用于保护楼板、安装灯具、遮掩各种水平管线设备以及装修室内。

9.1.1.2　地坪层的基本组成

(1) 面层　其做法与楼板层的面层相同。起着承受重量、保护结构层或垫层、美化室内环境的作用。

(2) 垫层　地坪层中起承重作用的主要构造层，是基层和面层之间的填充层，其作用是找平和承重，垫层通常采用三合土、素混凝土、毛石等材料。

(3) 基层　直接支承垫层的土壤，也可称地基，一般采用素土夯实做法。

(4) 附加层 与楼板层一样，对有特殊要求的地层也增加一些特殊附加的构造层次，以满足使用功能要求，如防潮层、防水层、保温层等 [图 9-1 (b)]。

9.1.2　楼地层的类型

根据主要承重结构的材料不同，楼板层可分为木楼板、钢筋混凝土楼板、压型钢板式楼板（图 9-2)。

(1) 木楼板　木楼板自重轻，保温隔热性能好、舒适、有弹性，只在木材产地采用较

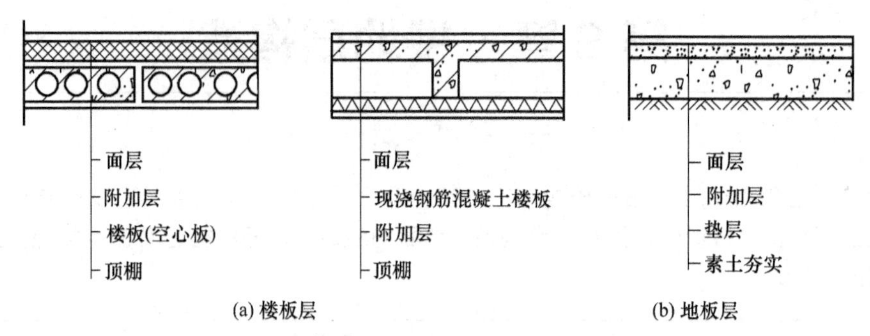

图 9-1　楼地层的组成

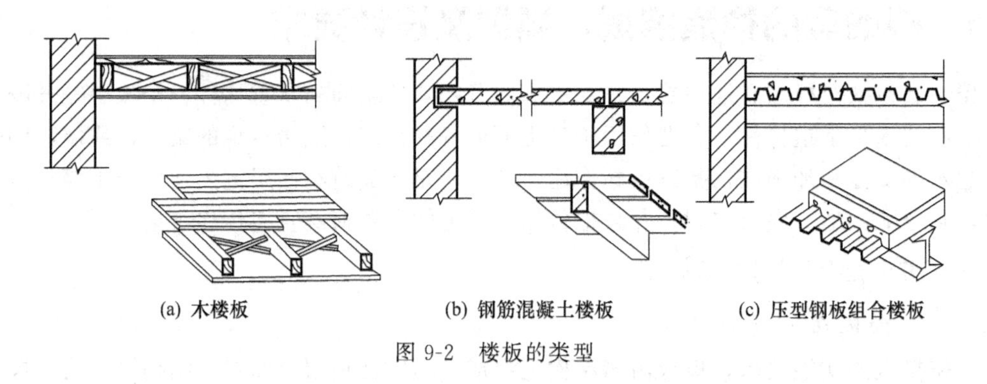

图 9-2　楼板的类型

多，但耐火性和耐久性均较差，且造价偏高，为节约木材和满足防火要求，现采用较少。

（2）钢筋混凝土楼板　强度高，刚度好，耐火性和耐久性好，还具有良好的可塑性，在我国便于工业化生产，应用最广泛。按其施工方法不同，可分为现浇式、装配式和装配整体式三种。

（3）压型钢板组合楼板　是在钢筋混凝土基础上发展起来的，利用钢衬板作为楼板的受弯构件和底模，既提高了楼板的强度和刚度，又加快了施工进度，是目前正大力推广的一种新型楼板。

9.1.3　楼板层的设计要求

（1）具有足够的强度和刚度　强度要求是指楼板层应保证在自重和活荷载作用下安全可靠，不发生任何破坏，这主要是通过结构设计来满足要求。

刚度要求是指楼板层在一定荷载作用下不发生过大变形，以保证正常使用状况。结构规范规定楼板的允许挠度不大于跨度的 1/250，可用板的最小厚度（$1/40L \sim 1/35L$）来保证其刚度。

（2）具有一定的隔声能力　不同使用性质的房间对隔声的要求不同，如我国对住宅楼板的隔声标准中规定：一级隔声标准为 65dB，二级隔声标准为 75dB 等。对一些特殊性质的房间隔声要求则更高。楼板主要是隔绝固体传声，如人的脚步声、拖动家具、敲击楼板等都属于固体传声，防止固体传声可采取以下措施：

① 在楼板表面铺设地毯、橡胶、塑料毡等柔性材料［图 9-3（a）］。

② 在楼板与面层之间加弹性垫层以降低楼板的振动［图 9-3（b）］。

③ 在楼板下加设吊顶，使固体噪声不直接传入下层空间，即“浮筑式楼板”［图 9-3（c）］。

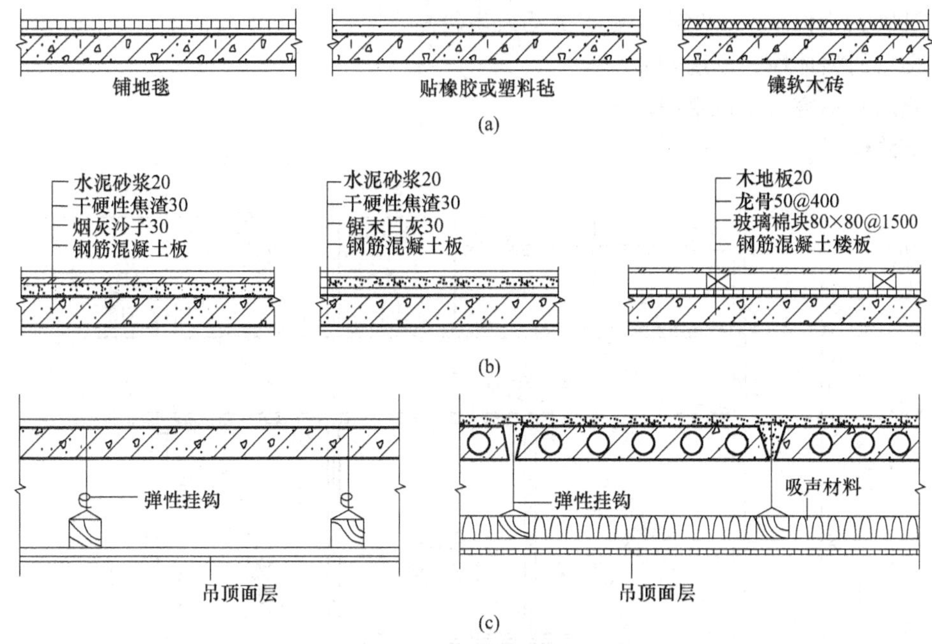

图 9-3　楼板隔声措施

(3) 安全性要求　楼地层必须具有足够的强度和刚度，以保证结构的安全。楼板层的变形应在允许的范围内，它是用相对挠度（即绝对挠度与跨度的比值）来衡量的。根据结构规范的要求：当为现浇楼板时，其相对挠度不应大于 $L/350 \sim L/250$；当为装配式楼板时，其相对挠度不应大于 $L/200$（L 为构件的跨度）。

(4) 使用功能要求　楼板层应满足防火、隔声、防水、保温、隔热、耐久等使用要求，同时便于在楼层和地层中敷设各种管线。

(5) 热工及防火要求　一般楼层和地层应有一定的蓄热性，即地面应有舒适的感觉。防火要求楼地层应根据建筑物的等级、对防火的要求等进行设计，建筑物的耐火等级对构件的耐火极限和燃烧性能有一定的要求。

(6) 防水、防潮要求　对于厨房、厕所、卫生间等一些地面潮湿、易积水房间，应处理好楼地层的防渗问题。

(7) 工业化大生产要求尺寸符合模数制要求，减少预制构件的规格和尺寸。

(8) 经济要求 一般楼地层占建筑物总造价的 20%～30%，选用楼板时应考虑就地取材和提高装配化的程度。

9.2 钢筋混凝土楼板

根据钢筋混凝土楼板的施工方法不同可分为现浇式、装配式和装配整体式三种。

9.2.1 装配式钢筋混凝土楼板

装配式钢筋混凝土楼板是指采用承重构件在工厂预制或在施工现场外预先制作，现场运到施工现场安装的钢筋混凝土楼板（图 9-4）。

为了实现建筑模数协调统一规范的要求，预制板的长度一般与房屋的开间或进深一致，为 3M 的倍数；同时，为了板的制作、吊装和运输方便以及有利于板的组合，板的宽度一般为 1M 的倍数；板的截面尺寸须经结构计算确定，其特点如下。

① 可以工业化生产，生产、施工劳动效率较高。

② 楼板的整体性、刚度较差。

③ 施工时不容易留设空洞。

④ 节约模板。

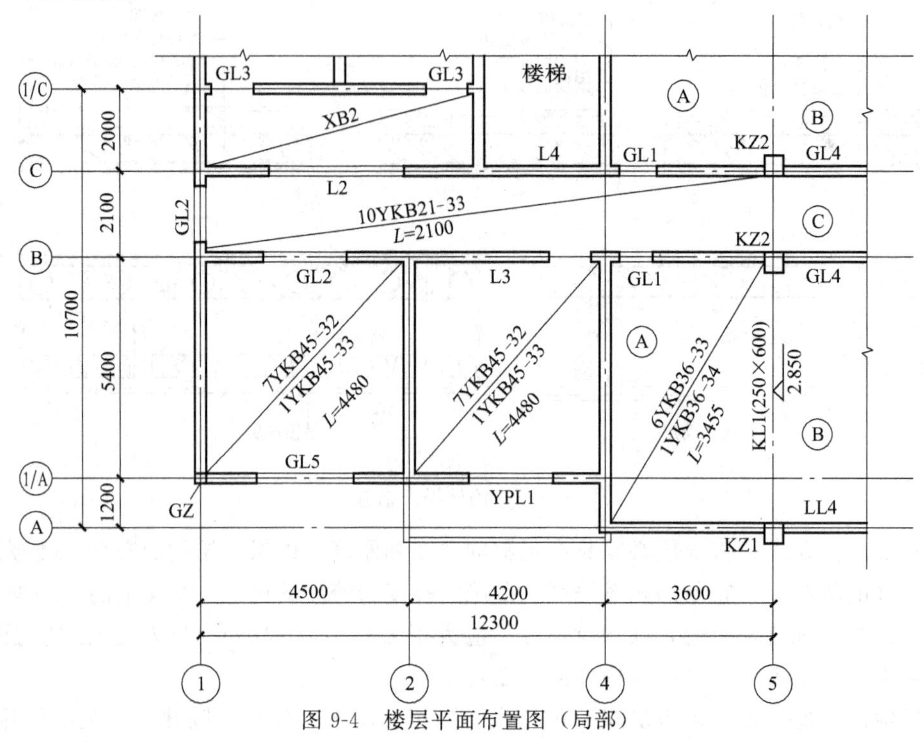

图 9-4　楼层平面布置图（局部）

9.2.1.1　预制板的类型

(1) 按施工方式不同划分　按施工方式不同，分为预应力预制板和非预应力预制板。

(2) 构造形式和受力特点不同划分　按构造形式和受力特点不同，分为实心平板、空心板、槽形板。

① 实心平板。预制实心平板制作简单，板面平整，两端搁置于墙或梁上。实心板的跨度一般在 2.4m 以下，板厚为跨度的 1/30，一般为 60～80mm，多用于过道和小跨度房间，亦可用做搁板或管道盖板等（图 9-5）。

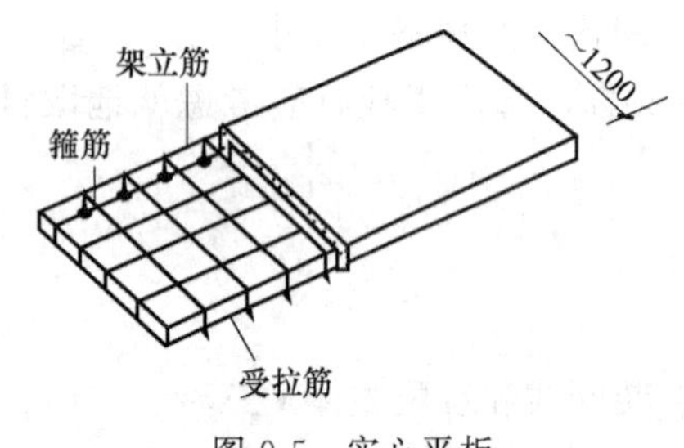

图 9-5　实心平板

② 槽形板。槽形板是一种梁板合一的构件，即在实心薄板两侧设有纵筋，构成槽形截面。槽形板具有自重轻、省材料、便于板上开洞等优点，板跨为 3.0～6.0m，板宽为 600～1500mm，板厚为 30～40mm，肋高为 120～240mm。槽形板的搁置有正置和倒置两种：正置板底不平，一般需要另作吊顶棚；倒置板底平整，但需要作面板，槽内可置轻质隔声、保温材料（图 9-6、图 9-7）。

③ 空心板，空心板板面平整，板腹抽孔。与实心板相比，空心板具有经济、隔声、隔热、刚度好等特点。空心板的跨度一般在 2.7～7.2m 不等，板厚与板跨有关，一般跨度在 4.2m 及以下时，板厚 120mm；跨度在 4.2m 以上时，板厚 180mm。

空心板也是一种梁板结合的预制构件，其结构计算理论与槽形板相似，两者的材料消耗也相近，但空心板上下板面平整，且隔声效果优于槽形板，因此是目前广泛采用的一种形式（图 9-8）。

目前所使用的空心板多为预应力板，板的支承端的两端孔内常以专制的填块、砖块堵塞，避免安装灌缝时混凝土流入孔内，并保证在板端支座处不被压坏。

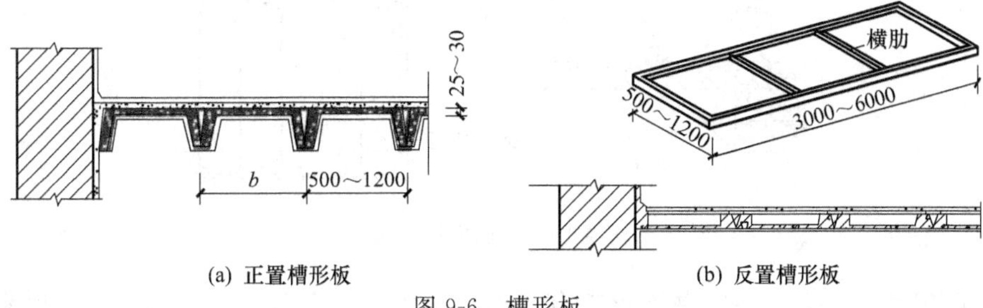

(a) 正置槽形板　　(b) 反置槽形板

图 9-6　槽形板

图 9-7　槽形板示意图

图 9-8　空心板示意图

9.2.1.2　楼板的结构布置

（1）板的布置方式　根据空间的开间、进深尺寸来确定楼板的布置方案。

通常板有搭于墙上（板式支撑）和板搭于梁上（梁板式支撑）两种布置方法，前者多用于横墙间距较小的宿舍、住宅等建筑中，后者则多用于教学楼、办公楼等开间、进深都较大的建筑中（图 9-9）。

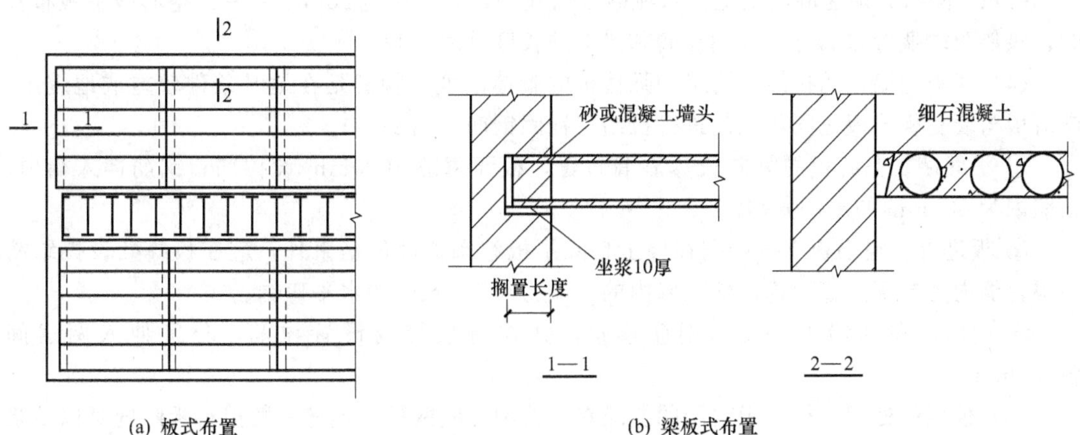

(a) 板式布置　　(b) 梁板式布置

图 9-9　板的布置方式

布置楼板时应遵循板的规格尽量少，宜优先选用宽度较大的板，避免出现三面支撑（图9-10）。

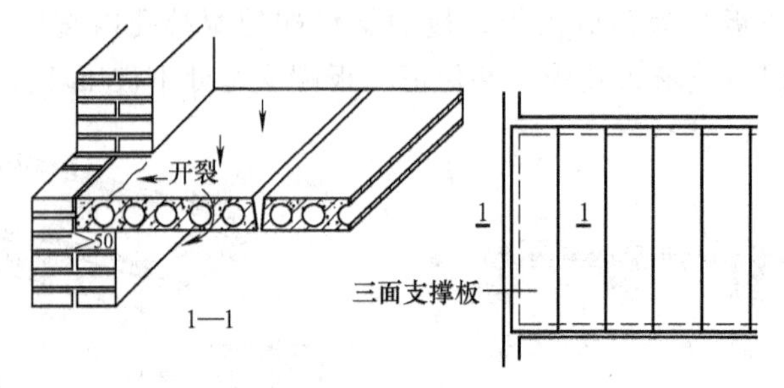

图 9-10　三面支撑的板

（2）梁的断面形式　梁的截面形式有矩形、T 形、十字形、花篮形等。矩形截面梁外形简单，制作方便，T 形截面梁较矩形截面梁自重轻；采用十字形或花篮形梁可减少楼板所占的空间高度（图 9-11、图 9-12）。通常，梁的跨度尺寸为 5～8m 较为经济。

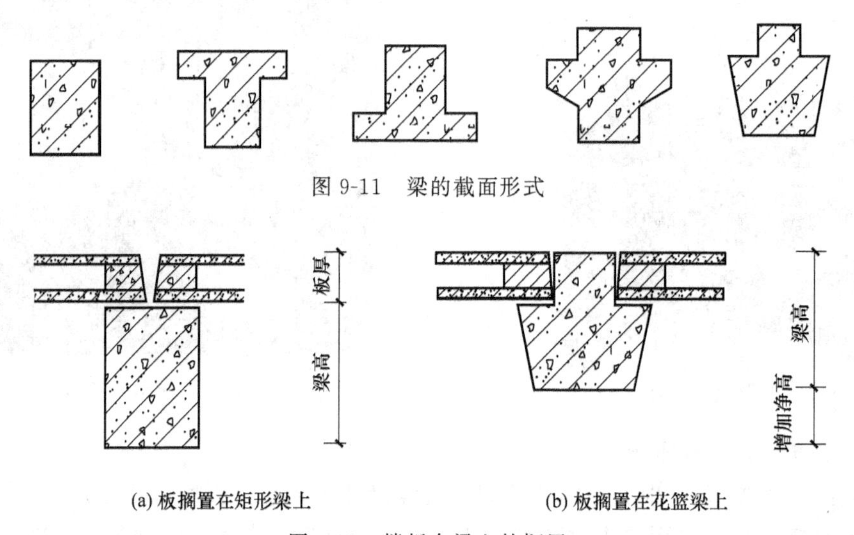

图 9-11　梁的截面形式

(a) 板搁置在矩形梁上　(b) 板搁置在花篮梁上

图 9-12　楼板在梁上的搁置

（3）板的搁置　板在墙上的搁置宽度一般不应小于 100mm，在梁上的搁置宽度不应小于 80mm，同时必须在墙或梁上铺水泥砂浆以找平，找平厚度 20mm 左右。空心板平板布置时，只能两端搁置在墙上。板搁在墙和梁上的长度见表 9-13。

（4）楼板与墙体的拉结　为了加强楼板的整体刚度，特别是在地基条件较差或地震区，应对板与墙、板与板之间用钢筋进行拉结，锚固钢筋（图 9-14）。

① 板靠墙。空心板的纵向长边靠墙布置，板面每隔 1000mm 设拉筋，钢筋伸入墙内，在墙内为 300mm 的水平弯钩。

② 板进墙。空心板支承端搁在墙上，除了板端搁置部位坐浆外，应在板缝处设拉结筋一根，缝内为向下的直弯钩，伸入墙内的一端为长 300mm 的水平弯钩。

③ 内墙。在内墙上，板端钢筋连接，并在每板缝内设置拉筋，分别伸入两房间各 500mm。

（5）板缝的处理　板与板之间的缝隙有端缝和侧缝两种，端缝一般需将板缝内灌以砂浆或细石混凝土，使相互连接。为增强建筑物抗水平力的能力，可将板端甩出的钢筋交错搭接

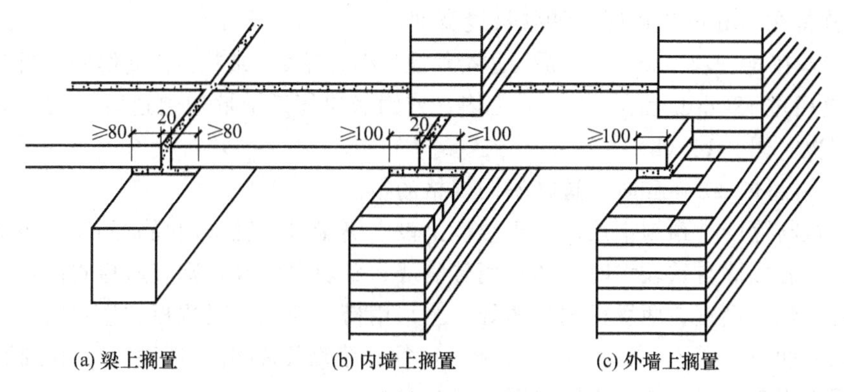

图 9-13　板搁在墙和梁上的长度

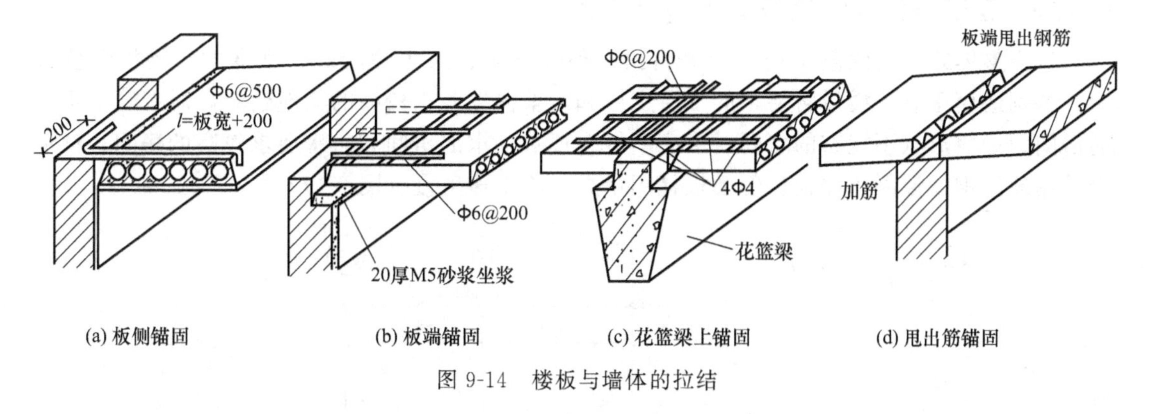

图 9-14　楼板与墙体的拉结

在一起，或加钢筋网片，然后在板缝内灌细石混凝土［图 9-14（d)］。侧缝一般有 V 形缝、U 形缝和凹槽缝三种形式（图 9-15)。缝内灌水泥砂浆或细石混凝土，其中凹槽缝板的受力状态较好，但灌缝较困难，常见的为 V 形缝。

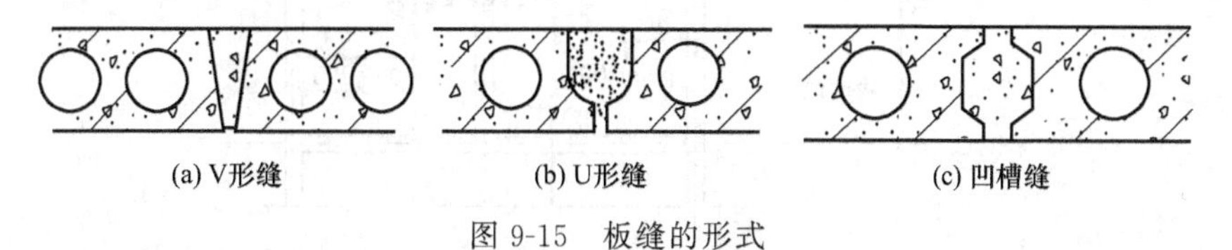

图 9-15　板缝的形式

在排板过程中，当板的横向尺寸与房间平面尺寸出现差额（这个差额称为板缝差）时，可采用以下办法：

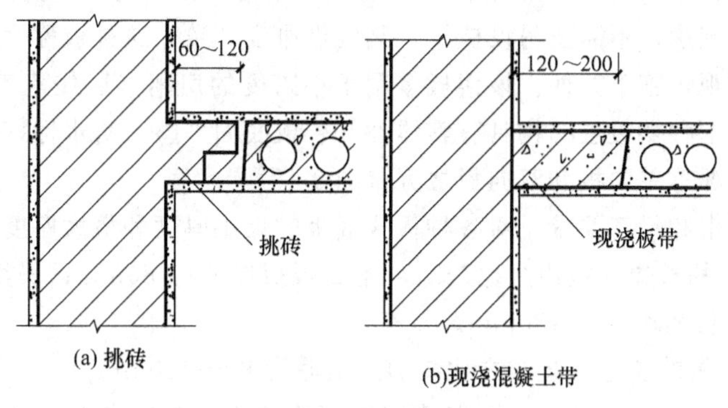

图 9-16　板缝处理

① 当缝差在 60mm 以内时，调整板缝宽度。

② 当缝差在 60～120mm 时，可沿墙边配筋灌注细石混凝土或挑两皮砖解决［图 9-16（a）］。

③ 缝差超过 120mm 且在 200mm 之内，或因竖向管道沿墙边通过时，则用局部现浇板带的办法解决［图 9-16（b）］。

④ 当缝差超过 200mm 时，选择不同规格的板。

（6）楼板与隔墙　预制钢筋混凝土楼板上设立隔墙时，宜采用轻质隔墙，可搁置在楼板的任何位置。若隔墙自重较大时，如采用砖隔墙、砌块隔墙等，则应避免将隔墙搁置在一块板上，通常将隔墙设置在两块板的接缝处。当采用槽形板或小梁搁板的楼板时，隔墙可直接搁置在板的纵肋或小梁上；当采用空心板时，须在隔墙下的板缝处现浇 C20 细石混凝土形成钢筋混凝土板带或梁来支承隔墙（图 9-17）。

9.2.2 现浇整体式钢筋混凝土楼板板式

现浇整体式钢筋混凝土楼板成型自由、整体性好、防水性能好、刚度大、梁板布置灵活，特别适用于有抗震设防要求的多层房屋和对整体性要求较高的其他建筑，对有管道穿过的房间、平面形状不规整的房间、尺度不符合模数要求的房间和防水要求较高的房间，都适合采用现浇钢筋混凝土楼板。但模板耗用量大，施工速度慢（图 9-17）

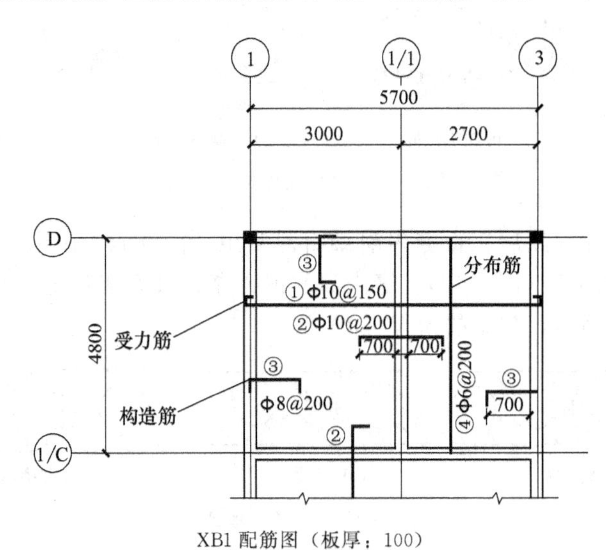

XB1 配筋图（板厚：100）

图 9-17　分离式配筋（平面画法）

（1）平板式楼板　在墙承重的房间，当房间较小时，楼面荷载可直接通过楼板传给墙，板的四边由承重墙支承，不需要另设柱子，其楼板厚度一致，这种板称为平板式楼板，其特点为板底平整、美观，施工方便。该楼板多用于小跨度的房间（居住建筑中的居室、厨房、卫生间）或走廊。这种楼板层结构具有整体性好、板底面平整、防水性好等特点。楼板依其受力特点和支承情况有单向板和双向板之分（图 9-18）。

为满足施工要求和经济要求，对各种板式楼板的最小厚度和最大厚度，一般规定如下：

① 单向板（板的长边与短边之比＞2），屋面板板厚 60～80mm；民用建筑楼板厚 70～100mm；工业建筑楼板厚 80～180mm。

② 双向板时（板的长边与短边之比≤2），板厚为 80～160mm。

此外，板的支承长度规定：当板支承在砖石墙体上，其支承长度不小于 120mm 或板

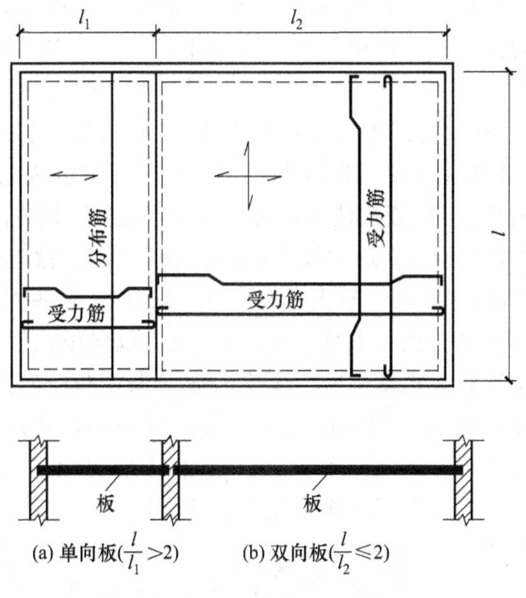

图 9-18　单向板和双向板

厚；当板支承在钢筋混凝土梁上时，其支承长度不小于 60mm；当板支承在钢梁或钢屋架上时，其支承长度不小于 50mm。

(2) 梁板式楼板　当房间或柱距尺寸较大时，要设置梁作为板的中间支点来减小板的跨度，以免板厚过大。这时作用于楼板上的荷载传递方式为板传递给梁，再由梁传递给承重墙或柱。根据梁的布置及尺寸等不同，有以下几种形式的梁板式楼板层。

① 主次梁楼板。主次梁楼板由板、主梁、次梁、柱子组成。传力途径为荷载→板→次梁→主梁→墙或柱。主梁沿房间的短跨方向布置，置于承重墙或柱上，次梁置于主梁上，板置于次梁上，梁板柱整浇在一起。该结构常用于面积较大的有柱空间中（图 9-19）。

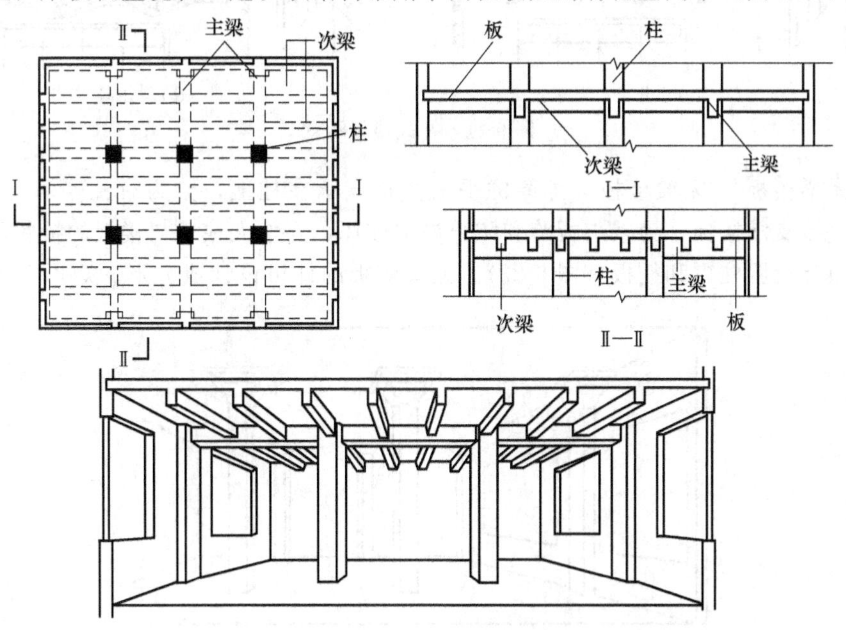

图 9-19　主次梁楼板布置

主次梁楼板是最常见的楼板形式之一，当板为单向板时，称为单向板肋梁楼板，当板为双向板时，称为双向板肋梁楼板。次梁与主梁一般垂直相交。其主次梁布置对建筑的使用、造价和美观等有很大影响。

主梁的经济跨度为5～8m，主梁高为主梁跨度的1/14～1/8，主梁宽为高的1/3～1/2；次梁的经济跨度为4～6m，次梁高为次梁跨度的1/18～1/12，宽度为梁高的1/3～1/2，次梁跨度即为主梁间距；板的厚度确定同板式楼板，由于板的混凝土用量约占整个肋梁楼板混凝土用量的50%～70%，因此板宜取薄些；通常板跨不大于3m，其经济跨度为1.7～2.5m。

② 井式楼板。当房间的平面尺寸较大（跨度在10m以上）并接近正方形时，常沿两个方向布置等距离、等截面高度的梁（不分主次梁），板为双向板，形成井格式梁板结构形式。井格的布置形式可有正交正放、正交斜放、斜交斜放。纵梁和横梁同时承担着由板传递下来的荷载。井式楼板的跨度一般为6～10m，板厚为70～80mm，井格边长一般在2.5m之内。梁与墙之间成正交梁系的为正井式［图9-20（a）］；长方形房间梁与墙之间常作斜向布置形成斜井式［图9-20（b）、（c）］。井式楼板如图9-21所示。

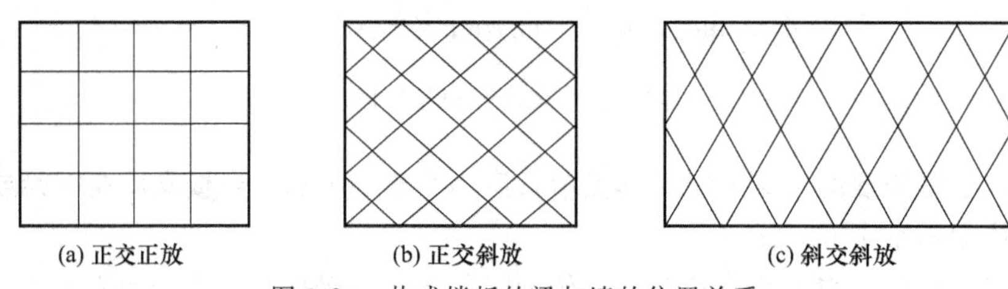

图9-20　井式楼板的梁与墙的位置关系

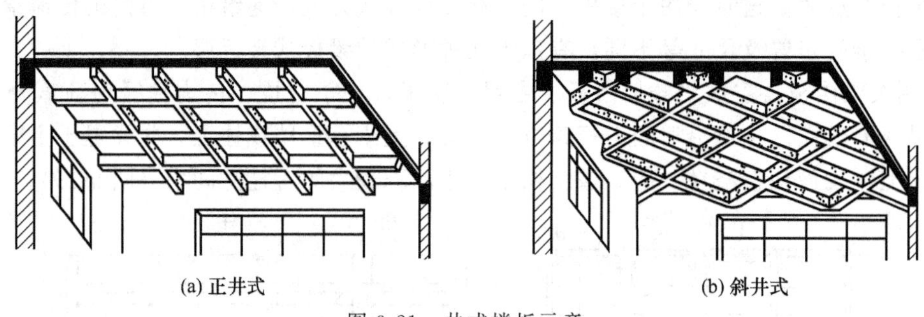

图9-21　井式楼板示意

（3）无梁楼板　无梁楼板为等厚的平板直接支承在柱上，分为有柱帽和无柱帽两种。由于柱子直接支承楼板，为减小板跨和防止局部破坏，要增大柱子与楼板的接触面积，通常要在柱的顶部设置柱帽和托板（图9-22）。无梁楼板的柱可设计成方形、矩形、多边形或圆

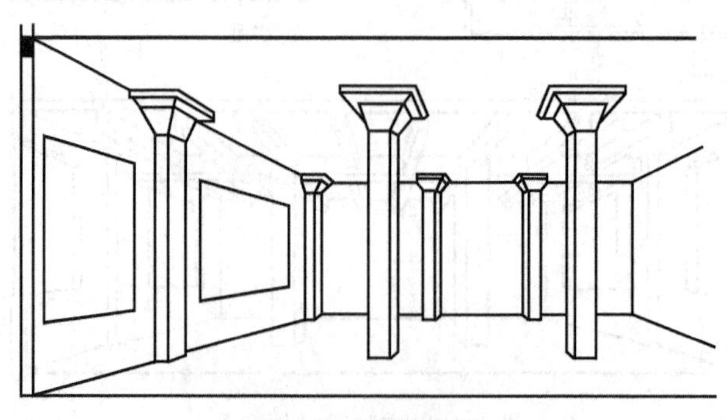
图9-22　无梁楼板

形，板的最小厚度不小于 150mm 且不小于板跨的 1/35～1/32。其柱网布置为正方形或矩形，间跨一般不超过 6m。无梁楼板的四周应设圈梁，梁高不小于 2.5 倍的板厚和 1/15 的板跨。

这种楼板结构天棚平整，室内净高大，采光通风好，通常用于商场、仓库、展厅等大型空间中。

(4) 压型钢板式楼板　压型钢板式楼板是一种钢与混凝土组合的楼板（图 9-23）。做法是用截面为凹凸相间的压型薄钢板作底衬模板（与钢梁有抗剪栓钉连接），与现浇钢筋混凝土浇筑在一起支承在工字型钢梁上，构成整体性很强的楼板支承结构。压型钢板式楼板多用于大空间、高层民用建筑及大跨工业厂房。

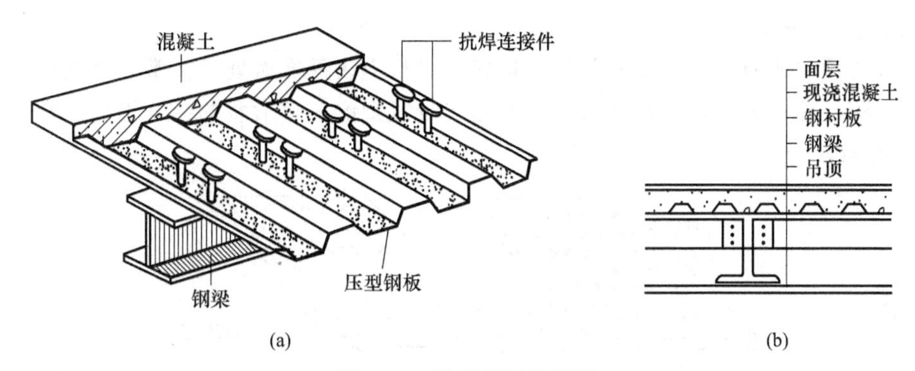

图 9-23　压型钢板式楼板

9.2.3 装配整体式钢筋混凝土楼板

随着在高层建筑和大开间建筑中对建筑物整体性要求的提高，除采用现浇钢筋混凝土楼板外，常采用在预制板上现浇叠合层的办法来提高楼板的刚度。

装配整体式钢筋混凝土楼板是采用部分预制构件，通过现浇混凝土的办法使其连成一体的楼板结构。预制部分可采用陶土空心砖、加气混凝土块以及炉渣、粉煤灰等工业废料制成的块材。填充块一般尺寸较小，摆放时块与块之间拉开间距，其缝间配置钢筋，浇注混凝土后形成小肋梁，因而楼板多呈单向或双向密肋形结构。

它兼具现浇和预制的双重特点，具有整体性强和节约模板的优点。预制板一般为预应力薄板，它既是永久性模板，又能与上部的现浇层共同工作。预制板底面平整，可直接做各种顶棚装修。因此，薄板具有结构、模板、装修三方面的功能。现浇叠合层厚度一般为 100～120mm。

常见做法有密肋填充式楼板和叠合式楼板。

(1) 密肋填充式楼板　密肋填充式楼板是指在填充块间现浇钢筋混凝土密肋小梁和面层而形成的楼板层，也有采用在预制倒 T 形小梁上现浇钢筋混凝土楼板的做法（图 9-24）。填

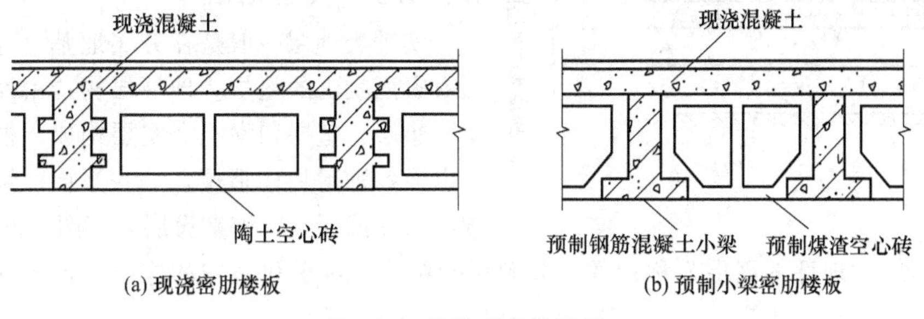

图 9-24　密肋填充块楼板

充块有空心砖、轻质混凝土块等。这种楼板能够充分利用不同材料的性能，能适应不同跨度，并有利于节约模板。缺点是结构厚度偏大。

（2）叠合式楼板　现浇钢筋混凝土楼板需要消耗大量模板，很不经济。为解决这些矛盾，便出现了预制薄板与现浇混凝土面层叠合而成的装配整体式楼板，或称预制薄板叠合式楼板。可分为普通钢筋混凝土薄板和预应力混凝土薄板两种。

叠合式楼板形式中普通钢筋混凝土薄板既是永久性模板承受施工荷载，也是整个楼板结构的一个组成部分。

叠合楼板跨度一般为 4～6m，最大可达 9m，以 5.4m 内较为经济。预应力薄板厚 50～70mm，板宽 1.1～1.8m。

为了保证预制薄板与叠合层有较好的连接，薄板上表面需做处理，常见有两种：一种是在表面做刻槽处理；另一种是在薄板上表面露出较规则的三角形状的结合钢筋。叠合式楼板如图 9-25 所示。

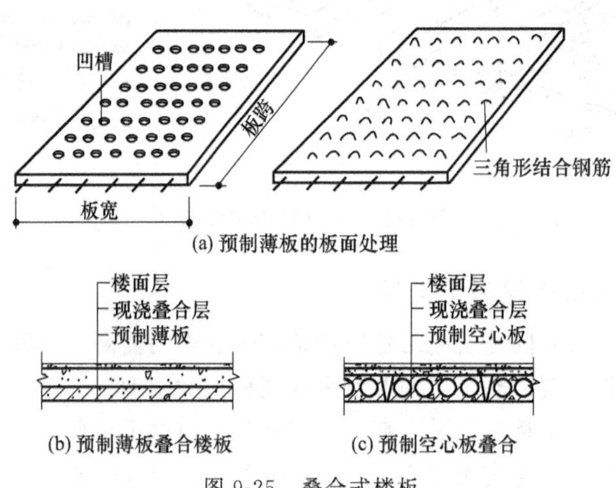

(a) 预制薄板的板面处理

(b) 预制薄板叠合楼板　(c) 预制空心板叠合

图 9-25　叠合式楼板

9.3 地坪层构造

9.3.1 地坪层构造

地坪层指建筑物底层房间与土层的交接处。所起作用是承受地坪上的荷载，并均匀地传给地坪以下土层。按地坪层与土层间的关系不同，可分为实铺地层和空铺地层两类。

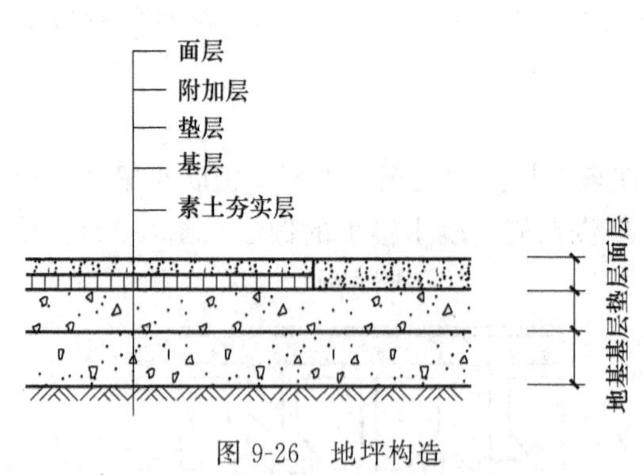

图 9-26　地坪构造

9.3.1.1　实铺地层

实铺类地层一般是在夯实地基上直接做三合土或素混凝土的垫层。地坪层构造由面层、附加层、垫层、基层和素土夯实层构成。根据需要还可以设各种附加构造层，如找平层、结合层、防潮层、保温层、管道敷设层等（图 9-26）。

（1）面层　地坪的面层又称地面，起着保护结构层和美化室内的作用。地面的做法和楼面相同。

（2）附加层　附加层主要应满足某些有特殊使用要求而设置的一些构造层次，如防水层、防潮层、保温层、隔热层、隔声层和管道敷设层等。

（3）垫层　垫层是基层和面层之间的填充层，其作用是承重传力，一般采用80～100mm的C10混凝土或70～120mm厚的三合土（石灰、炉渣、碎石）。

垫层材料分为刚性和柔性两大类：刚性垫层如混凝土、碎砖三合土等，有足够的整体刚度，受力后不产生塑性变形，多用于整体面和小块块料地面。

柔性垫层如砂、碎石、炉渣等松散材料，无整体刚度，受力后产生塑性变形，多用于块料地面。

（4）基层　一般为原土层或填土分层夯实。当上部荷载较大时，增设2∶8灰土100～150mm厚，或碎砖、道渣三合土100～150mm。

9.3.1.2　空铺地层

为防止房屋底层房间受潮或满足某些特殊使用要求（如舞台、体育训练、比赛场等的地层需要有较好的弹性）将地层架空形成空铺地层（图9-27）。

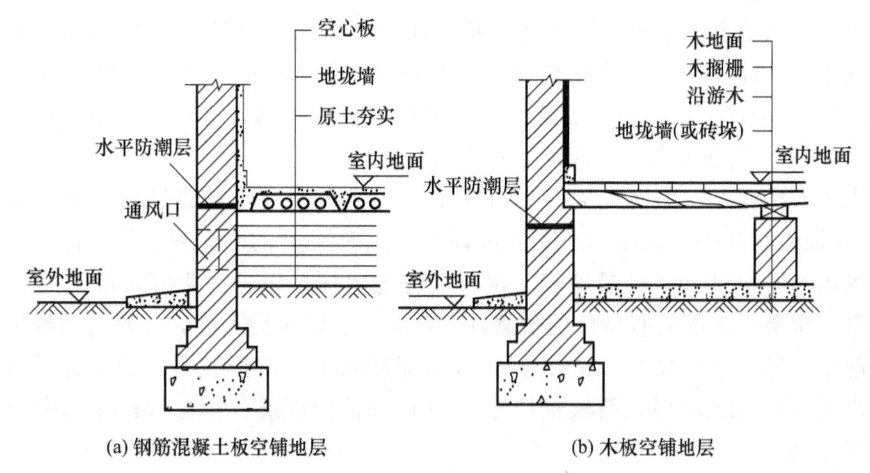

图9-27　空铺地层构造

9.3.2　对地面的要求

（1）具有足够的坚固性　即要求在各种外力作用下不易被磨损、破坏，且要求表面平整、光洁、易清洁和不起灰。

（2）保温性能好　作为人们经常接触的地面，应给人以温暖舒适的感觉，保证寒冷季节脚部舒适。

（3）具有一定的弹性　当人们行走时不致有过硬的感觉，同时有弹性的地面对减弱撞击声亦有利。

（4）满足隔声要求　隔声要求主要是针对楼地面，可通过选择楼地面垫层的厚度与材料类型来达到。

（5）其他要求　对有水作用的房间，地面应防潮防水；对有火灾隐患的房间，应防火耐燃烧；对有酸碱作用的房间，则要求具有耐腐蚀的能力等。

9.3.3　地面的类型

按面层所用材料和施工方式不同，常见地面做法可分为以下几类。

① 整体地面：水泥砂浆地面、细石混凝土地面、水泥石屑地面、水磨石地面等。

② 块材地面：砖铺地面、面砖、缸砖及陶瓷锦砖地面等。

③ 塑料地面：聚氯乙烯塑料地面。

④ 木地面：常采用条木地面和拼花木地面。

⑤ 涂料地面。

9.3.4 地面的构造

9.3.4.1 整体地面

整体地面包括水泥砂浆地面、水泥石屑地面、水磨石地面等现浇地面。

(1) 水泥砂浆地面　水泥砂浆地面构造简单、坚固、能防潮防水而造价又较低。但水泥地面蓄热系数大，冬天感觉冷，而且表面起灰，不易清洁。水泥砂浆地面通常有单层和双层两种做法。

单层做法只抹一层20～25mm厚1∶2或1∶2.5水泥砂浆；双层做法是增加一层10～20mm厚1∶3水泥砂浆找平，表面再抹5～10mm厚1∶2水泥砂浆抹平压光。

(2) 水泥石屑地面　水泥石屑地面是将水泥砂浆里的中粗砂换成3～6mm的石屑，或称豆石或瓜米石地面。在垫层或结构层上直接做1∶2水泥石屑25mm厚，水灰比不大于0.4，刮平拍实，碾压多遍，出浆后抹光。这种地面表面光洁，不起尘，易清洁，造价是水磨石地面的50%，但强度高，性能近似水磨石。

(3) 水磨石地面　水磨石地面一般分两层施工。在刚性垫层或结构层上用10～20mm厚的1∶3水泥砂浆找平，面铺10～15mm厚1∶(1.5～2)的水泥白石子，待面层达到一定强度后加水用磨石机磨光、打蜡即成。水泥为普通水泥，石子为中等强度的方解石、大理石、白云石。水磨石地面具有良好的耐磨性、耐久性、防水防火性，并具有质地美观、表面光洁、不起尘、易清洁等优点。底层为1∶3水泥砂浆18mm厚找平，面层为[(1∶1.5)～(1∶2)]水泥石碴12mm厚，石碴粒径为8～10mm，分格条一般高10mm，用1∶1水泥砂浆固定(图9-28)。

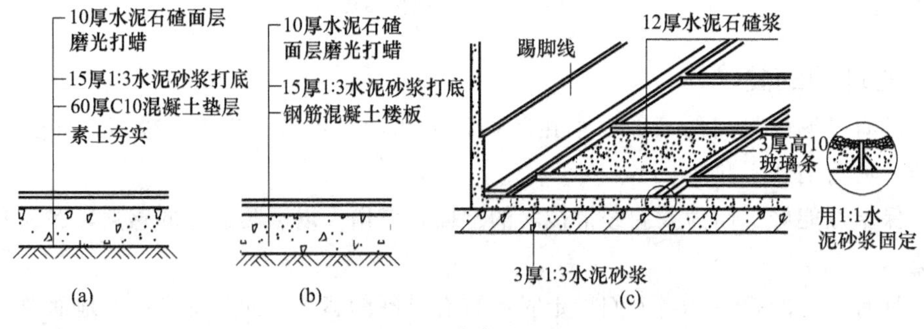

图9-28　水磨石地面

9.3.4.2 块料地面

块料地面是把地面材料加工成块(板)状，然后借助胶结材料贴或铺砌在结构层上，常用胶结材料有水泥砂浆、油膏、细砂、沥青玛瑞脂等。

(1) 砖铺地面　砖铺地面有黏土砖地面、水泥制品块地面、预制混凝土块等。铺设方式有两种：干铺和湿铺。干铺是在基层上铺一层20～40mm厚的砂子，将砖块等直接铺设在砂上，板块间用砂或砂浆填缝。湿铺是在基层上铺1∶3水泥砂浆12～20mm厚，用1∶1水泥砂浆灌缝。黏土砖地面用普通标准砖，有平砌和侧砌两种。水泥制品块地面（图 9-29）常用的有水泥砂浆砖、水磨石块、预制混凝土块。水泥制品块与基层黏结有两种方式，当预制块尺寸较大且较厚时，常在板下干铺一层 20～40mm 厚的细砂或细炉渣，待校正后，板缝用砂浆嵌填。城市人行道常按此方法施工。当预制块小而薄时，则采用12～20mm 厚的 1∶3 水泥砂浆做结合层，铺好后再用 1∶1 水泥砂浆嵌缝。砖铺地面适用于要求不高或庭园小道等处。

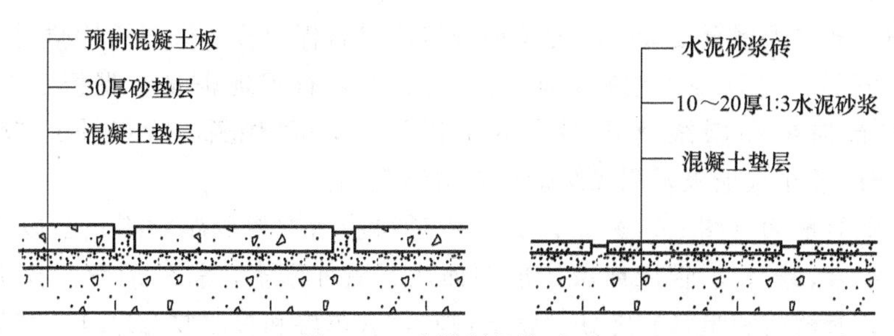

图 9-29　水泥制品块地面

（2）缸砖、地面砖及陶瓷锦砖地面　缸砖是陶土加矿物颜料烧制而成的一种无釉砖块，主要有红棕色和深米黄色两种，缸砖质地细密坚硬，强度较高，耐磨、耐水、耐油、耐酸碱，易于清洁不起灰，施工简单，因此广泛应用于卫生间、盥洗室、浴室、厨房、实验室及有腐蚀性液体的房间地面；尺寸为正方形 100mm×100mm/150mm×150mm，厚为 10～19mm，也有六边形、八边形。缸砖及陶瓷砖地面见图 9-30。

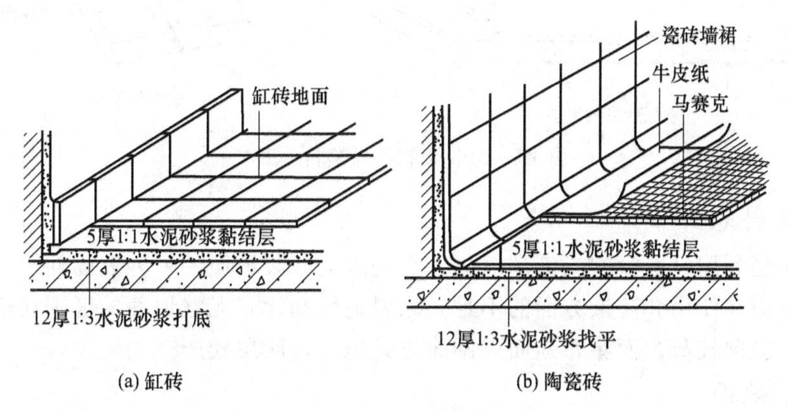

(a) 缸砖　　(b) 陶瓷砖

图 9-30　缸砖及陶瓷砖地面

地面砖的各项性能都优于缸砖，且色彩图案丰富，装饰效果好，造价也较高，多用于装修标准较高的建筑物地面。

陶瓷锦砖又称马赛克，是以优质瓷土烧制而成的小尺寸瓷砖，其特点与面砖相似。陶瓷锦砖质地坚硬，经久耐用，色泽多样，耐磨、防水、耐腐蚀、易清洁，适用于有水、有腐蚀的地面。做法类同缸砖，后用滚筒压平，使水泥胶挤入缝隙，用水洗去牛皮纸，再用白水泥浆擦缝。

缸砖、地面砖构造做法：20mm 厚 1∶3 水泥砂浆找平，3～4mm 厚水泥胶（水泥∶107 胶∶水～1∶0.1∶0.2）粘贴缸砖，用素水泥浆擦缝。

（3）天然石板地面　常用的天然石板指大理石和花岗石板，由于它们质地坚硬，色泽丰富艳丽，属高档地面装饰材料，一般多用于高级宾馆、会堂、公共建筑的大厅、门厅等处。

做法是在基层上刷素水泥浆一道后用30mm厚1∶3干硬性水泥砂浆找平，面上撒2mm厚素水泥（洒适量清水），粘贴石板。

9.3.4.3　塑料地面

塑料地面包括一切由有机物质为主所制成的地面覆盖材料。塑料地面装饰效果好，色彩鲜艳，施工简单，有一定的弹性，脚感舒适。但它有易老化、受压后产生凹陷、不耐高热、硬物刻划易留痕等缺点。

常用的塑料地毡为聚氯乙烯塑料地毡和聚氯乙烯石棉地板。聚氯乙烯塑料地毡（又称地板胶）是软质卷材，可直接干铺在地面上；聚氯乙烯石棉地板是在聚氯乙烯树脂中掺入60%～80%的石棉绒和碳酸钙填料。由于树脂少，填料多，所以质地较硬，常做成300mm×300mm的小块地板，用黏结剂拼花对缝粘贴。

聚氯乙烯塑料地面（图9-31）是以聚氯乙烯树脂为主要胶结材料，配以增塑剂、填充料等，经高速混合、塑化、辊压或层压成型而成。品种繁多，就外形看，有块材和卷材之分；就材质看，有软质和半软质之分；就结构看，有单层和多层复合之分。聚氯乙烯地面所用黏结剂也有多种，如溶剂性氯丁橡胶黏结剂、聚醋酸乙烯黏结剂、环氧树脂黏结剂等。

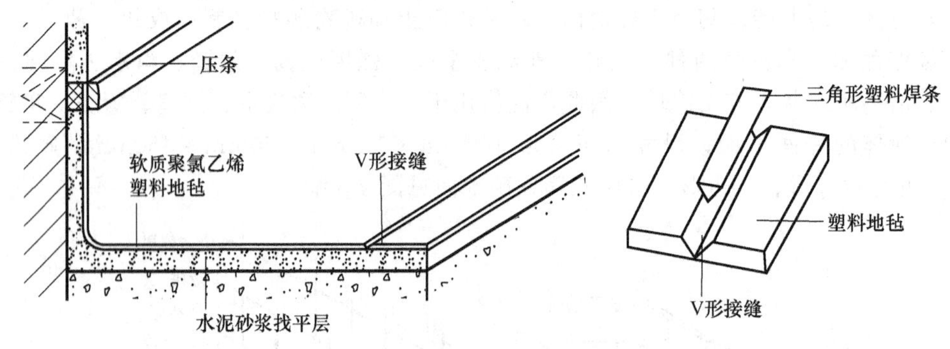

图9-31　聚氯乙烯塑料地面

9.3.4.4　涂料地面

涂料地面是利用涂料涂刷或涂刮而成。它是水泥砂浆地面的一种表面处理形式，用以改善水泥砂浆地面在使用和装饰方面的不足。涂料地面和涂布无缝地面的区别在于，前者以涂刷方法施工，涂层较薄；而涂布地面以刮涂方式施工，涂层较厚。

9.3.4.5　木地面

木地面的主要特点是有弹性、不起火、不反潮、热导率小，常用于住宅、宾馆、体育馆、剧院舞台等建筑中。木地面按其板材规格常采用条木地面和拼花木地面，按其构造及施工方法有空铺、实铺和粘贴三种。粘贴和实铺木地板是在钢筋混凝土楼板上做好找平层，然后用黏结材料将木板直接贴上的木地板形式，它具有结构高度小、经济性好的优点。木地板弹性差，使用中维修困难。

① 实铺木地面。将木地板直接钉在钢筋混凝土基层上的木搁栅上。木搁栅为50mm×60mm方木，中距400mm，横撑40mm×50mm，中距1000mm与木搁栅钉牢。为了防腐，可在基层上刷冷底子油和热沥青，搁栅及地板背面满涂防腐油或煤焦油（图9-32）。

② 粘贴木地面。先在钢筋混凝土基层上采用沥青砂浆找平，然后刷冷底子油一道，热沥青一道，用2mm厚沥青胶、环氧树脂乳胶等随涂随铺贴20mm厚硬木长条地板（图9-33）。

③ 架空木地板。可分为单层架空木地板和双层架空木地板两种。单层架空木地板是在找平层上固定梯形截面的小搁栅，然后在搁栅上钉长条木地板的形式。双层架空木地板是在搁栅上铺设毛板再铺地板的形式。

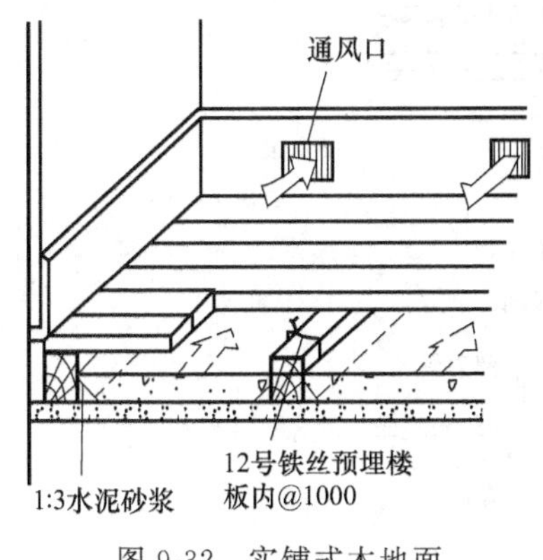

图 9-32　实铺式木地面

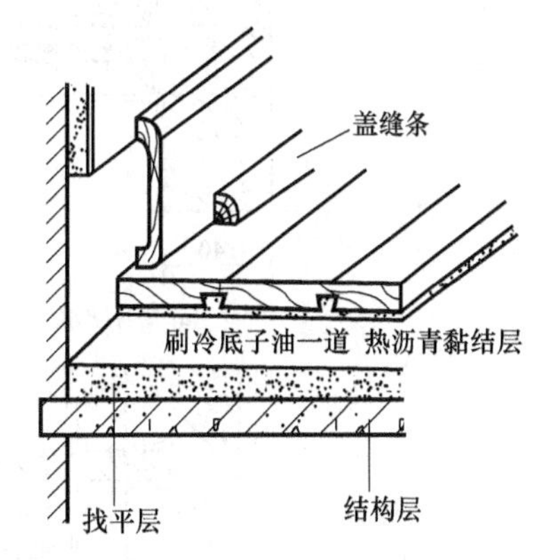

图 9-33　粘贴式木地面

9.3.5　地层防潮与防水

地坪层与土壤直接接触，土壤中的潮气易浸湿地层，所以必须对地层进行防潮处理。

（1）地层防潮　在混凝土垫层上、刚性整体面层下先刷一道冷底子油，然后铺憎水的热沥青或防水涂料，形成防潮层，以防止潮气上升到地面。也可在垫层下铺一层粒径均匀的卵石或碎石、粗砂等［图 9-34（a）、（b）］，以切断毛细水的上升通路。

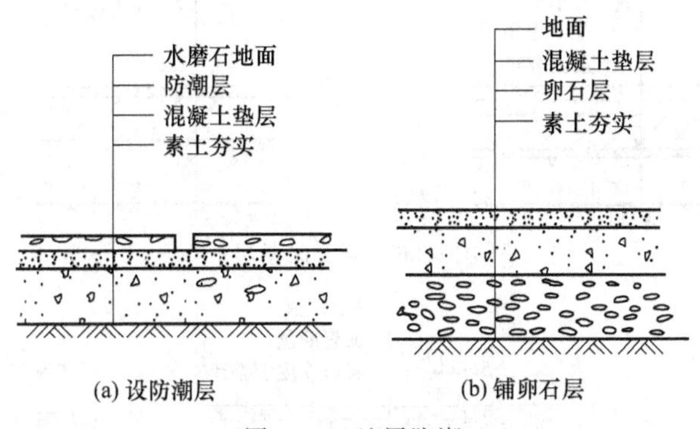

图 9-34　地层防潮

（2）楼地层防水　为便于排水，首先要设置地漏，并使地面由四周向地漏有一定坡度，从而引导水流入地漏。地面排水坡度一般为 1%～1.5%。另外，有水房间的地面标高应比周围其他房间或走廊低 30～50mm，若不能实现标高差时，亦可在门口做高为 20～30mm 的门槛，以防水多时或地漏不畅通时积水外溢。

有防水要求的楼层，其结构应以现浇钢筋混凝土楼板为好。面层也宜采用水泥砂浆、水磨石地面或贴缸砖、瓷砖、陶瓷锦砖等防水性能好的材料。常见的防水材料有防水卷材、防水砂浆和防水涂料等［图 9-35（a）、(b)］。

竖向管道穿越的地方是楼层防水的薄弱环节，工程上有两种处理方法，见图 9-35（c）、(d)。

9.3.6　设保温层

一种是在地下水位低、土壤较干燥的地面，在垫层下铺一层 1∶3 水泥炉渣或其他工业

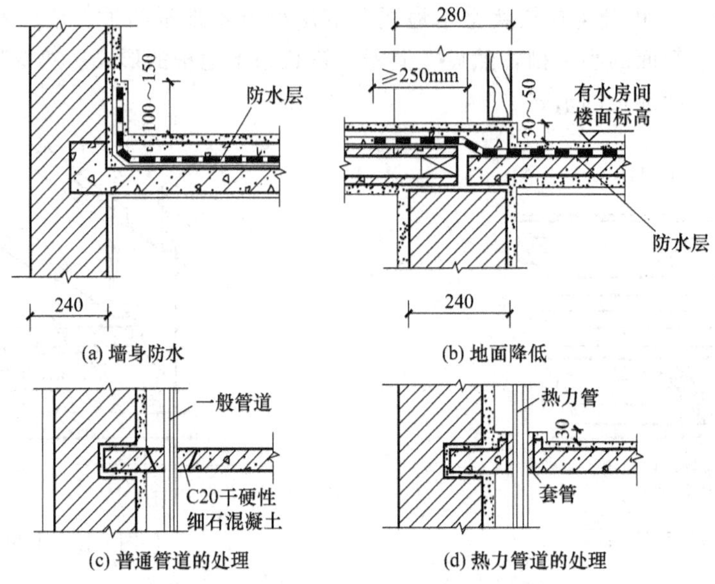

图 9-35　有水房间楼板层的防水处理及管道穿过楼板时的处理

废料做保温层；第二种是在地下水位较高的地区，在面层与混凝土垫层间设保温层，并在保温层下做防水层（图 9-36）。

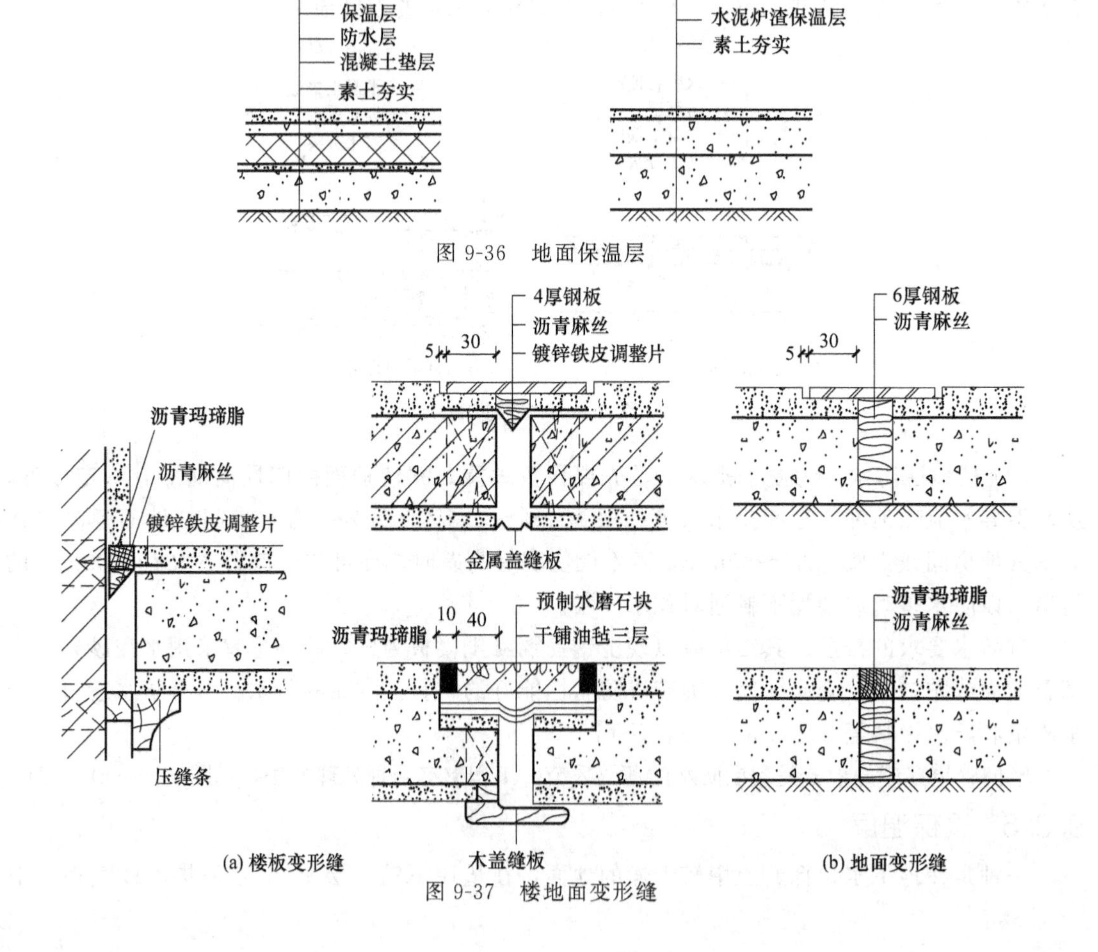

图 9-36　地面保温层

图 9-37　楼地面变形缝

9.3.7 地面变形缝

地面变形缝包括温度伸缩缝、沉降缝和防震缝。变形缝的尺寸大小与墙面、屋面一致，大面积的地面还应适当增加伸缩缝，缝内用玛琋脂、经过防腐处理的金属调节片、沥青麻丝进行处理，并常常在面层和顶棚处加设盖缝板，盖缝板不得妨碍缝隙两边的构件变形。构造形式见图 9-37。

9.4 阳台及雨篷

阳台是连接室内的室外平台，给居住在建筑里的人们提供一个舒适的室外活动空间，是多层住宅、高层住宅和旅馆等建筑中不可缺少的一部分。雨篷位于建筑物出入口的上方，用来遮挡雨雪，保护外门免受侵蚀，给人们提供一个从室外到室内的过渡空间，并起到保护门和丰富建筑立面的作用。

9.4.1 阳台的类型和设计要求

阳台按其与外墙面的关系分为挑阳台、凹阳台、半挑半凹阳台；按其在建筑中所处的位置可分为中间阳台和转角阳台；阳台按使用功能不同又可分为生活阳台（靠近卧室或客厅）和服务阳台（靠近厨房）。阳台的类型如图 9-38 所示。

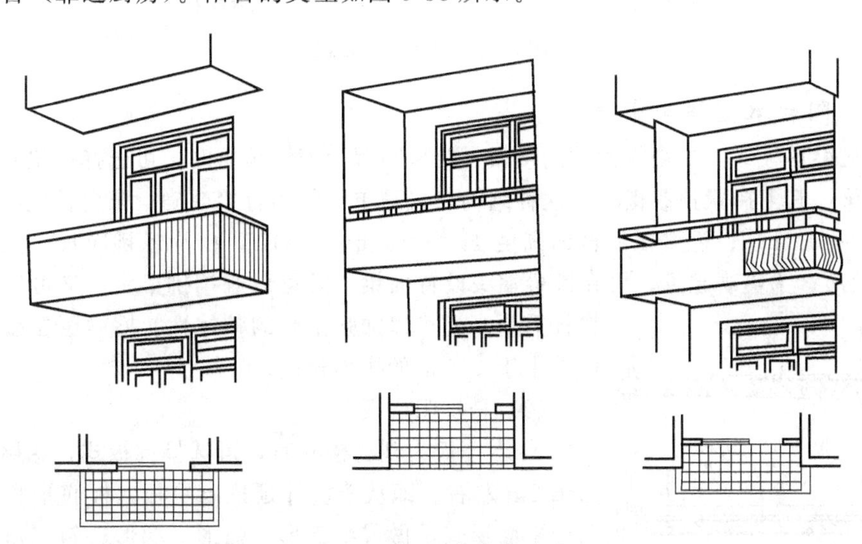

图 9-38 阳台的类型

9.4.1.1 阳台的结构及构造设计应满足以下要求

（1）安全适用 阳台由承重结构（梁、板）和栏杆组成，栏杆是在阳台外围设置的垂直构件，其作用是承担人们倚扶的侧向推力，以保障人身安全，又对建筑物起装饰作用。因此，作为栏杆要考虑安全，悬挑阳台的挑出长度不宜过大，应保证在荷载作用下不发生倾覆现象，以保证结构安全，以 1～1.5m 为宜。低层、多层住宅阳台栏杆净高不低于 1.05m，中高层住宅阳台栏杆净高不低于 1.1m，但也不大于 1.2m。阳台栏杆形式应防坠落（垂直栏杆间净距不应大于 110mm），防攀爬（不设水平栏杆），以免造成恶果。放置花盆处，也应采取防坠落措施。南方地区宜采用有助于空气流通的空透式栏杆，而北方寒冷地区和中高层住宅应采用实体栏杆，并满足立面美观的要求，为建筑物的形象增添风采。

（2）坚固耐久 阳台所用材料和构造措施应经久耐用，承重结构宜采用钢筋混凝土，金属构件应做防锈处理，表面装修应注意色彩的耐久性和抗污染性。

(3) 排水顺畅　由于阳台外露，室外雨水可能飘入，为防止阳台上的雨水流入室内，设计时要求阳台地面标高低于室内地面标高 60mm 左右，并将地面抹出 5‰的排水坡将水导入排水孔，使雨水能顺利排出。阳台排水有外排水和内排水两种。外排水适用于低层和多层建筑，即在阳台外侧设置泄水管将水排出［图 9-39 (b)］。泄水管为 ϕ(40～50) 镀锌铁管或塑料管，外挑长度不少于 80mm，以防雨水溅到下层阳台［图 9-39 (b)］。内排水适用于高层和高标准建筑，即在阳台内侧设置排水立管和地漏，将雨水直接排入地下管网，保证建筑物立面美观［图9-39 (a)］。

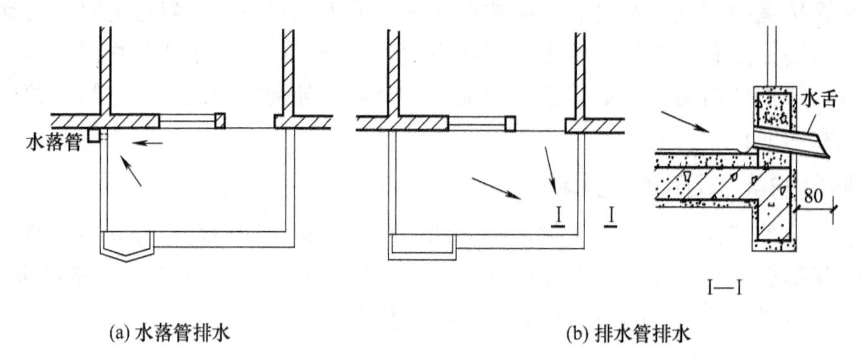

图 9-39　阳台排水处理

9.4.1.2　阳台承重结构布置

(1) 挑梁搭板式　当楼板为预制楼板，结构布置为横墙承重时，可选择挑梁式。从横墙内外伸挑梁，其上搁置预制楼板，这种结构布置简单、传力直接明确、阳台长度与房间开间一致［图 9-40 (b)］；挑梁根部截面高度 H 为 (1/6～1/5)L，L 为悬挑净长，截面宽度为 (1/3～1/2)h；为美观起见，可在挑梁端头设置面梁，既可以遮挡挑梁头，又可以承受阳台栏杆重量，还可以加强阳台的整体性。挑梁压在墙中的长度应不小于 1.5 倍的挑出长度。

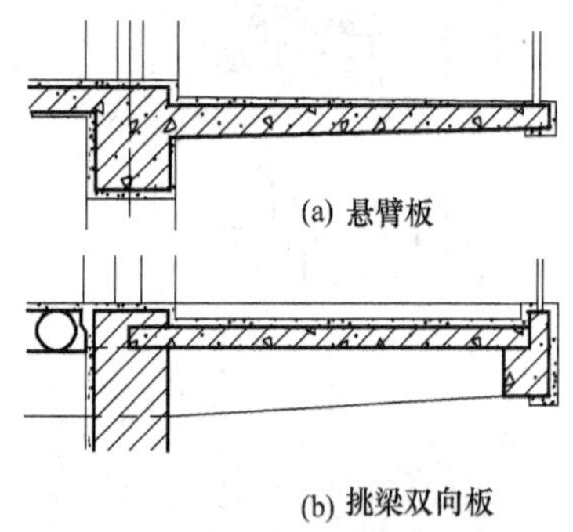

图 9-40　阳台结构形式

(2) 悬挑阳台板

① 当楼板为现浇楼板时，可选择挑板式，悬挑长度一般为 1.2m 左右。即从楼板外延挑出平板，板底平整美观而且阳台平面形式可做成半圆形、弧形、梯形、斜三角等各种形状［图 9-40 (a)］。挑板厚度不小于挑出长度的 1/12。

② 阳台板与墙梁现浇在一起，墙梁的截面应比圈梁大，以保证阳台的稳定，而且阳台悬挑不宜过长，一般为 1.2m 左右，并在墙梁两端设拖梁压入墙内。

9.4.1.3　阳台的细部构造

(1) 阳台的栏杆和扶手　栏杆形式有三种，即空花栏杆、实心栏板以及由空花栏杆和实心栏板组合而成的组合式栏杆（图 9-41）。

按材料不同，有金属栏杆、砖砌栏板、钢筋混凝土栏杆（板）等（图 9-42）。

栏板有砖砌与现浇混凝土或预制钢筋混凝土板之分。砖砌栏板通常有顺砌和侧砌两种，无论哪种，为确保安全，应在栏板中配置通长钢筋并现浇混凝土扶手，亦可设置构造小柱与现浇扶手固结。对预制钢筋混凝土栏板则用预埋钢板焊接。

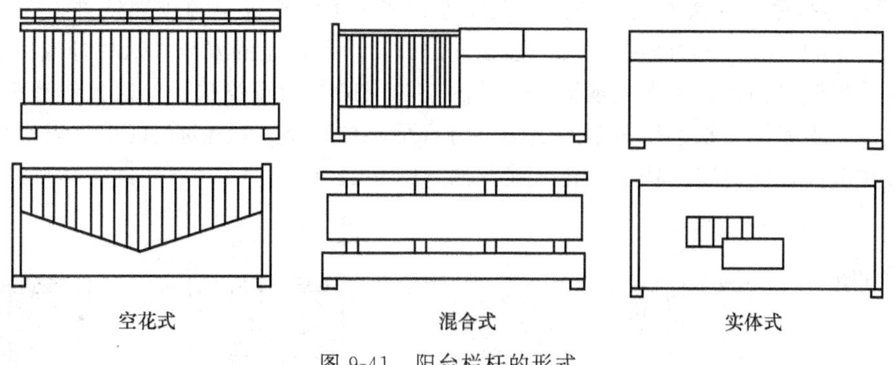

图 9-41　阳台栏杆的形式

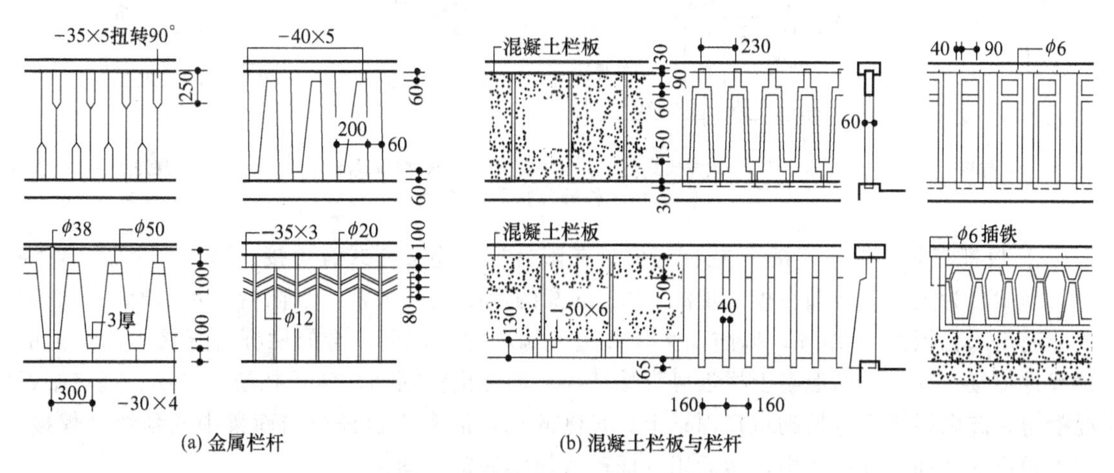

图 9-42　材料不同的阳台栏杆形式

(2) 阳台扶手　栏杆扶手有金属和钢筋混凝土两种。

钢筋混凝土扶手用途广泛，形式多样，有不带花台、带花台、带花池等，一般直接用作栏杆压顶，宽度有 80mm、120mm、160mm。当扶手上需放置花盆时，需在外侧设保护栏杆，一般高 180～200mm，花台净宽为 240mm。金属扶手一般为 ϕ50 钢管与金属栏杆焊接（图 9-43）。

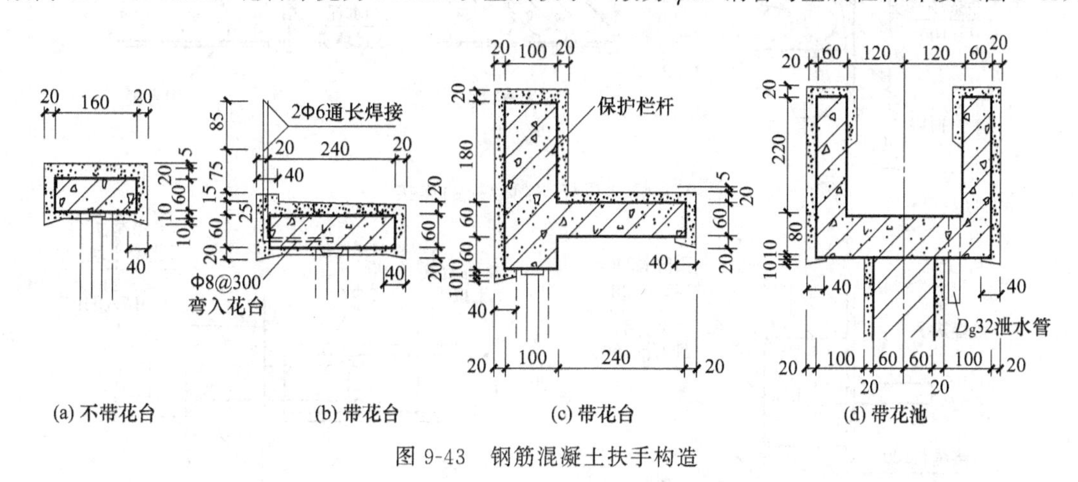

图 9-43　钢筋混凝土扶手构造

(3) 细部构造　阳台细部构造主要包括栏杆与扶手的连接、栏杆与面梁（或称止水带）的连接、栏杆与墙体的连接等。

① 栏杆与扶手的连接方式有焊接、现浇等。在扶手和栏杆上都预埋铁件，安装时焊在一起的［图 9-44（a)］即为焊接，这种连接方法施工简单，坚固安全。从栏杆或栏板内伸出钢筋与扶手内钢筋相连，再支模现浇扶手［图 9-44（b)］为现浇扶手，这种作法整体性好，但施工复杂。当栏杆与扶手均为钢筋混凝土时，可整体现浇［图 9-44（c)］；当栏板为砖砌时，可接在上部现浇混凝土扶手、花台或花池［图 9-44（d)］。

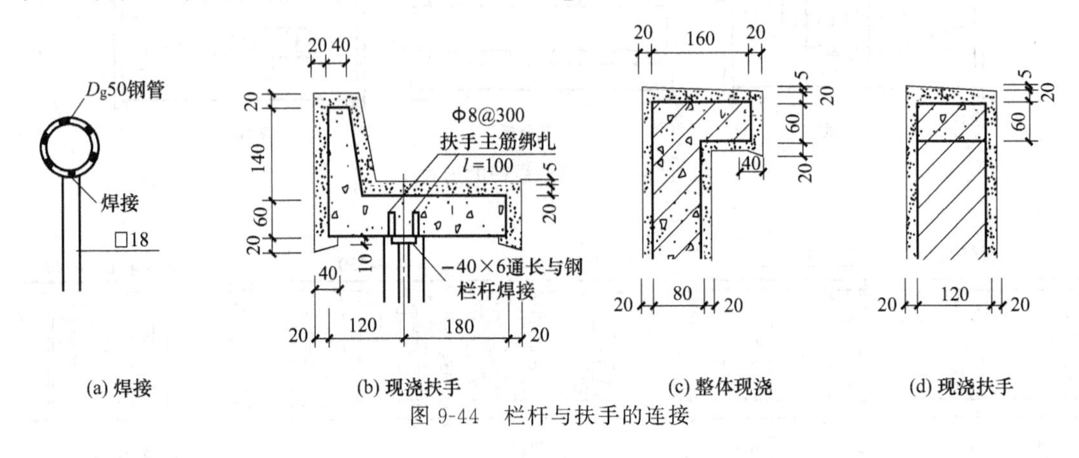

图 9-44 栏杆与扶手的连接

② 栏杆与阳台板的连接 栏杆与面梁或阳台板的连接方式有焊接、榫接、坐浆、现浇等。当阳台为现浇时必须在板边现浇 100mm 高的混凝土挡水带，当阳台为预制时，其面梁顶应高出阳台板面 100mm，以防积水顺板边流淌，污染表面。金属栏杆可直接与面梁上的预埋件焊接；现浇钢筋混凝土栏板可直接从面梁内伸出锚固筋，然后扎筋、支模、现浇细石混凝土；砖砌栏板可直接砌筑在面梁上；预制的钢筋混凝土栏杆可与面梁中的预埋件焊接，也可预留插筋插入预留孔中，然后用水泥砂浆填实固定（图 9-45）。

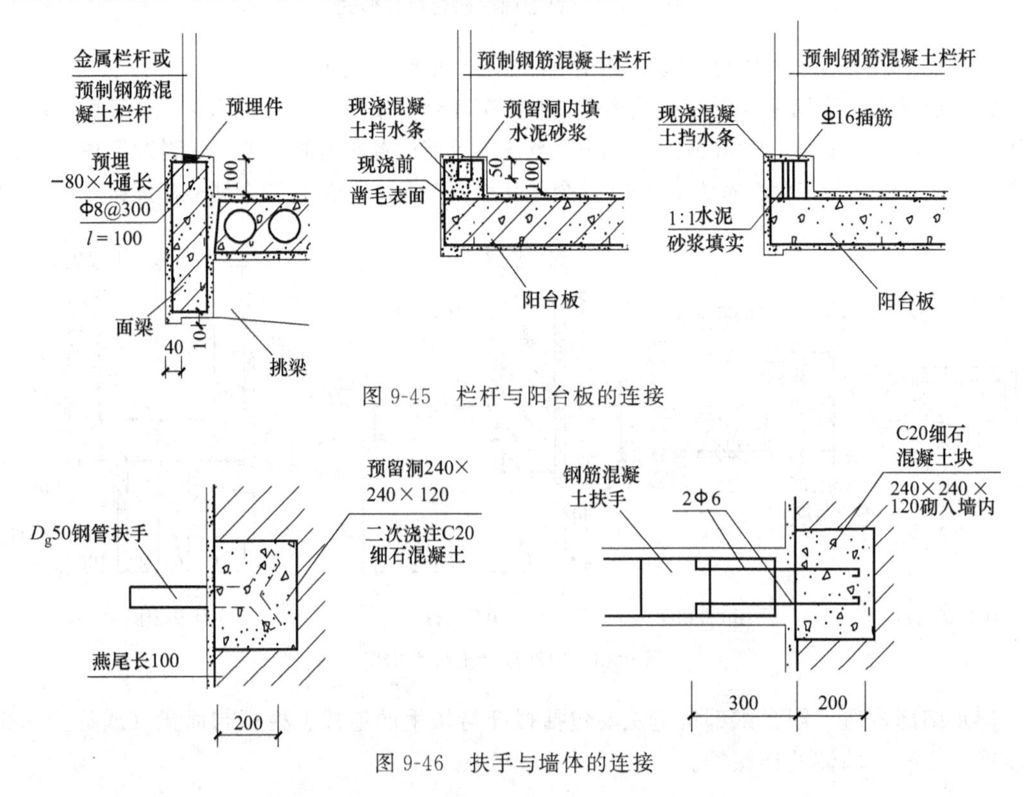

图 9-45 栏杆与阳台板的连接

图 9-46 扶手与墙体的连接

③ 栏杆与墙体的连接　应将扶手或扶手中的钢筋伸入外墙的预留洞中，用细石混凝土或水泥砂浆填实牢固；现浇钢筋混凝土栏杆与墙连接时，应在墙体内预埋 240mm×240mm×120mm 的 C20 细石混凝土块，从中伸出 2Φ6、长 300mm，与扶手中的钢筋绑扎后再进行现浇（图 9-46）。

9.4.2 雨篷

雨篷是建筑物入口处和顶层阳台上部用以遮挡雨水、保护外门免受雨水侵蚀和人们进出时不被滴水淋湿及空中落物砸伤的水平构件（图 9-47）。根据雨篷板的支承方式不同，有悬板式和梁板式两种。

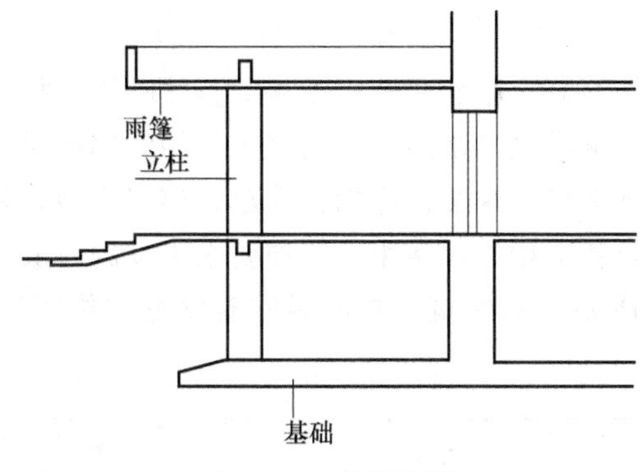

图 9-47　有柱雨篷

（1）悬板式　悬板式雨篷外挑长度一般为 0.9～1.5m，板根部厚度不小于挑出长度的 1/12，雨篷宽度比门洞每边宽 250mm。雨篷排水方式可采用无组织排水和有组织排水两种。雨篷顶面距过梁顶面 250mm 高，板底抹灰可抹 1∶2 水泥砂浆内掺 5%防水剂的防水砂浆 15mm 厚，多用于次要出入口（图 9-48）。根据雨篷板的支承不同，有采用门洞过梁悬挑板的方式，也有采用墙或柱支承的。其中最简单的是过梁悬挑板式，即悬挑雨篷。

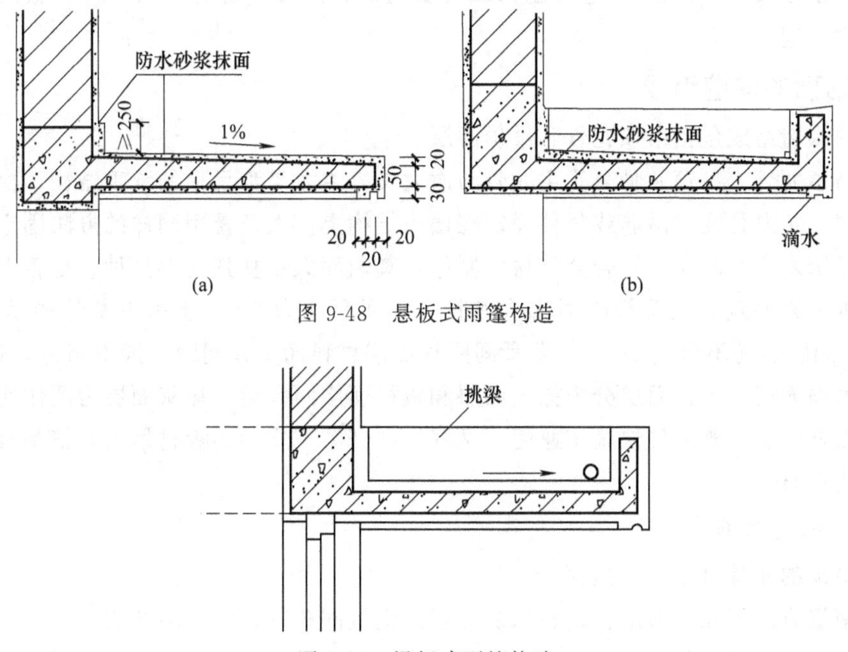

图 9-48　悬板式雨篷构造

图 9-49　梁板式雨篷构造

（2）梁板式　梁板式雨篷多用在宽度较大的入口处，如影剧院、商场等的主要出入口。悬挑梁从建筑物的柱上挑出，为使板底平整，多做成倒梁式（图 9-49）。

9.5 顶棚构造

顶棚又称平顶或是天花板，是楼板层最下面的部分，是建筑物室内主要饰面之一。作为顶棚则要求提高室内装饰效果及满足使用要求。设计时应根据建筑物的使用功能、装修标准和经济条件来选择适宜的顶棚形式。

9.5.1 吊顶的类型

9.5.1.1 直接式顶棚

直接式顶棚系指在钢筋混凝土屋面或楼板下表面直接喷浆、抹灰或粘贴装修材料的一种构造方法。当底板平整时，可直接喷刷涂料；当楼板结构为钢筋混凝土预制板时，可用1∶3水泥砂浆填缝刮平，再喷刷涂料。这类顶棚构造简单，施工方便，具体做法和构造与内墙面的抹灰类、涂刷类、裱糊类基本相同，常用于装饰要求不高的一般建筑；贴面式装修适用于装修标准较高或有保温吸声要求的建筑，常用做法有粘贴装饰吸声板、石膏板、塑胶板等（图 9-50）。

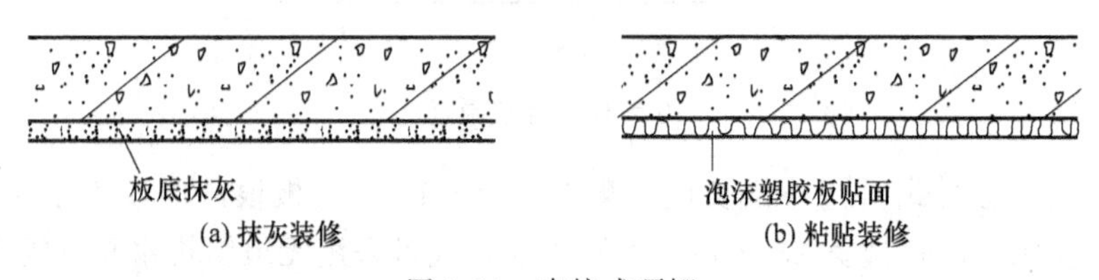

图 9-50　直接式顶棚

9.5.1.2 悬吊式顶棚

悬吊式顶棚又称“吊顶”，它离屋顶或楼板的下表面有一定的距离，通过悬挂物与主体结构联结在一起。

9.5.2 吊顶的构造组成

吊顶的构造组成包括吊顶龙骨和吊顶面层。

（1）吊顶龙骨　吊顶龙骨分为主龙骨与次龙骨，主龙骨为吊顶的承重结构，次龙骨则是吊顶的基层。主龙骨通过吊筋或吊件固定在楼板结构上，次龙骨用同样的方法固定在主龙骨上。龙骨可用木材、轻钢、铝合金等材料制作，其断面大小视其材料品种、是否上人和面层构造做法等因素而定。主龙骨断面比次龙骨大，间距约为 2m。悬吊主龙骨的吊筋为Φ8～Φ10 钢筋，间距也是不超过 2m。次龙骨间距视面层材料而定，间距一般不超过 600mm。

（2）吊顶面层　吊顶面层分为抹灰面层和板材面层两大类。抹灰面层为湿作业施工，费工费时；板材面层，既可加快施工速度，又容易保证施工质量。板材吊顶有植物板材、矿物板材和金属板材等。

9.5.2.1 抹灰吊顶构造

抹灰吊顶的龙骨可用木或型钢。

抹灰面层有以下几种做法：板条抹灰、板条钢板网抹灰、钢板网抹灰。

当面板采用板条抹灰时，一般采用木龙骨，可直接在次龙骨上钉板条，再抹灰，即形成传统的板条抹灰顶棚（图 9-51）。这种吊顶造价较低，但抹灰湿作业量大，面层易出现龟裂甚至破坏脱落，且防火性能差，通常用于装修标准较差的建筑。

板条钢板网抹灰，是在板上加钉一层钢板网再抹灰，即形成板条钢板网抹灰吊顶，这种吊顶可防止抹灰层的开裂脱落，防火性好，适用于要求较高的建筑中。

钢板网抹灰吊顶一般采用钢龙骨，钢板网固定在钢筋上，不使用木材，可提高顶棚的防火性、耐久性和抗裂性，多用于公共建筑的大厅顶棚和防火要求较高的建筑。

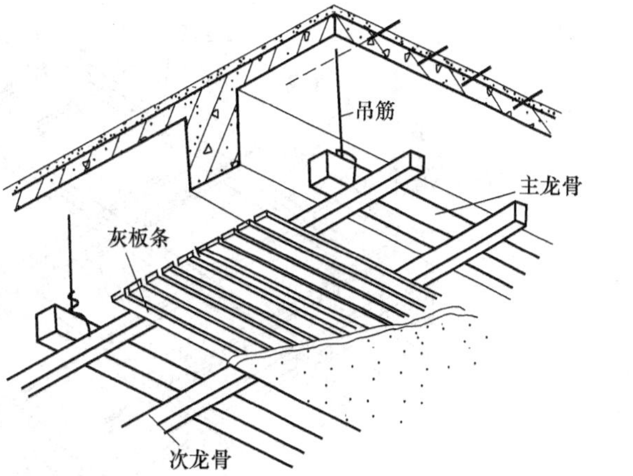

图 9-51　板条抹灰顶棚

9.5.2.2　木质（植物）板材吊顶构造

吊顶龙骨一般用木材制作，分格大小应与板材规格相协调。为了防止植物板材因吸湿而产生凹凸变形，面板宜锯成小块板铺钉在次龙骨上，板块接头必须留 3～6mm 的间隙作为预防板面翘曲的措施。板缝缝形根据设计要求可做成密缝、斜槽缝、立缝等形式（图 9-52）。

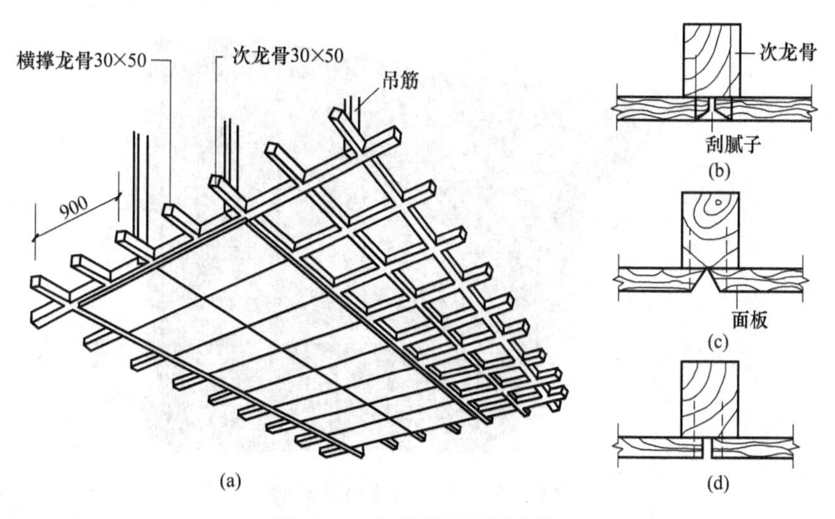

图 9-52　木质板材吊顶构造

9.5.2.3　矿物板材吊顶构造

矿物板材吊顶常用石膏板、石棉水泥板、矿棉板等板材作面层，轻钢或铝合金型材作龙骨。这类吊顶的优点是自重轻、施工安装快、无湿作业、耐火性能优于植物板材吊顶和抹灰吊顶，故在公共建筑或高级工程中应用较广。

轻钢和铝合金龙骨的布置方式有两种，龙骨外露的布置方式和不露龙骨的布置方式。

（1）龙骨外露的布置方式　主龙骨采用槽形断面的轻型钢，次龙骨采用 T 形断面的铝合金型材，次龙骨双向布置，矿物质置于次龙骨翼缘上，次龙骨露在顶棚表面成方格形，方格大小为 500mm×500mm 左右，悬吊主龙骨的挂件为槽形断面，挂件点间距为 0.9～1.2m，最大不超过 1.5m。次龙骨与主龙骨的连接件采用 U 形连接吊钩（图 9-53、9-54）。

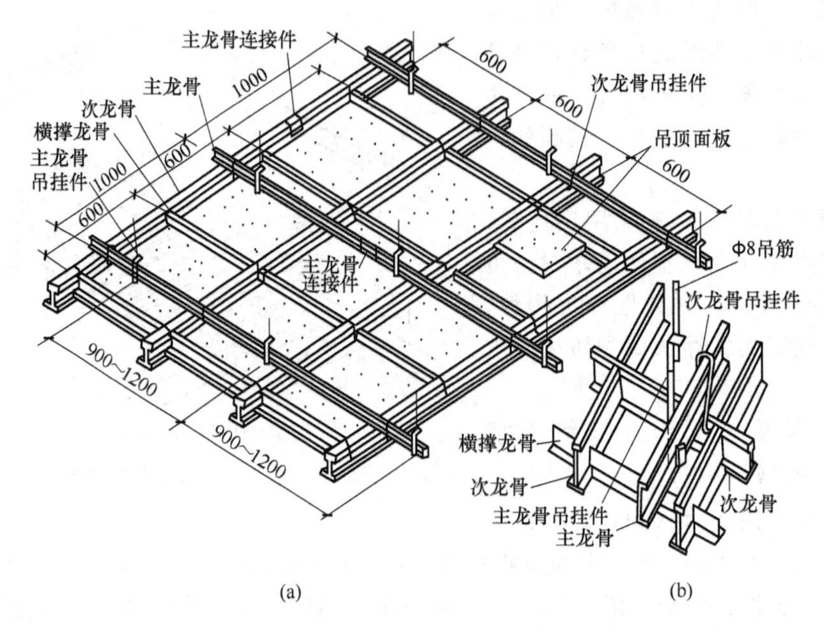

图 9-53 龙骨外露吊顶的构造

图 9-54 龙骨外露吊顶实例

（2）不露龙骨的布置方式 这种布置方式的主龙骨仍采用槽形断面的轻钢型材，但次龙骨采用 U 形断面轻钢型材，用专门的吊挂件将次龙骨固定在主龙骨上，面板用自攻螺钉固定于次龙骨上（图 9-55）。

9.5.2.4 金属板材吊顶构造

金属板材吊顶最常用的是以铝合金条板作面层，龙骨采用轻钢型材，当吊顶无吸声要求时，条板采取密铺方式，不留间隙（图 9-56）；当有吸声要求时，条板上面需加铺吸声材料，条板之间应留出一定的间隙，以便投射到顶棚的声能从间隙处被吸声材料所吸收（图 9-57）。

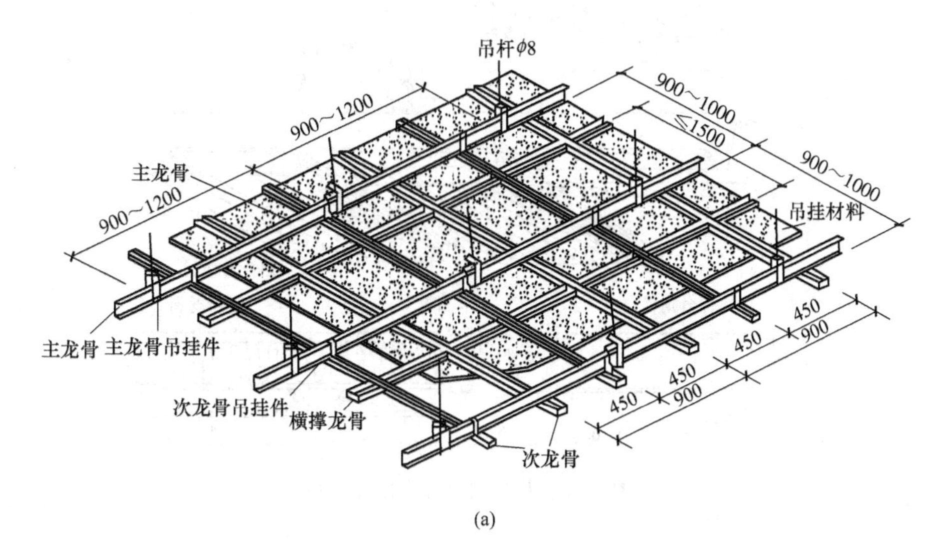

(a)

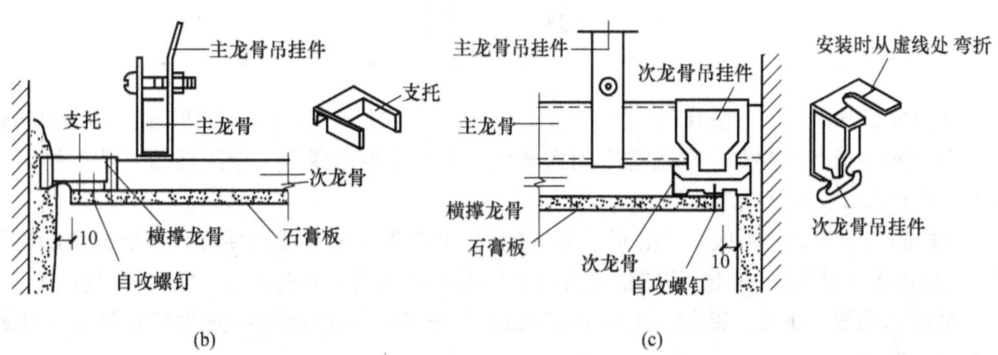

(b) (c)

图 9-55 不露龙骨吊顶的构造

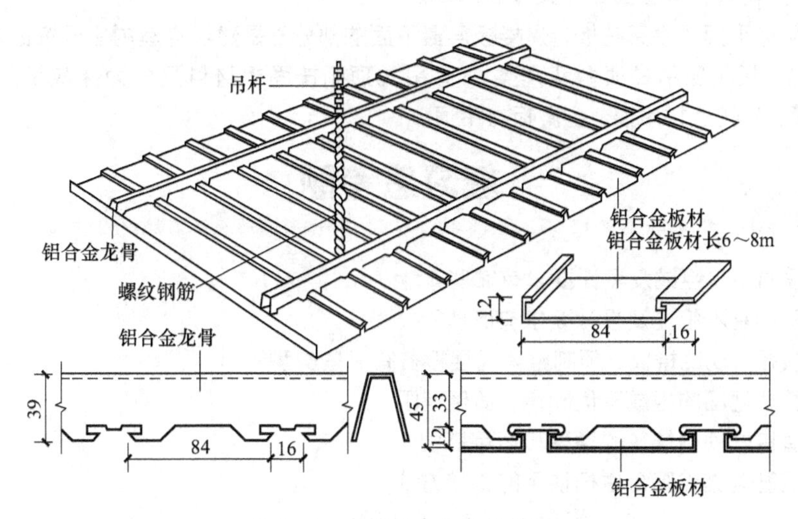

图 9-56 密铺铝合金条板吊顶

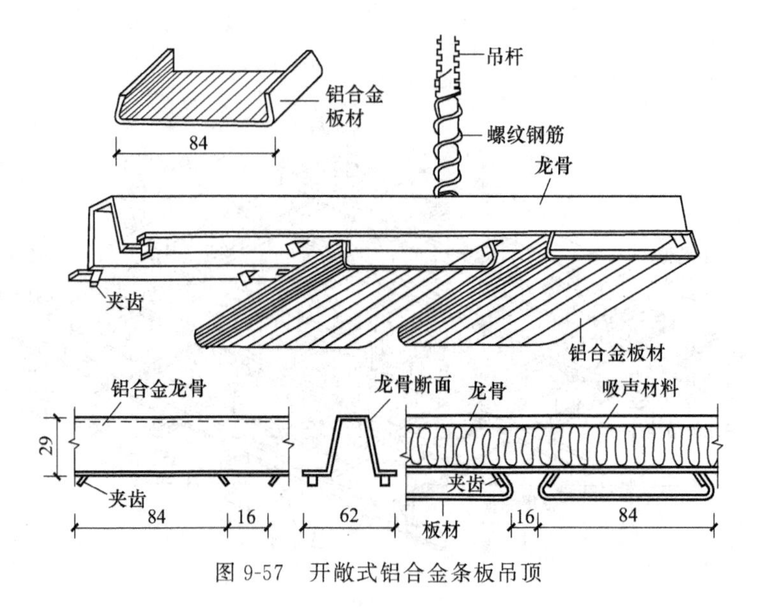

图 9-57 开敞式铝合金条板吊顶

小　　结

1. 楼地层是水平方向分隔建筑空间的承重构件。由面层、结构层、附加层、顶棚四部分组成。楼板按材料分为木楼板、压型钢板组合楼板、钢筋混凝土楼板；按其施工方法不同可分为现浇式、装配式和装配整体式三种。

预制板的类型有实心平板、空心板、槽形板。现浇楼板有平板式楼板、梁板式楼板、无梁楼板、压型钢板式楼板；装配整体式钢筋混凝土楼板包括密肋填充式楼板、叠合式楼板。

2. 地面由面层、垫层、基层、附加层等组成。按其材料和做法可分为整体地面、块材地面、塑料地面、涂料地面、木地面。

3. 阳台、雨篷。阳台是连接室内的室外平台，给居住在建筑里的人们提供一个舒适的室外活动空间，阳台按承重结构布置分为挑梁搭板式阳台和悬挑阳台板；雨篷位于建筑物出入口的上方，用来遮挡雨雪，有悬板式和梁板式两种。

4. 顶棚又称平顶或是天花板，是楼板层最下面的部分，是建筑物室内主要饰面之一。

有直接式顶棚和悬吊式顶棚两大类。悬吊式顶棚按面板材料又分为抹灰吊顶、木质（植物）板材吊顶、矿物板材吊顶、金属板材吊顶。

复习思考题

1. 楼板层的基本组成及设计要求有哪些?
2. 地面层的基本组成及设计要求有哪些?
3. 预制楼板、现浇楼板、预制整体式楼板各有哪些类型?
4. 简述整体地面的组成及优缺点、适用范围。
5. 简述直接式顶棚抹灰的类型和适用范围。
6. 简述钢筋混凝土阳台栏杆扶手的连接方式。

第10章 屋　　顶

本章提要

屋顶是房屋的重要组成部分，其主要功能是防水，防水是屋顶构造设计的核心。防水从两方面着手：一是迅速排除屋面雨水，二是防止雨水渗漏。防渗漏的原理和方法体现在屋面的构造层次与屋顶的细部结构做法两个方面。屋顶的另一个功能是保温隔热，本章主要介绍其基本原理和保温的各种构造方案。

10.1 屋顶的形式及设计要求

屋顶是房屋的重要组成部分，其主要功能是：作为围护构件来说，能抵御自然界的风霜雨雪、太阳辐射、昼夜气温变化和各种外界因素对建筑物的影响；作为承重构件来说，能承受屋顶上部的荷载，包括风荷载、雪荷载、积灰荷载和屋顶自重等，将这些荷载通过墙、柱传到基础。所以要求屋顶应具有良好的防水、排水能力，良好的保温隔热能力，同时还应具有较大的强度和较好的刚度，防止因结构变形引起屋面防水层开裂漏雨。由于屋顶的形式对建筑造型有重要影响，其细部设计也要得到充分考虑。

屋顶主要是由屋面和支承结构组成的。屋面应根据防水、保温、隔热、防火等功能要求，设置不同的构造层次，选择合适的建筑材料。根据需要还可在屋顶下部做各种形式的吊顶。

10.1.1 屋顶的类型

屋顶通常按其外形或屋面防水材料分类。

10.1.1.1 按外形分类

屋顶按其外形一般可分为平屋顶、坡屋顶、其他形式的屋顶。

（1）平屋顶　平屋顶是指坡度小于10%的屋顶，常用坡度为2%～5%。平屋顶的主要优点是节约材料，屋顶上面可以利用，如做成露台、屋顶花园、屋顶游泳池等。大量性民用建筑如采用与楼盖基本类同的屋顶结构就形成平屋顶。平屋顶易于协调统一建筑与结构的关系，节约材料，屋顶可供多种利用。常见的平屋顶有挑檐平屋顶、女儿墙平屋顶、挑檐女儿墙平屋顶、盝顶平屋顶（图10-1）。

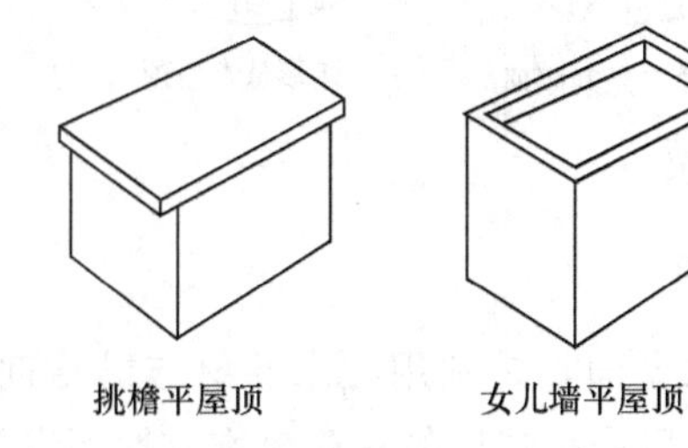

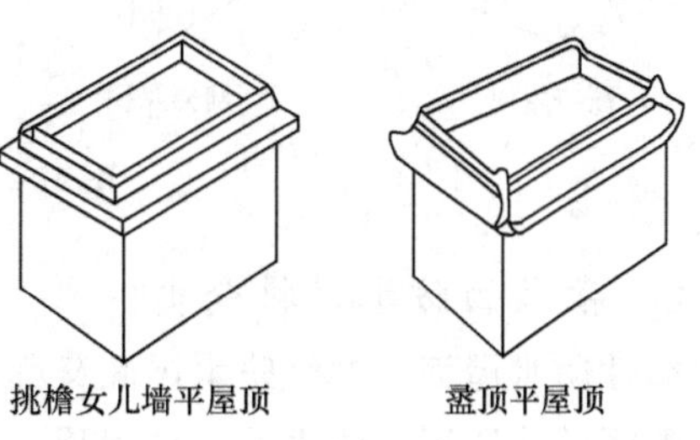

图10-1　平屋顶

（2）坡屋顶　坡屋顶是指坡度大于10%的屋顶。由于坡度较大，防水、排水效果较好。坡屋顶的常见形式有单坡屋顶、双坡屋顶、硬山及悬山屋顶、歇山及庑殿屋顶、圆形或多角形攒尖屋顶等（图 10-2）。当房屋宽度不大时，可选用单坡屋顶；当房屋宽度较大时，宜采用双坡屋顶和四坡屋顶。双坡屋顶有硬山和悬山之分，硬山是指房屋两端山墙高于屋面，将屋顶的端部封住；悬山则是屋顶的两端悬挑在山墙外面。庑殿和歇山屋顶都属于四坡屋顶，是中国古建筑特有的屋顶形式。坡屋顶在我国有着悠久的历史，广泛运用于民用等建筑，即使是一些现代的建筑，在考虑到景观环境或建筑风格的要求时也常采用坡屋顶。

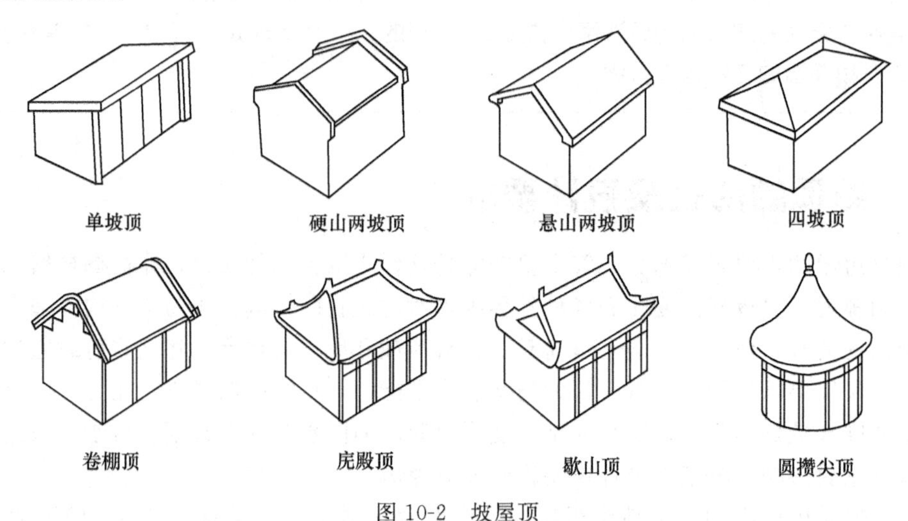

图 10-2　坡屋顶

（3）曲面屋顶　随着使用要求和科学技术的发展，建筑大空间的需要，出现了许多大跨度屋顶的结构形式，如拱结构屋顶、薄壳结构屋顶、悬索结构屋顶等，这些建筑屋顶造型各异，使屋顶的外形更加丰富多彩（图 10-3）。

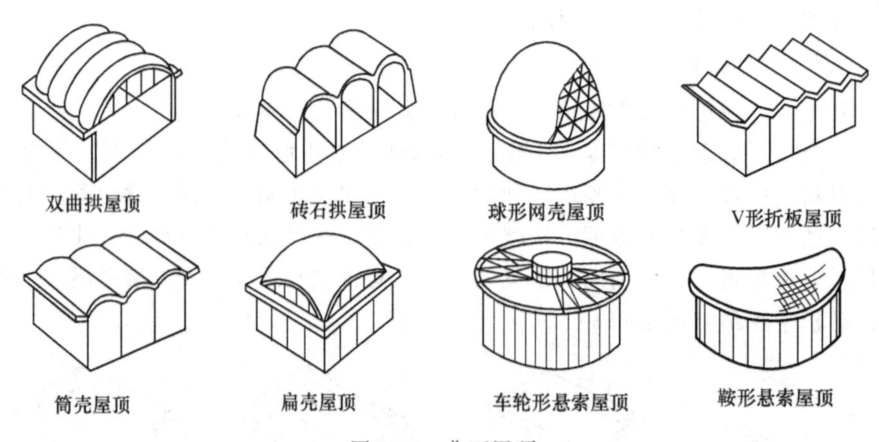

图 10-3　曲面屋顶

10.1.1.2　按屋面防水材料分类

（1）柔性防水屋面　柔性防水屋面又称卷材防水屋面，是利用防水卷材与黏结剂结合，形成连续致密的构造层来防水的一种屋顶。卷材的类型目前常见的有高聚物改性沥青类卷材防水屋面和高分子类卷材防水屋面。卷材防水屋面由于其防水层具有一定的延展性和适应变形的能力，又被称做柔性防水屋面。

（2）刚性防水屋面　刚性防水屋面是指用细石混凝土做防水层的屋面，因混凝土属于脆性材料，抗拉强度较低，故称为刚性防水屋面。刚性防水屋面的主要优点是施工方便、造价较低；缺点是易开裂，对气温变化和屋面基层变形的适应能力较差，所以刚性防水屋面多用于日温差较小的地区。

（3）瓦屋面　瓦屋面是指用黏土瓦、小青瓦、筒板瓦等按上下顺序排列做防水层的屋面。这种屋面由于防水材料一般尺寸不大，需要有一定的搭接长度和坡度才能使雨水排除，所以坡度较大。

（4）波形瓦屋面　波形瓦屋面是指用石棉水泥波瓦、镀锌铁皮波瓦及压型钢板波瓦等材料作为防水层的屋面。其特点是尺寸稍大，由于瓦的覆盖面积较大，所以排水坡度可以比瓦屋面小一些。

10.1.2　屋顶的设计要求

屋顶设计应考虑其功能、结构、建筑艺术三方面的要求。

① 要求屋顶起良好的围护作用，具有防水、保温和隔热性能。其中防止雨水渗漏是屋顶的基本功能要求，也是屋顶设计的核心。

② 要求具有足够的强度、刚度和稳定性。能承受风、雨、雪、施工、上人等荷载，地震区还应考虑地震荷载对它的影响，满足抗震的要求，并力求做到自重轻、构造层次简单；就地取材、施工方便；造价经济、便于维修。

③ 满足人们对建筑艺术即美观方面的需求。屋顶是建筑造型的重要组成部分，中国古建筑的重要特征之一就是有变化多样的屋顶外形和装修精美的屋顶细部，现代建筑也应注重屋顶形式及其细部设计。

10.2　屋顶排水设计

为了迅速排除屋面雨水，需进行周密的排水设计，排水组织设计就是把屋面划分为若干个排水区，将各区的雨水分别引向各水落管，使排水线路短捷，水落管负荷均匀，排水顺畅。其内容包括：选择屋顶排水坡度，确定排水方式，进行屋顶排水组织设计。

10.2.1　屋顶坡度选择

10.2.1.1　屋顶排水坡度的表示方法

常用的坡度表示方法有角度法、斜率法和百分比法。角度法以倾斜屋面与水平面所成夹角表示；斜率法以屋顶倾斜面的垂直投影长度与其水平投影长度之比来表示；百分比法以屋顶倾斜面的垂直投影长度与其水平投影长度的百分比来表示，见图 10-4，依次为斜率法、百分比法和角度法。坡屋顶多用斜率法，平屋顶多用百分比法，角度法则很少应用。

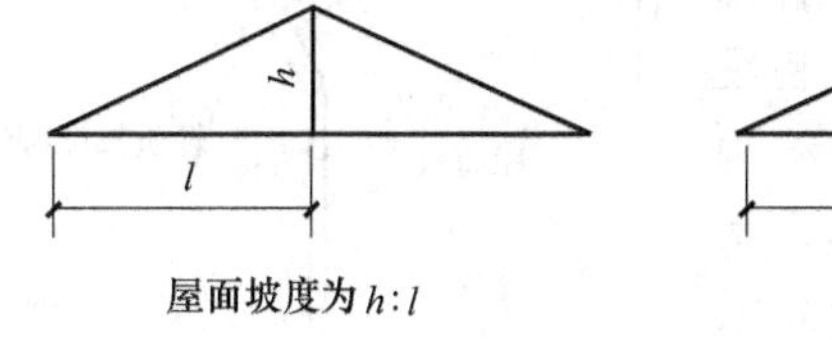

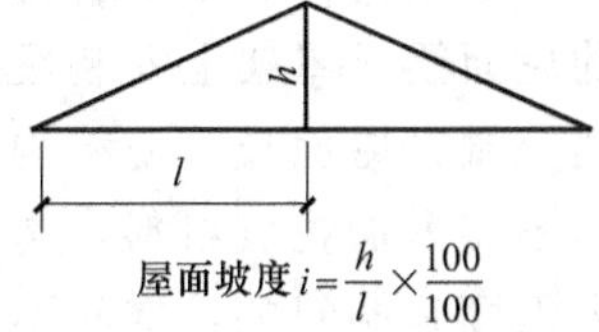

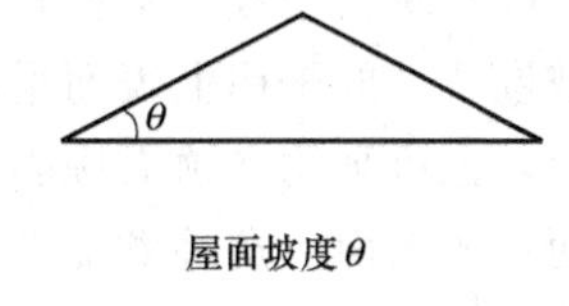

图 10-4　屋顶坡度的表示方法

10.2.1.2　影响屋顶坡度的因素

屋顶的坡度与屋面选用的材料、当地的降雨量大小、屋顶结构形式、建筑造型要求以及经济条件等有关。屋顶坡度大小应适当，坡度太小容易渗漏，坡度太大又会浪费材料和空间，所以在确定屋顶坡度时，要综合考虑各方面的因素。

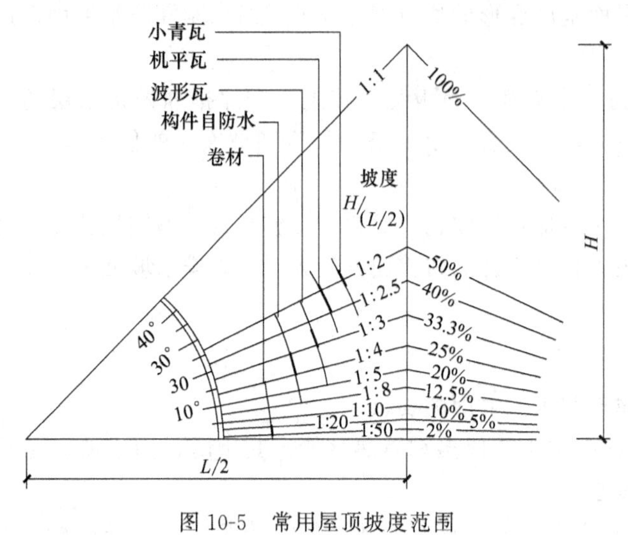

图 10-5　常用屋顶坡度范围

（1）屋面防水材料与坡度的关系　常用的屋面防水材料有柔性卷材、刚性材料、黏土瓦、波瓦等，像黏土瓦等屋面防水材料接缝较多，漏水可能性大，应采用大坡度，以加快雨水排出速度。卷材屋面和混凝土防水屋面，基本上是整体防水层，接缝少，故坡度可以小些，常用于平屋面。所以，恰当的坡度既能满足防水要求，又能做到经济适用，如图 10-5 所示是常用屋顶坡度范围，图中粗线部分为常用坡度。

（2）降雨量大小与坡度的关系　降雨量大的地区，屋顶的坡度应大些，使雨水能迅速排除，防止屋面积水过深、水压力增大而引起渗漏。降雨量较少的地区，屋顶坡度可以小些。降雨量分为年降雨量和小时最大降雨量。我国地域广大，各地区气候各异，降雨量相差很大。南方地区年降雨量较大，一般在 1000mm 以上，北方地区较小，一般在 700mm 以下。每小时最大降雨量各地也不一样，有的地区高达 100mm 以上，有的仅 5mm，大多数地区在 20～90mm 之间。

（3）其他因素的影响　其他一些因素也可能影响屋面坡度的大小，如上人屋面，坡度就不能太大，否则使用会不方便。结构选型的不同，也会影响屋面的坡度，如拱结构屋面常采用较大的坡度。

10.2.1.3　屋顶坡度的形成方法

屋顶坡度的形成有材料找坡和结构找坡两种做法。

（1）材料找坡　材料找坡（图 10-6）是指屋顶坡度由垫坡材料形成，一般用于坡向长度较小的屋面。为减轻屋面荷载，应选用轻质材料找坡，如水泥炉渣、石灰炉渣等。找坡层的厚度最薄处不小于 20mm。平屋顶材料找坡的坡度宜为 2%。

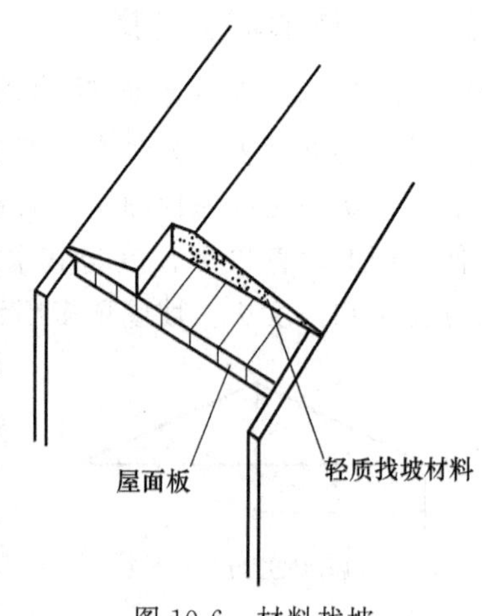

图 10-6　材料找坡

（2）结构找坡　结构找坡是指屋顶结构自身就带有排水坡度。一般采用上表面呈倾斜的屋面梁或屋架上安装屋面板，也可采用在顶面倾斜的山墙上搁置屋面板，使结构表面形成坡面。这种做法的优点是不需另加找坡材料，构造简单，不增加荷载；缺点是室内天棚是倾斜的，空间不够规整，有时须加设吊顶（图 10-7）。

材料找坡的屋面板可以水平放置，天棚面平整，但材料找坡增加了屋面荷载，材料和人工消耗较多；结构找坡无须在屋面上另加找坡材料，构造简单，不增加荷载，但天棚顶倾斜，室内空间不够规整。这两种方法在工程实践中均有广泛运用。

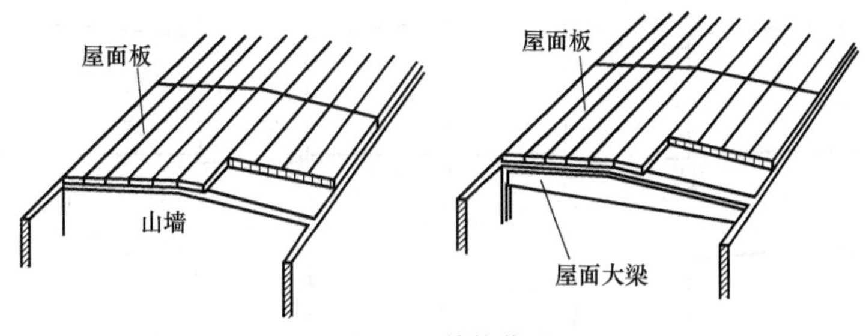

图 10-7　结构找坡

10.2.2　屋顶排水方式

屋顶排水方式分为有组织排水和无组织排水两大类。

(1) 无组织排水　无组织排水是指屋面雨水经檐口直接落至地面，屋面不设天沟、雨水管等排水设施，又称自由落水。其优点是构造简单、施工方便、节约材料、造价低廉等；缺点是由于雨水从檐口直接落至地面，外墙脚常被飞溅的雨水侵蚀，使外墙的耐久性变差。另外，在建筑物较高或降雨较多的地区，从檐口落下的雨水可能影响人行道的交通。

(2) 有组织排水　有组织排水是指利用天沟、雨水管等排水设施，将屋面雨水有组织地引导至地面或地下排水管的一种排水方式。其优点是雨水不会侵蚀墙面和影响人行道交通；缺点是构造复杂、造价较高。有组织排水在建筑工程中应用广泛。

确定屋顶排水方式应根据气候条件、建筑物的高度、质量等级、使用性质、屋顶面积大小等因素加以综合考虑，一般可以按以下原则进行选择。

① 等级较低的建筑，采用无组织排水可以减少造价。

② 炼钢车间等工业厂房，在生产过程中会散发大量粉尘积于屋面，下雨时会造成管道堵塞，故不适于采用有组织排水。

③ 有腐蚀性介质的工业建筑，由于会腐蚀雨水管，因此也不宜采用有组织防水。

④ 在降雨量大的地区或房屋较高的情况下，宜采用有组织排水。

⑤ 临街建筑雨水排向人行道时宜采用有组织排水。

10.2.3　有组织排水方案

在工程实践中，由于具体条件的千变万化，可能出现各式各样的有组织排水方案。主要有外排水和内排水两大排水方案。

外排水是指雨水管装设在室外的一种排水方案，其优点是雨水管不妨碍室内空间使用和美观，构造简单，因而被广泛采用。外排水方案可归纳成以下几种。

(1) 挑檐沟外排水　屋面雨水汇集到悬挑在墙外的檐沟内，再从雨水管排至地面［图 10-8 (a)］。当建筑物出现高低屋面时，可先将高出屋面的雨水排至低处屋面，然后从低处屋面的挑檐沟引入地下。

采用挑檐沟外排水方案时，水流线路的水平距离不应超过 24m，以免造成屋面渗漏。

(2) 女儿墙外排水　当建筑物没有挑檐时，可将外墙升起封住屋面，高于屋面的这部分外墙称为女儿墙。其特点是屋面雨水需穿过女儿墙流至室外的雨水管［图 10-8 (b)］。

(3) 女儿墙挑檐沟外排水　屋檐部位既有女儿墙，又有挑檐沟［图 10-8 (c)］，蓄水屋面常采用这种形式，利用女儿墙作为蓄水仓壁，利用挑檐沟汇集从蓄水池中溢出的多余雨水。

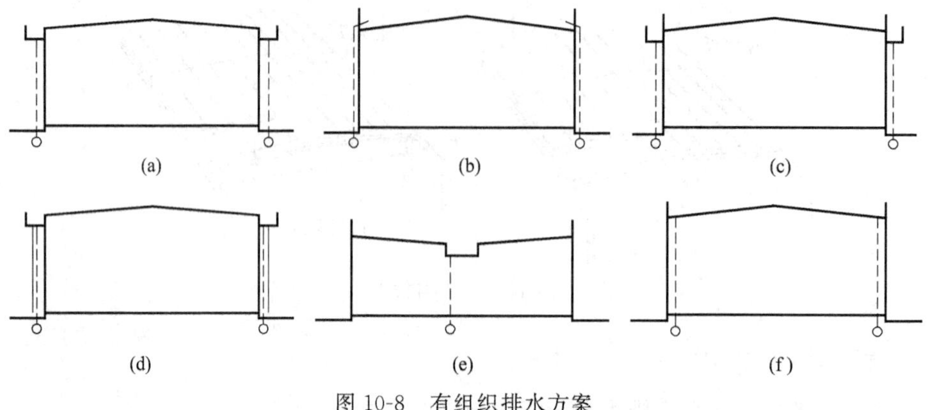

图 10-8　有组织排水方案

（4）暗管外排水　明装的雨水管有损建筑立面，故在一些重要的公共建筑中，雨水管常采取暗装的方式，把雨水管隐藏在假柱或空心墙中。假柱可以处理成建筑立面上的竖线条［图 10-8（d）］。

外排水构造简单，雨水管不占用室内空间，故在南方应优先采用。但在有些情况下采用外排水并不恰当。例如在高层建筑中就是如此，因维修室外雨水管既不方便，更不安全。又如在严寒地区也不适宜用外排水，因室外的雨水管有可能使雨水结冻，而处于室内的雨水管则不会发生这种情况。某些屋面宽度较大的建筑，无法完全依靠外排水排除屋面雨水，自然要采用内排水方案。内排水方案可归纳为以下几种。

（1）中间天沟内排水　当房屋宽度较大时，可在房屋中间设一纵向天沟形成内排水，这种方案特别适用于内廊式多层或高层建筑。雨水管可布置在走廊内，不影响走廊两旁的房间［图 10-8（e）］。

（2）高低跨内排水　高低跨双坡屋顶在两跨交界处也常常需要设置内天沟来汇集低跨屋面的雨水，高低跨可共用一根雨水管。高低跨内排水方案见图 10-9。

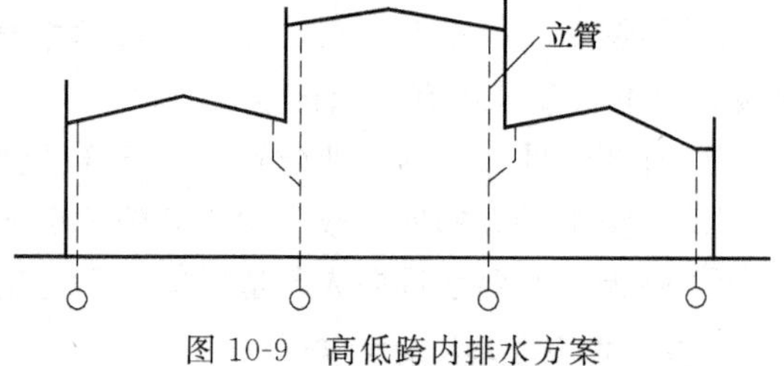

图 10-9　高低跨内排水方案

10.2.4　屋顶排水组织设计

屋顶排水组织设计的主要任务是将屋面划分成若干排水区，分别将雨水引向雨水管，做到排水线路简捷、雨水口负荷均匀、排水顺畅、避免屋顶积水而引起渗漏。一般按下列步骤进行。

（1）确定排水坡面的数目（分坡）　一般情况下，临街建筑平屋顶屋面宽度小于 12m 时，可采用单坡排水；其宽度大于 12m 时，宜采用双坡排水。坡屋顶应结合建筑造型要求选择单坡、双坡或四坡排水。

（2）划分排水区　划分排水区的目的在于合理地布置水落管。排水区的面积是指屋面水平投影的面积，每一根水落管的屋面最大汇水面积不宜大于 200m^2，雨水口的间距在18～24m。

（3）确定天沟所用材料和断面形式及尺寸　天沟即屋面上的排水沟，位于檐口部位时又称檐沟。设置天沟的目的是汇集屋面雨水，并将屋面雨水有组织地迅速排除。天沟根据屋顶类型的不同有多种做法。如坡屋顶中可用钢筋混凝土、镀锌铁皮、石棉水泥等材料做成槽形或三角形天沟。平屋顶的天沟一般用钢筋混凝土制作，当采用檐沟外排水方案时，通常用专用的槽形板做成矩形天沟，如图 10-10（a），该方案采用双坡排水、檐沟外排水方案，天沟的纵坡坡度为 0.5%～1%；当采用女儿墙外排水方案时，可利用倾斜的屋面与垂直的墙面构成三角形天沟，天沟自身起纵坡，箭头指示沟内的水流方向，两个落水管的间距控制在 18～24m 内，分水线位于天沟纵坡最高处，距沟底的距离可以根据坡度的大小算出，并可在檐沟剖面图中反映出来，如图 10-10（b）所示。

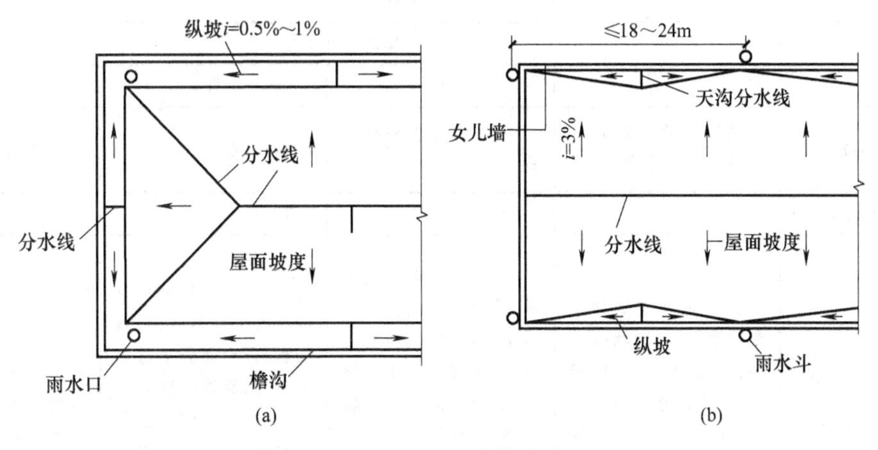

图 10-10　天沟构造

（4）确定水落管规格及间距　水落管按材料不同可分为铸铁管、镀锌管、塑料管、石棉水泥管和陶土管等，目前多采用铸铁管和塑料管，其直径有 50mm、75mm、100mm、110mm、150mm、200mm 几种规格，一般民用建筑最常用的水落管直径为 110mm，面积较小的露台或阳台可采用直径 50mm 或 75mm 的水落管。水落管的位置应在实墙面处，其间距一般在 18m 以内，最大间距宜不超过 24m，因为间距过大，则沟底纵坡面越长，会使沟内的垫坡材料增厚，减少了天沟的容水量，造成雨水溢向屋面引起渗漏或从檐沟外侧涌出。如图 10-11 所示，此排水方案采用双坡排水、檐沟外排水方案，排水分区为交叉虚线所示范围，该范围也是每个水落口和水落管所担负的排水面积。

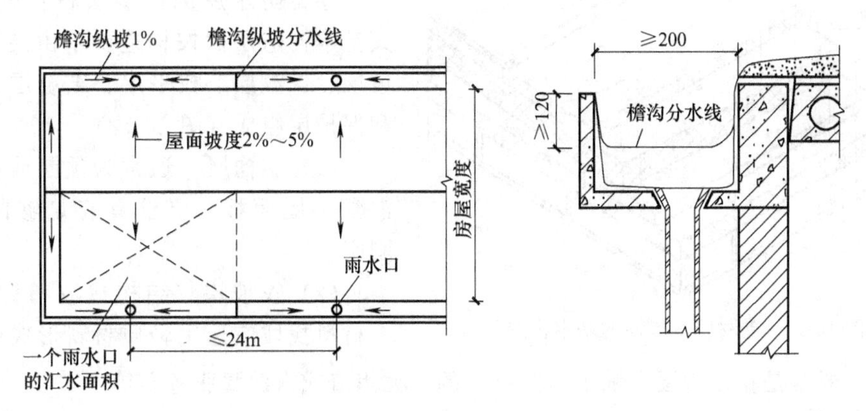

图 10-11　屋顶排水设计

10.3　平屋顶的防水构造

平屋顶按屋面防水层的不同有卷材防水、刚性防水、涂膜防水屋面等多种做法。

10.3.1 卷材防水屋面

卷材防水屋面，是指以防水卷材和黏结剂分层粘贴而构成防水层的屋面。卷材防水屋面所用卷材有沥青类卷材、高分子类卷材、高聚物改性沥青类卷材等，适用于防水等级为Ⅰ～Ⅳ级的屋面防水，见表 10-1。

表 10-1 屋面防水等级和设防要求

项目	屋面防水等级			
	Ⅰ	Ⅱ	Ⅲ	Ⅳ
建筑物类别	特别重要或对防水有特殊要求的建筑	重要的建筑和高层建筑	一般建筑	非永久性的建筑
防水层合理使用年限	25 年	15 年	10 年	5 年
防水层选用材料	宜选用合成高分子防水卷材、高聚物改性沥青防水卷材、金属板材、合成高分子防水涂料、细石防水混凝土等材料	宜选用高聚物改性沥青防水卷材、合成高分子防水卷材、金属板材、合成高分子防水涂料、高聚物改性沥青防水涂料、细石防水混凝土、平瓦、油毡瓦等材料	宜选用三毡四油沥青防水卷材、高聚物改性沥青防水卷材、金属板材、合成高分子防水卷材、高聚物改性沥青防水涂料、合成高分子防水涂料、细石防水混凝土、平瓦、油毡瓦等材料	可选用二毡三油沥青防水卷材、高聚物改性沥青防水涂料等材料
设防要求	三道或三道以上防水设防	二道防水设防	一道防水设防	一道防水设防

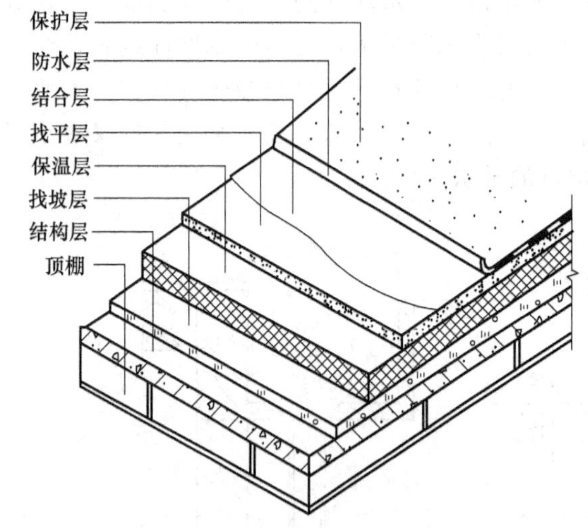

图 10-12 卷材防水屋面的基本构造

卷材防水屋面较能适应温度、振动、不均匀沉降等因素的变化作用，整体性好，不易渗漏，但施工操作较为复杂，技术要求较高。

卷材防水屋面由多层材料叠合而成，其基本构造层次按构造要求由结构层、找坡层、保温层、找平层、结合层、防水层和保护层组成（图 10-12）。

(1) 结构层　通常为预制或现浇钢筋混凝土屋面板，要求具有足够的强度和刚度。

(2) 找坡层（结构找坡和材料找坡）　材料找坡应选用轻质材料形成所需要的排水坡度，通常是在结构层上铺 1∶(6～8) 的水泥焦渣或水泥膨胀蛭石等。

(3) 找平层　柔性防水层要求铺贴在坚固而平整的基层上，因此必须在结构层或找坡层上设置找平层。用 15～30mm 厚的 1∶2.5～1∶3 的水泥砂浆、细石混凝土、沥青砂浆，并留出 20mm 的分格缝，缝内填密封材料。

(4) 结合层　结合层的作用是使卷材防水层与基层黏结牢固。结合层所用材料应根据卷材防水层材料的不同来选择，如油毡卷材、聚氯乙烯卷材及自粘型彩色三元乙丙复合卷材用冷底子油在水泥砂浆找平层上喷涂一至二道；三元乙丙橡胶卷材则采用聚氨酯底胶；氯化聚乙烯橡胶卷材需用氯丁胶乳等。冷底子油用沥青加入汽油或煤油等溶剂稀释而成，喷涂时不用加热，在常温下进行，故称冷底子油。

（5）防水层　防水层是由胶结材料与卷材粘合而成，卷材连续搭接，形成屋面防水的主要部分。当屋面坡度较小时，卷材一般平行于屋脊铺设，从檐口到屋脊层层向上粘贴，上下搭接不小于70mm，左右搭接不小于100mm。

油毡屋面在我国已有几十年的使用历史，具有较好的防水性能，对屋面基层变形有一定的适应能力，但这种屋面施工麻烦、劳动强度大，且容易出现油毡鼓泡、沥青流淌、油毡老化等方面的问题，使油毡屋面的寿命大大缩短，平均10年左右就要进行大修。

目前所用的新型防水卷材，主要有三元乙丙橡胶防水卷材、自粘型彩色三元乙丙复合防水卷材、聚氯乙烯防水卷材、氯化聚乙烯防水卷材、氯丁橡胶防水卷材及改性沥青油毡防水卷材等，这些材料一般为单层卷材防水构造，防水要求较高时可采用双层卷材防水构造。这些防水材料的共同优点是自重轻，适用温度范围广，耐气候性好，使用寿命长，抗拉强度高，延伸率大，冷作业施工，操作简便，大大改善劳动条件，减少环境污染。

（6）保护层　不上人屋面保护层的做法：当采用油毡防水层时为粒径3～6mm的小石子，称为绿豆砂保护层。绿豆砂要求耐风化、颗粒均匀、色浅；三元乙丙橡胶卷材采用银色着色剂，直接涂刷在防水层上表面；彩色三元乙丙复合卷材防水层直接用CX-404胶黏结，不需另加保护层。

上人屋面的保护层构造做法：通常可采用水泥砂浆或沥青砂浆铺贴缸砖、大阶砖、混凝土板等，也可现浇40mm厚C20细石混凝土。

仅仅做好大面积屋面部位的卷材防水各构造层，还不能完全确保屋顶不渗不漏。如果屋顶开设有孔洞，有管道出屋顶，屋顶边缘封闭不牢等，都有可能破坏卷材屋面的整体性，造成防水的薄弱环节，因而还应该通过正确地处理细部构造来完善屋顶的防水。

屋顶细部是指屋面上的泛水、天沟、雨水口、檐口、变形缝等部位。

（1）泛水构造　泛水指屋顶上沿所有垂直面所设的防水构造，突出于屋面之上的女儿墙、烟囱、楼梯间、变形缝、检修孔、立管等的壁面与屋顶的交接处是最容易漏水的地方。必须将屋面防水层延伸到这些垂直面上，形成立铺的防水层，称为泛水（图10-13）。其做法及构造要点如下。

① 将屋面的卷材防水层继续铺至垂直面上，形成卷材防水，其上再加铺一层附加卷材，泛水高度不得小于250mm。

② 屋面与垂直面交接处应将卷材下的砂浆找平层抹成直径20～150mm的圆弧或45°斜面，上刷卷材黏结剂，使卷材铺贴牢实，以免卷材架空或折断。

③ 做好泛水上口的卷材收头固定，防止卷材在垂直墙面上下滑，一般做法是：在垂直墙中凿出通长凹槽，将卷材的收头压入槽内，用防水压条钉压后再用密封材料嵌填封严，外抹水泥砂浆保护。凹槽上部的墙体则用防水砂浆抹面。

（2）檐口构造　檐口分为无组织排水和有组织排水两种做法。无组织排水挑檐口不宜直接用屋面板外挑，因其温度变形大，使檐口抹灰砂浆开裂，引起尿墙现象，若采用与圈梁整浇的混凝土挑板则比较理想。自由落水檐口的卷材收头极易开裂渗水，应采用配套油膏嵌缝，见图10-14（a）。挑檐沟的檐口在檐沟处要多加一层卷材，可以采用空铺的方法，沟口

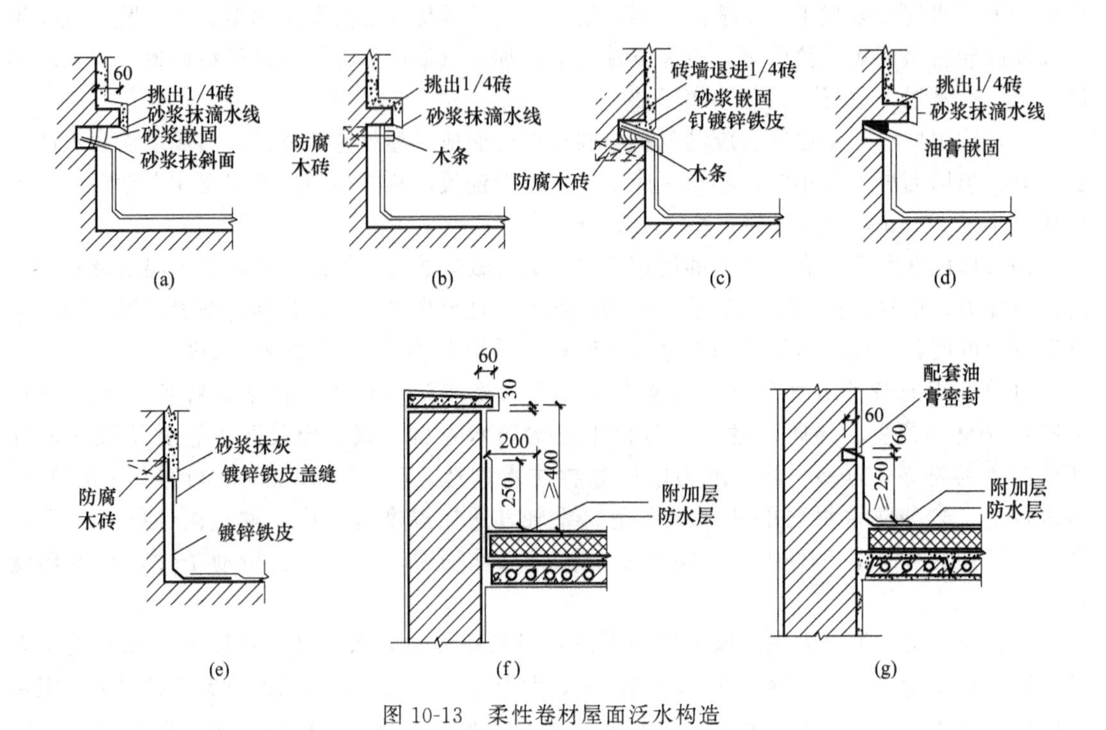

图 10-13 柔性卷材屋面泛水构造

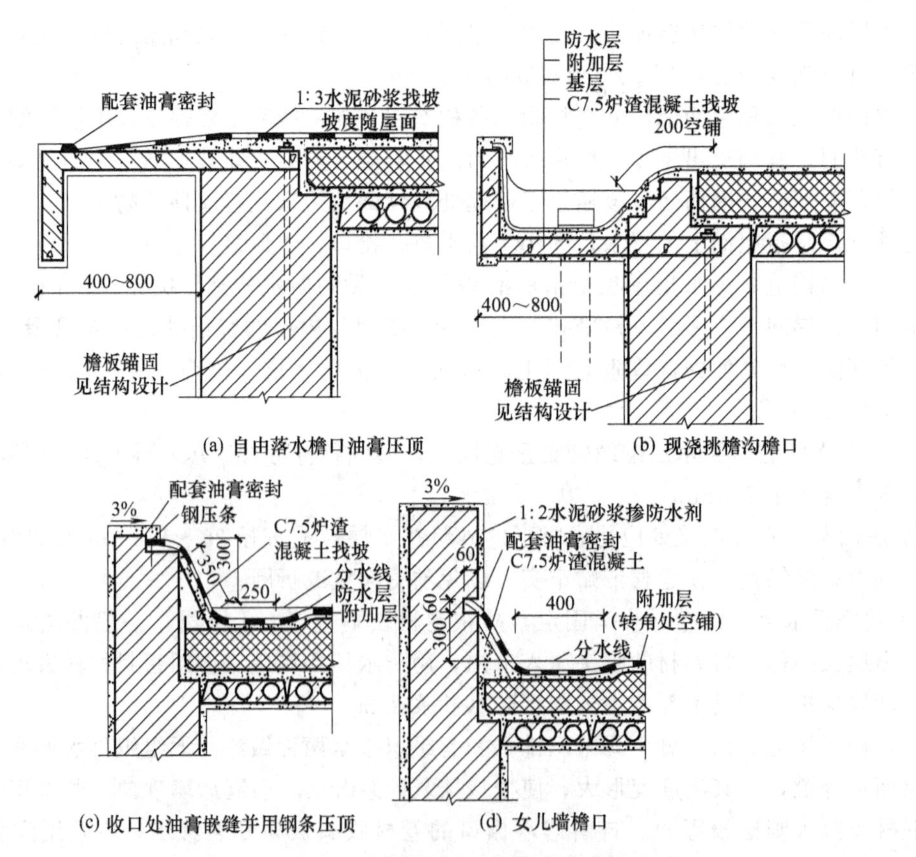

图 10-14 柔性卷材防水屋面檐口构造

处的卷材一般采用嵌油膏或插铁卡等方法，见图 10-14（b）、（c）。天沟、檐沟内用轻质材料作出不小于 1%的纵向坡度。女儿墙外排水一般直接利用屋顶倾斜坡面在靠近女儿墙屋面最低处做成排水沟，也可采用专用的槽板做成矩形天沟，天沟内防水层铺设到女儿墙上形成泛水，天沟内做纵向排水坡，见图 10-14（d）。

（3）雨水口构造　雨水口位于天沟或檐沟与雨水管交汇处，是二者之间的连接配件。雨水口通常是定型产品，多采用铸铁和钢板制作，分为直管式和弯管式两类。直管式适用于中间天沟、挑檐沟和女儿墙内排水天沟；弯管式只适用于女儿墙外排水天沟。

直管式雨水口要根据降雨量和汇水面积选择型号。套管呈漏斗型，安装在挑檐板上，防水卷材和附加卷材均粘在套管内壁上，再用环形筒嵌入套管内，将卷材压紧，嵌入深度不小于 100mm，环形筒与底座的接缝须用油膏嵌缝。雨水口周围直径 500mm 范围内坡度不小于 5%，并用密封材料涂封，其厚度不小于 2mm。雨水口套管与基层相接处应留宽 20mm、深 20mm 的凹槽，并嵌填密封材料，如图 10-15 所示。

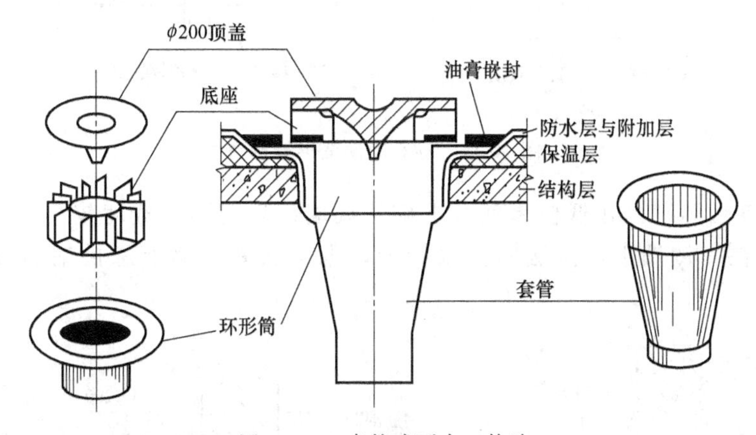

图 10-15　直管式雨水口构造

弯管式雨水口呈 90°弯曲状，由弯曲套管和铸铁篦两部分组成。弯曲套管置于女儿墙预留孔洞中，屋面防水卷材和泛水卷材应铺到套管的内壁四周，铺入深度至少 100mm，套管口用铸铁箅遮挡，防止杂物堵塞水口，如图 10-16 所示。

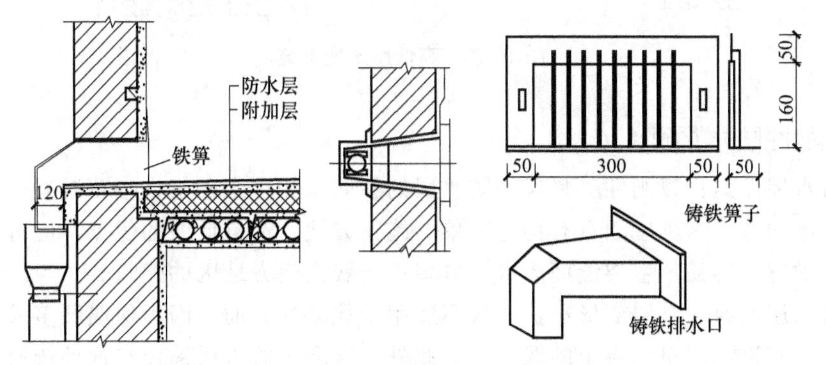

图 10-16　弯管式雨水口构造

（4）屋面变形缝构造　屋面变形缝的构造处理原则：既不能影响屋面的变形，又要防止雨水从变形缝渗入室内。屋面变形缝按建筑设计可设于同层等高屋面上，也可设在高低屋面的交接处。

等高屋面变形缝的做法是：在缝两边的屋面板上砌筑矮墙，以挡住屋面雨水。矮墙的高度不小于250mm，半砖墙厚。屋面卷材防水层与矮墙面的连接处理类同泛水构造，缝内嵌填沥青麻丝。矮墙顶部可用镀锌铁皮盖缝，也可铺一层卷材后用混凝土盖板压顶（图10-17）。

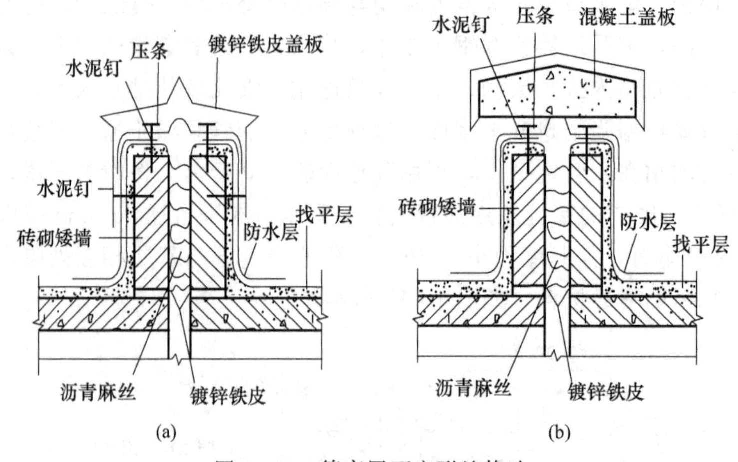

图10-17　等高屋面变形缝构造

高低屋面变形缝则是在低侧屋面板上砌筑矮墙。当变形缝宽度较小时，可用镀锌铁皮盖缝并固定在高侧墙上，做法同泛水构造，也可从高侧墙上悬挑钢筋混凝土板盖缝（图10-18）。

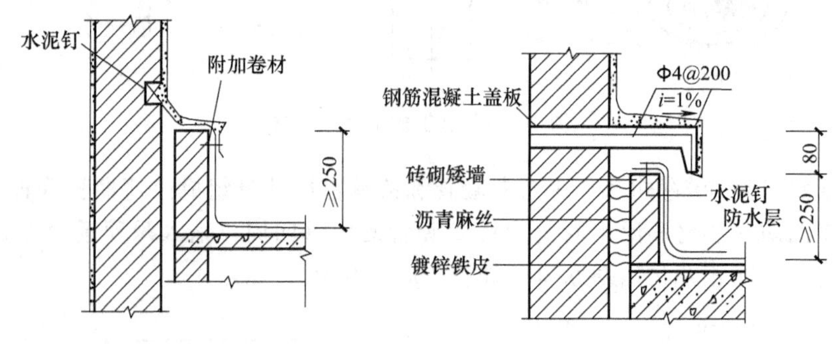

图10-18　高低屋面变形缝

10.3.2　刚性防水屋面

刚性防水屋面是指以刚性材料作为防水层的屋面，如防水砂浆、细石混凝土、配筋细石混凝土防水屋面等。这种屋面具有构造简单、施工方便、造价低廉的优点，但对温度变化和结构变形较敏感，容易产生裂缝而渗水，故多用于我国南方地区的建筑。

刚性防水屋面要求基层变形小，一般不适用于保温的屋面，因为保温层多采用轻质多孔材料，其上不宜进行浇筑混凝土的湿作业；此外，混凝土防水层铺设在这种较松软的基层上也很容易产生裂缝。刚性防水屋面也不宜用于高温、有振动、基础有较大不均匀沉降的建筑。

10.3.2.1　刚性防水屋面的构造层次及做法

刚性防水屋面一般由结构层、找平层、隔离层和防水层组成。刚性防水屋面应尽量采用结构找坡（图 10-19）。

防水层40mmC20细石混凝土内配钢筋

隔离层：纸筋灰或低强度等级砂浆或干铺油毡

找平层:20厚1:3水泥砂浆

结构层：钢筋混凝土板

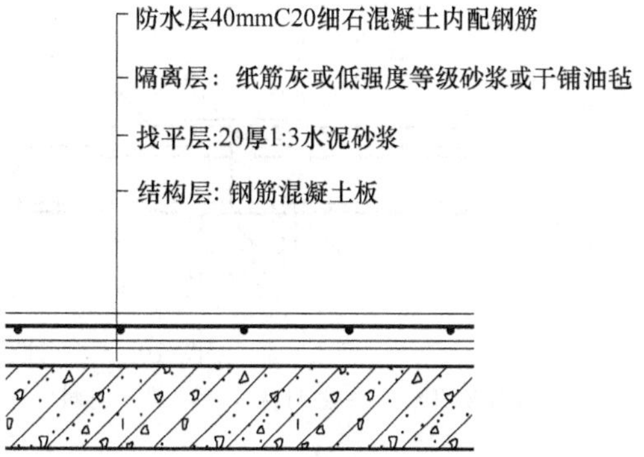

图 10-19　刚性防水屋面的基本构造

（1）结构层　刚性防水屋面的结构层要求具有足够的强度和刚度，一般应采用现浇或预制装配的钢筋混凝土屋面板，并在结构层现浇或铺板时形成屋面的排水坡度。

（2）找平层　为保证防水层厚薄均匀，通常应在结构层上用 20mm 厚 1∶3 水泥砂浆找平。若采用现浇钢筋混凝土屋面板或设有纸筋灰等材料时，也可不设找平层。

（3）隔离层　为减少结构层变形及温度变化对防水层的不利影响，宜在防水层下设置隔离层。隔离层可采用纸筋灰、低强度等级砂浆或薄砂层上干铺一层油毡等。当防水层中加有膨胀剂类材料时，其抗裂性有所改善，也可不做隔离层。

（4）防水层　常用配筋细石混凝土防水屋面的混凝土强度等级应不低于 C20，其厚度宜不小于 40mm，双向配置 ϕ(4～6.5)、间距为 100～200mm 的双向钢筋网片。为提高防水层的抗渗性能，可在细石混凝土内掺入适量外加剂（如膨胀剂、减水剂、防水剂等）以提高其密实性能。

10.3.2.2　刚性防水屋面细部构造

刚性防水屋面的细部构造包括屋面防水层的分格缝、泛水、檐口、雨水口等部位的构造处理。

（1）屋面分格缝　屋面分格缝实质上是在屋面防水层上设置的变形缝。其目的在于：①防止温度变形引起防水层开裂；②防止结构变形将防水层拉坏。因此，屋面分格缝的位置应设置在温度变形允许的范围以内和结构变形敏感的部位。一般情况下分格缝间距不宜大于 6m。结构变形敏感的部位主要是指装配式屋面板的支承端、屋面转折处、现浇屋面板与预制屋面板的交接处、泛水与立墙交接处等部位。分格缝的位置如图 10-20 所示。

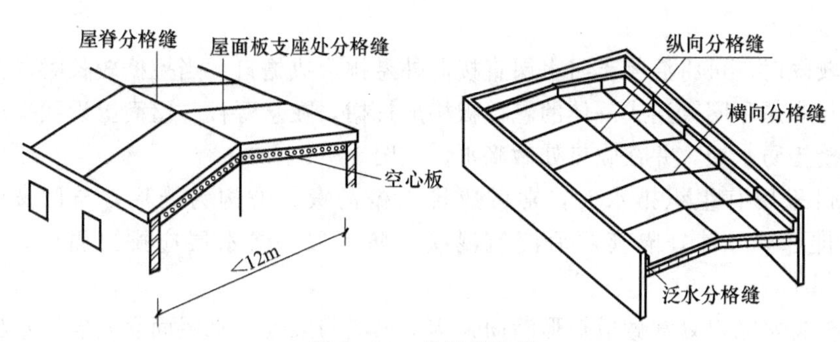

图 10-20　分格缝位置

分格缝的构造要点：

① 防水层内的钢筋在分格缝处应断开；

② 屋面板缝用浸过沥青的木丝板等密封材料嵌填，缝口用油膏等嵌填；

③ 缝口表面用防水卷材铺贴盖缝，卷材的宽度为 200～300mm。

分格缝的构造如图 10-21。

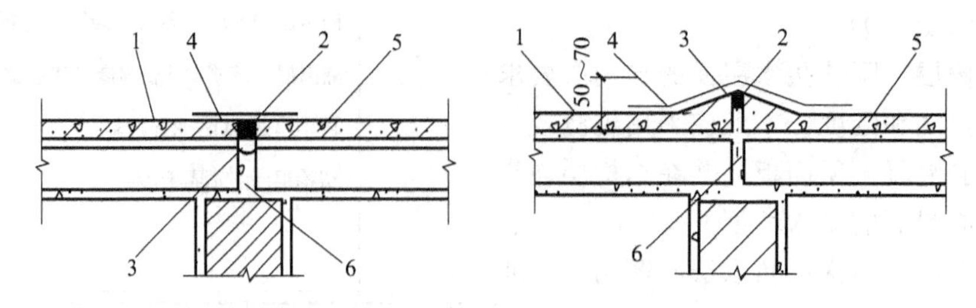

图 10-21 刚性防水屋面分格缝构造

1—刚性防水层；2—密封材料；3—背衬材料（沥青麻丝）；4—防水卷材料；5—隔离层；6—细石混凝土

(2) 泛水构造 刚性防水屋面泛水构造与柔性防水屋面大体相同，一般做法是将细石混凝土防水层直接引申到墙面上，细石混凝土内的钢筋网片也同时上弯。泛水应具有足够的高度，转角做成圆弧或45°斜面，并与屋面防水层一次浇成，不留施工缝，上端应有挡雨措施，一般做法是将砖墙挑出1/4砖，抹水泥砂浆滴水线。刚性屋面泛水与墙之间必须设分格缝，缝内用弹性材料填充，缝口应用油膏嵌缝或铁皮盖缝，见图10-22。

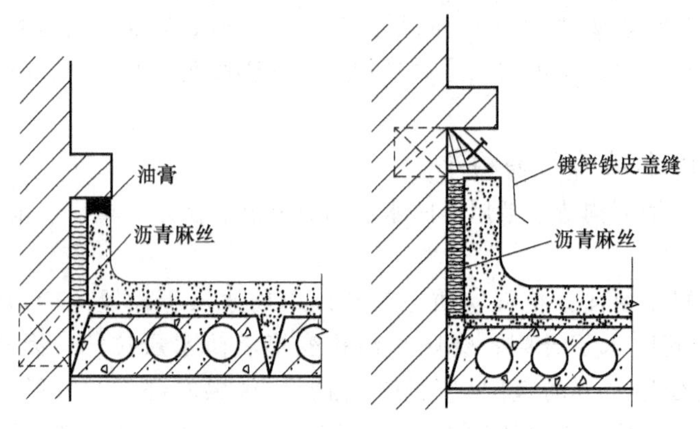

图 10-22 刚性防水屋面泛水构造

(3) 檐口构造 刚性防水屋面常用的檐口形式是自由落水檐口、挑檐沟外排水和女儿墙外排水檐口。

当挑檐较短时，可将混凝土防水层直接向外悬挑形成檐口。当挑檐较长时，为了保证结构强度，应与和屋顶圈梁连成一体的悬臂板构成挑檐，在悬臂板与屋面上设找平层和做隔离层后浇筑混凝土防水层，并在收口处做滴水，见图10-23 (a)。

当挑檐口采用有组织排水时，常做成排水檐沟板，檐沟为槽形，与圈梁连成一体，沟内设纵向排水坡，铺好隔离层后浇筑混凝土防水层，防水层应挑出屋面，并做滴水，见图10-23 (b)。

女儿墙外排水檐口处常做成矩形断面天沟，做法与柔性防水屋面女儿墙泛水相同，见图10-23 (c)。

(4) 雨水口构造 刚性防水屋面的雨水口有直管式和弯管式两种做法，直管式一般用于挑檐沟外排水的雨水口，弯管式用于女儿墙外排水的雨水口。

① 直管式雨水口。直管式雨水口为防止雨水从雨水口套管与沟底接缝处渗漏，应在雨水口周边加铺柔性防水层并铺至套管内壁，檐口处浇筑混凝土防水层应覆盖于附加的柔性防水层之上，并于防水层与雨水口之间用油膏嵌实（图10-24）。

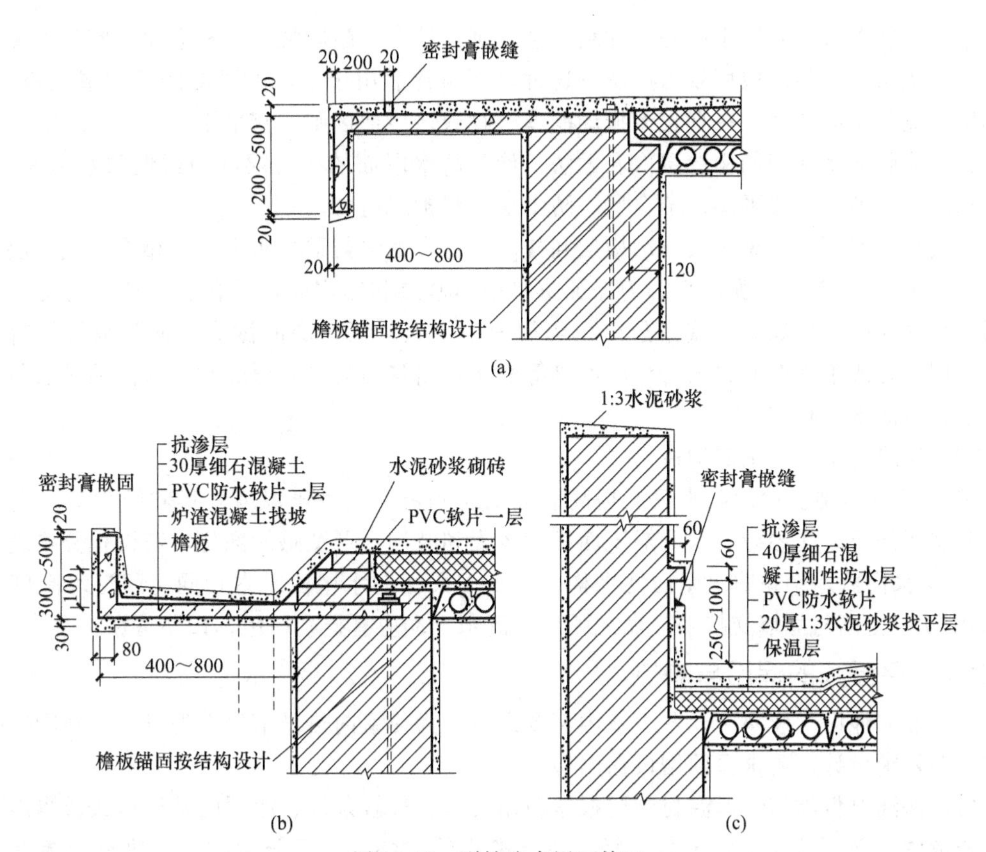

图 10-23　刚性防水屋面檐口

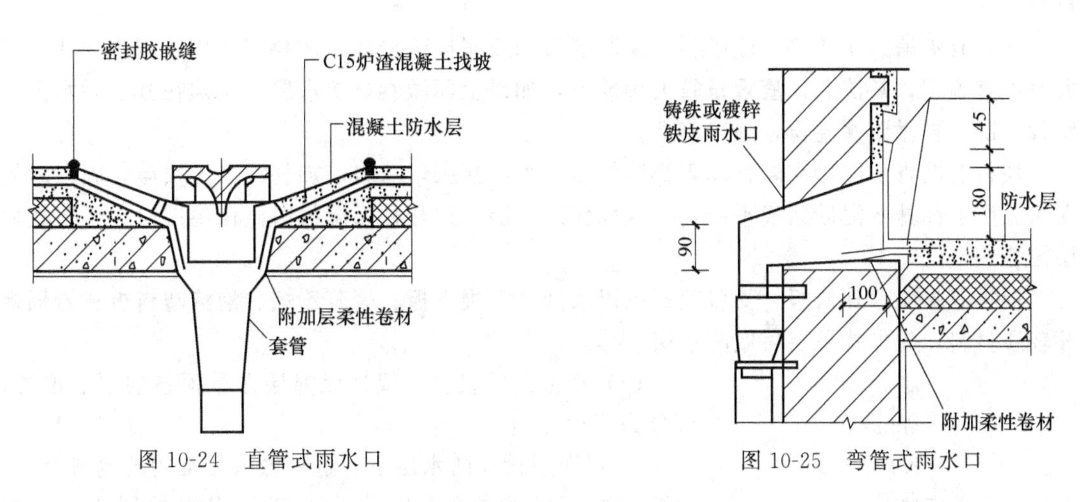

图 10-24　直管式雨水口　　　　图 10-25　弯管式雨水口

② 弯管式雨水口。弯管式雨水口一般用铸铁做成弯头。雨水口安装时，在雨水口处的屋面加铺附加卷材与弯头搭接，其搭接长度不小于 100mm，然后浇筑混凝土防水层，防水层与弯头交接处需用油膏嵌缝。

10.3.3　涂膜防水屋面

涂膜防水屋面又称涂料防水屋面，是指用可塑性和黏结力较强的高分子防水涂料，直接涂刷在屋面基层上形成一层不透水的薄膜层以达到防水目的的一种屋面做法。防水涂料有塑料、橡胶和改性沥青三大类，常用的有塑料油膏、氯丁胶乳沥青涂料和焦油聚氨酯防水涂膜等。这些材料多数具有防水性好、黏结力强、延伸性大、耐腐蚀、不易老化、施工方便、容易维修等优点。近年来应用较为广泛。这种屋面通常适用于不设保温层的预制屋面板结构，如单层工业厂房的屋面。在有较大振动的建筑物或寒冷地区则不宜采用。

（1）涂膜防水屋面的构造层次和做法　涂膜防水屋面的构造层次与柔性防水屋面相同，由结构层、找坡层、找平层、结合层、防水层和保护层组成。

涂膜防水屋面的常见做法，结构层和找坡层材料做法与柔性防水屋面相同。找平层通常为25mm厚1∶2.5的水泥砂浆。为保证防水层与基层黏结牢固，结合层应选用与防水涂料相同的材料经稀释后满刷在找平层上。当屋面不上人时保护层的做法根据防水层材料的不同，可用蛭石或细砂撒面、银粉涂料涂刷等做法；当屋面为上人屋面时，保护层做法与柔性防水上人屋面做法相同。

（2）涂膜防水屋面细部构造

① 分格缝构造。涂膜防水只能提高表面的防水能力，由于温度变形和结构变形会导致基层开裂而使得屋面渗漏，因此对屋面面积较大和结构变形敏感的部位，需设置分格缝。

② 泛水构造。涂膜防水屋面泛水构造要点与柔性防水屋面基本相同，即泛水高度不小于250mm；屋面与立墙交接处应做成弧形；泛水上端应有挡雨措施，以防渗漏。

10.3.4 平屋顶的保温与隔热

我国北方地区气候寒冷，冬季室内需要采暖，为使室内热量不致损失过快，外围护构件要按保温要求设计，要求屋顶增设保温层。

（1）保温材料类型　保温材料要根据使用要求、气候条件、屋顶的结构形式及当地资源等综合考虑，必须是孔隙多、容重轻、热导率小的材料，一般分为散料、块材和板材三种材料。

散料有炉渣、矿渣等工业废料、膨胀蛭石和膨胀珍珠岩等。散料在使用过程中存在风较大时不宜施工，炉渣、矿渣重量较大等缺点，如果上面做卷材防水层，则须在其上做水泥砂浆找平层，再做防水卷材，施工麻烦。

块材有沥青膨胀珍珠岩、沥青膨胀蛭石、水泥膨胀珍珠岩、加气混凝土块等，施工时先在保温层上面抹水泥砂浆找平层，再铺橡胶防水层。这几种保温材料做保温层时，可与找坡层结合。

板材有膨胀珍珠岩板、膨胀蛭石板以及加气混凝土板、聚苯乙烯、泡沫塑料板和岩棉板等轻质材料，先做找平层后做防水层。

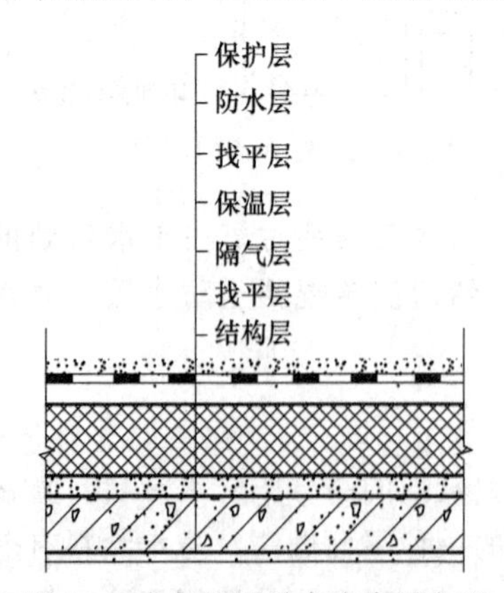

图10-26　保温层设在防水层之下

（2）保温层的设置　根据保温层在屋顶各层中的位置，可分为两种类型。

① 保温层设在防水层下。这种做法是常用的构造做法，保温层位于结构层的上面，也叫正铺保温层屋面，见图10-26。这种做法能有效减少外界温度变化对结构的影响，而且受力合理，施工方便。

由于室内水蒸气能透过结构层进入保温层，产生凝结水，降低保温材料的保温性能，另外凝结水受热膨胀还可使防水层起鼓破坏，导致漏水。为防止这种现象产生，可在防水层铺设时采用条铺、点铺等方法外，还应在保温层下做隔气层，一般用橡胶卷材配套的防水涂料涂刷2mm

厚，或在保温层上加一层砾石或陶粒作为透气层，在其上做找平层和卷材防水层，见图10-27（a），也可在保温层中间做排气通道，见图10-27（b）。

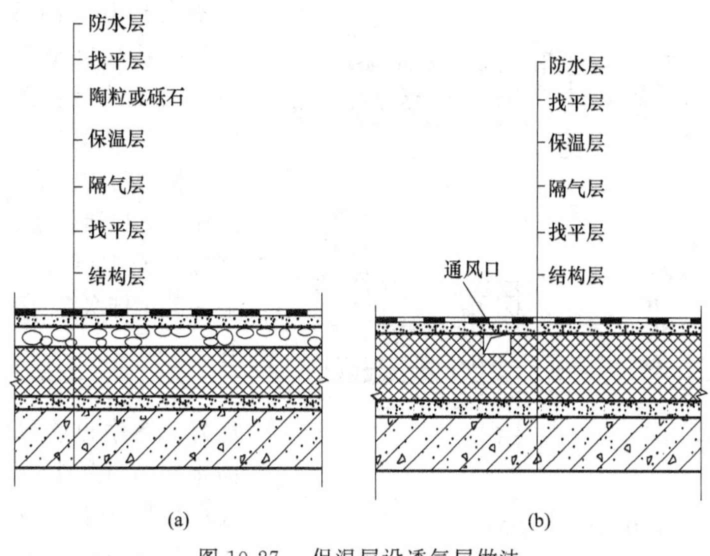

图10-27　保温层设透气层做法

保温层中设透气层并要留通风口，通风口一般留在檐口和屋脊处，见图10-28。

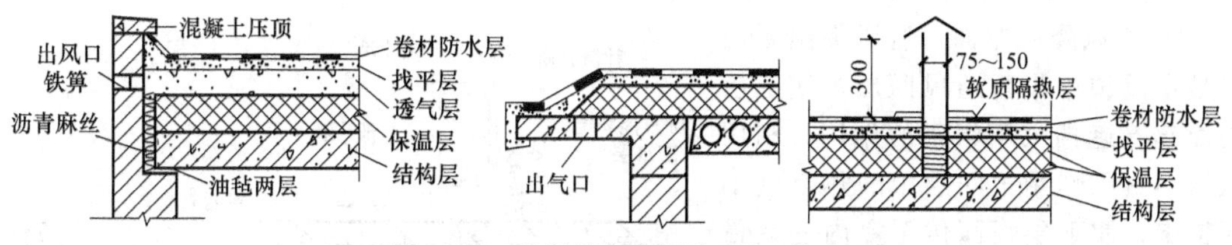

图10-28　保温层中透气层通风口构造

② 保温层设在防水层上。由于保温层的位置和一般做法相反，也叫倒铺保温屋面，见图10-29。这种做法的优点是防水层不受外界气候的影响，不受外界的破坏。缺点是保温材料的选择受到限制，必须采用吸湿低、耐候性强的憎水保温材料，上面须用较重的覆盖层压住，如混凝土等。

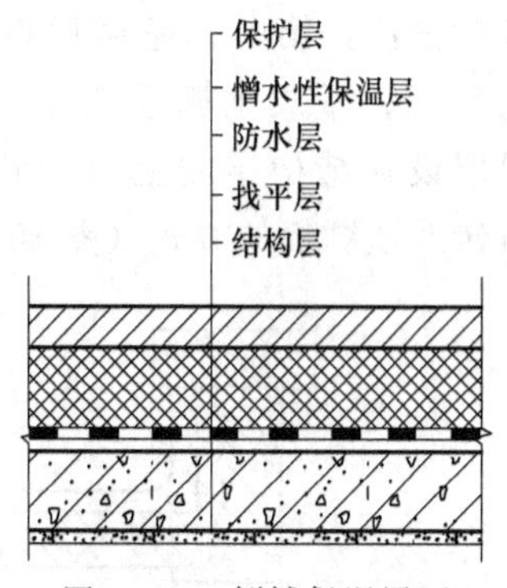

图10-29　倒铺保温屋面

（3）平屋顶的隔热　我国南方地区气候炎热，夏季太阳辐射热使屋顶温度剧烈升高，为减轻高温对室内的影响，平屋顶须设降温隔热层或采取降温措施。

① 实体材料隔热屋面。利用材料的蓄热性、热稳定性和传导过程中的时间延迟性来做隔热屋顶。这种屋顶在太阳辐射下，内表面温度比外表面温度有较大的降低，内表面出现高温的时间能延迟3～5h。但这种材料重量大、蓄热系数大，晚间气温降低后，屋顶内蓄存的热量开始向室内散发，故只适合夜间不使用的房间，见图10-30。

② 蓄水屋面。蓄水屋面是在平屋顶上蓄积一层水，利用水吸收大量太阳辐射和室外气温的热量，而水的蒸发又将热量散发到空气中，以减少屋顶吸收的热能，从而达到降温隔热的目的。水还可以反射阳光，又可减少阳光辐射对屋面的热作用。但蓄水屋面不宜用在寒冷地区、

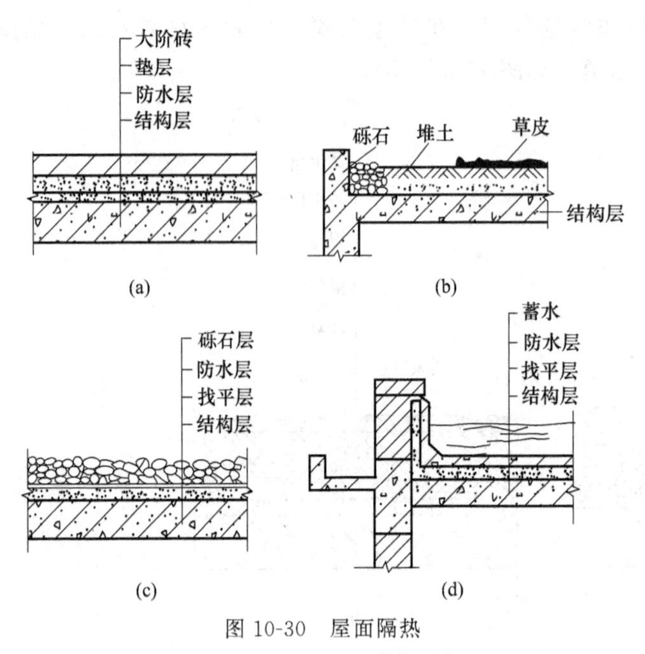

图 10-30　屋面隔热

地震区和振动较大的建筑物上。屋面的坡度不宜大于 0.5%，屋面应划分为不大于 10m 的蓄水区，长度超过 40m 的蓄水屋面应做横向伸缩缝一道。屋面的蓄水深度一般为 150～200mm。蓄水屋面通常采用刚性防水层，做法与刚性防水平屋面相同，也应做好分格缝。溢水口的上部应距分格缝顶面 100mm，排水孔设在分格缝底部，排水管与落水管相连，见图 10-30（d）。

③ 种植屋面。种植屋面隔热性能好，冬季也能保温，有利于增加防水层的耐久性，也可以美化环境。在种植屋面上应设置人行通道，四周应设置围护墙及泄水孔、排水管，屋面为柔性防水层时，上部应设置刚性保护层。种植屋面的种植介质主要为炉渣与土混合的有土种植和蛭石、珍珠岩、锯末等无土种植，见图 10-31。

④ 通风降温屋面。通风降温屋面就是在屋顶中设置通风间层，使上层表面起着遮挡太阳辐射的作用，利用风压和热压作用把间层中的热空气不断带走，使下层板面传至室内的热量大为减少，达到降温的目的。一般分两种做法：第一，通风层设在结构层的下面，做成顶棚通风层；第二，通风层设在结构层的上面，采用架空大阶砖或预制板的方式（图 10-32）。

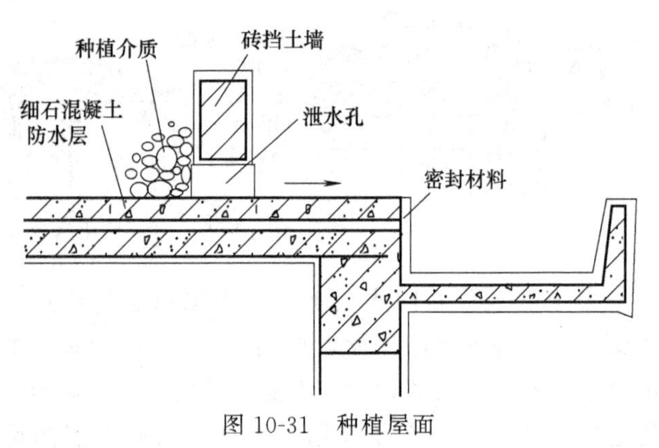

图 10-31　种植屋面

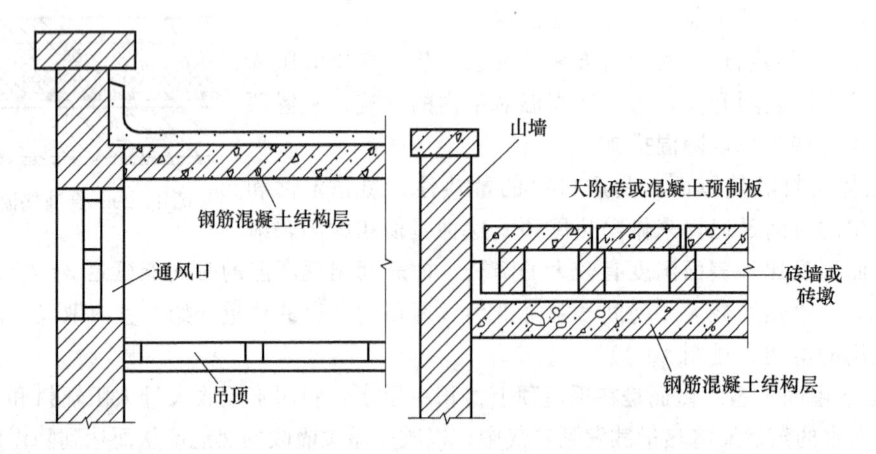

图 10-32　通风降温屋面

架空层的净高应随屋面宽度和坡度大小而变化，屋面宽度越大，净高应大些，较陡的屋面宜选用较大的净高，当高度超过 360mm 时，架空层内的风速反而减小，影响降温效果，一般以 180～240mm 为宜。当屋面宽度大于 10m 时，应设置高差通风脊，以改善通风的效果，见图 10-33（a）。

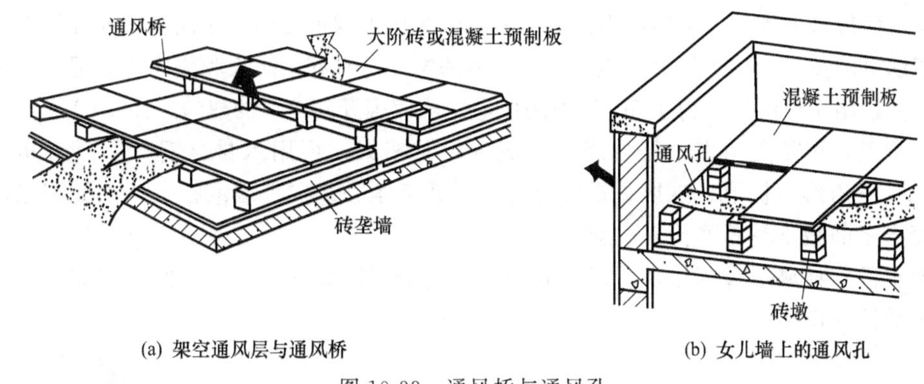

图 10-33　通风桥与通风孔

为了保证架空层内空气的流通，必须在架空层的周边设置一定数量的通风孔，见图 10-33（b）。如果在女儿墙上开设通风孔有损于建筑立面造型时，也可在离女儿墙 500mm 范围内不铺架空板，让架空层周边敞开着，以利于空气对流。

当架空层的通风口能正对当地夏季主导风向时，采用砖垄墙架空板可以提高通风效率。当不能朝向夏季主导风向时，这样做不利于通风，最好采用砖墩架空隔热板的布置方式。这种做法与风向无关，但通风效率不如前者，因砖垄墙架空隔热板是一种巷道式通风，只要正对主导风向，对流速度极快，散热效果好，而砖墩架空隔热层的对流速度慢。

⑤ 反射蒸发降温屋面。屋面受到太阳辐射后，一部分辐射热被屋面材料所吸收，另一部分被反射出去，反射的辐射热量与入射热量之比为屋面材料的反射率（用％表示）。这一比值取决于屋面表面材料的颜色和粗糙程度，色浅而光滑的表面比色深而粗糙的表面具有更大的反射率。在设计中，应恰当地利用材料这一特性，如采用浅色的砾石、混凝土做屋面，或在屋面上刷浅色涂料，对隔热降温均可起到显著作用。

10.4　坡屋顶的构造

坡屋顶由承重结构、屋面、顶棚等部分组成，根据使用要求不同，有时还需增设保温屋和隔热层。坡屋顶的屋面是由一些坡度相同的倾斜面相互交接而成的，交线为水平线时称正脊；当斜面相交为凹角时，所构成的倾斜交线称斜天沟；斜面相交为凸角时的交线称斜脊。坡屋顶的坡度随着所采用的支撑结构和屋面铺设材料和铺盖方法不同而异，一般坡度均大于 1∶10。

坡屋面坡度较大，雨水容易排除。屋面铺材品种较多，施工简单，易于维修，且屋顶形式变化较多。坡屋顶的基本构造有以下几种。

① 承重结构：坡屋顶的承重结构用来承受屋面传来的荷载，并把荷载传给墙或柱。承重结构由椽条、檩条、屋架或大梁等组成。

② 屋面：屋顶的上覆盖层，它包括屋面覆盖材料和基层材料，如挂瓦条、屋面板等。

③ 顶棚：屋顶下面的遮盖部分，可使室内上部平整，起装饰作用。

④ 保温层或隔热层：可设在屋面层或顶棚处。

10.4.1 承重结构类型

坡屋顶中常用的承重结构有横墙承重、屋架承重和梁架承重。

横墙承重：将横墙顶部按屋面坡度大小砌成三角形，在墙上直接搁置檩条或钢筋混凝土屋面板支承屋面传来的荷载，又叫硬山搁檩。横墙作为屋顶承重结构，多用于房间开间较小的建筑。横墙承重的特点：构造简单、施工方便、节约木材，有利于防火和隔声等，但房间开间尺寸受限制。适用于开间尺寸为4.5m以内的住宅、旅馆等开间较小的建筑（图10-34）。

屋架承重：屋架是由多个杆件组合而成的承重桁架，可用木材、钢材、钢筋混凝土制作，形状有三角形、梯形、拱形、折线形等。屋架支承在纵向外墙或柱上，上面搁置檩条或钢筋混凝土屋面板承受屋面传来的荷载。

屋架承重与横墙承重相比，可以省去横墙，使房屋内部有较大的空间，增加了内部空间划分的灵活性（图10-35）。

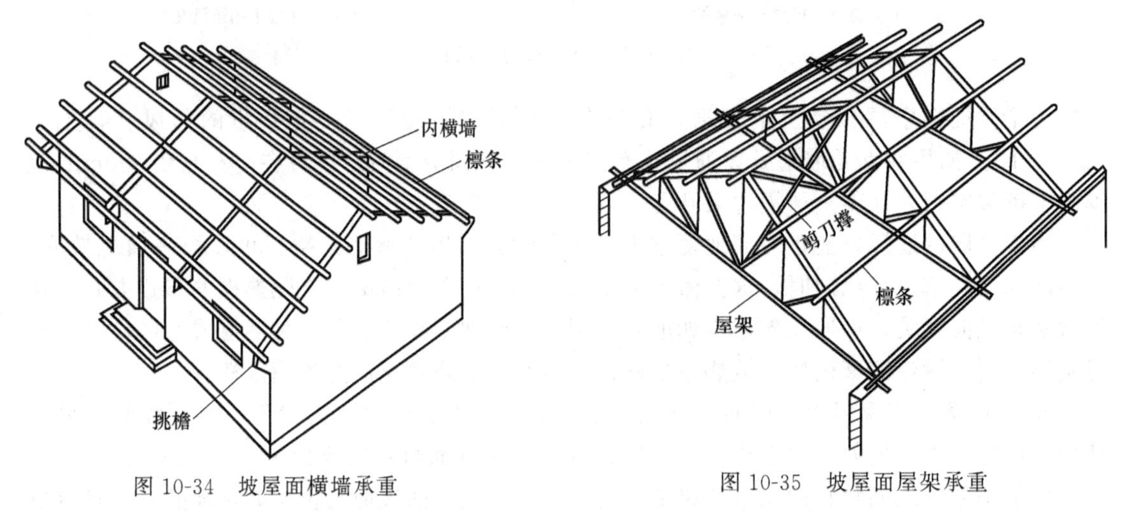

图10-34 坡屋面横墙承重　　图10-35 坡屋面屋架承重

梁架承重：梁架结构是我国传统的木结构形式，它由立柱和横梁组成排架，檩条置于梁间，并利用檩条及连系梁，使整个房屋形成一个整体的骨架（图10-36）。

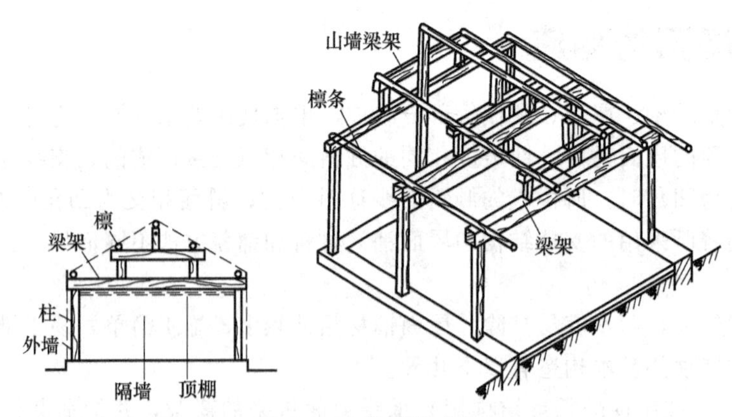

图10-36 木构架承重

这种结构形式的内外墙填充在木构架之间，不承受荷载，仅起分隔和围护作用。构架交接点为榫齿结合，整体性及抗震性较好；但消耗木材量较多，耐火性和耐久性均较差，维修费用高。

10.4.2 承重结构构件

坡屋顶的承重结构构件主要有屋架和檩条两种。

10.4.2.1 屋架

屋架形式常为三角形，由上弦、下弦及腹杆组成，所用材料有木材、钢材及钢筋混凝土等。木屋架一般用于跨度不超过 12m 的建筑；将木屋架中受拉力的下弦及直腹杆件用钢筋或型钢代替，这种屋架称为钢木屋架。钢木组合屋架一般用于跨度不超过 18m 的建筑；当跨度更大时需采用预应力钢筋混凝土屋架或钢屋架。

10.4.2.2 檩条

檩条一般搁在上墙或屋架节点上。檩条所用材料可为木材、钢材及钢筋混凝土，檩条材料的选用一般与屋架所用材料相同，使两者的耐久性接近。

木檩条有矩形和圆形；钢筋混凝土有矩形、L 形和 T 形；钢檩条有型钢和轻型钢檩条。

10.4.3 平瓦屋面做法

坡屋顶屋面一般是利角各种瓦材，如平瓦、波形瓦、小青瓦等作为屋面防水材料。近些年来还有不少采用金属瓦屋面、彩色压型钢板屋面等。

瓦屋面的名称随瓦的种类而定，如平瓦屋面、小青瓦屋面、石灰水泥瓦屋面等。基层的做法则随瓦的种类和房屋的质量要求而定。平瓦屋面根据基层的不同有冷摊瓦屋面、木望板平瓦屋面和钢筋混凝土板瓦屋面三种做法。

(1) 冷摊瓦屋面　冷摊瓦屋面是在檩条上钉固椽条，然后在椽条上钉挂瓦条并直接挂瓦。冷摊瓦屋面的基层只有木椽条和木挂瓦条两种构造，构造简单，但雨雪易从瓦缝中飘入室内，通常用于南方地区质量要求不高的建筑，见图 10-37。

(2) 木望板平瓦屋面　木望板瓦屋面是在檩条上铺钉 15～20mm 厚的木望板（亦称屋面板），望板可采取密铺法（不留缝）或稀铺法（望板间留 20mm 左右宽的缝），在望板上平行于屋脊方向干铺一层油毡，在油毡上顺着屋面水流方向钉 10mm×30mm、中距 500mm 的顺水条，然后在顺水条上面平行于屋脊方向钉挂瓦条并挂瓦，挂瓦条的断面和间距与冷摊瓦屋面相同。这种做法比冷摊瓦屋面的防水、保温隔热效果要好，但耗用木材多、造价高，多用于质量要求较高的建筑物中（图 10-38）。

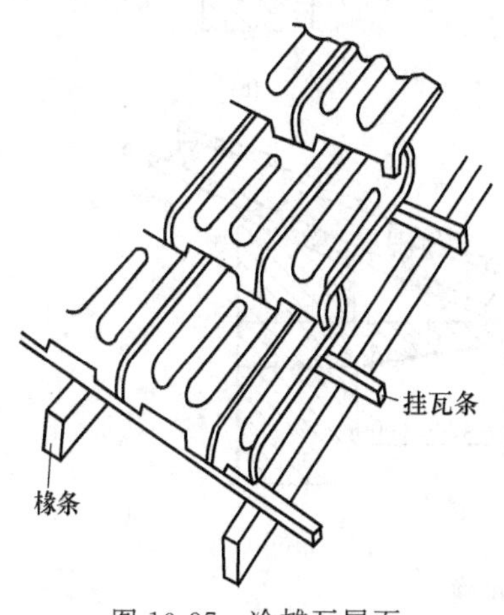

图 10-37　冷摊瓦屋面

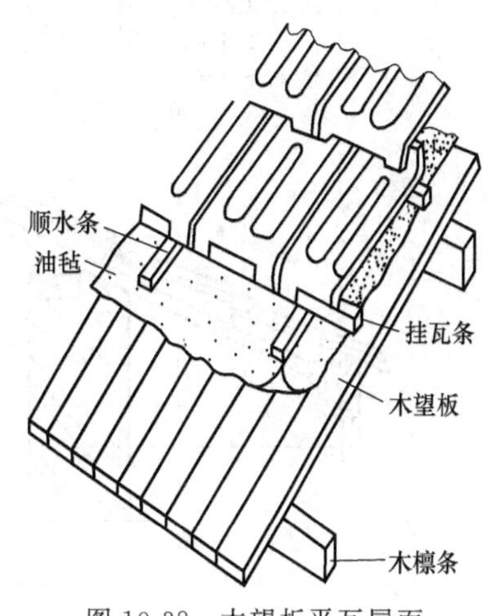

图 10-38　木望板平瓦屋面

（3）钢筋混凝土板瓦屋面　瓦屋面由于保温、防火或造型等的需要，可将钢筋混凝土板作为瓦屋面的基层盖瓦。盖瓦的方式有两种：一种是在找平层上铺油毡一层，用压毡条钉在嵌在板缝内的木楔上，再钉挂瓦条挂瓦；另一种是在屋面板上直接粉刷防水水泥砂浆并贴陶瓷面砖或平瓦。在仿古建筑中也常常采用钢筋混凝土板瓦屋面。

同样在钢筋混凝土基层上除铺平瓦屋面外，也可改用小青瓦、琉璃瓦、多彩油毡瓦或钢板彩瓦等屋面。

10.4.4　平瓦屋面细部构造

平瓦屋面应做好檐口、天沟、屋脊等部位的细部处理。

（1）檐口构造　建筑物屋顶与外墙的顶部交接处称檐口。坡屋顶的檐口一般分挑檐和包檐两种。挑檐是将檐口挑出在墙外，做成露檐头或封檐头形式。而包檐是将檐口与檐墙齐平或用女儿墙将檐口封住。檐口还可分为纵墙檐口和山墙檐口。

纵墙檐口根据造型要求做成挑檐或封檐。当坡屋顶采用无组织排水时，应将屋面伸出纵墙形成挑檐，挑檐的构造做法有砖挑檐［图 10-39（a）］、椽条挑檐［图 10-39（b）］、挑檐木挑檐［图 10-39（c）］和钢筋混凝土挑板挑檐［图 10-39（d）］等。砖挑檐出檐小时在檐墙顶部将砖每两皮挑出 1/4 砖长叠砌，挑出总长度不超过墙厚的一半，第一排瓦头应伸在檐墙之外；木挑檐檐口是利用屋架下弦的托木来支撑挑檐檩，以增加出挑檐口的长度。但挑檐的长度不能超过屋顶檩条之间的距离。挑檐木也可置于承重墙中。挑檐木一头出挑檐墙外，使其端头与屋面板及封檐板结合。挑檐木的另一头压入屋架或檐墙内。在挑檐木的下面可钉 40mm×45mm 的顶棚龙骨，下抹出檐顶棚；当采用钢筋混凝土坡屋顶时，可将现浇板悬挑作檐口，一般出挑 600～700mm，亦可利用现浇钢筋混凝土檐沟做挑檐，这种檐沟一般与圈梁结合成一个构件。檐沟的宽度一般为 400～600mm。

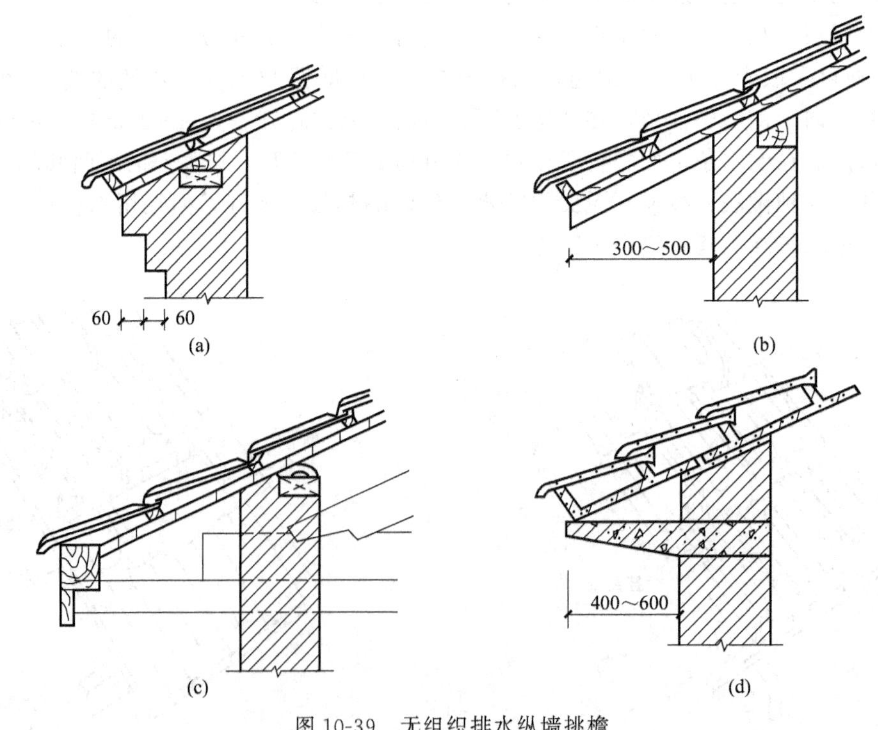

图 10-39　无组织排水纵墙挑檐

当坡屋顶采用有组织排水时，一般多采用外排水，需在檐口处设置檐沟，檐沟的构造形式一般有钢筋混凝土挑檐沟［图 10-40（a)］和女儿墙内檐沟［图 10-40（b)］两种。

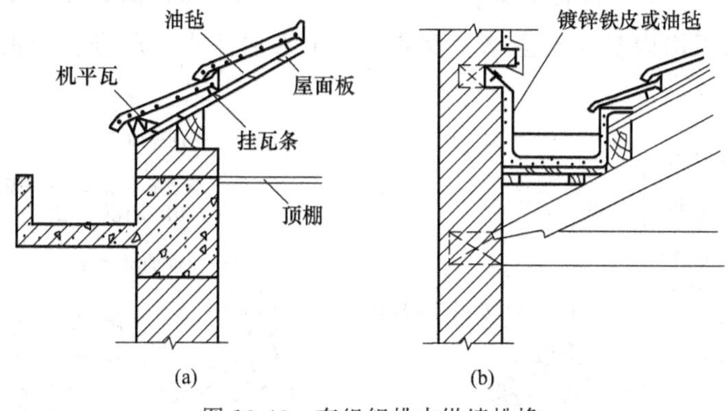

图 10-40　有组织排水纵墙挑檐

（2）山墙檐口　山墙檐口按屋顶形式分为硬山与悬山两种。山墙与屋面齐平，或高出屋面的形式成为硬山顶。硬山檐口构造，将山墙升起包住檐口，女儿墙与屋面交接处应作泛水处理。女儿墙顶应作压顶板，以保护泛水，见图 10-41。

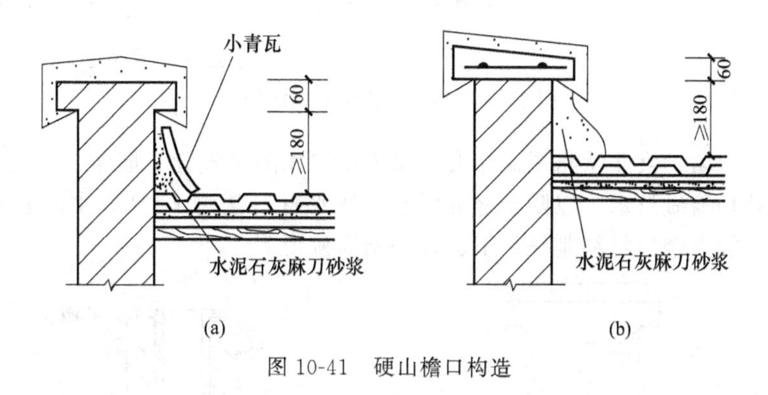

图 10-41　硬山檐口构造

悬山屋顶的山墙檐口构造，先将檩条外挑形成悬山，檩条端部钉木封檐板，沿山墙挑檐的一行瓦，应用 1∶2.5 的水泥砂浆做出披水线，将瓦封固，见图 10-42。

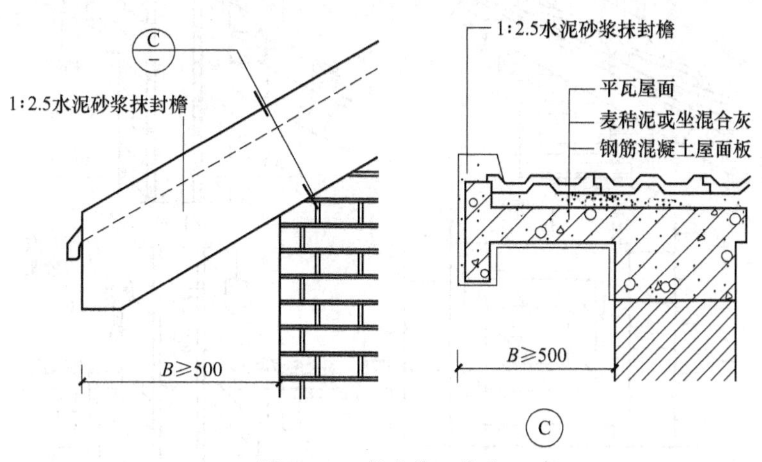

图 10-42　悬山檐口构造

（3）天沟和斜沟构造　在等高跨或高低跨相交处，常常出现天沟，而两个相互垂直的屋面相交处则形成斜沟。沟应有足够的断面积，上口宽度不宜小于300～500mm，一般用镀锌铁皮铺于木基层上，镀锌铁皮伸入瓦片下面至少150mm。高低跨和包檐天沟若采用镀锌铁皮防水层时，应从天沟内延伸至立墙（女儿墙）上形成泛水。屋脊、天沟和斜沟构造见图10-43。

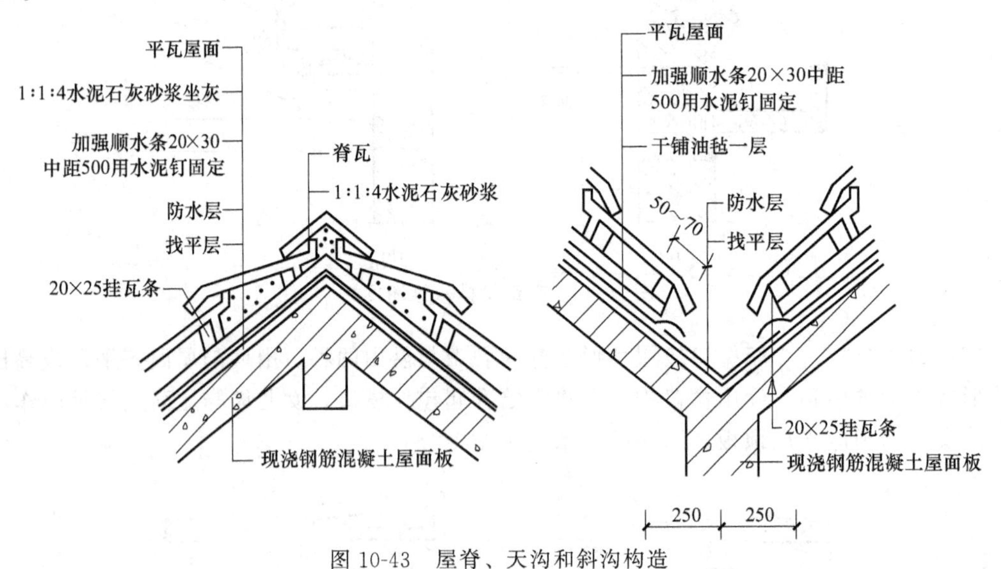

图10-43　屋脊、天沟和斜沟构造

（4）泛水　山墙、女儿墙与屋面相交处及突出屋面的排气管、烟囱、老虎窗及屋顶窗等与屋面相连接处均需做泛水，以防接缝处漏水。泛水材料常用1∶2.5水泥砂浆抹灰及镀锌薄钢板或不锈钢板等金属材料制作。下面以烟囱为例说明。

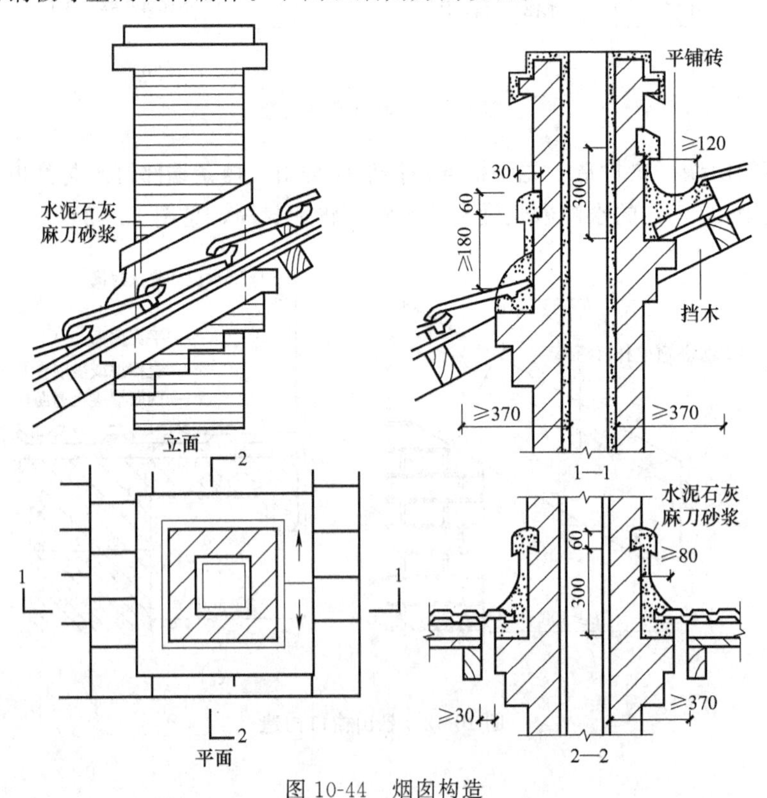

图10-44　烟囱构造

烟囱穿过屋面，主要要解决好防水和防火问题。当采用木檩条或木望板时，由于屋面与烟囱接触，容易引起火灾，所以木檩条和木望板距烟囱内壁大于370mm，烟囱外壁做出挑。屋面与烟囱四周交接处均须做泛水，一般做镀锌铁皮泛水或挑砖、石灰麻刀砂浆泛水。镀锌铁皮做法是将烟囱泛水与相交屋面上方的铁皮插入瓦下，下方的铁皮盖在瓦上，见图10-44。

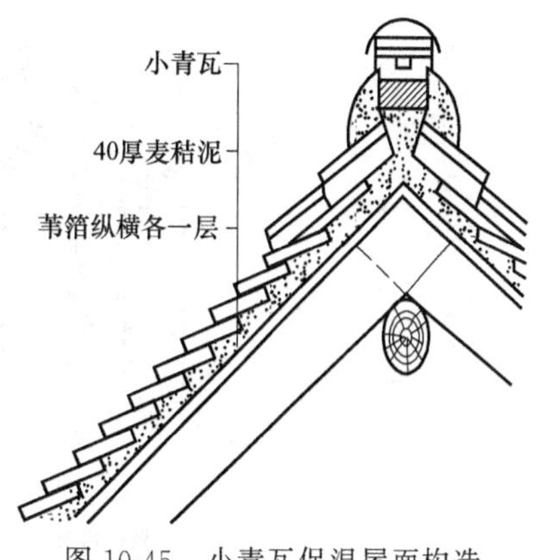

图10-45　小青瓦保温屋面构造

10.4.5　坡屋顶的保温与隔热

屋顶像外墙一样属于房屋的外围结构，不但要有遮风避雨的功能，还应有保温与隔热的功能。屋顶的保温与隔热不仅仅是为了给顶层房间提供良好、舒适的热环境，同时也是为了满足建筑节能的要求。

（1）坡屋顶保温构造　坡屋顶的保温有屋面保温和顶棚保温两种。

屋面保温可以采用基层上铺草顶、麦秆泥青灰顶、柴泥窝瓦屋顶等作为保温层，瓦片黏结在该层上。优点是能够就地取材，比较经济。另外也有在檩条或椽子下设保温层的方法（图10-45）。

顶棚保温一般需在吊顶的次格栅上铺板，上设保温层。保温层可选用散状材料，如膨胀珍珠岩、石灰锯末等。为了防止蒸汽渗透，下面用油纸或油毡做一隔气层（图10-46）。

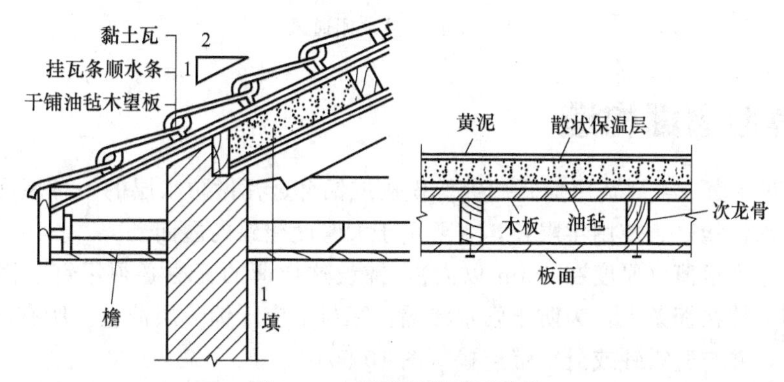

图10-46　顶棚保温屋面构造

（2）坡屋顶隔热构造　炎热地区在坡屋顶中设进气口和排气口，利用屋顶内外的热压差和迎风面的压力差，组织空气对流，形成屋顶内的自然通风，以减少由屋顶传入室内的辐射热，从而达到隔热降温的目的。进气口一般设在檐墙上、屋檐部位或室内顶棚上；出气口最好设在屋脊处，以增大高差，有利加速空气流通（图10-47～图10-49）。

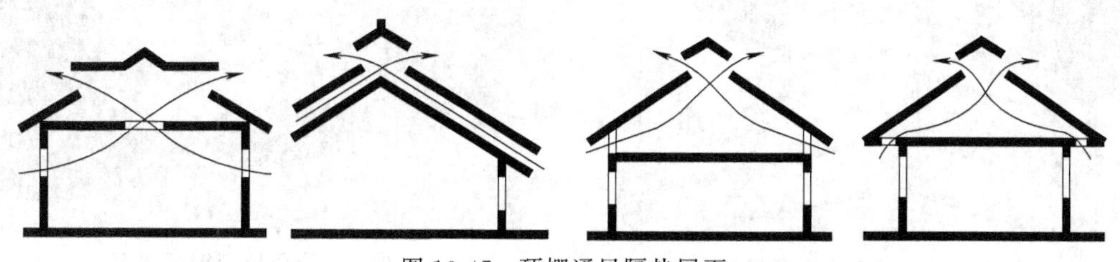
图10-47　顶棚通风隔热屋面

图 10-48　坡屋顶的隔热与通风（檐口和屋脊通风、歇山通风百叶窗）

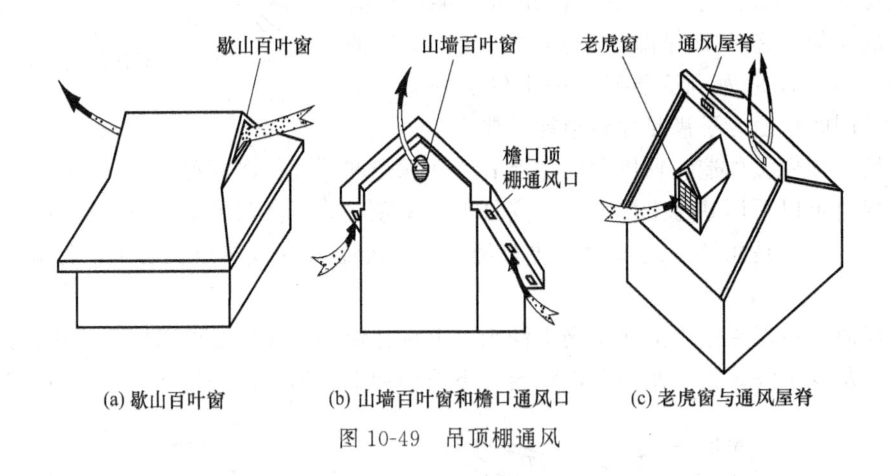

图 10-49　吊顶棚通风

10.5 其他屋面构造

(1) 金属瓦屋面　金属瓦屋面是用镀锌铁皮或铝合金瓦做防水层的一种屋面，金属瓦屋面自重轻、防水性能好、使用年限长，主要用于大跨度建筑的屋面。

金属瓦的厚度很薄（厚度在 1mm 以内），铺设这样薄的瓦材必须用钉子固定在木望板上，木望板则支撑在檩条上，为防止雨水渗漏，瓦材下应干铺一层油毡。所有的金属瓦必须相互连通导电，并与避雷针或避雷带连接（图 10-50）。

图 10-50　大跨度金属瓦屋面

图 10-51　彩色压型钢板屋面

（2）彩色压型钢板屋面　彩色压型钢板屋面（图 10-51）简称彩板屋面，是近十多年来在大跨度建筑中广泛采用的高效能屋面，它不仅自重轻强度高，且施工安装方便。彩板主要采用螺栓连接，不受季节气候影响。彩板色彩绚丽，质感好，大大增强了建筑的艺术效果。彩板除用于平直坡面的屋顶外，还可根据造型与结构的形式需要，在曲面屋顶上使用。

小　结

1. 屋顶按外形分为坡屋顶、平屋顶和其他形式的屋顶。坡屋顶的坡度一般大于 10%，平屋顶的坡度小于 5%，其他形式的屋顶则外形多样，坡度随外形变化。屋顶按屋面防水材料分为柔性防水屋面、刚性防水屋面、涂膜防水屋面、瓦屋面四类。

2. 屋顶设计的主要任务是解决好防水、保温隔热、坚固耐久、造型美观等问题。

3. 屋顶排水设计的主要内容是：确定屋面排水坡度的大小和坡度形成的方法；选择排水方式和屋顶剖面轮廓线；绘制屋顶排水平面图。单坡排水屋面的宽度控制在 12～15m 以内。每个水落管可排除约 200m^{2}面积内的屋面雨水，其间距控制在 30m 以内。矩形天沟净宽不小于 200mm，天沟纵坡最高处离天沟上口的距离不小于 120mm，天沟纵向坡度取 0.5%～1%。

4. 卷材防水屋面下面须做找平层，上面应做保护层，上人屋面用地面做保护层。保护层铺在防水层之下时须在其下加隔气层，铺在防水层之上时则不加，但必须选用不透水的保温材料。卷材防水屋面的细部构造是防水的薄弱部位，包括泛水、天沟、水落管、檐口、变形缝等。

5. 混凝土刚性防水屋面主要适用于我国南方地区。为了防止干裂，应在防水层中加钢筋网片，设置分格缝，在防水层与结构层之间加铺隔离层。分格缝应设在屋面板的支撑端，屋面坡度的转折处，泛水与立墙的交接处。分格缝之间的距离不应超过 6m。泛水、分格缝、变形缝、檐口、水落管等细部的构造须有可靠的防水措施。

6. 涂膜防水屋面的构造要点类同于卷材防水屋面。

7. 平瓦屋面基层有冷摊瓦屋面、木望板做法、挂瓦板做法。瓦屋面的屋脊、檐口、天沟等部位应做好细部工作处理。

8. 采用热导率不大于 0.25 的材料做保温层。平屋顶的保温层铺于结构层上，坡屋顶的保温层可铺在瓦材下面或吊顶棚上面。屋顶隔热降温的主要方法有：架空间层通风、蓄水降温、屋面种植、反射降温。

复习思考题

1. 屋顶楼外形有哪些形式？各种形式屋顶的特点及使用范围是什么？

2. 设计屋顶应满足哪些要求？

3. 影响屋顶坡度的因素有哪些？各种屋顶的坡度值是多少？屋顶坡度的形成方法有哪些？比较各种方法的优缺点。

4. 什么叫无组织排水和有组织排水？它们的优缺点和适用范围是什么？

5. 常见的有组织排水方案有哪几种？各适用于何种条件？

6. 屋顶排水组织设计的内容和要求是什么？

7. 如何确定屋面排水坡面的数目？如何确定天沟（或檐沟）断面的大小和天沟纵坡值？如何确定水落管和水落口的数量及尺寸规划？

8. 卷材屋面的构造层有哪些？卷材防水层下面的找平层为何要设分格缝？上人和不上人的

卷材屋面在构造层次及做法上有什么不同？

9. 卷材防水屋面的泛水、天沟、檐口、水落管等细部构造的要点是什么？

10. 何谓刚性防水屋面？刚性防水屋面有哪些构造层？各层做法如何？为什么要设隔离层？

11. 刚性防水屋面为什么容易开裂？可以采取哪些措施防止开裂？

12. 为什么要在刚性防水屋面中设置分格缝？分格缝应设在哪些部位？注意分格缝的构造要点和记住典型的构造图。

13. 什么叫涂膜防水屋面？

14. 注意平瓦屋面的檐口、天沟、泛水、屋脊等细部构造的要点及图示。

15. 平屋顶和坡屋顶的保温有哪些构造要求？各种做法适用于何种条件？

16. 平屋顶和坡屋顶的隔热有哪些构造要求？各种做法适用于何种条件？

第11章　门窗构造

本章提要

门的类型、尺度和构造做法；窗与门的作用和设计要求；窗的类型、尺度和构造做法

11.1　门窗的形式与尺度

11.1.1　门窗的作用

门和窗是建筑中的主要组成部分，属于围护构件，门的主要功能是供交通出入、分隔联系建筑空间；窗主要是起通风和采光作用。在不同使用条件要求下，还应具有保温、隔热、隔声、防水、防火、防尘及防盗等功能。设计门窗时，应根据有关规范和建筑使用要求来决定其形式及尺寸大小，还应结合立面处理，应满足坚固、耐用，开启方便、关闭紧密、功能合理，便于维修的要求。

11.1.2　门的形式与尺度

门窗的形式主要取决于门窗的开启方式，无论哪种材料，其开启方式大致相同。本章节主要以木门窗为例介绍。

11.1.2.1　门的形式

门按其开启方式通常有平开门、弹簧门、推拉门、折叠门、转门、伸缩门等，见图11-1。伸缩门如图11-2所示。

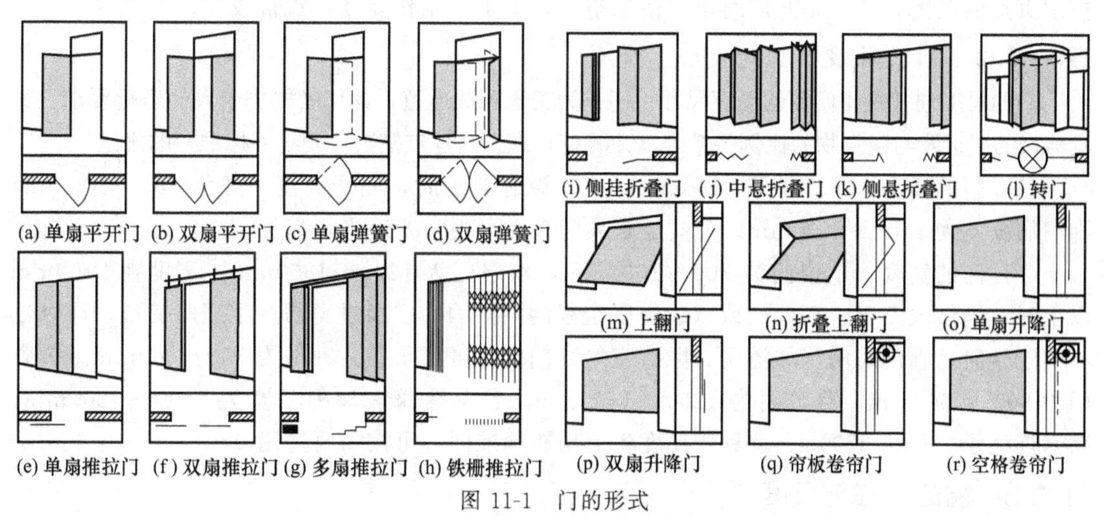

图 11-1　门的形式

（1）平开门　门扇与门框用铰链连接，门扇水平开启，有单扇、双扇及向内开、向外开之分。平开门构造简单，开启灵活，安装维修方便，是建筑中最常见、使用最广泛的门。

（2）弹簧门　门扇与门框用弹簧铰链连接，门扇水平开启，分为单向弹簧门和双向弹簧门，其最大优点是门扇能够自动关闭。

（3）推拉门　门扇沿着轨道左右滑行来启闭，有单扇和双扇之分，开启后，门扇可隐藏在墙体的夹层中或贴在墙面上。推拉门开启时不占空间，受力合理，不易变形，但构造较复杂。推拉

门由门扇、门轨、地槽、滑轮及门框组成。门扇可采用钢木门、钢板门、空腹薄壁钢门等，每个门扇宽度不大于1.8m。推拉门的支承方式分为上挂式和下滑式两种，当门扇高度小于4m时，用上挂式，即门扇通过滑轮挂在门洞上方的导轨上。当门扇高度大于4m时，多用下滑式，在门洞上下均设导轨，门扇沿上下导轨推拉，下面的导轨承受门扇的重量。

（4）折叠门　门扇由一组宽度约为600mm的窄门扇组成，窄门扇之间用铰链连接。开启时，门扇相互折叠推移到侧边，占空间少，但构造复杂。

（5）转门　门扇由三扇或四扇通过中间的竖轴组合起来，在两侧的弧形门套内水平旋转来实现启闭。转门（图11-3）有利于室内的隔视线、保温、隔热和防风沙，并且对建筑立面有较强的装饰性。

图11-2　伸缩门

图11-3　转门

（6）卷帘门　门扇由金属页片相互连接而成，在门洞的上方设转轴，通过转轴的转动来控制页片的启闭。特点是开启时不占使用空间，但加工制作复杂，造价较高。

11.1.2.2　门的尺度

门的尺度通常是指门洞的高宽尺寸。门作为交通疏散通道，其尺度取决于人的通行要求、家具器械的搬运及与建筑物的比例关系等，并要符合现行《建筑模数协调统一标准》的规定。

（1）门的高度　不宜小于2100mm。如门设有亮子时，亮子高度一般为300～600mm，则门洞高度为2400～2700mm。公共建筑大门高度可视需要适当提高。

（2）门的宽度　单扇门为700～1000mm，双扇门为1200～1800mm。宽度在2100mm以上时，则做成三扇、四扇门或双扇带固定扇的门，因为门扇过宽易产生翘曲变形，同时也不利于开启。辅助房间（如浴厕、贮藏室等）门的宽度可窄些，一般为700～800mm。单扇门为800～1000mm，双扇门为1200～1400mm。公共建筑玻璃外门宽为2500～3200mm，高（连亮子）可达3200mm。具体尺度各地均有标准图，可按需要选用。

11.1.3　窗的形式与尺度

11.1.3.1　窗的形式

窗的形式一般按开启方式定。而窗的开启方式主要取决于窗扇铰链安装的位置和转动方式。通常窗的开启方式有以下几种（图11-4）。窗户外形图如图11-5所示。

（1）固定窗　无窗扇、不能开启的窗为固定窗。固定窗的玻璃直接嵌固在窗框上，可供采光和眺望之用。

（2）平开窗　铰链安装在窗扇一侧与窗框相连，向外或向内水平开启。有单扇、双扇、多扇，有向内开与向外开之分。其构造简单，开启灵活，制作维修均方便，是民用建筑中采用最广泛的窗。

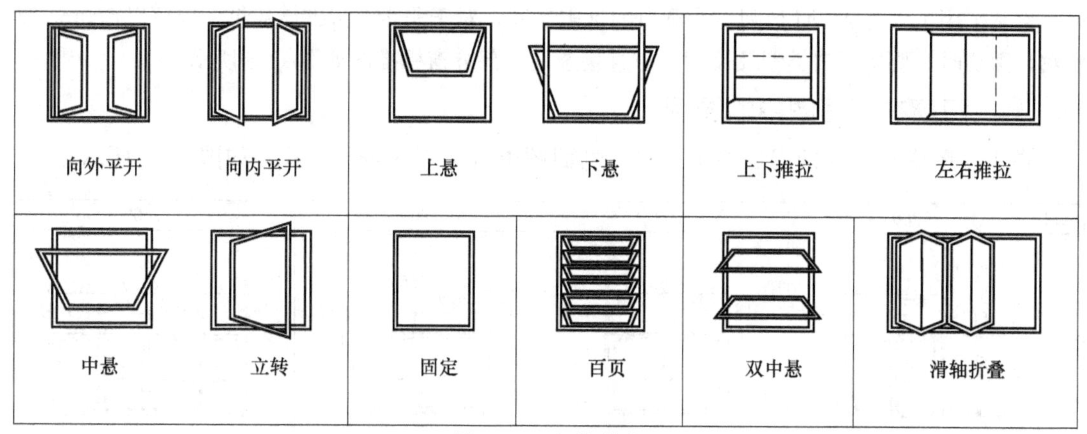

图 11-4　窗的形式

图 11-5　窗户外形图

（3）悬窗　因铰链和转轴的位置不同，可分为上悬窗、中悬窗和下悬窗。

（4）立转窗　引导风进入室内效果较好，防雨及密封性较差，多用于单层厂房的低侧窗。因密闭性较差，不宜用于寒冷和多风沙的地区。

（5）推拉窗　分垂直推拉窗和水平推拉窗两种。它们不多占使用空间，窗扇受力状态较好，适宜安装较大玻璃，但通风面积受到限制。

（6）百叶窗　主要用于遮阳、防雨及通风，但采光差。百叶窗可用金属、木材、钢筋混凝土等制作，有固定式和活动式两种形式。

11.1.3.2　窗的尺度

窗的尺度主要取决于房间的采光、通风、构造做法和建筑造型等要求，并要符合现行《建筑模数协调统一标准》的规定。为使窗坚固耐久，一般平开木窗的窗扇高度为 800～1200mm，宽度不宜大于 500mm；上下悬窗的窗扇高度为 300～600mm；中悬窗窗扇高不宜大于 1200mm，宽度不宜大于 1000mm；推拉窗高宽均不宜大于 1500mm。一般平开窗的单扇宽度为 400～600mm，高度为 800～1500mm，亮子窗高度为 300～600mm。固定窗和推拉窗尺寸可大些。

厂房所用钢窗的窗扇宽度为400～600mm，高度为不大于1200mm，通常总高度不大于2400mm，总宽度不大于1800mm。对一般民用建筑用窗，各地均有通用图，各类窗的高度与宽度尺寸通常采用扩大模数3M数列作为洞口的标志尺寸，对于非240砖砌体建筑，也可以200mm为模数，需要时只要按所需类型及尺度大小直接选用。部分窗标准图如图11-6所示。

11.1.4 门窗在工程图中的图例

在工程图中，不同的门窗在平、立、剖面图中有不同的表达形式，如图11-7所示。

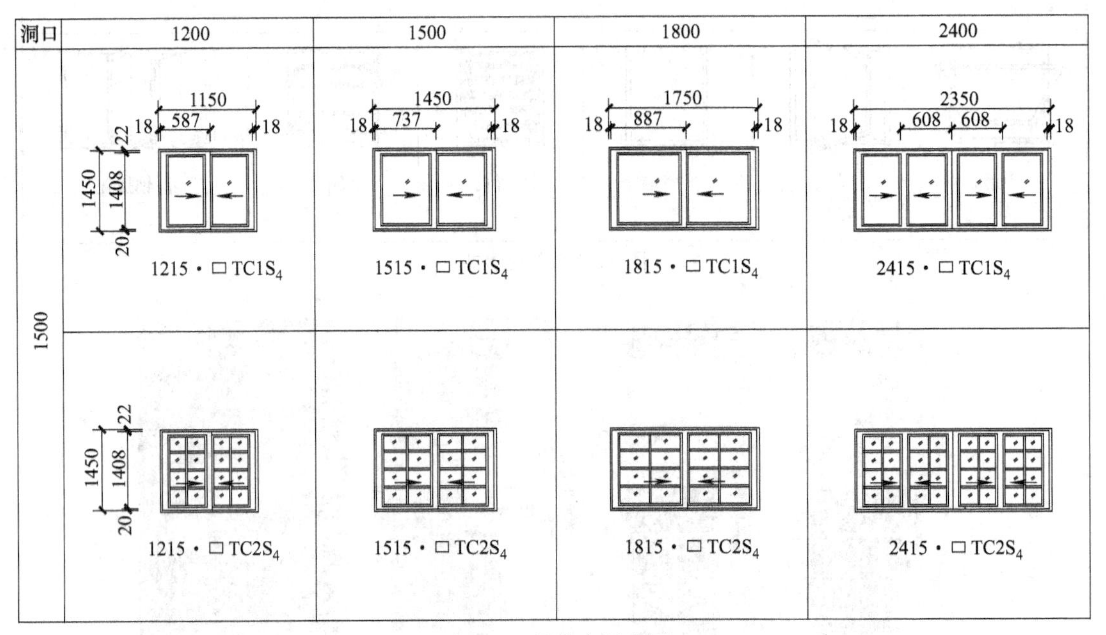

图11-6 部分窗标准图

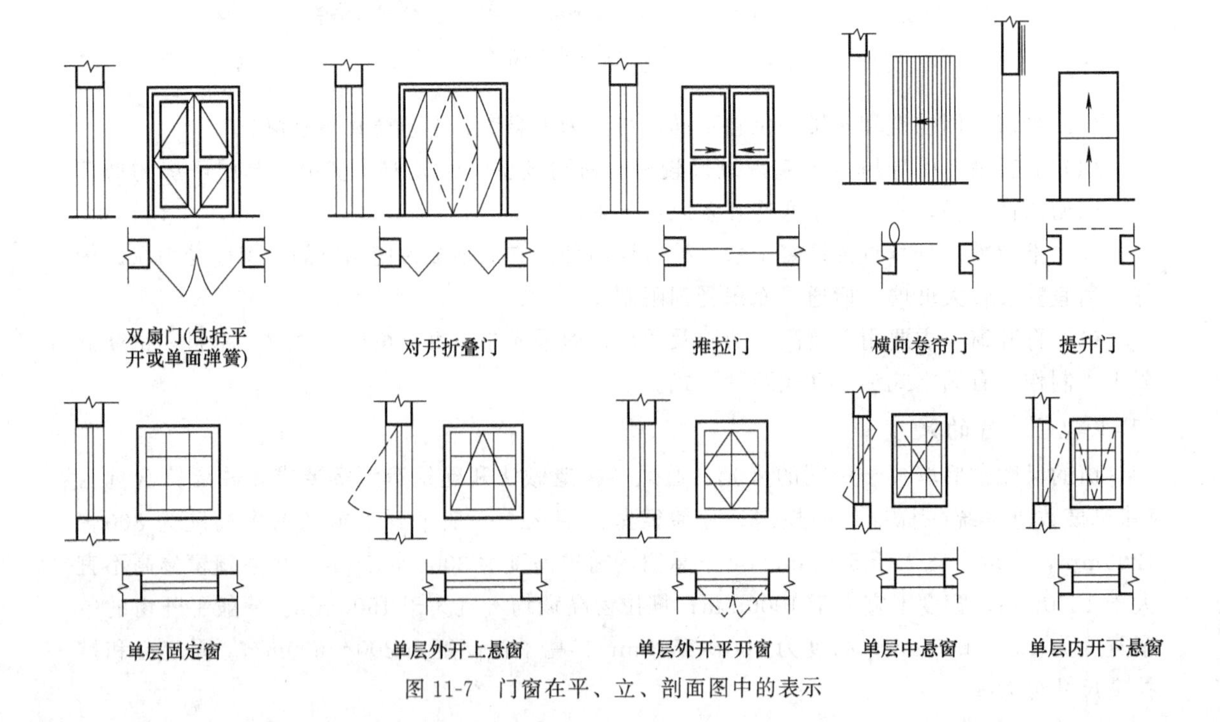

图11-7 门窗在平、立、剖面图中的表示

11.2 木门窗构造

11.2.1 平开门的组成

(1) 门框　包括上槛、边框、中横框、中竖框。

(2) 门扇　包括上冒头、中冒头、下冒头、边梃。

(3) 门芯板、玻璃、五金等　亮子又称腰头窗，在门上方，为辅助采光和通风之用，有平开、固定及上、中、下悬几种。门框是门扇、亮子与墙的联系构件。五金零件一般有铰链、插销、门锁、拉手、门碰头等。附件有贴脸板、筒子板等。平开门的组成见图11-8。

11.2.2 门扇

门扇按其构造方式不同，有镶板门、夹板门、拼板门等。

(1) 镶板门　是广泛使用的一种门，门扇由边梃、上冒头、中冒头（可作数根）和下冒头组成骨架，内装门芯板而构成。构造简单，加工制作方便，适于一般民用建筑作内门和外门。图11-9所示为镶板门。

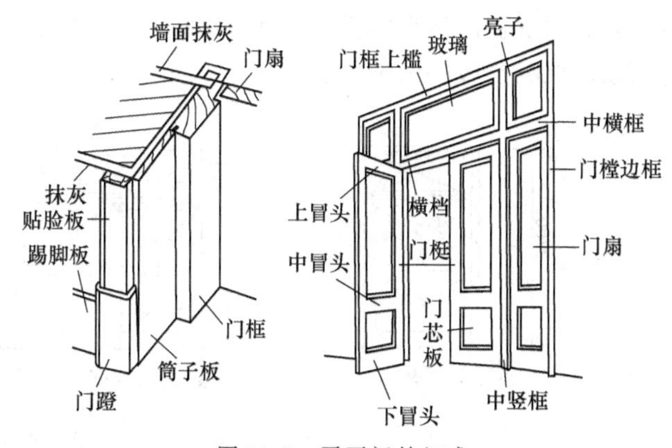

图11-8　平开门的组成

边梃：边梃与上、中冒头的断面尺寸相同，厚度为40～45mm，宽度为100～120mm。为了减少门的变形，冒头的宽度一般加大至160～250mm，并与边梃采用双榫结合。

门芯板：一般采用10～12mm厚的木板拼成，也可采用胶合板、硬质纤维板、塑料板、玻璃和塑料纱。

图11-10、图11-12所示为平开镶板门门扇构造。

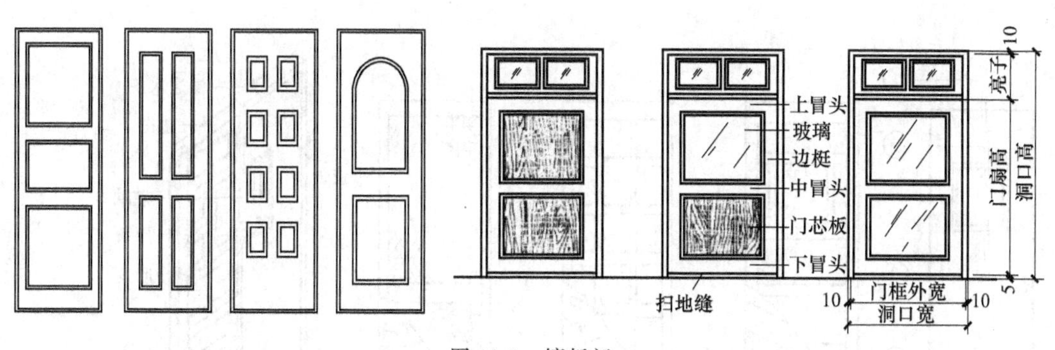

图11-9　镶板门

(2) 夹板门　是用断面较小的方木做成骨架，两面粘贴面板而成。门扇面板可用胶合板、塑料面板和硬质纤维板，面板不再是骨架的负担，而是和骨架形成一个整体，共同抵抗变形。夹板门的形式可以是全夹板门、带玻璃或带百叶夹板门。夹板门示意图及构造见图11-12、图11-13。

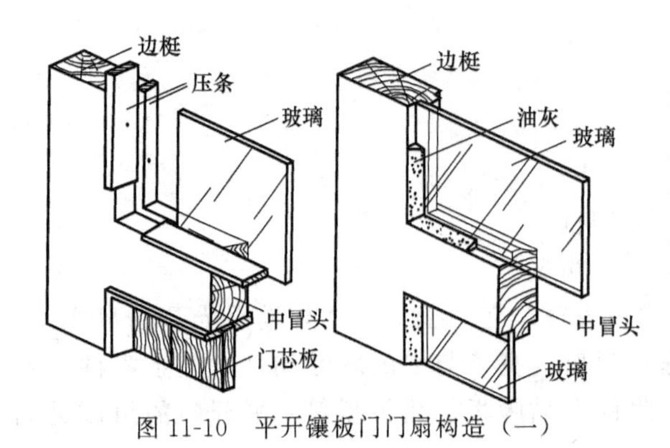

图 11-10　平开镶板门门扇构造（一）

由于夹板门构造简单，可利用小料、短料，自重轻，外形简洁，便于工业化生产，故在一般民用建筑中广泛应用。骨架一般用厚度约 30mm、宽 30～60mm 的木料做边框，中间的肋条是厚度约 30mm、宽 10～25mm 的木条，可以是单向排列、双向排列或密肋形式，间距一般为 200～400mm，安门锁处需另加上锁木。

(3) 拼板门　拼板门的门扇由骨架和条板组成。有骨架的拼板门称为拼板门，而无骨架的拼板门称为实拼门（图 11-14）。有骨架的拼板门又分为单面直拼门、单面横拼门和双面保温拼板门三种。

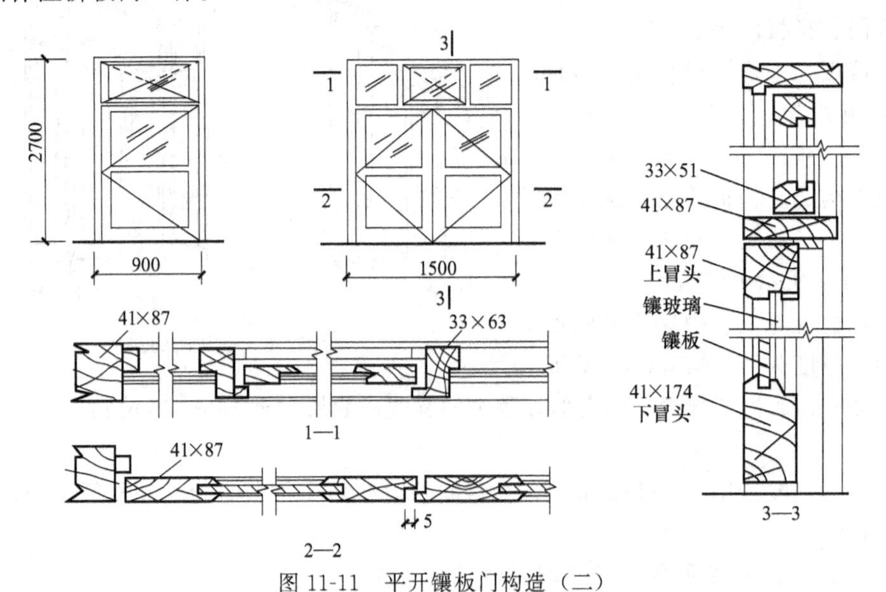

图 11-11　平开镶板门构造（二）

图 11-12　夹板门示意图

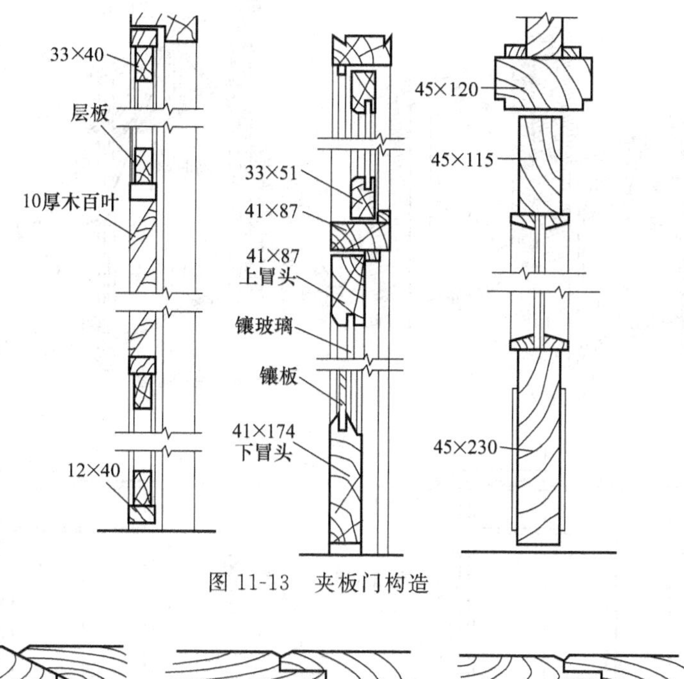

图 11-13　夹板门构造

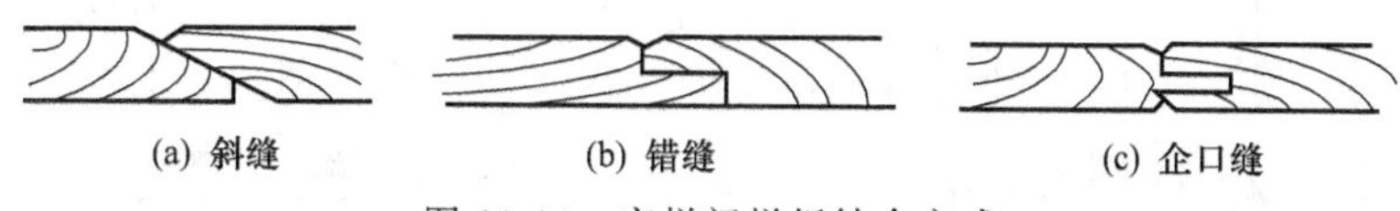

图 11-14　实拼门拼板结合方式

11.2.3　木门框

一般由两根竖直的边框和上框组成。当门带有亮子时，还有中横框，多扇门则还有中竖框。

(1) 门框断面　门框的断面形式与门的类型、层数有关，同时应利于门的安装，并应具有一定的密闭性。

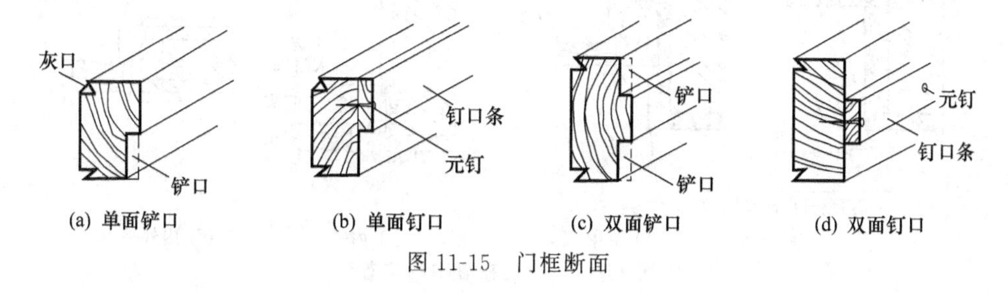

图 11-15　门框断面

(2) 门框安装　门框的安装根据施工方式分为后塞口和先立口两种（图 11-16）。

(a) 先立口　先立门框后砌洞口两边墙体。特点：能使窗框与墙体连接紧密牢固，但安装门框和砌墙两种工序相互交叉进行，会影响施工进度，并且容易对窗造成损坏。

(b) 后塞口　先砌墙留洞口后安装门框。砌墙时将门洞口预留出来，预留的洞口一般比门框外包尺寸大 30～40mm，当整幢建筑的墙体砌筑完工后，再将窗框塞入洞口固定。

其特点是不会影响施工进度，但门框与墙体之间的缝隙较大，应加强固定时的牢固性和对缝隙的密闭处理。

(3) 门框在墙中的位置　门框在墙中的位置，可在墙的中间或与墙的一边平。一般多与开启方向一侧平齐，尽可能使门扇开启时贴近墙面。外平、立中、内平、内外平如图 11-17 所示。

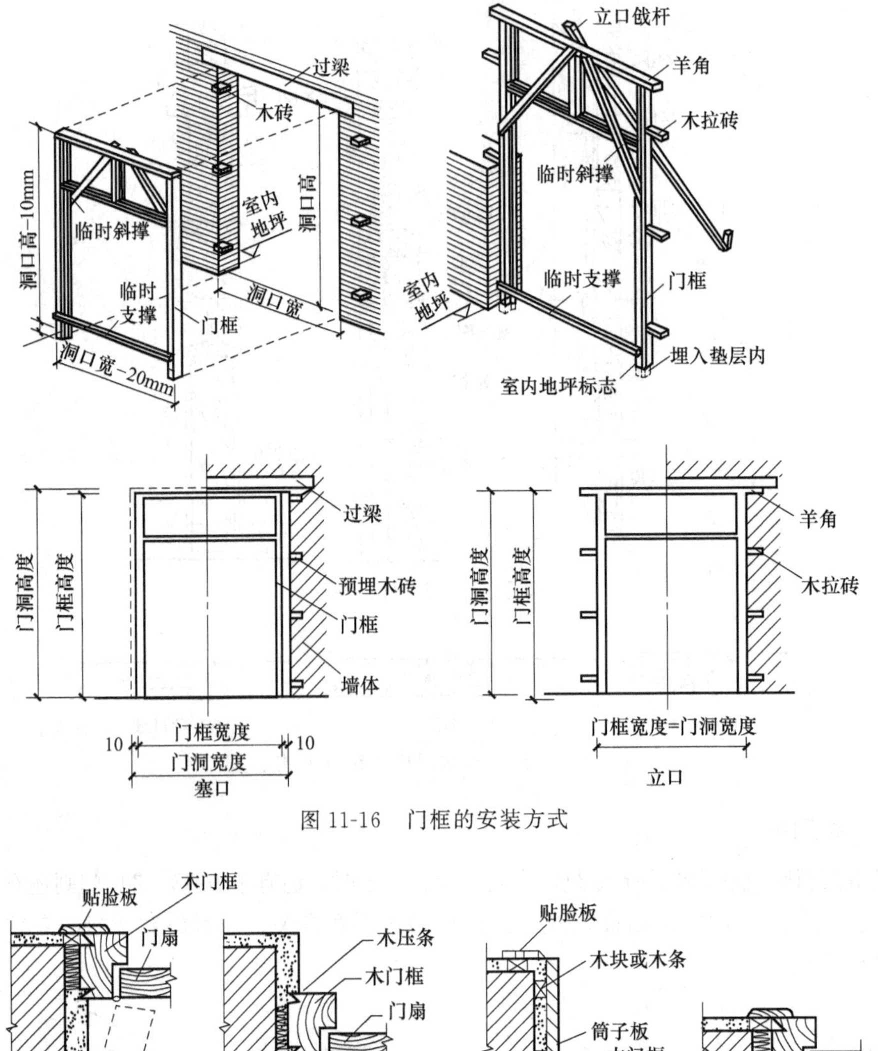

图 11-16　门框的安装方式

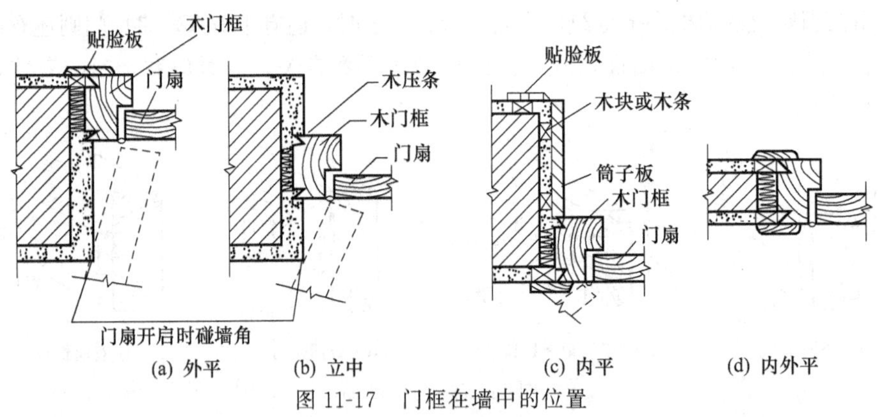

图 11-17　门框在墙中的位置

11.3　金属门窗构造

11.3.1　钢门窗

钢门窗的特点是用型钢或薄壁空腹钢在工厂制作而成。它符合工业化、定型化与标准化的要求，强度高、坚固耐久，关闭紧密，不易变形，能防火，断面小、挡光少，透光率比木窗大，重量大、热导率大，严寒地区易结露。在潮湿环境下易锈蚀，耐久性差。

11.3.1.1　钢门窗材料

（1）实腹式　实腹式钢门窗料是最常用的一种，有各种断面形状和规格（图 11-18）。

一般门可选用 32 及 40 料，窗可选用 25 及 32 料（25、32、40 等表示断面高为 25mm、32mm、40mm）。

（2）空腹式　空腹式钢门窗料（图 11-19）与实腹式窗料比较，具有更大的刚度，外形美观，自重轻，可节约钢材 40%左右。但由于壁薄，耐腐蚀性差，不宜用于湿度大、腐蚀性强的环境。

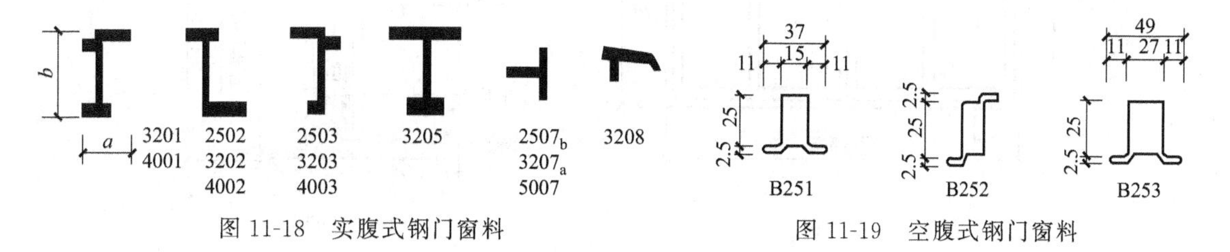

图 11-18　实腹式钢门窗料　　　　图 11-19　空腹式钢门窗料

11.3.1.2　钢门窗的固定

钢门窗框的安装常采用塞框法。门窗框与洞口四周的连接方法主要有两种：在砖墙洞口两侧预留孔洞，将钢门窗的燕尾形铁脚埋入洞中，用砂浆窝牢，然后在钢筋混凝土过梁或混凝土墙体内则先预埋铁件，将钢窗的 Z 形铁脚焊在预埋钢板上（图 11-20）。

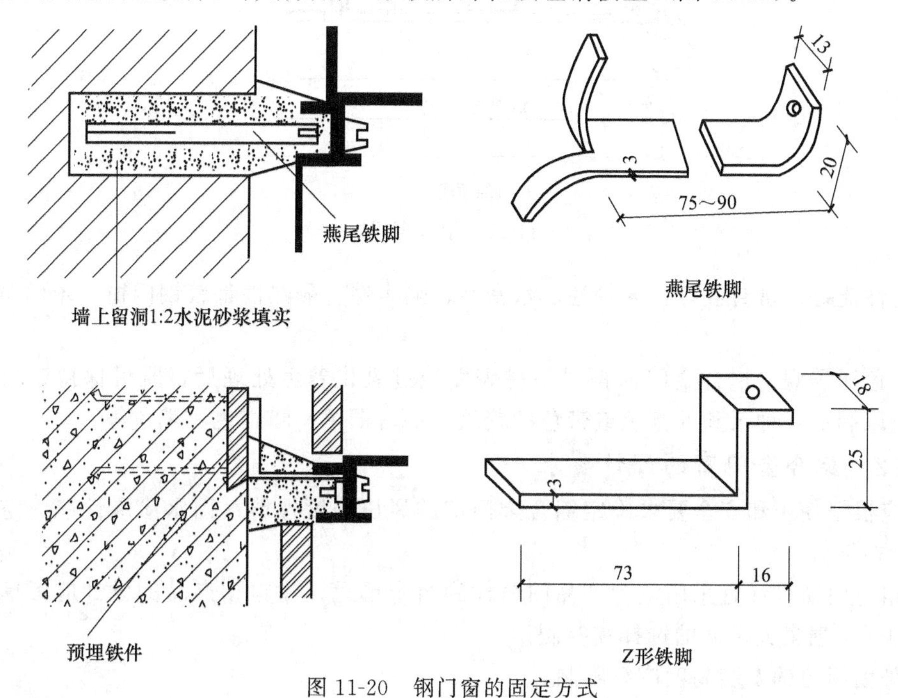

图 11-20　钢门窗的固定方式

11.3.2　铝合金门窗

铝合金门窗（图 11-21）密闭性能好，其用料省、质量轻，较钢门窗轻 50%左右。铝合金门窗强度高，刚性好，开闭轻便灵活，无噪声，安装速度快。铝合金门窗造型新颖大方，表面光洁，外形美观、色泽牢固，表面不褪色、不脱落，不需要维修，增加了建筑立面和内部的美观。但铝合金热导率大，保温较差。

11.3.2.1　铝合金门窗特点

（1）自重轻　铝合金门窗用料省、自重轻，较钢门窗轻 50%左右。

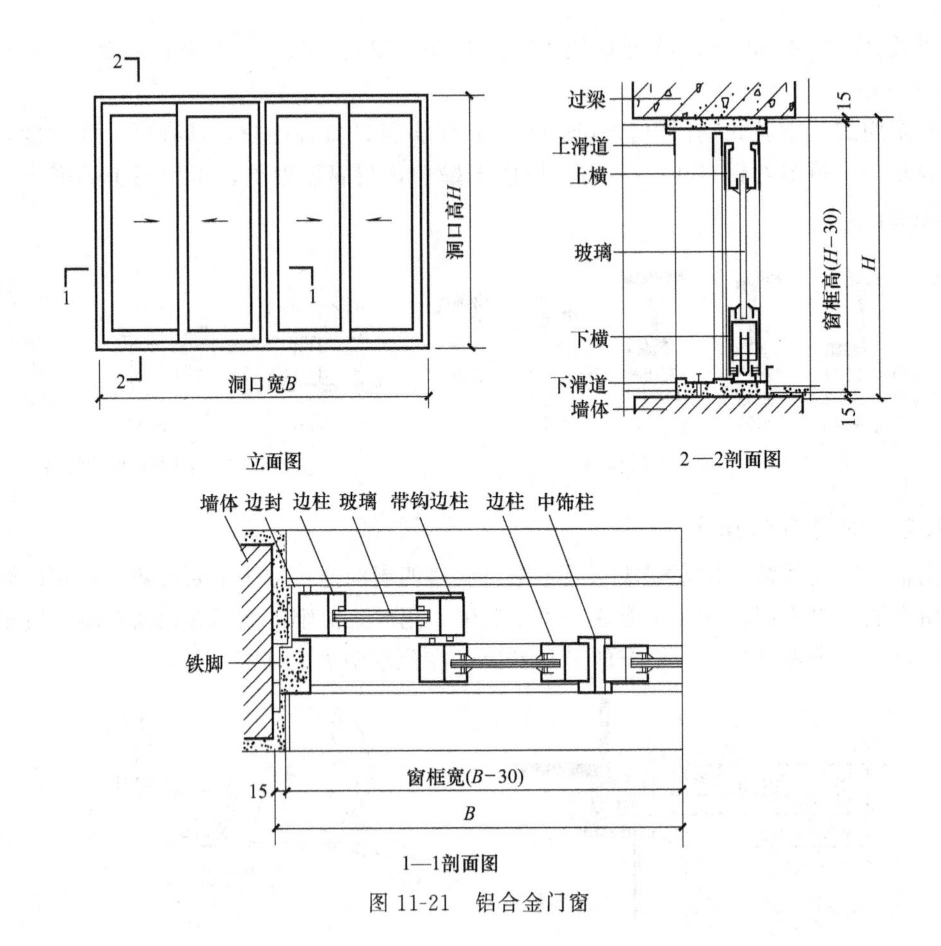

图 11-21　铝合金门窗

(2) 性能好　密封性好，气密性、水密性、隔声性、隔热性都较钢门窗、木门窗有显著提高。

(3) 色泽美观　铝合金门窗框料型材表面经过氧化着色处理后，既可保持铝材的银白色，又可以制成各种柔和的颜色或带色的花纹，如古铜色、暗红色、黑色等。

11.3.2.2　铝合金门窗的设计要求

① 应根据使用和安全要求确定铝合金门窗的风压强度性能、雨水渗漏性能、空气渗透性能综合指标。

② 组合门窗设计宜采用定型产品门窗作为组合单元。非定型产品的设计应考虑洞口最大尺寸和开启扇最大尺寸的选择和控制。

③ 外墙门窗的安装高度应有限制。

11.3.2.3　铝合金门窗框料系列

系列名称是以铝合金门窗框的厚度构造尺寸来区别各种铝合金门窗的称谓，如：平开门门框厚度构造尺寸为 50mm 宽，即称为 50 系列铝合金平开门，推拉窗窗框厚度构造尺寸为 90mm 宽，即称为 90 系列铝合金推拉窗等。实际工程中，通常根据不同地区、不同性质的建筑物的使用要求选用相适应的门窗框。

铝合金门窗是表面处理过的铝材经下料、打孔、铣槽、攻丝等加工，制成门窗框料的构件，然后与连接件、密封件、开闭五金件一起组合装配成门窗。

门窗安装时，将门、窗框在抹灰前立于门窗洞处，与墙内预埋件对正，然后用木楔将三边固定。经检验确定门、窗框水平、垂直、无翘曲后，用连接件将铝合金框固定在墙（柱、梁）上，连接件固定可采用焊接、膨胀螺栓或射钉等方法。铝合金窗安装示意图如图 11-22 所示。

门窗框与墙体等的连接固定点，每边不得少于两点，且间距不得大于 0.7m。在基本风压大于等于 0.7kPa 的地区，不得大于 0.5m；边框端部的第一固定点距端部的距离不得大于 0.2m。

常用的铝合金门有推拉门、平开门、弹簧门、卷帘门等，多为半截玻璃门，采用平开的开启方式，门扇边梃的上下端用弹簧连接。

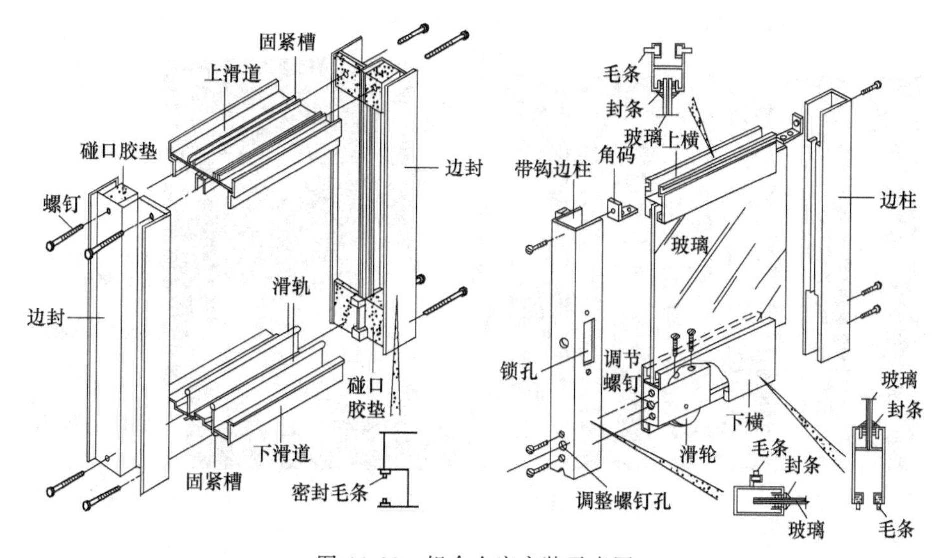

图 11-22 铝合金窗安装示意图

11.3.3 塑钢门窗

塑钢门窗是以聚氯乙烯、改性硬质聚氯乙烯（简称 UPVC）或其他树脂为主要原料，轻质碳酸钙为填料，加上一定比例的稳定剂、着色剂、填充剂、紫外线吸收剂等辅助剂，经挤出机挤出成型为各种断面的中空异型材，再根据不同的品种规格经切割后，在其内腔衬以型钢加强筋，用热熔焊接机焊接成型为门窗框扇，配装上橡胶密封条、压条、五金件等附件制成的门窗（图 11-23）。

11.3.3.1 塑钢门窗的优点

塑钢门窗线条清晰、挺拔，造型美观，表面光洁细腻，不但具有良好的装饰性，而且有良好的隔热性和密封性。其气密性为木窗的 3 倍，隔声效果比铝合金门窗高 30dB 以上。同时，塑料本身具有耐腐蚀等功能，不用涂涂料，可节约施工时间及费用。塑钢门窗采用硬质聚氯乙烯（UPVC）型材，可内插钢衬，提高强度。

11.3.3.2 塑钢门窗的加工与固定

塑钢门窗是将型材通过下料、打孔、攻丝等一系列工序加工成为门窗框及门窗扇，然后与连接件、密封件、五金件一起组合装配成门窗。

塑钢门窗应采用预留洞口法安装，不宜采用边安装边砌口或先安装后砌口的施工方式。对加气混凝土墙洞口，应预埋胶粘圆木。门窗及玻璃的安装在墙体湿作业完工且硬化后进行，当需要在湿作业前进行时，应采取保护措施。

当窗与墙体固定时，应先固定上框，后固定边框，固定方法应符合下列要求：混凝土墙洞口应采用射钉或塑料膨胀螺钉固定；砖墙洞口应采用塑料膨胀螺钉固定，不得固定在砖缝处；没有设预埋铁件的洞口应采用焊接的方法固定，也可在预埋件上按固件规格打基孔，然后用紧固件固定。窗框与樯体的连接方式见图 11-24、图 11-25。

窗框与洞口之间的伸缩缝内腔应用采用闭孔泡沫塑料、发泡聚苯乙烯等弹性材料分层填充，填塞不宜过紧。对于保温、隔声等级要求较高的工程，应采用相应的隔热、隔声材料填塞。在玻璃安装时，玻璃不得与玻璃槽直接接触，应在玻璃四边垫上垫块。边框上的垫块，宜采用聚氯乙烯胶加以固定。

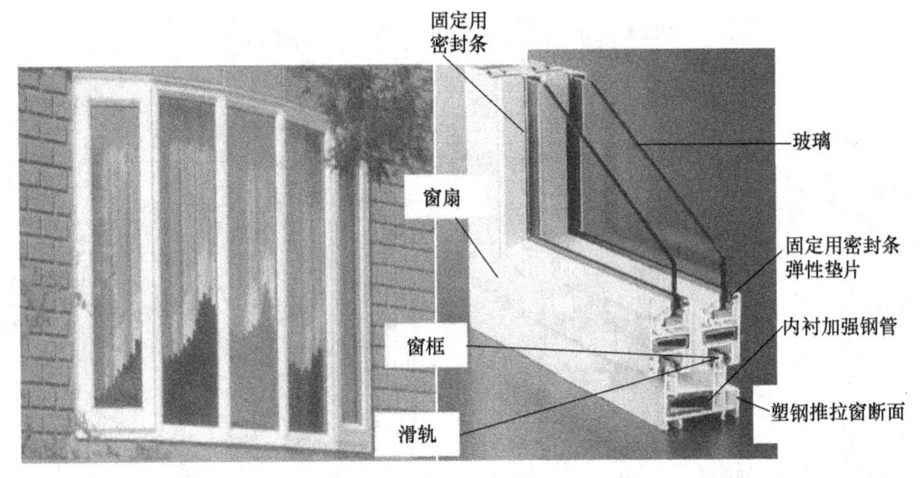

图 11-23　塑钢门窗

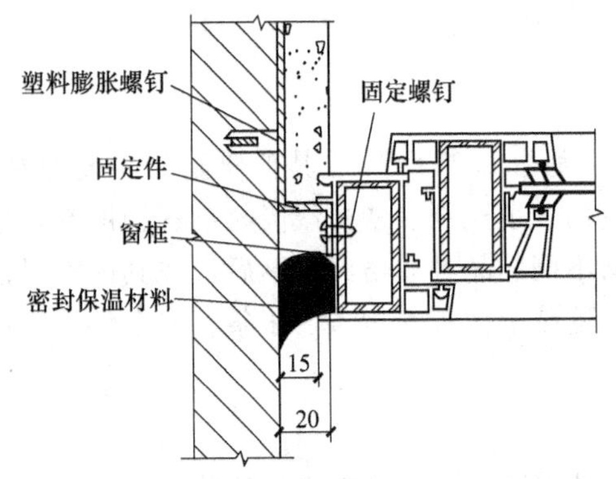

图 11-24　窗框与墙体之间用膨胀螺钉连接

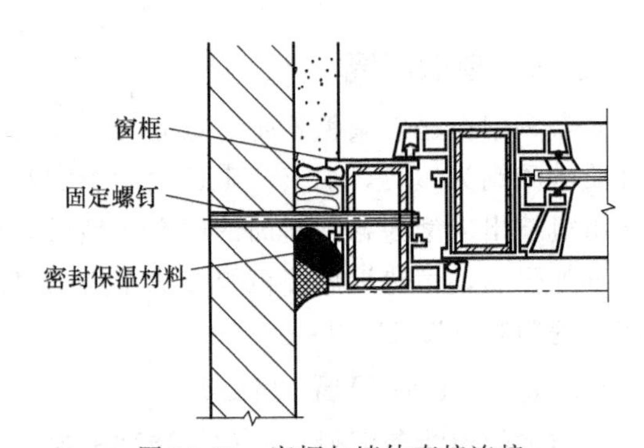

图 11-25　窗框与墙体直接连接

11.3.4　彩板钢门窗

彩板钢门窗是以彩色镀锌钢板经机械加工而成的门窗。它具有自重轻、硬度高、采光面积大、防尘、隔声、保温密封性好、造型美观、色彩绚丽、耐腐蚀等特点。

彩板平开窗目前有两种类型，即带副框和不带副框的两种。当外墙面为花岗石、大理石等贴面材料时，常采用带副框的门窗。当外墙装修为普通粉刷时，常用不带副框的做法 。

11.3.5　特殊门窗

11.3.5.1　特殊要求的门

（1）防火门　防火门用于加工易燃品的车间或仓库。根据车间对防火门耐火等级的要求，门扇可以采用钢板、木板外贴石棉板再包以镀锌铁皮或木板外直接包镀锌铁皮等构造措施。考虑到木材受高温会炭化而放出大量气体，应在门扇上设泄气孔。防火门常采用自重下滑关闭门，它是将门上导轨做成5%～8%的坡度，火灾发生时，易熔合金片熔断后，重锤落地，门扇依靠自重下滑关闭。当洞口尺寸较大时，可做成两个门扇相对下滑。

防火门分为甲、乙、丙三级，耐火极限分别为1.2h、0.9h、0.6h，有木制和钢制两种。

木制防火门，用优质杉木制作门扇及门扇骨架，材料均经过难燃浸渍处理，门扇内腔填充高级硅酸铝耐火纤维，双面衬硅钙防火板。

钢制防火门，门框及门扇面板可以采用优质冷轧薄钢板，内填耐火隔热材料，门扇也可以采用无机耐火材料。

(2) 保温门、隔声门　保温门要求门扇具有一定的热阻值和门缝密闭处理，故常在门扇两层面板间填以轻质、疏松的材料（如玻璃棉、矿棉等)。隔声门的隔声效果与门扇的材料及门缝的密闭有关，隔声门常采用多层复合结构，即在两层面板之间填吸声材料，如玻璃棉、玻璃纤维板等。

一般保温门和隔声门的面板常采用整体板材（如五层胶合板、硬质木纤维板等)，不易发生变形。门缝密闭处理对门的隔声、保温以及防尘有很大影响，通常采用的措施是在门缝内粘贴填缝材料，如橡胶管、海绵橡胶条、泡沫塑料条等。还应注意裁口形式，斜面裁口比较容易关闭紧密，可避免由于门扇胀缩而引起的缝隙不密合。

(3) 防射线门、窗构造　放射室的内墙均须装X光线防护门，主要镶铅板。铅板既可以包钉在门板外也可以夹钉于门板内。医院的X光治疗室和摄片室的观察窗，均需镶铅玻璃，呈黄色或紫色。

11.3.5.2　特殊要求的窗

(1) 固定式通风高侧窗　在我国南方地区，结合气候特点，创造出多种形式的通风高侧窗。它们的特点是：能采光，能防雨，能常年进行通风，不需设开关器，构造较简单，管理和维修方便，多在工业建筑中采用。

(2) 防火窗　防火窗必须采用钢窗或塑钢窗，镶嵌铅丝玻璃以免破裂后掉下，防止火焰窜入室内或窗外。

(3) 保温窗、隔声窗　保温窗常采用双层窗及双层玻璃的单层窗两种。双层窗可内外开或内开、外开。双层玻璃单层窗又分为双层中空玻璃窗，窗扇的上下冒头应设透气孔；双层密闭玻璃窗，两层玻璃之间为封闭式空气间层，其厚度一般为4～12mm，充以干燥空气或惰性气体，玻璃四周密封，这样可增大热阻、减少空气渗透，避免空气间层内产生凝结水。

若采用双层窗隔声，应采用不同厚度的玻璃，以减少吻合效应的影响。厚玻璃应位于声源一侧，玻璃间的距离一般为80～100mm。

11.4　遮阳

遮阳是为了防止阳光直接射入室内，避免夏季室内温度过高和产生眩光而采取的构造措施。建筑遮阳措施：一是绿化遮阳；二是调整建筑物的构配件；三是在窗洞口周围设置专门的遮阳设施来遮阳。遮阳设施有活动遮阳（图11-26）和固定遮阳板两种类型。固定遮阳板的基本形式有水平式、垂直式、综合式和挡板式（图11-27）。

① 水平式遮阳板。主要遮挡太阳高度角较大时从窗口上方照射下来的阳光，主要适用于朝南的窗洞口。

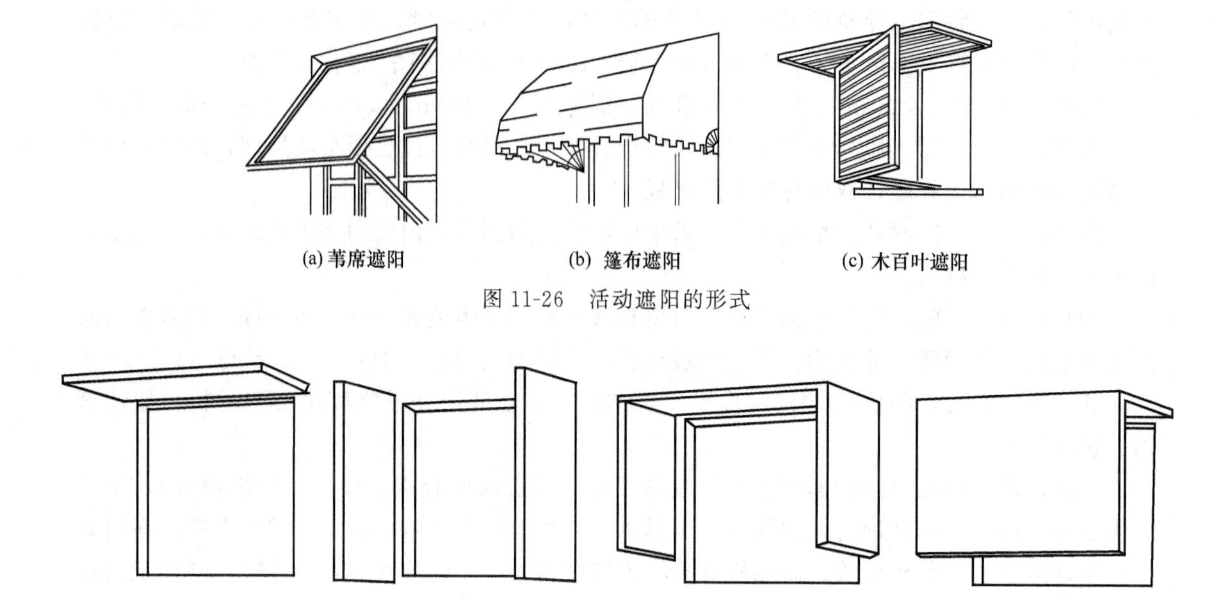

(a) 苇席遮阳　(b) 篷布遮阳　(c) 木百叶遮阳

图 11-26　活动遮阳的形式

(a) 水平式　(b) 垂直式　(c) 综合式　(d) 挡板式

图 11-27　遮阳的基本形式

② 垂直式遮阳板。主要遮挡太阳高度角较小时从窗口侧面射来的阳光，主要适用于南偏东、南偏西及其附近朝向的窗洞口。

③ 综合式遮阳板。它是水平式和垂直式遮阳板的综合，能遮挡从窗口两侧及前上方射来的阳光。遮阳效果比较均匀，主要适用于南、东南、西南及其附近朝向的窗洞口。

④ 挡板式遮阳板。主要遮挡太阳高度角较小时从窗口正面射来的阳光。主要适用于东、西及其附近朝向的窗洞口。

在实际工程中，遮阳可由基本形式演变出造型丰富的其他形式。如为避免单层水平式遮阳板的出挑尺寸过大，可将水平式遮阳板重复设置成双层或多层；当窗间墙较窄时，将综合式遮阳板连续设置；挡板式遮阳板结合建筑立面处理，或连续或间断。根据具体情况还有其他形式的遮阳形式，如图 11-28 所示。

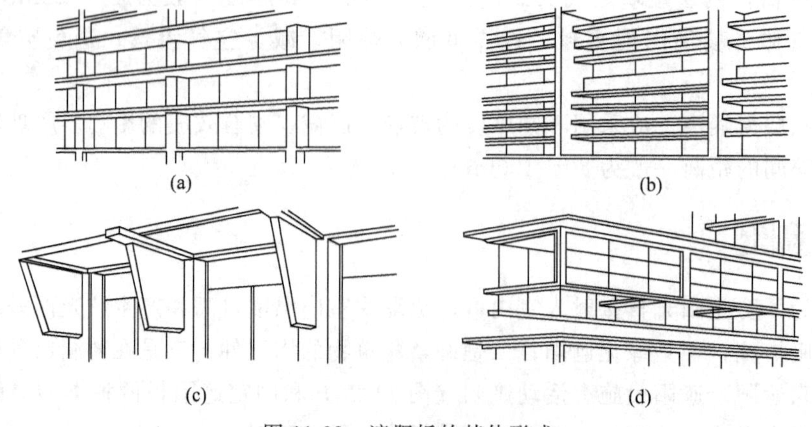

(a)　(b)　(c)　(d)

图 11-28　遮阳板的其他形式

小　　结

门窗是建筑物的六大组成部分之一，属围护构件。

1. 门按其开启方式通常有平开门、弹簧门、推拉门、折叠门、转门、伸缩门。

2. 门的尺度通常是指门洞的高宽尺寸。门作为交通疏散通道，其尺度取决于人的通行要求、家具器械的搬运及与建筑物的比例关系等，并要符合现行《建筑模数协调统一标准》的规定。

3. 平开门为常用门，其组成为门框和门扇，木门扇有镶板门、夹板门、拼板门。

4. 窗按开启方式分为固定窗、平开窗、推拉窗、悬窗、立转窗、百叶窗。

5. 窗的尺度，通常采有 3M 模数数列作为标志尺寸。

6. 门窗的安装方式有先立口和后塞口。

7. 金属门窗有钢门窗、铝合金门窗、塑钢门窗、彩板钢门窗。

8. 门窗遮阳有水平式、垂直式、综合式等。

复习思考题

1. 简述门窗的作用和设计要求。
2. 门的形式有哪些？门的尺度怎么确定？简述各自的适用范围。
3. 窗的形式有哪些？窗的尺度怎么确定？简述各自的适用范围。
4. 简述钢门窗的固定方式。
5. 简述塑钢门窗的安装方式。
6. 窗户遮阳有哪几种形式？各自在哪些场所使用？

第二篇

工业建筑设计原理

第12章　单层工业建筑设计原理

本章提要

单层厂房平面设计、剖面设计、定位轴线划分的学习、柱网尺寸的确定以及厂房柱顶标高、轨顶标高的确定、吊车厂房柱网采用封闭结合和非封闭结合的条件、采光的一般原理。

12.1　工业建筑概述

工业生产的房屋主要包括生产厂房、辅助生产用房以及为生产提供动力的房屋，这些房屋往往称为“厂房”或“车间”。直接为生产服务的房屋是指为工业生产存储原料、半成品和成品的仓库，存储与修理车辆的用房，这些房屋均属工业建筑的范畴。

12.1.1　工业建筑类型

12.1.1.1　按层数分类

(1) 单层厂房　多用于重型机械制造、冶金工业等重工业。

(2) 多层厂房　多用于电子工业、食品工业、化学工业、精密仪器工业等轻工业。

(3) 层数混合的厂房　多用于热电厂、化工厂等。

12.1.1.2　按用途分类

(1) 主要生产厂房　在这类厂房中进行生产工艺流程的全部活动，一般包括从备料、加工到装配的全部过程，所谓的生产工艺流程是指产品从原材料到半成品再到成品的全过程。

(2) 辅助生产厂房　为主要生产厂房服务的厂房。

(3) 动力用厂房　为主要生产厂房提供能源的场所。

(4) 储存用厂房　为生产提供储存原料、半成品、成品的仓库。

(5) 运输用房屋　供生产或管理用车辆存放与检修的房屋。

(6) 其他。

12.1.1.3　按生产状况分类

(1) 冷加工车间　在常温状态下进行生产，如机械加工车间、机械装配车间等。

(2) 热加工车间　在高温和熔化状态下进行生产，如铸造车间、锻工车间等。

(3) 恒温恒湿车间　在恒温（20℃左右）、恒湿（相对湿度在50%～60%）条件下进行生产的车间，如精密机械车间、纺织车间等。

(4) 洁净车间　为了保证产品质量，要求在保持高度洁净的条件下进行生产，防止大气中灰尘及细菌的污染，如精密仪器加工车间、集成电路车间等。

(5) 其他特种状况的车间　如有爆破可能性、有放射性散发物、电磁波干扰等。

12.1.2　工业建筑的特点

在建筑结构等方面与民用建筑相比较，具有以下特点：

① 厂房平面要根据生产工艺的特点设计。

② 厂房内部空间较大。

③ 厂房的建筑构造比较复杂。

④ 厂房骨架的承载力较大。

12.1.3　工业建筑设计的任务和要求

工业设计应满足如下要求。

(1) 满足生产工艺的要求　生产工艺是工业建筑设计的主要依据，生产工艺对建筑提出的要求就是建筑使用功能上的要求，因此，建筑设计在建筑平面形状、建筑面积、柱距、跨度、剖面形式、厂房高度及结构方式和构造等方面，必须满足生产工艺的要求。同时，建筑设计还要满足厂房所需的机器设备安装、操作、运行、检修等方面的要求。

(2) 满足建筑技术的要求

① 工业建筑的坚固性及耐久性应符合建筑的使用年限。

② 建筑设计应使厂房具有较大的通用性和改建扩建的可能性。

③ 应严格遵守《厂房建筑模数协调标准》及《建筑模数协调统一标准》的规定。

(3) 满足建筑经济的要求

① 在不影响卫生、防火及室内环境要求的条件下，将若干个车间合并成联合厂房，对现代化连续生产极为有利。

② 建筑的层数是影响建筑经济性的重要因素。

③ 在满足生产要求的前提下，设法缩小建筑体积，充分利用建筑空间。

④ 在不影响厂房的坚固、耐久、生产操作、使用要求和施工速度的前提下，应尽量降低材料的消耗，从而减轻构件的自重和降低建筑造价。

⑤ 设计方案应便于采用先进的、配套的结构体系及工业化施工方法。

(4) 满足卫生及安全需要

① 应有与厂房所需采光等级相适应的采光条件，应有与室内生产状况及气候条件相适应的通风措施。

② 排除生产余热、废气，提供正常的卫生、工作环境。

③ 对散发出的有害气体、有害辐射、严重噪声等应采取净化、隔离、消声、隔声等措施。

④ 美化室内外环境，注意厂房内部的绿化、垂直绿化及色彩处理。

12.1.4　单层厂房组成

房屋的组成系指单层厂房内部生产房间的组成。生产车间是工厂生产的一个管理单位，它一般由四个部分组成：

① 生产工段，是加工产品的主体部分。

② 辅助工段，是为生产工段服务的部分。

③ 库房部分，是存放原料、材料、半成品、成品的地方。

④ 行政办公生活用房。

12.1.5 构件的组成

单层厂房多采用排架结构体系，常用的排架结构体系有钢筋混凝土排架结构和钢结构排架体系两种。

传统的钢筋混凝土排架结构，主要针对跨度大、高度较高、吊车吨位大的厂房。这种结构受力合理，建筑设计灵活，施工方便，工业化程度高。图 12-1 所示是典型的装配式钢筋混凝土排架结构的单层厂房，其组成为承重结构、围护结构、其他附属构件。

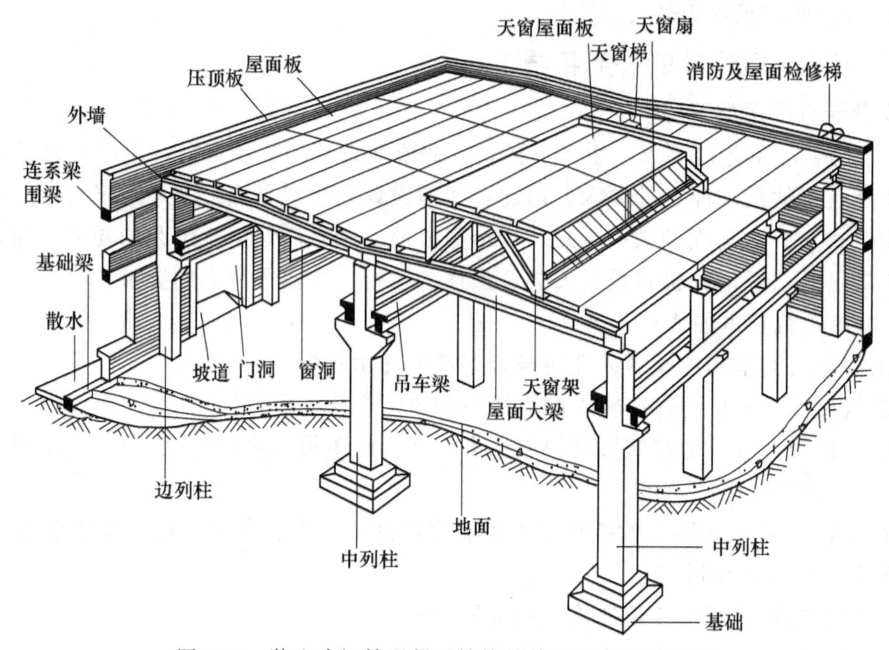

图 12-1 装配式钢筋混凝土结构的单层厂房构件组成

(1) 承重结构 单层厂房承重结构有墙承重结构和骨架承重结构两种类型。当厂房的跨度、高度及吊车吨位较小时（$Q<5$t），可采用墙承重结构。厂房跨度大、高度较高，吊车吨位也大，常用骨架承重结构，我国广泛采用横向排架结构，它包括下列几部分承重构件。

① 横向排架由基础、柱、屋架（或屋面梁）组成，它承受厂房的各种荷载。

② 纵向联系构件由基础梁、连系梁、圈梁、吊车梁组成。

③ 为了保证厂房的刚度，还设置屋架支撑、柱间支撑等支撑系统。

(2) 围护结构 包括外墙、屋顶、地面、门窗、天窗等。

(3) 其他 包括散水、地沟、隔断、作业梯、检修梯等。

12.2 单层厂房平面设计

工厂总平面设计是根据全厂的生产工艺流程、交通运输、卫生、防火、气象、地形、地质及建筑群体景观要求来完成的。总平面设计要确定建筑物的规模，建筑物与建筑物、建筑物与构筑物之间的平面关系和空间关系；合理组织人流、货流；设计主干道、次干道，既要满足人流、货流的需要，又要满足消防的要求；布置各种空间、地面及地下管网；厂区竖向设计以及绿化美化厂区室内外空间。

12.2.1 总平面设计对平面设计的影响

12.2.1.1 厂区人流、货流组织对平面设计的影响

生产厂房与生产厂房之间，生产厂房与仓库之间，彼此有着人流和货流的联系，这种联系影响厂房平面设计中门的位置、数量和尺寸。同时，人流出入口或厂房生活间应靠近厂区人流主干道，方便工人上下班。设计时应尽可能减少人流和货流的交叉和迂回，运行路线要通畅、短捷。

12.2.1.2 地形对平面设计的影响

地形坡度的大小对厂房的平面形状有着直接的影响，这在山区建厂中尤为明显。当工艺流程自上而下布置时，平面设计应利用地形，尽量减少土石方工程量，又利用原材料的自重顺着工艺流程向下输送。

12.2.1.3 日照和风向的影响

气候条件对工业建筑设计的影响也较大，除民用建筑中讲到日照影响外，这里还要讲风向的影响。布置建筑物时，应考虑风向对它的影响。厂区所在地区的气象条件对厂房的平面形式和朝向有很大的影响。在炎热地区，为使厂房有良好的自然通风，并且避免室内受阳光照射，厂房宽度不宜过大，最好采用长条形平面，朝向接近南北向，厂房长轴与夏季主导风向垂直或大于45°。Π形、Ш形平面的开口应朝向迎风面，并在侧墙上开设窗子和大门，大门在组织穿堂风中有良好作用。若朝向与主导风向有矛盾时，应根据主要要求进行选择。

12.2.2 平面设计与生产工艺的关系

单层厂房平面及空间组合设计，则是在工艺设计及工艺布置的基础上进行的。生产工艺是工业建筑设计的重要依据。

一个完整的工艺平面图，主要包括下面五个内容：根据生产的规模、性质、产品规格等确定生产工艺流程；选择和布置生产设备和起重运输设备；划分车间内部各生产工段及其所占面积；初步拟定厂房的跨间数、跨度和长度；提出生产对建筑设计的要求。

平面设计受生产工艺的影响有以下几个方面。

12.2.2.1 生产工艺流程的影响

生产工艺流程是指某一产品的加工制作过程，即由原材料按生产要求的程序，逐步通过生产设备及技术手段进行加工生产，并制成半成品或成品的全部过程。不同类型的厂房，由于其产品规格、型号等不同，生产工艺也不相同。机械加工装配车间生产工艺流程图见图12-2。

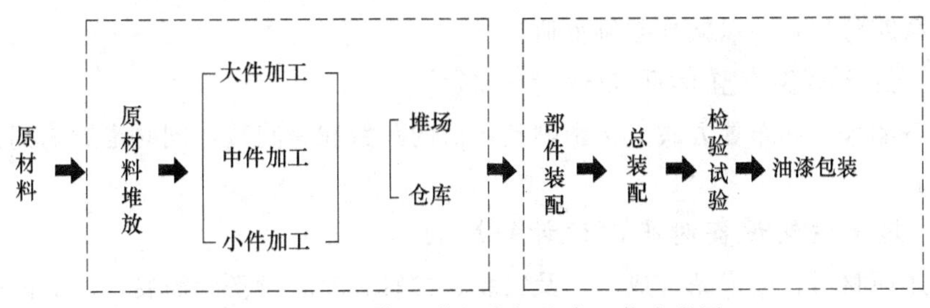

图12-2 机械加工装配车间生产工艺流程图

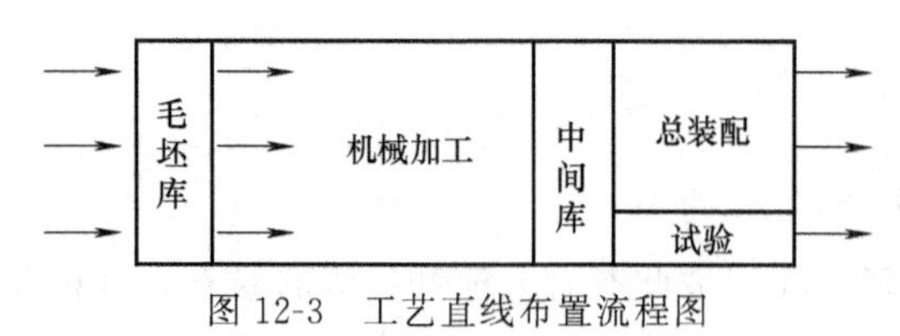

图 12-3　工艺直线布置流程图

(1) 直线布置　适用于规模不大、吊车负荷较轻的车间（图 12-3）。采用这种布置的厂房平面可全部为平行跨，具有建筑结构简单、扩建方便的优点。但当跨数较少时，会形成窄条状平面，厂房外墙面大，土建投资不够经济。

(2) 平行布置　这种布置方式常用于汽车、拖拉机等装配车间，平面也全为平行跨，同样具有建筑结构简单、便于扩建等优点（图 12-4）。

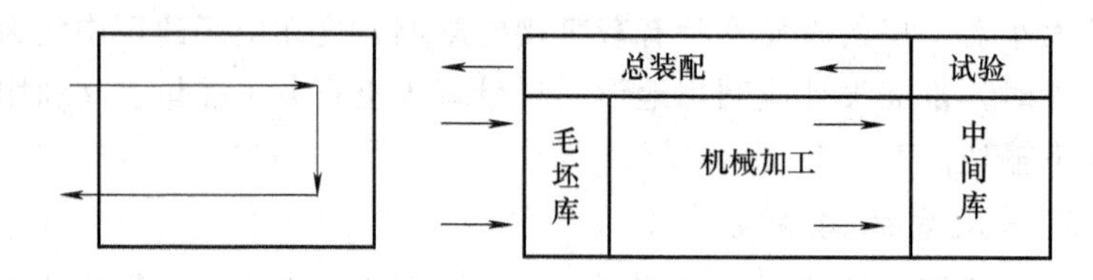

图 12-4　工艺平行布置流程图

(3) 垂直布置　这种厂房平面虽因跨间互相垂直（图 12-5），建筑结构较为复杂，但在大、中型车间中由于工艺布置和生产运输有其优越性，故应用也颇广泛。

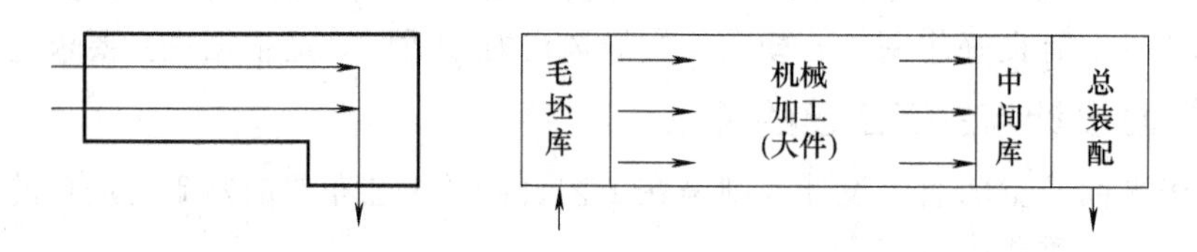

图 12-5　工艺垂直布置流程图

12.2.2.2　生产状况对平面设计的影响

不同性质的厂房，在生产操作时会出现不同的生产特征，而生产特征也会影响厂房的平面设计。有些车间（如机械工业的铸钢、铸铁、锻工等车间）在生产过程中会散发出大量的热量、烟、粉尘等，此时平面设计应使厂房具有良好的自然通风。有些车间（如机械加工装配车间），生产是在正常的温湿度条件下进行的，室内无大量余热及有害气体散发，但是该车间对采光有一定的要求（根据《工业企业采光标准》，要求Ⅲ级采光），在平面布置时，应综合考虑它所在地区的气象条件、地形特征等，满足采光和通风的要求。还有些车间（如纺织车间），生产环境对温湿度、清洁度有严格的要求，厂房常采用空气调节装置，所以厂房平面宜采用联跨整片式，以减少空调负荷。

12.2.2.3　生产设备布置对平面设计的影响

生产设备的大小和布置方式直接影响到厂房的跨数和跨间数，同时也影响到大门尺寸和柱距尺寸等。

12.2.2.4　起重运输设备对平面设计的影响

为了运送原材料、半成品、成品，及安装、检修、改装设备的需要，厂房内部应设置起重设备和运输设备。

起重设备——吊车，也称行车，它是单层工业厂房广泛采用的起重设备，主要有以下三种类型。

① 单轨悬挂式吊车：起重量一般不大于3t，最大不超过5t。它分手动和电动两种，均在地面上操作（图12-6）。

② 梁式吊车：起重量小于或等于5t，分手动和电动两种（图12-7）。

③ 桥式吊车：起重量为5t至数百吨，起重动力为电能，均在操作室内操作（图12-8）。桥式吊车按其工作繁忙程度分为三种工作制：轻级工作制、中级工作制、重级工作制。按桥架的形式分为双梁桥式吊车和单梁桥式吊车。

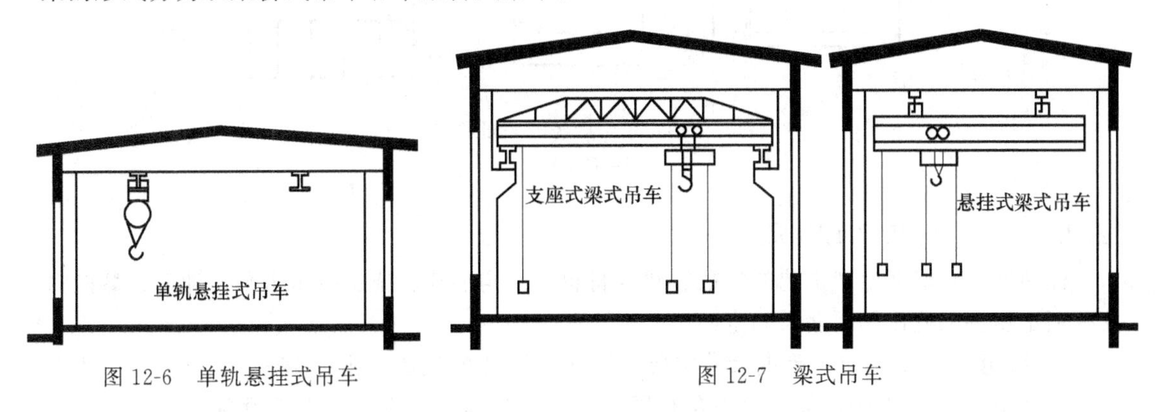

图12-6 单轨悬挂式吊车

图12-7 梁式吊车

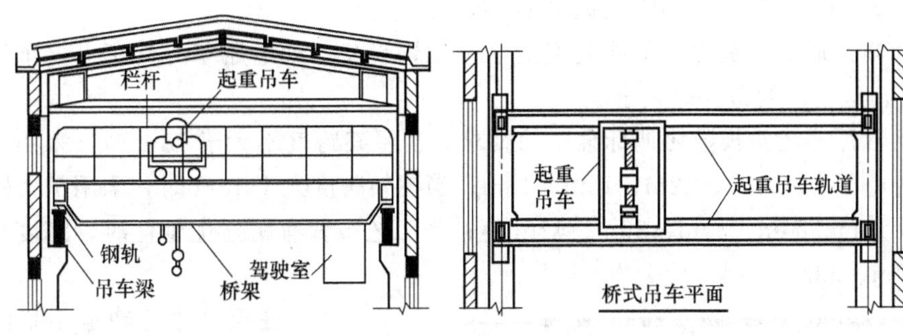

图12-8 桥式吊车

12.2.2.5 单层厂房常用的平面形式

厂房平面形式与工艺流程、生产特征、生产规模等有直接的关系。单层厂房的平面布置形式直接影响到厂房的生产条件、交通运输和生产环境（如采光、通风、日照），也影响建筑结构、施工及设备等的合理性和经济性。

单层厂房的平面形式分为一般和特殊类型两类（图12-9）。一般平面形式是以矩形为主，有平行多跨组合平面、跨度相互垂直布置组合平面；特殊的平面形式有L形、Π形、Ш形。L形、Π形、Ш形平面的特点是厂房各部分宽度不大，外围护结构周长较长，在外墙上可以多设门窗，使厂房室内有良好的采光通风，从而改善了室内劳动条件。

12.2.3 柱网选择

无论是单层厂房还是多层厂房，承重结构柱子在平面上排列时所形成的网格称为柱网。柱网的尺寸由柱距和跨度组成。相邻两柱之间的距离称柱距；跨度系指屋架或是屋面梁的跨度。柱距和跨度尺寸必须符合国家规范《厂房建筑模数协调标准》（GBJ 6—86）的有关规定。

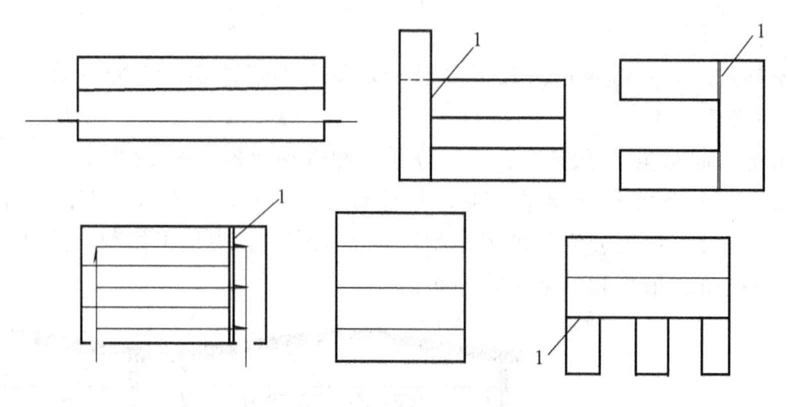

图 12-9　单层厂房的平面形式

1—伸缩缝

12.2.3.1　柱网尺寸的确定

柱网尺寸是根据生产工艺的特征、建筑材料、结构形式、施工技术水平、地基承载能力及有利于建筑工业化等因素来确定的。

(1) 跨度尺寸的确定　跨度尺寸主要是根据下列因素确定（图 12-10）。

① 生产工艺中生产设备的大小及布置方式。设备越大，占地越大，设备布置成横向或纵向，布置成一排、二排或三排，都影响跨度的大小。

② 车间内部通道的宽度。不同类型的水平运输设备，如电瓶车、汽车、火车等所需通道是不同的，这也影响跨度的大小。

③ 满足《厂房建筑模数协调标准》的要求。当屋架跨度不大于 18m 时，采用扩大模数 30M 的数列，即 6m、9m、12m、15m、18m；当屋架跨度大于 18m 时，采用扩大模数 60M 的数列，即 18m、24m、30m、36m、42m 等；当工艺布置有明显优越性时，跨度尺寸可采用 21m、27m、33m。

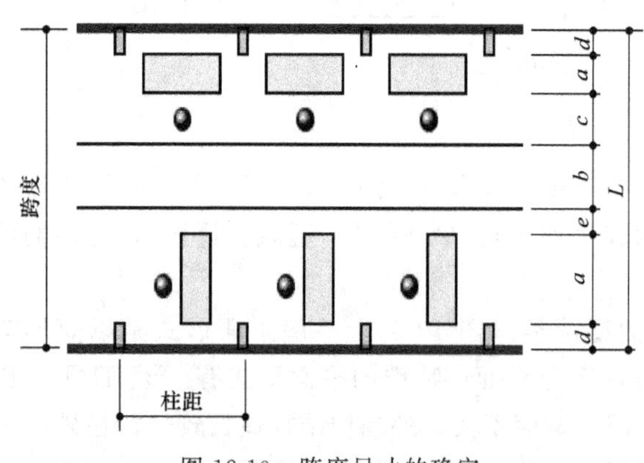

图 12-10　跨度尺寸的确定

L—跨度；*a*—设备宽度；*b*—通道宽度；*c*—操作宽度；*d*—设备与轴线间距离；*e*—安全距离

(2) 柱距尺寸的确定　我国单层工业厂房设计主要采用装配式钢筋混凝土结构体系，其基本柱距是 6m，均已配套成型，而相应的结构构件，例如基础梁、吊车梁、连系梁、屋面板、横向墙板等，有供设计者选用的工业建筑通用构件标准图集。单层厂房柱网尺寸示意如图 12-11 所示。

12.2.3.2　扩大柱网的尺寸及其优越性

随着科学技术的发展，厂房内部的生产工艺、生产设备、运输设备也在不断地变化、更新。所以应扩大柱网，也就是扩大厂房的跨度和柱距（图 12-12）。常用扩大柱网（跨度×柱距）有 12m×12m，15m×12m，8m×12m，24m×12m，18m×18m，24m×24m 等。

扩大柱网的优点如下。

① 可以提高厂房面积的利用率。为使设备基础与柱基础不至于相互碰撞，需在柱周围留出一定的距离，在6m柱距的厂房中，每一柱距内只能布置1台机床；若将柱距扩大到12m，则每一柱距内可布置3台机床，提高了面积利用率，并且减少了柱子占用的面积。

② 有利于大型设备的布置和产品的运输。现代工业企业中，如重型机械厂、飞机制造厂等，其产品具有高、大、重的特点，柱网越大越能满足设备的布置和产品运输的需要。

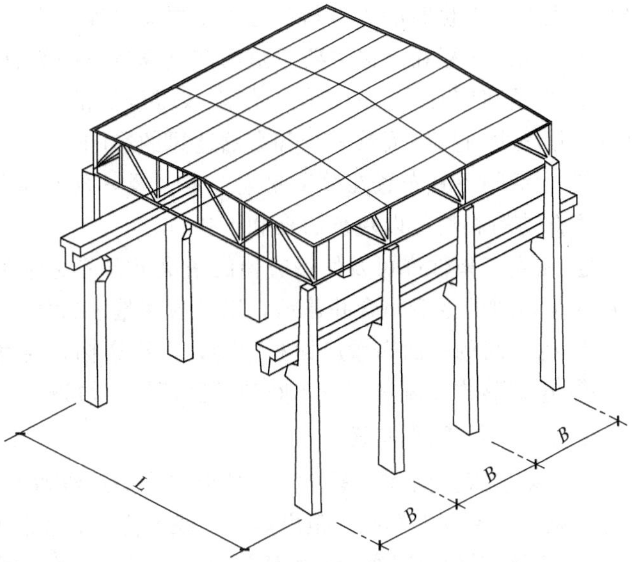

图 12-11　单屋厂房柱网尺寸示意图

L—跨度；*B*—柱距

③ 能适应生产工艺变更及生产设备更新的要求。扩大柱网后，生产工艺流程的布置有较大的灵活性。

④ 能减少构件数量，但增加了构件重量。

⑤ 减少柱基础土石方工作量。

单层厂房采用扩大柱网后，屋顶承重方案有两种：无托架方案和有托架方案。

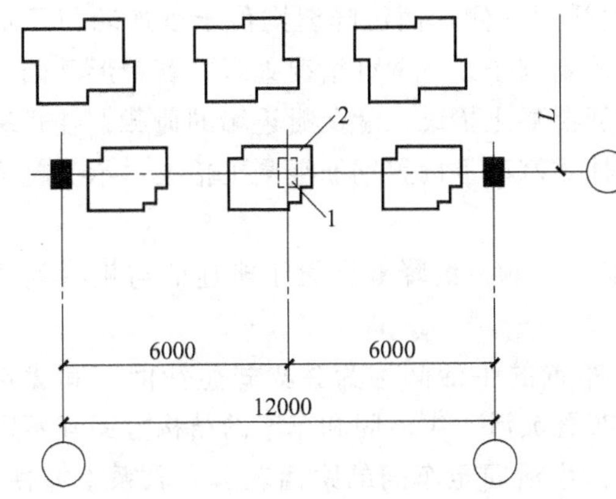

图 12-12　扩大柱距后增加设备布置示意图

1—扩大柱距省去柱子；2—扩大柱距后增加的设备

12.2.4　生活间

为了满足工人在生产过程中卫生、生活的需要，保证产品质量，提高劳动效率，除在全厂房中设有行政管理及生活福利设施外，每个车间也应设有这类用房，这种用房为生活间。

12.2.4.1　生活间组成

（1）生产卫生用房　包括浴室、厕所、存衣室、盥洗室等。我国原卫生部主编的《工业企业设计卫生标准》（TJ 36—79），将一般工业企业按卫生特征分为四级，每一级都有它最基本的生产卫生用房。

（2）生活福利用房　包括休息室、女工卫生室、吸烟室、厕所、饮水间、小吃部、保健室等。厕所内的大小便器按规范和有关规定计算。浴室、盥洗室、厕所的设计计算人数按最大班工人总数的93%计算。

（3）行政办公用房　包括党、政、工、团办公室及会议室、值班室、计划调度室等。

（4）生产辅助用房　包括工具室、材料库、计量室等。

12.2.4.2　生活间设计原则

① 生活间应尽量布置在车间主要人流出入口处，且与生产操作地点有方便的联系，并

避免工人上、下班时的人流与厂区内主要运输线（火车、汽车等）的交叉，人数较多集中设置的生活间以布置在厂区主要干道两侧且靠近车间为宜。

② 生活间应有适宜的朝向，使之获得较好的采光、通风和日照。同时，生活间的位置也应尽量减少对厂房天然采光和自然通风的影响。

③ 生活间不宜布置在散发粉尘、毒气及其他有害气体车间的下风侧或顶部，并尽量避免噪声振动的影响，以免被污染和干扰。

④ 在生产条件许可及使用方便的情况下，应尽量利用车间内部的空闲位置设置生活间，或将几个车间的生活间合并建造，以节省用地和投资。

⑤ 生活间的平面布置应面积紧凑，人流通畅，男女分设，管道尽量集中。

⑥ 建筑形式与风格应与车间和厂区环境相协调 。

12.2.4.3　**生活间布置**

（1）毗连式生活间　紧靠厂房外墙（山墙或纵墙）布置的生活间称为毗连式生活间。主要优点是：生活间至车间的距离短捷，联系方便；生活间和车间共用一道墙，节省材料；可将车间层高较低的房间布置在生活间内，以减少建筑体积，占地较省；寒冷地区对车间保温有利；易与总平面图人流路线协调一致；可避开厂区运输繁忙的不安全地带。其缺点是：不同程度地影响车间的采光和通风；车间对生活间有干扰，危害较大。毗连式生活间见图 12-13 。

毗连式生活间平面组合的基本要求是：职工上下班路线应与服务设施路线一致，避免迂回；在生产过程中使用的厕所、休息室、吸烟室、女工卫生室等的位置相对集中，位置恰当。

毗连式生活间和厂房的结构方案不同，荷载相差也很大，在两者毗连处应设置沉降缝。设置沉降缝的方案有以下两种。

① 当生活间的高于厂房时，毗连墙应设在生活间一侧，而沉降缝则位于毗连墙与厂房之间。无论毗连墙为承重墙还是自承重墙，墙下的基础按以下两种情况处理：若带形基础与车间柱式基础相遇，应将带形基础断开，增设钢筋混凝土抬梁，承受毗连墙的荷载；柱式基础应与厂房柱式基础交错布置，然后在生活间的柱式基础上设置钢筋混凝土抬梁，承受毗连墙的荷载。

② 当厂房高度高于生活间时，毗连墙设在车间一侧，沉降缝则设于毗连墙与生活间之间。毗连墙支撑在车间柱式基础的地梁上。

（2）独立式生活间　距厂房一定距离、分开布置的生活间称为独立式生活间。其优点是：生活间和车间采光、通风互不影响；生活间布置灵活；生活间和车间的结构方案互不影响，结构、构造容易处理。其缺点是：占地较多；生活间至车间的距离较远，联系不方便。独立式生活间如图 12-14 所示。

适用于散发大量生产余热、有害气体及易燃易爆炸的车间。

独立式生活间与车间的连接方式以下有三种。

① 走廊连接，这种连接方式简单、适用。

② 天桥连接，有利于车辆运输和行人的安全。

③ 地道连接，立体交叉处理方法之一。

（3）厂房内部式生活间　内部式生活间是将生活间布置在车间内部可以充分利用的空间内，只要在生产工艺和卫生条件允许的情况下，均可采用这种布置方式。其优点是：使用方便；经济合理、节约建筑面积和体积。其缺点是：只能布置部分生活间，车间的通用性受到限制。

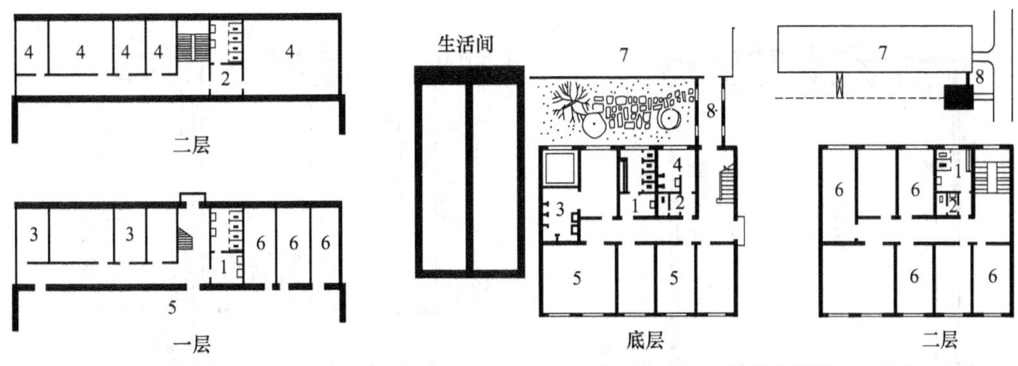

图 12-13　毗连式生活间

1—男厕；2—女厕；3—学习、休息、存衣室；4—办公室；5—车间；6—生产辅助用房

图 12-14　独立式生活间

1—男厕；2—女厕；3—男浴室；4—女淋浴室；5—存衣室；6—办公室；7—车间；8—通廊

内部式生活间布置方式有：在边角、空余地段；在车间上部设夹层；利用车间一角；在地下室或半地下室，但采用较少。利用工具室顶部设置生活间如图 12-15 所示。

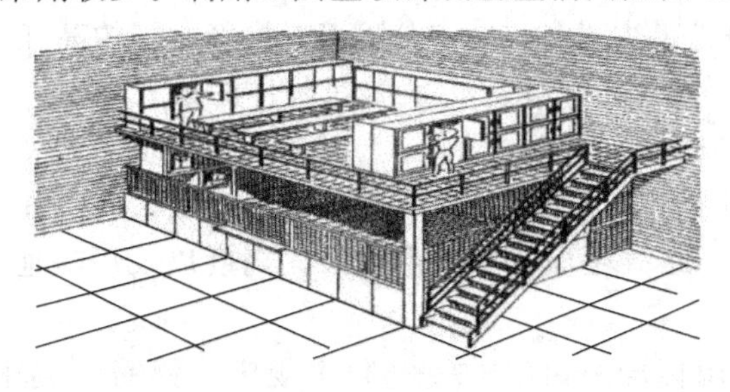

图 12-15　利用工具室顶部设置生活间

12.3　单层厂房剖面设计

剖面设计是厂房建筑设计的一个重要组成部分。它是在工艺设计的基础上，主要解决建筑空间如何满足生产工艺的各项要求。

剖面设计应满足以下要求：适应生产需要的足够空间；良好的采光通风条件；屋面排水和满足室内保温隔热的围护结构；经济合理的结构方案。

12.3.1　厂房高度的确定

单层厂房的高度是指厂房室内地坪到屋顶承重结构下表面之间的距离。一般情况下，它与柱顶标高距地面的高度基本相等。所以常以柱顶标高来衡量厂房的高度，屋顶承重结构是倾斜的，其计算点应算到屋顶承重结构的最低点。柱顶标高仍应满足模数协调标准的要求，如图 12-16（a）所示。

（1）无吊车厂房的柱顶标高　通常是指最大生产设备及其使用、安装、检修时所需要的高度。一般不低于 3.9m，以保证室内最小空间，以及满足采光、通风的要求，柱顶高度应为 300mm 的整数倍，若为砖石结构承重，柱顶标高应为 100mm 的整数倍。

（2）有吊车厂房的柱顶标高　厂房高度的组成见图 12-17。

柱顶标高：$H=H_1+H_2$

轨顶标高：$H_1=h_1+h_2+h_3+h_4+h_5$

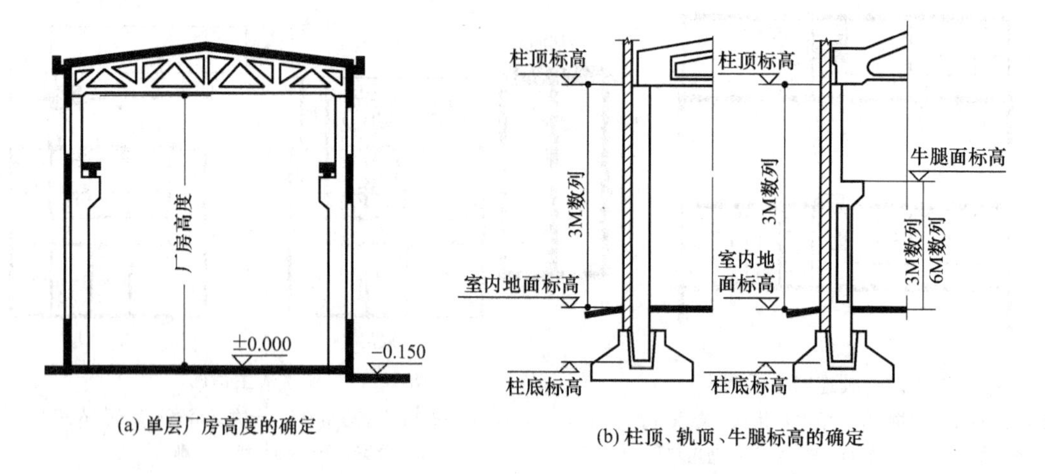

图 12-16　单层厂房各部分高度的确定

轨顶至柱顶高度：$H_2=h_6+h_7$

式中，h_1 为需跨越的最大设备，室内分隔墙或检修所需的高度；h_2 为起吊物与跨越物间的安全距离，一般为 400～500mm；h_3 为被吊物体的最大高度；h_4 为吊索最小高度，根据加工件大小而定，一般大于 1000mm；h_5 为吊钩至轨顶面的最小距离，由吊车规格表中查得；h_6 为吊车梁轨顶至小车顶面的净空尺寸，由吊车规格表中查得；h_7 为屋架下弦至小车顶面之间的安全间隙，此值应保证屋架产生最大挠度以及厂房地基可能产生不均匀沉陷时，吊车能正常运行。

《厂房建筑模数协调标准》（GBJ 6—86）中规定，钢筋混凝土结构的柱顶标高应按 300mm 数列确定，轨顶标高应按 600mm 确定，牛腿标高也按 300mm 数列确定。柱子埋入地下部分也需要满足模数化要求，如图 12-16（b）所示。

在模数协调标准中规定：“在工艺有高低要求的多跨厂房中，当高差值不小于 1.2m 时，不宜设置高度差；在不采暖的多跨厂房中高跨一侧仅有一个低跨，且高差不大于 1.8m 时，也不宜设置高度差。”

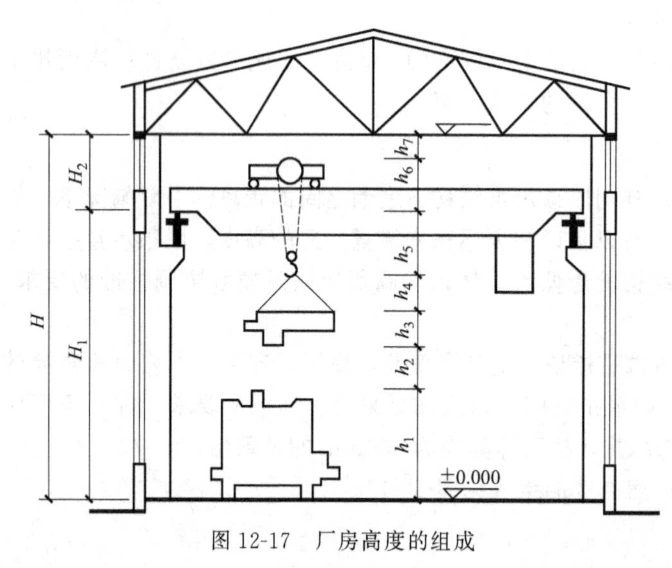

图 12-17　厂房高度的组成

12.3.2　剖面空间的利用

厂房高度对造价有直接影响，在确定厂房高度时，应在不影响生产使用的前提下，有效地节约并利用空间，使柱顶标高降低，从而降低建筑造价，厂房内部空间的利用见图 12-18 。

① 利用屋架之间的空间。

② 利用地下空间。

12.3.3　室内外地坪标高

单层厂房室内外地坪的标高，由厂区总平面设计确定，其相对标高为±0.000。

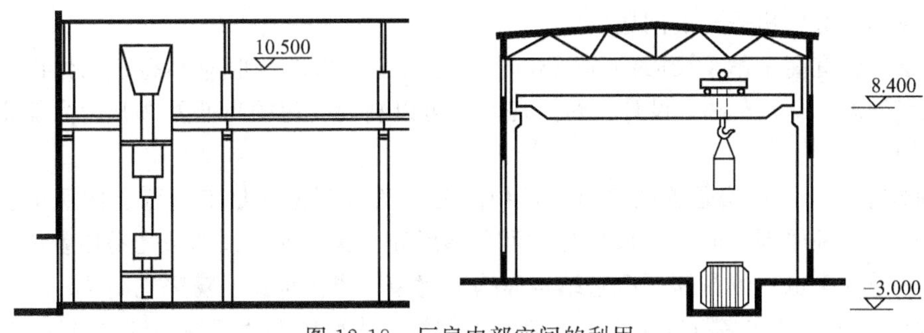

图 12-18　厂房内部空间的利用

一般单层厂房室内外需设置一定的高度，以防止雨水浸入室内，同时为便于汽车等运输工具通行，室内外高差宜小，一般取 100～150mm。应在大门处设置坡道，其坡度不宜过大。

当厂房内有两个以上不同的地坪时，主要地坪面的标高为±0.000。

12.3.4 天然采光

采光设计就是根据室内生产对采光要求来确定窗口大小、形式及其布置，保证室内采光强度、均匀度及避免眩光。采光面积的多少是根据采光要求，按采光系数的标准值进行计算的。

12.3.4.1 天然采光的基本要求

(1) 满足采光系数最低值的要求　室内工作面上应有一定光线，光线的强弱是用“照度”(即单位面积上所受的光通量) 来衡量的。

在单层厂房天然采光设计中，为满足车间内部有良好的视觉工作条件，生产车间工作面上的采光系数最低值不应低于《作业场所工作面上采光系数标准值》中规定的数据。

(2) 满足采光均匀度的要求　所谓采光均匀度是指假定工作面上采光系数的最低值与平均值之比。为了保证视觉舒适，要求室内照度均匀，可以根据车间的采光等级及采光口的位置来确定。

(3) 避免在工作区产生眩光　在人的视野范围内出现比周围环境特别明亮而又刺眼的光叫眩光，设计时应避免工作区出现眩光。

12.3.4.2 采光面积的确定

采光面积一般根据采光、通风、立面设计等综合因素来确定，首先大致确定窗面积，然后根据厂房对采光的要求进行校核，验证是否符合采光标准值。

12.3.4.3 采光方式及布置

为了取得天然采光，在建筑物外围护结构 (外墙或屋顶) 上开设各种形式的洞口，并安装玻璃等透光材料，形成采光口。

(1) 采光方式　按采光口在外围护结构上的不同位置分为三种方式。

① 侧窗采光。又可分为单侧采光和双侧采光两种方式。当房间较窄时，采用单侧采光，它的光线不均匀。单侧采光的有效进深约为侧窗口上沿至工作面高度的两倍；若进深增大，超过了单侧采光的有效范围，则需要采用双侧采光或是人工照明等方式。

由于侧面采光的方向性强，故布置侧窗时要避免可能产生的遮挡。在有桥式吊车的厂房中，吊车梁处不必开设侧窗，就把外墙上的侧窗分为上下两段，形成高低侧窗。高侧窗投光远，光线均匀，能提高远窗点的采光效果；低侧窗投光近，对近窗点采光有利，两者的有机结合，解决了较宽厂房采光的问题。

高侧窗窗台宜高于吊车梁面约600mm，低侧窗窗台高度一般应略高于工作面高度，工作面高度一般取1.0m左右。设计多跨厂房时，可以利用厂房的高低差来开设高侧窗，使厂房的采光均匀。

② 顶部采光。当厂房是连续多跨时，中间跨无法从侧窗满足工作面上的照度要求，或是侧墙上由于某种原因不能开窗采光时，可在屋顶处设置天窗。顶部采光易使室内获得较均匀的照度，采光率也比侧窗高。但它结构和构造复杂，造价也比侧窗采光高。

③ 混合采光。是在多跨厂房中，边跨利用侧窗、中间跨利用天窗的综合方法。

(2) 采光天窗的形式　采光天窗的形式有矩形、梯形、M形、锯齿形、下沉式、三角形、平天窗等，最常采用的是矩形、锯齿形、下沉式和平天窗四种，见图12-19、图12-20。

① 矩形天窗。其采光特点与侧窗采光类似，具有中等照度，若天窗扇朝向南北，室内光线均匀，可减少直射光线进入室内。

为了获得良好的采光效果，合适的天窗宽度等于厂房跨度的1/3～1/2，且两天窗的边缘距离应大于相邻天窗高度和的1.5倍。天窗的高宽比宜为0.3左右，不宜大于0.45，因为天窗过高会降低工作面上的照度。

② 锯齿形天窗。是将厂房屋盖做成锯齿形，在两齿之间的垂直面上设窗扇，构成单面顶部采光，多适用于要调节温湿度的厂房。

③ 横向下沉式天窗。是将相邻柱距的屋面板上下交错布置在屋架的上下弦上，通过屋面板位置的高差作采光口而形成的，多适用于东西向的冷加工车间（天窗朝南向北）。横向下沉式天窗纵向剖面图及轴测投影图见图12-21。

④ 平天窗。直接在屋面板上设置接近水平的采光口而形成的。

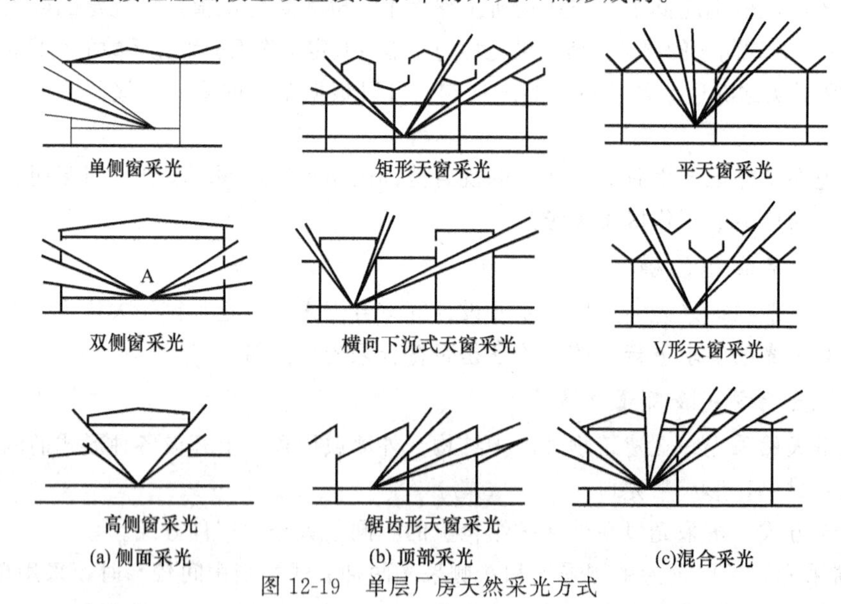

图12-19　单层厂房天然采光方式

12.3.5　自然通风

12.3.5.1　自然通风的基本原理

自然通风是利用室内外温差造成的热压和风吹向建筑物而在不同表面上造成的压差来实现通风换气的。单层厂房自然通风是利用空气的热压和风压作用进行的。

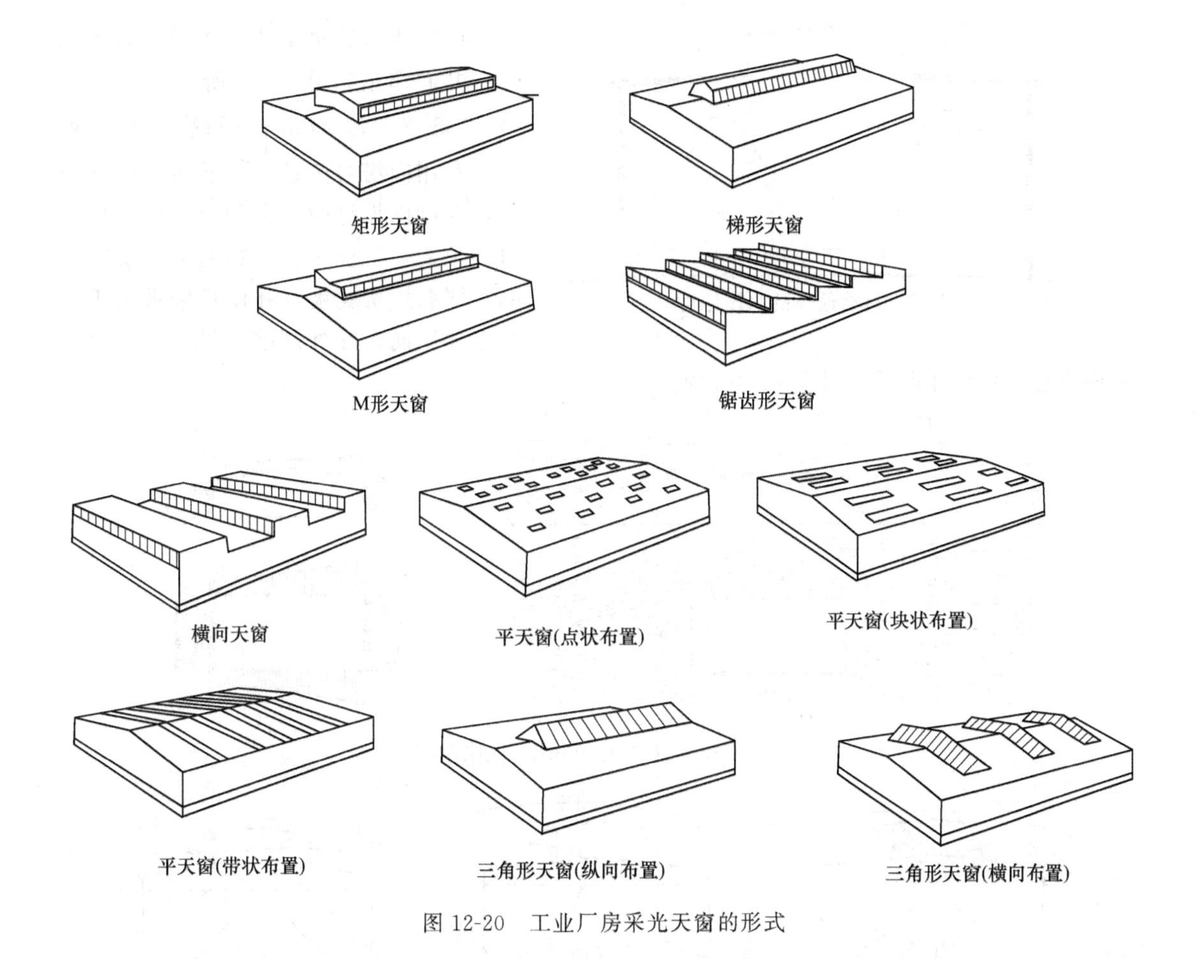

图 12-20　工业厂房采光天窗的形式

(1) 空气的热压作用　利用室内外温度差而产生的空气压力差进行通风的方式称为热压通风，如图 12-22 所示。

$$\Delta p = gH(\rho_w - \rho_n)$$

式中，Δp 为热压，Pa；g 为重力加速度，m/s^2；H 为进排气口中心线的垂直距离，m；ρ_w 为室外空气密度，kg/m^3；ρ_n 为室内空气密度，kg/m^3。

热压大小取决于两个因素：上下进排气口的距离；室内外温度差。

(2) 空气的风压作用　利用风压产生的空气压力差进行通风的方式称为风压通风。在剖面设计中，根据自然通风的原理，正确布置进、排风口的位置，合理组织气流，使室内达到通风换气及降温的目的。应当指出，为了增大厂房内部的通风量，应考虑主导风向的影响，特别是夏季主导风向的影响。风压作用在建筑物中，正压区的洞口为进风口，负压区的洞口为排风口，这样，就会使室内外空气进行交换图，如图 12-23 所示。

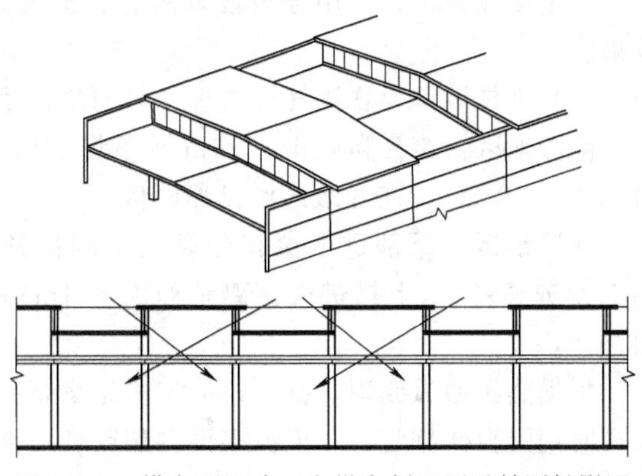

图 12-21　横向下沉式天窗纵向剖面图及轴测投影图

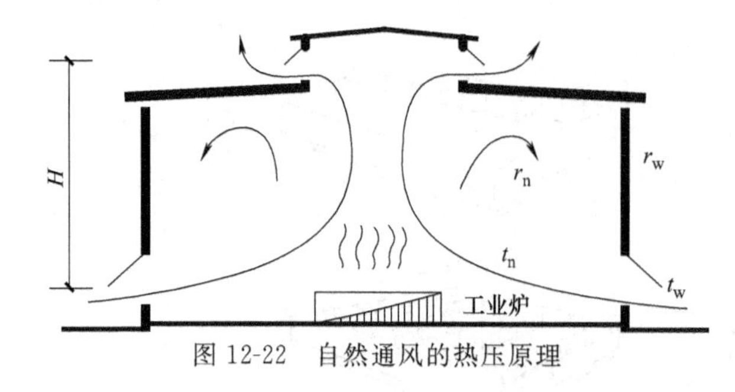

图 12-22　自然通风的热压原理

(3) 风压和热压共同作用　风压和热压共同作用如图 12-24 所示。

12.3.5.2　冷加工车间的自然通风

利用门窗可满足室内通风换气的要求，在剖面设计中，合理布置进、出风口的位置，还应组织好穿堂风。实践证明，限制厂房宽度，并使长轴垂直于夏季主导风向，在外侧墙上设窗，在纵横贯通的通道的端部设门，对通风均有利。

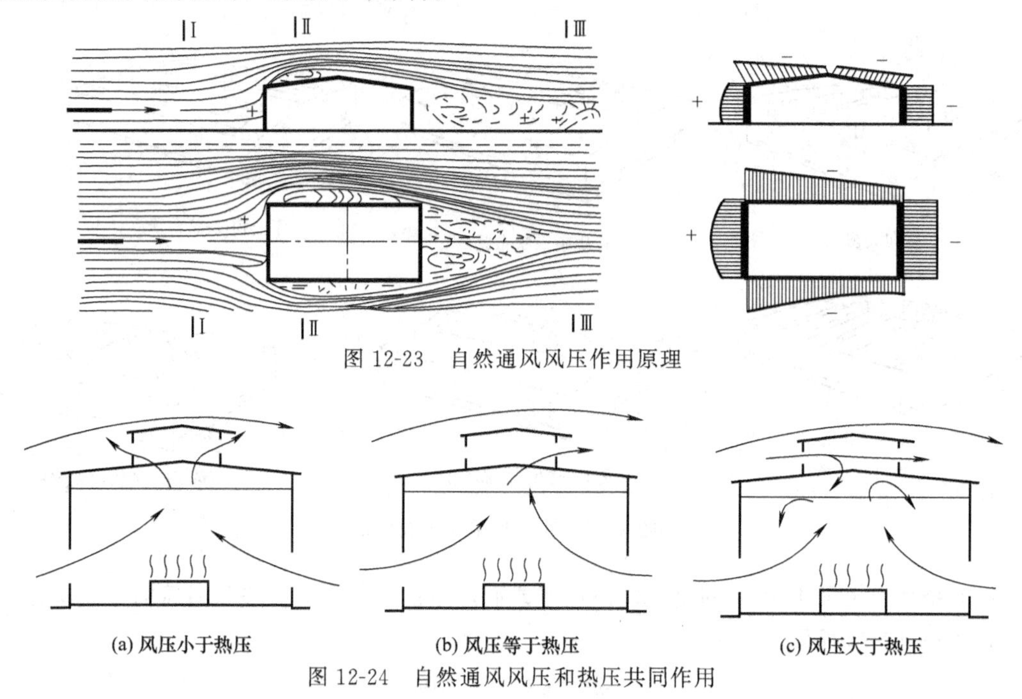

图 12-23　自然通风风压作用原理

图 12-24　自然通风风压和热压共同作用

12.3.5.3　热加工车间的自然通风

在剖面设计中，利用合理设置的进、出风口，有效地组织好自然通风，可以提高通风效果。

(1) 进排风口设置进气口，进气口的位置尽量低。

南方地区：窗台高 0.4～0.6m 或不设窗扇，而采用开敞式，开敞口下沿应高出室内地面 0.6～0.8m，并在开敞部位设挡雨板。

寒冷地区：下部进气窗宜分设上下两排开启，夏季开启下排进气窗；冬季关闭下排用上排进气窗。(上排进气窗离地面大于 4m)。侧窗开启方式有上悬、中悬、平开和立转四种。

根据热压通风原理，排气口的位置尽量高，无天窗时，排气口宜设在靠檐口一带；设有天窗时用天窗作排气口，天窗多设在靠屋脊一带，如图 12-25 所示。

(2) 通风天窗的类型　剖面设计中以通风为主的天窗称为通风天窗。通风天窗常见的有矩形通风天窗（图 12-26)、下沉式通风天窗（图 12-27）两种。

① 矩形通风天窗（或避风天窗)。热车间的自然通风是在风压和热压的共同作用下进行

的，其空气对流出现三种状态。

当风压小于热压时，背风面和迎风面的排风口均可通风，但由于迎风面风压的影响，排风口排气量减小。

当风压等于热压时，迎风面的排风口停止排气，只能靠背风面的窗口排气。

当风压大于热压时，迎风面的排风口不但不能排气，反而出现风倒灌现象，阻碍室内空气的热压排风。

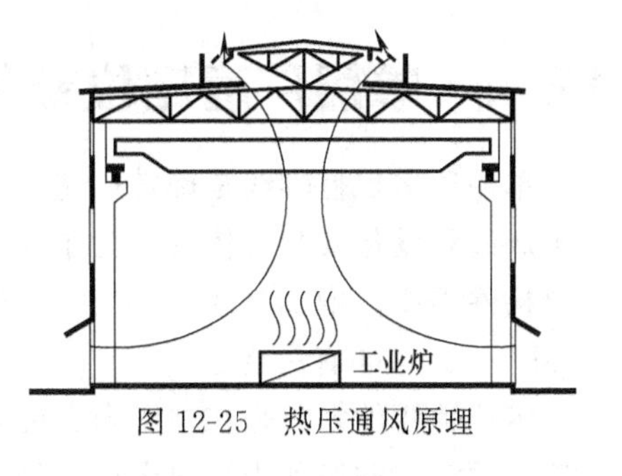

图 12-25 热压通风原理

在无风时，厂房内部靠热压通风；有风时，风速越大，排风量增大。挡风板至矩形天窗的距离以排风口高度的 1.1～1.5 倍为宜。

当厂房的剖面形式为平行等高跨时，两跨的矩形天窗排风口之水平间距 L 小于或等于天窗高度 h 的 5 倍时，两天窗互起挡风板的作用，则可不设挡风板。

② 下沉式通风天窗。在屋顶结构中，部分屋面板铺在屋架上、下弦上，利用屋架上、下弦之间的高差空间构成在任何风向下均处于负压区的排风口，这样的天窗称为下沉式天窗。

根据下沉部位的不同有以下三种形式：

井式通风天窗，每隔一个或是几个柱距将部分屋面板设置在屋架下弦上，使屋面上形成一个个“井”式天窗。通风效果优于矩形通风天窗。

纵向下沉式通风天窗，是将跨间一部分屋面板沿厂房整个纵向（两端宜留一个柱距）设置在屋架下弦上，根据屋面半下沉位置的不同，分为中间下沉、两侧下沉及中间双下沉三种。适用于散热量大的大跨高温车间。

横向下沉式通风天窗，是将相邻一个或几个柱距的整跨屋面板全部搁置在屋架下弦上所形成的天窗。适用于对采光与通风均有要求的热加工车间和朝向是东西的冷加工车间。

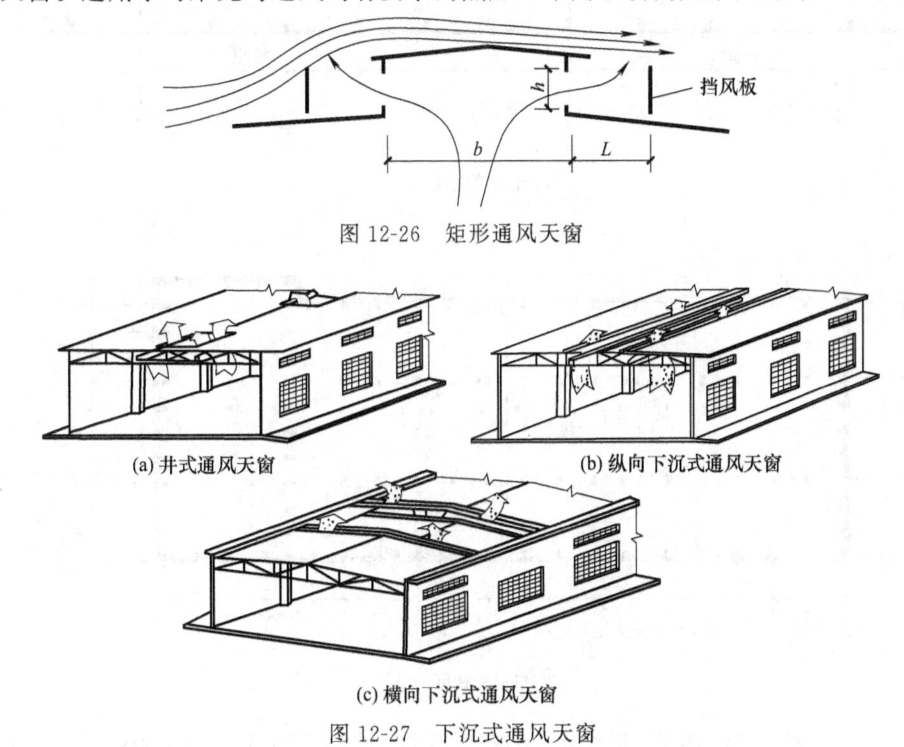

图 12-26 矩形通风天窗

(a) 井式通风天窗

(b) 纵向下沉式通风天窗

(c) 横向下沉式通风天窗

图 12-27 下沉式通风天窗

12.4 单层厂房定位轴线

单层厂房定位轴线是确定厂房主要承重构件位置及其标志尺寸的基准线，同时也是厂房施工放线和设备安装的依据。为了使厂房建筑主要构配件的几何尺寸达到标准化和系列化，减少构件类型，增加构件的互换性和通用性，厂房设计应执行《厂房建筑模数协调标准》(GBJ 6—86) 的有关规定。

定位轴线的划分是在柱网布置的基础上进行的。通常把垂直于厂房长度方向（即平行于屋架）的定位轴线称为横向定位轴线，在建筑平面图中，从左至右按 1、2、3… 顺序编号。平行于厂房长度方向（即垂直于屋架）的定位轴线称为纵向定位轴线，在建筑平面图中，从下至上按 A、B、C…顺序编号。编号时 I、O、Z 三个字母不用，以避免与数字 1、0、2 相混。厂房横向定位轴线之间的距离是柱距，纵向定位轴线之间的距离是跨度。单层厂房平面柱网布置及定位轴线纵横跨柱网与定位轴如图 12-28 所示。

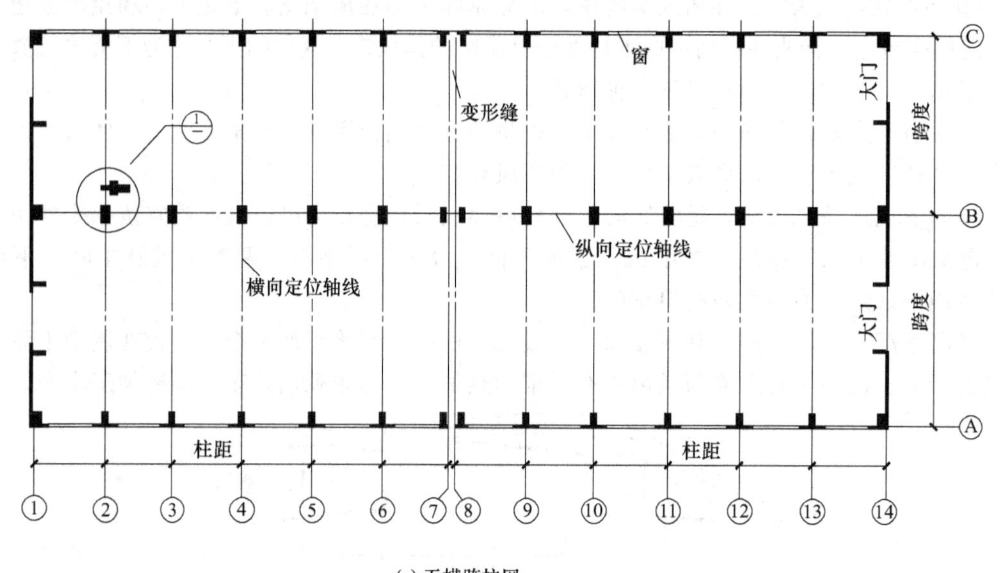

(a) 无横跨柱网

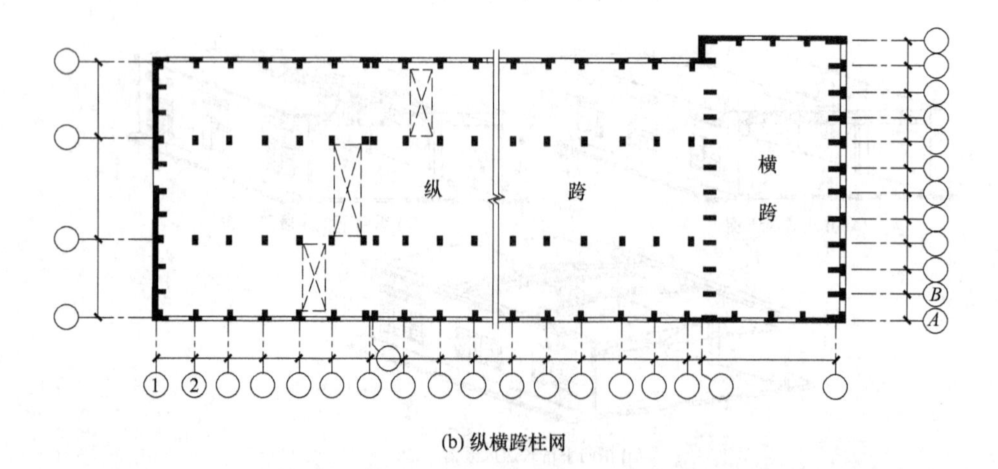

(b) 纵横跨柱网

图 12-28 单层厂房平面柱网布置及定位轴线纵横跨柱网与定位轴线

12.4.1 横向定位轴线

单层厂房中横向定位轴线主要用来标注厂房纵向构件。横向定位轴线标注了厂房纵向构件如屋面板、吊车梁长度的标志尺寸及其与屋架（或屋面梁）之间的相互关系。

12.4.1.1 中间柱与横向定位轴线的联系

中间柱的横向定位轴线与柱的中心线相重合，横向定位轴线之间的距离就是柱距。这样规定能使厂房构造简单、施工方便，有利于构配件通用及互换，如图 12-29（a）所示。

12.4.1.2 横向伸缩缝、防震缝与定位轴线的联系

横向温度伸缩缝和防震缝处的柱子采用双柱双屋架，可使结构和建筑构造简单。为了保证伸缩缝、防震缝宽度的要求，该处应设两条横向定位轴线，并且两柱的中心线应从定位轴线向缝的两侧各移 600mm。两条定位轴线间插入距离 A 值，就是伸缩缝或防震缝的缝宽 c。该处两条横向定位轴线与相邻横向定位轴线之间的距离，与其他柱距保持一致，如图12-29（b）。

12.4.1.3 山墙与横向定位轴线的联系

单层厂房的山墙，按受力情况分为非承重墙和承重墙，其横向定位轴线的划分也不相同。

（1）山墙为非承重墙时，横向定位轴线与山墙内缘重合，并于屋面板（无檩体系）的端部形成“封闭”式联系。端部柱的中心线从横向定位轴线内移 600mm。山墙抗风柱柱距宜采用 6000mm，使连系梁、基础等构件可以通用，如图 12-29（c）。

（2）山墙为承重墙（图 12-30），山墙与横向定位轴线的距离为 λ。λ 根据砌体的块材类别决定，为半块或半块的倍数，或墙体厚度的一半。屋面板直接伸入墙内，并与墙上的钢筋混凝土梁垫连接。

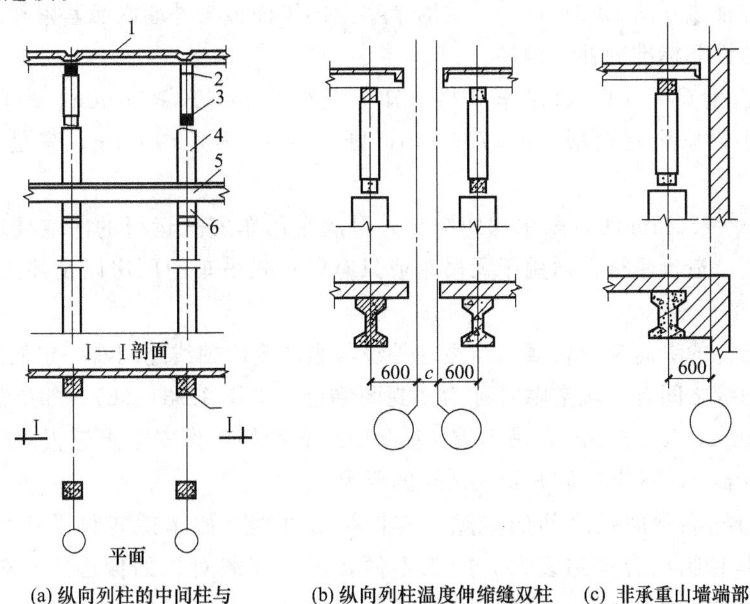

(a) 纵向列柱的中间柱与横向定位轴线的联系

(b) 纵向列柱温度伸缩缝双柱与横向定位轴线的联系

(c) 非承重山墙端部与横向定位轴线的联系

图 12-29 横向定位轴线与墙柱的关系

1—屋面板；2—屋架上弦；3—屋架下弦 4—柱；5—吊车梁；6—牛腿

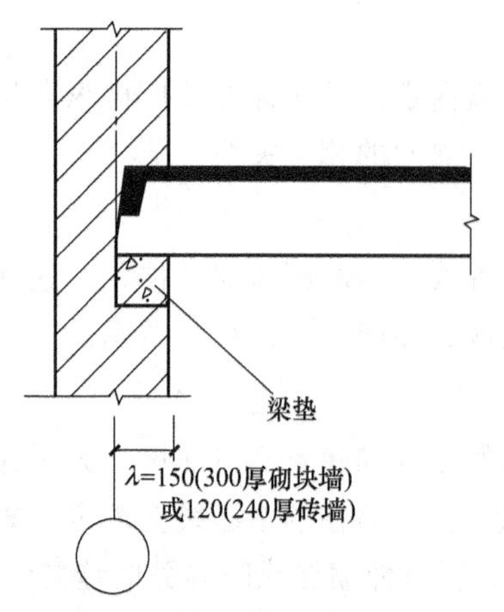

图 12-30　承重山墙定位横向轴线

12.4.2　纵向定位轴线

单层厂房的纵向定位轴线主要用来标注厂房横向构件的长度（标志尺度）。纵向定位轴线的具体位置应使厂房结构和吊车的规格协调，应保证吊车与柱之间留有足够的安全距离，必要时，还应设置检修吊车的安全走道板。

12.4.2.1　外墙、边柱与纵向定位轴线的联系

在支座式梁式吊车或桥式吊车的厂房设计中，由于屋架（或屋面梁）和吊车的设计生产制作都是标准化的，建筑设计应满足下述关系式：

$$L=L_k+2e$$

式中，L 为屋架跨度，即纵向定位轴线之间的距离；L_k 为吊车跨度，即同一跨内两条吊车轨道之间的距离（也就是吊车的轮距）；e 为纵向定位轴线至吊车轨道中心线的距离，一般为 750mm，当吊车为重级工作制而需要设安全走道板，或者吊车起重量大于 50t 时，采用 1000mm。

可知：$e=h+K+B$

则：$K=e-(h+B)$

式中，K 为吊车尽端外缘至上柱内缘的安全距离；h 为上柱截面高度；B 为轨道中心线至吊车端头外缘的距离。

在实际工程中，由于吊车形式、起重量、厂房跨度、高度和柱距不同以及是否设置安全走道板等条件不同，外墙、边柱与纵向定位轴线的定位有下列两种。

(1) 封闭结合的纵向定位轴线　当边柱外缘、墙内缘与定位轴线三者相重合时，称封闭式结合的纵向定位轴线［图 12-31 (a)］。这时屋架上的屋面板与外墙内缘紧紧相靠，可全部采用标准板，不需设非标准的补充构件。

如果吊车起重量 $Q\leqslant 20$t，查吊车规格，知 $B\leqslant 260$mm，$K\geqslant 80$mm，吊车轻，一般 $h\leqslant 400$mm，如不设安全走道板，$e=750$mm，则 $e-(h+B)\geqslant 90$mm，满足 $K\geqslant 80$mm 的要求。

当 $Q\leqslant 20$t，$e=750$mm 时，采用封闭结合，可满足吊车安全运行的净空要求，简化屋面构造，施工方便，造价经济。适用于无吊车或只有悬挂式吊车的厂房以及柱距为 6m、吊车起重量 $Q\leqslant 20$t 的厂房。

(2) 非封闭结合的纵向定位轴线　当边柱外缘与纵向定位轴线之间有一定的距离，屋架上的屋面板与墙内缘之间有一段空隙时称为非封闭结合，见图 12-31 (b)。如果吊车起重量 $Q\geqslant 30$t，$B\geqslant 300$mm，$K\geqslant 80$mm，吊车重，$h\geqslant 400$mm，如不设安全走道板，$e=750$mm，则 $e-(h+B)\leqslant 50$mm，不能满足 $K\geqslant 80$mm 的要求。

此时墙内缘与标准屋面板之间的空隙，需作构造处理，如墙挑砖封平或增设屋面板补充构件。因此非封闭结合构造复杂，施工不便，吊车荷载对柱的偏心距也较大，同时增加了厂房占地面积，成本相应提高。为保证吊车安全运行所需净空，同时又不增加构件的规格，设计时需将边柱外缘从定位轴线向外扩移一定距离，即加设联系尺寸 D，采用 300mm 或其倍数。适用于柱距为 6m、吊车起重量 $Q\geqslant 30$t，或柱距较大以及有特殊构造要求时。

$$L=L_k+2e$$

式中，L 为厂房跨度（纵向定位轴线之间的距离）；L_k 为吊车跨度，吊车两条轨道之间的距离；e 为纵向定位轴线至吊车轨道中心线的距离，一般为 750mm，当吊车为重级工作制而需设安全走道板，或者吊车起重量大于 50t 时，采用 1000mm。

$$e=B+K+h;$$

式中，B 为轨道中心线至吊车端头外缘的距离；K 为安全空隙；h 为上柱截面高度。

12.4.2.2　中柱与纵向定位轴线的联系

在多跨厂房中，中柱有平行等高跨和平行不等高跨两种形式，并且中柱有设变形缝和不设变形缝两种情况。仅介绍不设变形缝的中柱纵向定位轴线。

（1）当厂房为平行等高跨时，中柱为单柱　其中心线一般与纵向定位轴线相重合，见图 12-32（a）。上柱截面高度 h 一般为 600mm，以满足两侧屋架的支承长度为 300mm 的要求。当等高跨两侧或一侧的吊车起重量不小于 30t、厂房柱距大于 6m 或构造原因，纵向定位轴线需要采用非封闭结合才能满足吊车安全运行的需要时，中柱仍可采用单柱，但需要设两条定位轴线，两定位轴线之间的距离称插入距，可用 A 表示，并用采用 3M 数列，这时，柱中心线与插入距中心线重合，见图 12-32（b）。

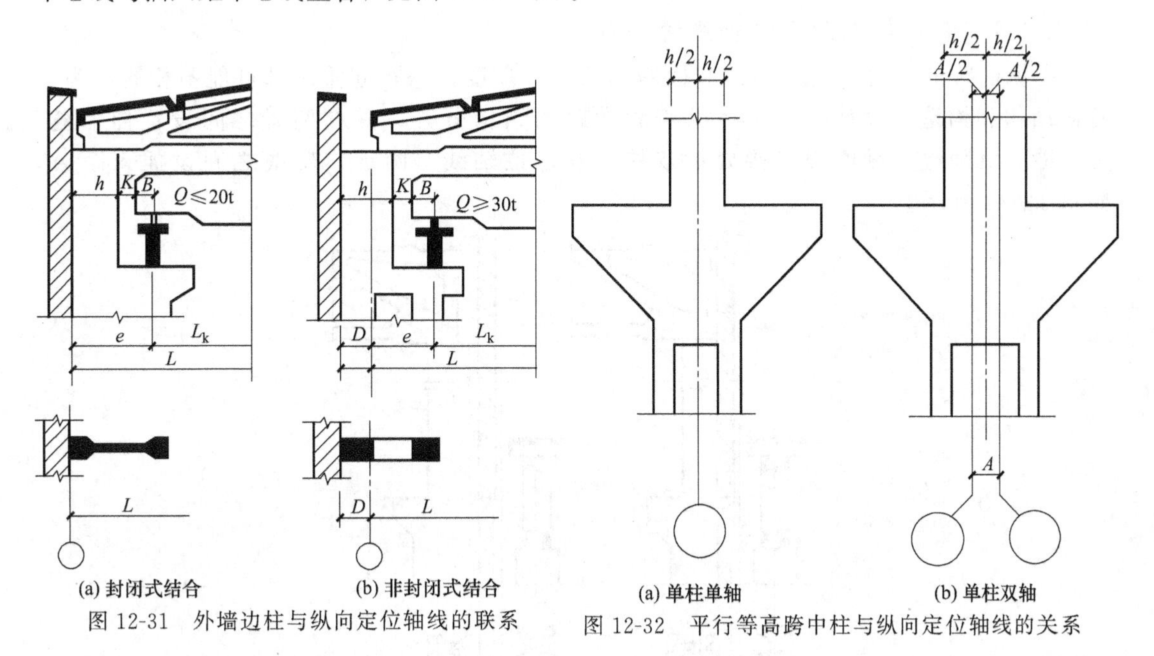

图 12-31　外墙边柱与纵向定位轴线的联系

图 12-32　平行等高跨中柱与纵向定位轴线的关系

（2）当厂房为平行不等高跨，且有单柱时　当两邻跨都采用封闭结合时，高跨上柱外缘、封墙内缘和低跨屋架标志尺寸端部应与纵向定位轴线相重合。不需设联系尺寸 D，也不需设两条定位轴线，见图 12-33（a）。

当高跨为非封闭结合时，上柱外缘与纵向定位轴线不重合，应采用两条定位轴线，其间的插入距 A 值等于联系尺寸 D，见图 12-33（b）。

当高跨与低跨均为封闭结合，而两条定位轴线设有封墙，则插入距等于墙厚，见图 12-33（c）。

当高跨为非封闭结合，而两条定位轴线设有封墙，则插入距等于联系尺寸加墙厚，可按图 12-33（d）处理。

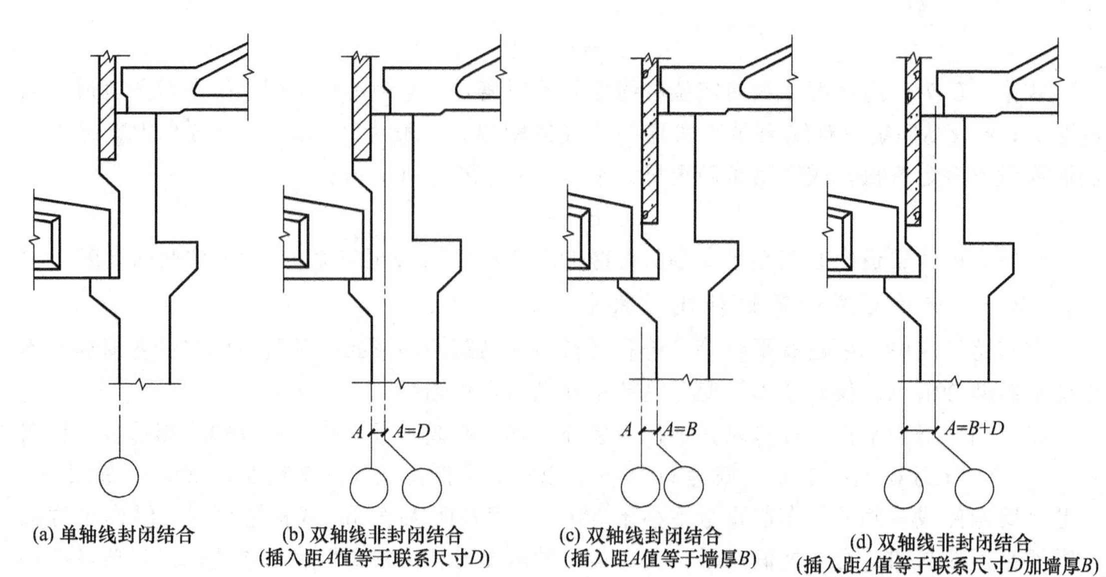

(a) 单轴线封闭结合

(b) 双轴线非封闭结合
(插入距A值等于联系尺寸D)

(c) 双轴线封闭结合
(插入距A值等于墙厚B)

(d) 双轴线非封闭结合
(插入距A值等于联系尺寸D加墙厚B)

图 12-33 无变形缝平行高低跨处单柱与纵向定位轴线的联系

A—插入距；B—墙体厚度；D—联系尺寸

12.4.2.3 中柱与纵向定位轴线的联系

有纵横跨的厂房，由于纵跨和横跨的长度、高度、吊车起重量都可能不相同，为了简化结构和构造，设计时，常将纵跨和横跨的结构分开，并在两者之间设置伸缩缝、防震缝、沉降缝。纵横跨连接处设双柱、双定位轴线。两定位轴线之间设插入距 A，如图 12-34 所示。

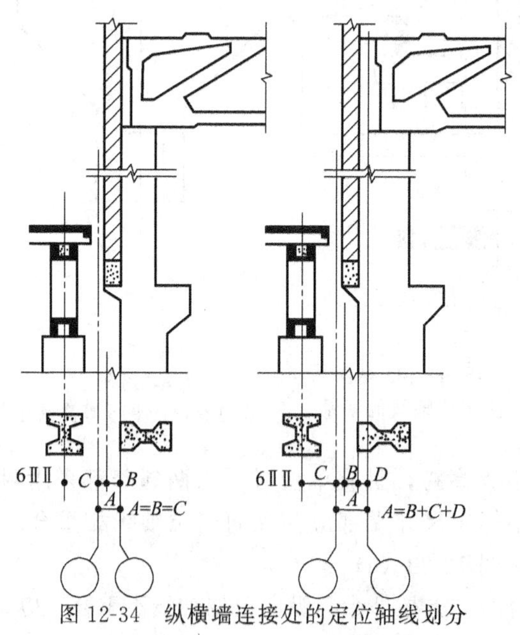

图 12-34 纵横墙连接处的定位轴线划分

12.5 单层厂房立面设计及内部空间处理

单层厂房立面设计是工业建筑设计的组成部分之一。其立面造型与生产工艺、平面形状、剖面形式及结构类型密切相关，按厂房的功能要求、技术条件及经济等因素，运用建筑构图原理和处理手法，使工业建筑具有简洁、朴素、新颖、大方的外观形象，创造出内容与形式统一的体型。

12.5.1 立面设计

12.5.1.1 影响立面设计的因素

（1）使用功能的影响 厂房是为生产服务的。不同的工艺流程、生产状况、运输设备有着不同的平面和剖面，对立面也同样有影响。一般中小型机械工业多采用垂直式生产流程，厂房的体型多为单层方形或长方形的多跨组合，内部空间连通，厂房高差一般差别不大。重型机械厂房的铸工车间，由于各跨加工的部件和所采用的设备大小相差很大，厂房体型变化较多，如铸造车间往往各跨度的高、宽均有不同，又有冲出屋面的化铁炉、露天跨的吊车栈桥、烘炉及烟囱等，体型组合较为复杂。立面处理需满足适用、安全、经济的要求，具有建筑形象能反映建筑内容的效果。

（2）结构、材料的影响 结构、材料对厂房的体型影响较大，同样的生产工艺，可以采用不同的结构方案，因此厂房的结构形式，特别是屋顶形式在很大程度上决定着厂房的体型，有的厂房采用各种壳体结构形式的屋顶。

（3）气候、环境的影响 太阳辐射强度、室外空气的温度与湿度等因素对立面设计均有影响。寒冷地区的厂房要求防寒保温，窗口面积不宜过大，空间组合集中，给人以稳重、深厚的感觉；炎热地区的厂房，为满足通风的需要，常采用敞开式外墙，空间分散、狭长，反映出轻巧、明快的个性。

12.5.1.2 立面处理方法

（1）墙面划分 墙面处理关键在于墙面如何划分，主要是安排好门、窗口的位置，墙面色彩的搭配以及窗墙的合适比例。在已有的体型上利用凸出墙面的柱子、窗台线、雨篷、遮阳板等构件，运用建筑构图原理进行有机组合及划分，使立面简洁、完美。其划分方法有以下三种。

① 垂直划分。利用墙面上明显的垂直构件将墙面垂直分开，如承重柱、壁柱、窗间墙、竖向条形组合窗等构件，形成竖向线条，可以改变单层厂房的扁平比例关系，使墙体显得挺拔、高耸、有力，为使墙面整齐、美观，门窗洞口和窗间墙的排列多以一个柱距为一个单元，在立面图中重复使用，使整个墙面产生统一的韵律。当墙面很长时，可隔一定距离插入一个变化的单元，这样可不致使立面单调，又有节奏感（图 12-35）。

② 水平划分 墙面水平划分的处理办法主要是用带形窗，使窗洞口上下的窗间墙构成水平横线条。或者采用通长的水平窗眉线、窗台线、遮阳板、勒脚线，则水平线条更为显著，也可采有不同材料、不同色彩处理水平的窗间墙，使立面显得明快、大方、平稳（图 12-36）。

③ 混合划分 在实际工程中，除单独采用垂直划分和水平划分外，通常还将两者结合起来，使两者相互渗透，混而不乱，作成混合的立面形式，即混合划分。这种形式既能相互衬托，又有明显的主次关系，以取得生动和谐的效果。

（2）墙面的虚实 正确处理好窗墙之间的比例，能收到较好的艺术效果。在满足采光面积与自然通风的要求下，窗与墙的比例关系有三种：窗面积大于墙面积，此时立面以虚为主，显得明快、轻巧；窗面积小于墙面积，立面以实为主，显得稳重、敦实；窗面积接近墙面积，虚实平衡，显得安静、平淡、无味，运用较少。

12.5.2 内部空间处理

厂房内部空间处理是一项综合性设计，是把组成厂房内部空间的建筑构件和生产设备、

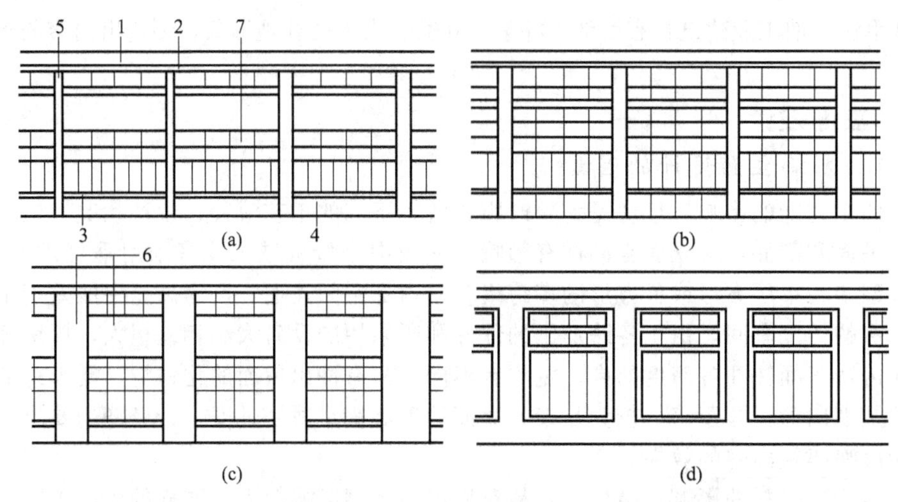

图 12-35　墙面垂直划分

1—女儿墙；2—窗眉线或遮阳板；3—窗台线；4—勒脚；5—柱子；6—窗间墙；7—窗

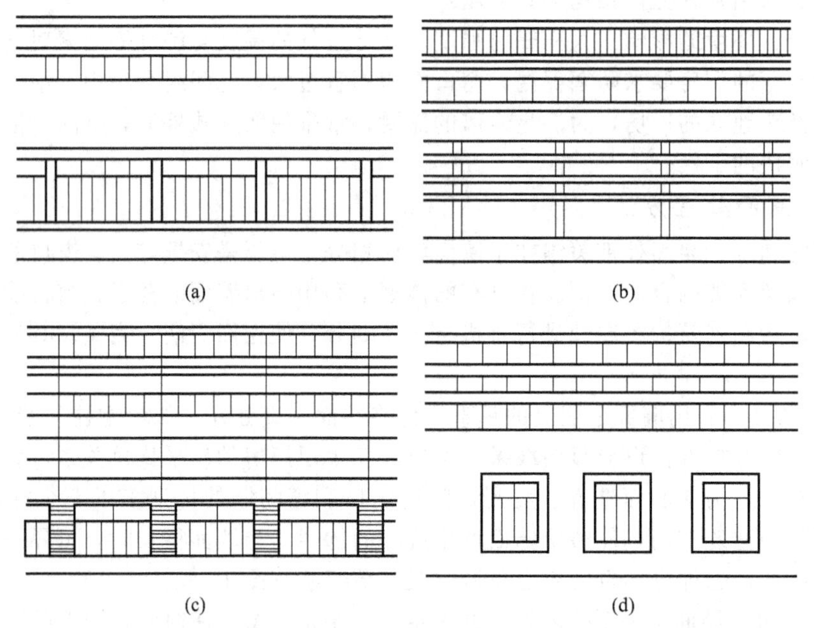

图 12-36　墙面水平划分

管道组织、色彩处理等作为一个统一体考虑，目标是要创造出一个良好的室内环境，以有利于提高劳动效率。

影响内部空间处理的因素有以下几个方面。

(1) 使用功能　厂房内部空间在满足生产功能要求的同时，也应考虑空间的艺术处理，即满足人的精神生活的需要。

(2) 承重结构　承重结构的布局影响到内部的观感效果。如设置在屋顶上的矩形天窗，它能使纵向空间畅通，不感到封闭；平天窗均匀地布置在屋顶上，如繁星点点，给人以亲切的感受；而纵向下沉式天窗使室内显得沉闷，且形成一个阴影区，对采光不利。

(3) 空间利用　车间内部设置生活间，可以利用柱间、墙边、门边及平台下等不影响工艺生产的空间设置。

（4）生产设备及管道　起重运输设备配以有条不紊的设备管道，划分整体空间，能使管道系列成为构图中的一部分，再配以色彩，同样增添室内艺术效果，使厂房具有现代工业气息。

（5）室内绿化及色彩的影响　设置在厂房内部的装饰绿化，有利于改善厂房内部的小气候，减少工作疲劳，提高劳动生产效益。

色彩能赋予人们多种感受。选择适宜的内部色彩，有利于改善工人的视力和劳动条件；应用色彩能减少工人操作事故的出现；提高内部空间的艺术效果，给人以美的感受，还有利于提高劳动效率。

工业建筑上对色彩的运用情况如下：

红色用于电器、火灾的危险标志；禁止通行的通道和门；消防设备、高压电的室内电裸线、电器开关启动机件、防火墙上的分隔门。

橙色表示危险标志。用于高速转动的设备、机械、车辆、电器开关柜门，也用于有毒物品及放射性物品的标志。

黄色表示警告标志。用于车间吊车、吊钩、户外大型起重运输设备、推土机、电瓶车，提示人们避免碰撞。

绿色表示安全标志。常用于洁净车间的安全出入口的指示灯。

蓝色多用于上下水道，冷藏库的门，也可用于压缩空气的管道。

白色表示界限标志，用于地面分界线。

小　结

1. 单层厂房的组成、单层厂房的平面设计、剖面设计、外部造型、内部空间设计。
2. 单层厂房构件组成主要是钢筋混凝土排架体系的构件组成。
3. 单层厂房常见的平面形式以矩形为主，另外有L、П、山形。
4. 生产工艺、运输设备与平面设计的关系，以及如何选择柱网。
5. 厂房高度的确定原则和方法。
6. 天然采光自然通风的特点及热压作用及风压作用下如何组织自然通风，几种天然通风的天窗形式。
7. 横向定位轴线、纵向定位轴线、纵横跨相交处定位轴线划分的原则和方法。
8. 单层厂房外部造型。

复习思考题

1. 单层工业厂房的平面布置有哪些？
2. 装配式钢筋混凝土排架结构厂房的主要构件有哪些？　简述各构件的作用。
3. 常用柱网的距柱、跨度尺寸有哪些？
4. 生活间的布置形式有哪几种？
5. 厂房的高度如何确定？　室内外高差宜为多少？
6. 自然通风的基本原理是什么？　如何布置加热车间的进排风口？
7. 横向定位轴线、纵向定位轴线及纵横跨相交处定位轴线是如何划分的？
8. 各种主要色彩在厂房内部的应用如何？

参考文献

[1] 王晓华主编. 房屋建筑构造. 北京：机械工业出版社，2011.

[2] 李必瑜，魏宏杨主编. 建筑构造. 北京：中国建筑工业出版社，2008.

[3] 苏炜主编. 建筑构造. 大连：大连理工大学出版社，2011.

[4] 武六元，杜高潮编著. 房屋建筑学. 北京：中国建筑工业出版社，2011.

[5] 魏华，王海军主编. 房屋建筑学. 西安：西安交通大学出版社，2013.

[6] 冯川萍，钟庆红主编. 建筑构造与设计. 西安：西安交通大学出版社，2012.

[7] 哈尔滨建筑工程学院编. 工业建筑设计原理. 北京：中国建筑工业出版社，1998.

[8] 同济大学，东南大学，西安冶金建筑学院等编. 房屋建筑学. 北京：中国建筑工业出版社，1990.

[9] 刘建荣，黄冠文. 房屋建筑学辅导. 成都：成都科技大学出版社，1987.

[10] 彭一刚著，建筑空间组合论. 第2版. 北京：中国建筑工业出版社，1998.

[11] 刘建荣主编. 建筑构造（下册）. 北京：中国建筑工业出版社，2000.

[12] 李必瑜主编. 房屋建筑学. 武汉：武汉工业大学出版社，2000.

[13] 王崇杰主编. 房屋建筑学. 北京：中国建筑工业出版社，1997.

[14] 王建国. 城市设计. 南京：东南大学出版社，1999.

[15] 杨建强，吴明伟. 现代城市更新. 南京：东南大学出版社，1999.

[16] 《建筑设资料集》编委会. 建筑设计资料集（2. 3. 4. 5）. 北京：中国建筑工业出版社，1994.

[17] 何平，朴龙章主编. 装饰施工. 南京：东南大学出版社，1997.

[18] 李雄飞，巢元凯主编. 快速建筑设计图集（上，中，下）. 北京：中国建筑工业出版社，1992.

[19] 设计部科学技术司. 中国小康住宅示范工程集萃（1）. 北京：中国建筑工业出版社，1997.

[20] 陆可人，殴晓星，刁文怡主编. 房屋建筑学. 南京：东南大学出版社，2013.

[21] 高等学校基本建设学会，东南大学建筑设计研究院编. 高等学校图书馆建筑设计图集. 南京：东南大学出版社，1996.

[22] 北京市城乡规划委员会编、优秀住宅设计方案选编：1997年北京优秀住宅设计评选. 北京：中国建筑工业出版社，1997.

[23] 《单层厂房建筑设计》教材编写组. 单层厂房建筑设计. 北京：中国建筑工业出版社，1980.

[24] 清华大学建筑与城市研究所编，城市规划理论·方法·实践. 北京：地震出版社，1992.

[25] 《住宅设计资料集》编委会. 住宅设计资料集5. 北京：中国建筑工业出版社，1999.

[26] 李必瑜，王雪松主编. 房屋建筑学. 武汉：武汉理工大学出版社，2012.

[27] 南京工学院建筑系编著. 建筑构造（上、下册）. 北京：中国建筑工业出版社，1982.

[28] 杨维菊主编. 建筑构造设计（上册）. 北京：中国建筑工业出版社，1999.

[29] 莫海鸿，杨小平主编. 基础工程. 北京：中国建筑工业出版社，2013.

[30] 高大钊主编. 土力学与基础工程. 北京：中国建筑工业出版社，1999.

[31] 邵政胜主编. 地基与基础. 武汉：武汉理工大学出版社，2011.